中央民族大学教育基金会资助

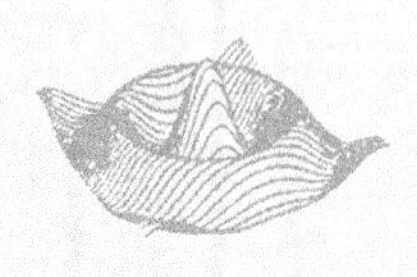

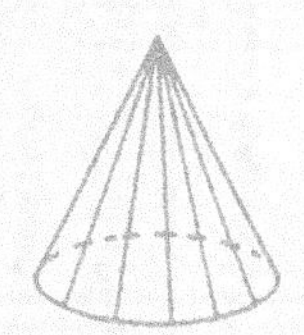

微分几何

WEIFENJIHE

薛振邦 赵新暖 编著

图书在版编目（CIP）数据

微分几何 / 薛振邦，赵新暖编著. —北京：中央民族大学出版社，2020.12（2021.10 重印）

ISBN 978－7－5660－1858－8

Ⅰ.①微… Ⅱ.①薛…②赵… Ⅲ.①微分几何 Ⅳ.①O186.1

中国版本图书馆 CIP 数据核字（2020）第 261799 号

微分几何

编 著 者	薛振邦　赵新暖
责任编辑	杜星宇
封面设计	舒刚卫
出版发行	中央民族大学出版社
	北京市海淀区中关村南大街 27 号　邮编：100081
	电　话：(010)68472815(发行部)　传真：(010)68932751(发行部)
	(010)68932218(总编室)　(010)68932447(办公室)
经 销 者	全国各地新华书店
印 刷 厂	北京鑫宇图源印刷科技有限公司
开　　本	787mm×1092mm　1/16　印张：16.5
字　　数	270 千字
版　　次	2020 年 12 月第 1 版　2021 年 10 月第 2 次印刷
书　　号	ISBN 978－7－5660－1858－8
定　　价	58.00 元

前　言

微分几何是研究空间曲线与曲面的数学学科，它从微观和宏观的角度研究曲线和曲面的基本性质。本书的上篇第1—2章是对曲线和曲面的微观研究；第3—4章采用活动标架法对曲面进行宏观研究。第2.8节和第5.2节中关于极小曲面的内容是本书的一个亮点，2019年3月21日美国女数学家凯伦·凯斯库拉·于伦贝克（Karen Keskulla Uhlenbeck）正因在极小曲面研究方面所取得的成就获得阿贝尔（Abel）奖。下篇第5.1节关于Gauss-Bonnet公式的证明，填补了上篇的一个空白。第5.2节极小曲面与上篇相呼应，并列举了极小曲面的若干问题。其余四节涉及黎曼流形、闭光滑流形、丘成桐猜想等一些课题。

微分几何是数学专业本科三年级开设的专业课程。本书的上篇由中央民族学院（现中央民族大学）教务处于1977年印成讲义，作为微分几何的教材，我用这部教材从1978年开始培育了1978、1979、1980、1981、1984五届学生，我的学生在中央民族大学及中山大学、北京交通大学、深圳大学、贵州民族大学、云南民族大学任教授，其中云南民族大学电气信息工程学院党委书记佘玉梅教授（中央民族学院1981届本科毕业生），至今还收藏着这本讲义。因此教他们的时候，是我最幸福最光辉的年代。1985年我校教务长孙若穷决定进行理科教材建设，计划逐年出版数理系的《微分几何》《概率与数理统计》《常微分方程》三本教材，我以系领导身份召开三人会议并表示让贤。两年后其中的两本书已出版，两位作者已聘为教授，由于特殊原因，《微分几何》一书一直未能出版。35年后的今天，《微分几何》的出版应该说是迟到的。本书的下篇主要由我的学生北京交通大学的吴发恩教授（中央民族学院1980级本科毕业生，四川大学硕士研究生，中国科学院数学与系统科学研究院数学研究院博士研究生）的学生赵新暖老师负责编写，其中主要是对一些微分几何前沿知识的介绍。

感谢中央民族大学离退休工作处对本书出版的支持和帮助！我26年前完稿的《经济效益中的数学方法》他们纳入中央民族大学“一流大学和一流学科”建设项目予以资助出版，又帮助我取得“北京中央民族大学教育基金会”的资助出版《微分几何》。

值本书出版之际，感谢黄荣肃副教授和朱正元副教授35年前在我担任微分几何课程的教学工作期间对我的帮助和做出的贡献，他们本应列入作者的行列。感谢“北京中央民族大学教育基金会”为本书出版提供的资助。

薛振邦

2020年7月

Contents

目　录

上　篇

上　　篇

预备知识　向量函数

0.1　向量代数

在三维欧氏空间 E^3 中，利用一个右手直角坐标系 $\{o;\ \boldsymbol{i},\ \boldsymbol{j},\ \boldsymbol{k}\}$，我们就可以把 E^3 中的点 $M(x,\ y,\ z)$ 和它的径矢

$$\boldsymbol{r}=\boldsymbol{OM}=x\boldsymbol{i}+y\boldsymbol{j}+z\boldsymbol{k}$$

等同起来（图 0.1）。x，y，z 称为向量$\boldsymbol{r}$的分量，向量$\boldsymbol{r}$可以写成

$$\boldsymbol{r}=x\boldsymbol{i}+y\boldsymbol{j}+z\boldsymbol{k}=(x,y,z)$$

设$\boldsymbol{r}=(x,\ y,\ z)$，则它的长度是

$$|\boldsymbol{r}|=\sqrt{x^2+y^2+z^2}$$

若$\boldsymbol{r}\neq 0$，则$\dfrac{\boldsymbol{r}}{|\boldsymbol{r}|}$是和$\boldsymbol{r}$方向相同的单位向量。

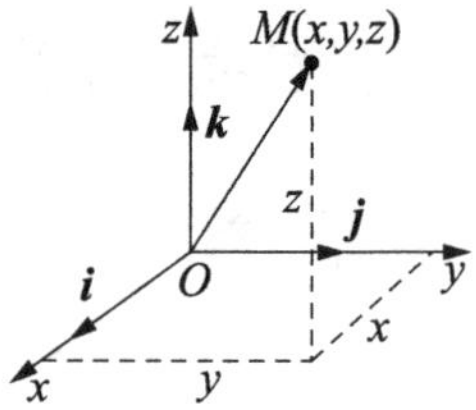

图 0.1

若 λ 为实数，则 λ 与$\boldsymbol{r}$之积是 $\lambda\boldsymbol{r}=(\lambda x,\ \lambda y,\ \lambda z)$

若$\boldsymbol{r}_i=(x_i,\ y_i,\ z_i)$，$i=1,\ 2$，为两个向量，则它们的和是

$$\boldsymbol{r}_1+\boldsymbol{r}_2=(x_1+x_2,\ y_1+y_2,\ z_1+z_2)$$

而它们的数量积（或称内积）是

$$\boldsymbol{r}_1\cdot\boldsymbol{r}_2=x_1x_2+y_1y_2+z_1z_2$$

若记$\boldsymbol{r}_1$ 与$\boldsymbol{r}_2$ 之间的夹角为 θ，$0\leqslant\theta<\pi$，则

$$\cos\theta=\frac{\boldsymbol{r}_1\cdot\boldsymbol{r}_2}{|\boldsymbol{r}_1||\boldsymbol{r}_2|}$$

因此，$\boldsymbol{r}_1\perp\boldsymbol{r}_2$ 的充要条件是它们的数量积$\boldsymbol{r}_1\cdot\boldsymbol{r}_2=0$

$\boldsymbol{r}_1$ 与$\boldsymbol{r}_2$ 的向量积（或称外积）是

$$\boldsymbol{r}_1\times\boldsymbol{r}_2=\left(\begin{vmatrix}y_1 & z_1\\ y_2 & z_2\end{vmatrix},\ \begin{vmatrix}z_1 & x_1\\ z_2 & x_2\end{vmatrix},\ \begin{vmatrix}x_1 & y_1\\ x_2 & y_2\end{vmatrix}\right)$$

它是与$\boldsymbol{r}_1$，$\boldsymbol{r}_2$ 同时垂直的一个向量，而且$\boldsymbol{r}_1$，$\boldsymbol{r}_2$，$\boldsymbol{r}\times\boldsymbol{r}_2$ 成右手系。

因此$\boldsymbol{r}_1//\boldsymbol{r}_2$ 充要条件为$\boldsymbol{r}_1\times\boldsymbol{r}_2=\boldsymbol{0}$。

上面这些运算之间满足下面的规律。若 λ，μ 表示实数，则下列运算规律成立：

（1）结合律 $\lambda(\mu\,\boldsymbol{r})=\lambda\mu\,\boldsymbol{r}$

$$(\boldsymbol{r}_1+\boldsymbol{r}_2)+\boldsymbol{r}_3=\boldsymbol{r}_1+(\boldsymbol{r}_2+\boldsymbol{r}_3)$$

$$(\lambda\,\boldsymbol{r}_1)\cdot\boldsymbol{r}_2=\lambda(\boldsymbol{r}_1\cdot\boldsymbol{r}_2)$$

$$(\lambda\,\boldsymbol{r}_1)\times\boldsymbol{r}_2=\lambda(\boldsymbol{r}_1\times\boldsymbol{r}_2)$$

(2)交换律$\boldsymbol{r}_1+\boldsymbol{r}_2=\boldsymbol{r}_2+\boldsymbol{r}_1$

$$\boldsymbol{r}_1\cdot\boldsymbol{r}_2=\boldsymbol{r}_2\cdot\boldsymbol{r}_1$$

(3)分配律$(\lambda+\mu)\boldsymbol{r}=\lambda\,\boldsymbol{r}+\mu\,\boldsymbol{r}$

$$\lambda(\boldsymbol{r}_1+\boldsymbol{r}_2)=\lambda\,\boldsymbol{r}_1+\lambda\,\boldsymbol{r}_2$$

$$\boldsymbol{r}_1\cdot(\boldsymbol{r}_2+\boldsymbol{r}_3)=\boldsymbol{r}_1\cdot\boldsymbol{r}_2+\boldsymbol{r}_1\cdot\boldsymbol{r}_3$$

$$\boldsymbol{r}_1\times(\boldsymbol{r}_2+\boldsymbol{r}_3)=\boldsymbol{r}_1\times\boldsymbol{r}_2+\boldsymbol{r}_1\times\boldsymbol{r}_3$$

此外,向量积还满足$\boldsymbol{r}_1\times\boldsymbol{r}_2=-\boldsymbol{r}_2\times\boldsymbol{r}_1$

三个向量的混合积是

$$(\boldsymbol{r}_1,\boldsymbol{r}_2,\boldsymbol{r}_3)=(\boldsymbol{r}_1\times\boldsymbol{r}_2)\cdot\boldsymbol{r}_3=\begin{vmatrix}x_1 & y_1 & z_1\\ x_2 & y_2 & z_2\\ x_3 & y_3 & z_3\end{vmatrix}$$

它的绝对值表示以$\boldsymbol{r}_1$，$\boldsymbol{r}_2$，$\boldsymbol{r}_3$ 为棱的平行六面体的体积。因此$\boldsymbol{r}_1$，$\boldsymbol{r}_2$，$\boldsymbol{r}_3$ 共面的充要条件是：

$$(\boldsymbol{r}_1,\ \boldsymbol{r}_2,\ \boldsymbol{r}_3)=0$$

它们成右手系的充要条件是

$$(\boldsymbol{r}_1,\ \boldsymbol{r}_2,\ \boldsymbol{r}_3)>0$$

关于向量的数量积和向量积，下面的拉格朗日恒等式成立：

$$(\boldsymbol{r}_1\times\boldsymbol{r}_2)\cdot(\boldsymbol{r}_3\times\boldsymbol{r}_4)=(\boldsymbol{r}_1\cdot\boldsymbol{r}_3)(\boldsymbol{r}_2\cdot\boldsymbol{r}_4)-(\boldsymbol{r}_1\cdot\boldsymbol{r}_4)(\boldsymbol{r}_2\cdot\boldsymbol{r}_3)$$

这个恒等式可以通过把各个向量都用分量表示后，直接加以证明。

关于三个向量的双重向量积，成立：

$$(\boldsymbol{r}_1 \times \boldsymbol{r}_2) \times \boldsymbol{r}_3 = (\boldsymbol{r}_1 \cdot \boldsymbol{r}_3)\boldsymbol{r}_2 - (\boldsymbol{r}_2 \cdot \boldsymbol{r}_3)\boldsymbol{r}_1$$

0.2 向量函数 极限 连续性

若对于 $a \leqslant t \leqslant b$ 中的每一个 t，有一个确定的向量 $\boldsymbol{r}$，则 $\boldsymbol{r}$ 称为 t 的一个向量函数，记为 $\boldsymbol{r} = \boldsymbol{r}(t)$。显然向量函数的三个分量都是 t 的纯量函数，即

$$\boldsymbol{r}(t) = (x(t), y(t), z(t)) \qquad a \leqslant t \leqslant b$$

设 $\boldsymbol{r}(t)$ 是所给的向量函数，$\boldsymbol{r}_0$ 是常向量，如果对于任意给定的 $\varepsilon > 0$，都存在着 $\delta > 0$，使得当 $0 < |t - t_0| < \delta$ 时

$$|\boldsymbol{r}(t) - \boldsymbol{r}_0| < \varepsilon$$

成立，则称当 $t \to t_0$ 时，向量函数 $\boldsymbol{r}(t)$ 趋于极限 $\boldsymbol{r}_0$。记作

$$\lim_{t \to t_0} \boldsymbol{r}(t) = \boldsymbol{r}_0$$

设常向量 $\boldsymbol{r}_0 = (x_0, y_0, z_0)$，那么当 $t \to t_0$ 时，$\boldsymbol{r}(t) \to \boldsymbol{r}_0$，等价于当 $t \to t_0$ 时，

$$x(t) \to x_0, y(t) \to y_0, z(t) \to z_0$$

即

$$\lim_{t \to t_0} \boldsymbol{r}(t) = \boldsymbol{r}_0 \Leftrightarrow \begin{cases} \lim\limits_{t \to t_0} x(t) = x_0 \\ \lim\limits_{t \to t_0} y(t) = y_0 \\ \lim\limits_{t \to t_0} z(t) = z_0 \end{cases}$$

这样，我们有

$$\begin{aligned} \lim_{t \to t_0} \boldsymbol{r}(t) &= \boldsymbol{r}_0 = (x_0, y_0, z_0) \\ &= (\lim_{t \to t_0} x(t), \lim_{t \to t_0} y(t), \lim_{t \to t_0} z(t)) \end{aligned}$$

于是，向量函数的极限问题，可以转记为纯量函数的极限问题。

容易证明向量函数的极限运算具有下列性质

$$\lim_{t \to t_0} \lambda(t)\boldsymbol{r}(t) = \lim_{t \to t_0} \lambda(t) \lim_{t \to t_0} \boldsymbol{r}(t)$$

$$\lim_{t \to t_0} \left[\boldsymbol{r}_1(t) + \boldsymbol{r}_2(t)\right] = \lim_{t \to t_0} \boldsymbol{r}_1(t) + \lim_{t \to t_0} \boldsymbol{r}_2(t)$$

$$\lim_{t \to t_0} \left[\boldsymbol{r}_1(t) \cdot \boldsymbol{r}_2(t)\right] = \lim_{t \to t_0} \boldsymbol{r}_1(t) \cdot \lim_{t \to t_0} \boldsymbol{r}_2(t)$$

$$\lim_{t\to t_0}\left[\boldsymbol{r}_1(t)\times\boldsymbol{r}_2(t)\right]=\lim_{t\to t_0}\boldsymbol{r}_1(t)\times\lim_{t\to t_0}\boldsymbol{r}_2(t)$$

其中 $\lambda(t)$ 是一个实函数。

记 $t=t_0(a\leqslant t_0\leqslant b)$ 时，向量函数所对应的向量为 $\boldsymbol{r}(t_0)$，若 $\lim_{t\to t_0}\boldsymbol{r}(t)=\boldsymbol{r}(t_0)$，则称 $\boldsymbol{r}(t)$ 在 t_0 点连续，若 $a\leqslant t_0\leqslant b$ 时 $\boldsymbol{r}(t)$ 都连续，则称它在区间 $[a,b]$ 上连续。

可以证明，连续的向量函数具有与连续的纯量函数相仿的性质。

0.3　向量函数的微分

设向量函数 $\boldsymbol{r}(t)=(x(t),y(t),z(t)),a\leqslant t\leqslant b$，若极限

$$\lim_{\Delta t\to 0}\frac{\boldsymbol{r}(t_0+\Delta t)-\boldsymbol{r}(t_0)}{\Delta t},\ t_0\in(a,b)$$

存在，则称 $\boldsymbol{r}(t)$ 在 t_0 点是可微的，这个极限称为 $\boldsymbol{r}(t)$ 在 t_0 点的导向量，记为 $\left(\frac{\mathrm{d}\boldsymbol{r}}{\mathrm{d}t}\right)_{t_0}$ 或 $\boldsymbol{r}'(t_0)$：

$$\left(\frac{\mathrm{d}\boldsymbol{r}}{\mathrm{d}t}\right)_{t_0}=\boldsymbol{r}'(t_0)=\lim_{t\to t_0}\frac{\boldsymbol{r}(t_0+\Delta t)-\boldsymbol{r}(t_0)}{\Delta t}$$

从极限的定义和性质出发，容易证明：

$$\boldsymbol{r}'(t_0)=(x'(t_0),y'(t_0),z'(t_0))$$

若 $\boldsymbol{r}(t)$ 对 (a,b) 中每一个 t 值，都是可微分的，则它称为在 (a,b) 内是可微分的。

不难证明以下的微分公式

$$\left(\lambda\,\boldsymbol{r}\right)'=\lambda'\boldsymbol{r}+\lambda\,\boldsymbol{r}'$$

$$\left(\boldsymbol{r}_1+\boldsymbol{r}_2\right)'=\boldsymbol{r}_1+\boldsymbol{r}_2$$

$$\left(\boldsymbol{r}_1\cdot\boldsymbol{r}_2\right)'=\boldsymbol{r}_1'\cdot\boldsymbol{r}_2+\boldsymbol{r}_1\cdot\boldsymbol{r}_2'$$

$$\left(\boldsymbol{r}_1\times\boldsymbol{r}_2\right)'=\boldsymbol{r}_1'\times\boldsymbol{r}_2+\boldsymbol{r}_1\times\boldsymbol{r}_2'$$

$$\left(\boldsymbol{r}_1,\boldsymbol{r}_2,\boldsymbol{r}_3\right)'=\left(\boldsymbol{r}_1',\boldsymbol{r}_2,\boldsymbol{r}_3\right)+\left(\boldsymbol{r}_1,\boldsymbol{r}_2',\boldsymbol{r}_3\right)+\left(\boldsymbol{r}_1,\boldsymbol{r}_2,\boldsymbol{r}_3'\right)$$

向量函数$\boldsymbol{r}(t)=(x(t),y(t),z(t))$微分的定义和普通函数一样

$$\mathrm{d}\boldsymbol{r}(t)=\boldsymbol{r}'(t)\mathrm{d}t=(\mathrm{d}x(t),\mathrm{d}y(t),\mathrm{d}z(t))$$

对于复合函数$\boldsymbol{r}=\boldsymbol{r}(t)$，$t=\varphi(u)$，则可以验证

$$\frac{\mathrm{d}\boldsymbol{r}}{\mathrm{d}u}=\frac{\mathrm{d}\boldsymbol{r}}{\mathrm{d}t}\frac{\mathrm{d}t}{\mathrm{d}u}=\boldsymbol{r}'(t)\varphi'(u)$$

若向量函数是两个或多个变量的函数（即它的分量是两个或多个变量的纯量函数）时，类似于纯量函数的偏导数，可以得到偏导向量的概念，例如

设$\boldsymbol{r}(u,v)=(x(u,v),y(u,v),z(u,v))$

则有

$$\boldsymbol{r}_u=\frac{\partial\boldsymbol{r}}{\partial u}=(x_u,y_u,z_u),\boldsymbol{r}_v=\frac{\partial\boldsymbol{r}}{\partial v}=(x_v,y_v,z_v)$$

这里

$$x_u=\frac{\partial x}{\partial u},y_u=\frac{\partial y}{\partial u},z_u=\frac{\partial z}{\partial u}$$

$$x_v=\frac{\partial x}{\partial v},y_v=\frac{\partial y}{\partial v},z_v=\frac{\partial z}{\partial v}$$

对于复合向量函数$\boldsymbol{r}(u,v)=(x(u,v),y(u,v),z(u,v))$ $u=u(\bar{u},\bar{v})$，$v=v(\bar{u},\bar{v})$，则成立链式法则

$$\boldsymbol{r}_{\bar{u}}=\boldsymbol{r}_u\frac{\partial u}{\partial\bar{u}}+\boldsymbol{r}_v\frac{\partial v}{\partial\bar{u}},\ \boldsymbol{r}_{\bar{v}}=\boldsymbol{r}_u\frac{\partial u}{\partial\bar{v}}+\boldsymbol{r}_v\frac{\partial v}{\partial\bar{v}}$$

若$x(t)$，$y(t)$，$z(t)$关于t有直到k阶的连续导数，则我们称函数$\boldsymbol{r}(t)$为C^k类(阶)的向量函数。

0.4 向量函数的积分

设向量函数$\boldsymbol{r}(t)=(x(t),y(t),z(t))$，则$\boldsymbol{r}(t)$的不定积分是

$$\int\boldsymbol{r}(t)\mathrm{d}t=\left(\int x(t)\mathrm{d}(t),\int y(t)\mathrm{d}(t),\int z(t)\mathrm{d}(t)\right)$$

由此不难验证下列公式

$$\int \lambda \boldsymbol{r}(t)\mathrm{d}t = \lambda \int \boldsymbol{r}(t)\mathrm{d}t$$

$$\int [\boldsymbol{r}_1(t) + \boldsymbol{r}_2(t)]\mathrm{d}t = \int \boldsymbol{r}_1(t)\mathrm{d}t + \int \boldsymbol{r}_2(t)\mathrm{d}t$$

$$\int \boldsymbol{v} \cdot \boldsymbol{r}(t)\mathrm{d}t = \boldsymbol{v} \cdot \int \boldsymbol{r}(t)\mathrm{d}t$$

$$\int \boldsymbol{v} \times \boldsymbol{r}(t)\mathrm{d}t = \boldsymbol{v} \times \int \boldsymbol{r}(t)\mathrm{d}t$$

其中，λ 表示常数，$\boldsymbol{v}$表示常向量。

同样可以定义向量函数$\boldsymbol{r}(t) = (x(t), y(t), z(t))$ 的定积分：

$$\int_a^b \boldsymbol{r}(t)\mathrm{d}t = \left(\int_a^b x(t)\mathrm{d}t, \int_a^b y(t)\mathrm{d}t, \int_a^b z(t)\mathrm{d}t\right)$$

于是关于数量函数的定积分的许多性质都可以立即推广到向量函数。特殊地，若$\boldsymbol{f}'(\boldsymbol{t}) = \boldsymbol{r}(t)$，则

$$\int_a^b \boldsymbol{r}(t)\mathrm{d}t = \boldsymbol{f}(b) - \boldsymbol{f}(a)$$

泰勒公式：

设$\boldsymbol{r}(t) \in C^{n+1}$类，$t \in [t_0, t_0 + \Delta t]$

则

$$\boldsymbol{r}(t_0 + \Delta t) = \boldsymbol{r}(t_0) + \Delta t\, \boldsymbol{r}'(t_0) + \frac{(\Delta t)^2}{2!}\boldsymbol{r}''(t_0) + \cdots$$

$$+ \frac{(\Delta t)^n}{n!}\boldsymbol{r}^{(n)}(t_0) + \frac{(\Delta t)^{n+1}}{(n+1)!}\left[\boldsymbol{r}^{n+1}(t_0) + \boldsymbol{\varepsilon}(t_0 + \Delta t)\right]$$

其中 $\Delta t \to 0$ 时，$\boldsymbol{\varepsilon} \to \boldsymbol{0}$。

0.5　向量函数的简单性质

引理 1：向量函数 $\boldsymbol{r}(t)$ 具有固定长的充要条件是：$\boldsymbol{r} \cdot \boldsymbol{r}' = 0$。

证明：由 $|\boldsymbol{r}(t)| =$ 常数，有

$$\boldsymbol{r}^2(t) = \boldsymbol{r}(t) \cdot \boldsymbol{r}(t) = |\boldsymbol{r}(t)|^2 = \text{常数}$$

对 t 求导得：

$$2\boldsymbol{r}(t) \cdot \boldsymbol{r}'(t) = 0 \text{ 即} \boldsymbol{r}(t) \cdot \boldsymbol{r}'(t) = 0$$

反之，$\boldsymbol{r}(t)\cdot\boldsymbol{r}'(t)=0$，$\frac{\mathrm{d}}{\mathrm{d}t}\boldsymbol{r}^2(t)=0$

也就是$\boldsymbol{r}^2(t)=$常数，$|\boldsymbol{r}(t)|=$常数

这个引理的几何意义是：具有固定长向量函数与其导向量是互相垂直的。

引理2：向量函数$\boldsymbol{r}(t)$具有固定方向的充要条件是：$\boldsymbol{r}\times\boldsymbol{r}'=0$。

证明：设$\boldsymbol{e}$是单位常向量，$\boldsymbol{r}(t)$是向量函数。

命$\boldsymbol{r}(t)=\lambda(t)\boldsymbol{e}$，$\lambda(t)$是不恒为零的实函数。

对t求导得：$\boldsymbol{r}'=\lambda'(t)\boldsymbol{e}$

因此$\boldsymbol{r}(t)\times\boldsymbol{r}'(t)=[\lambda(t)\boldsymbol{e}]\times[\lambda'(t)\boldsymbol{e}]=\lambda\lambda'(\boldsymbol{e}\times\boldsymbol{e})=\boldsymbol{0}$

反之，设$\boldsymbol{e}(t)$是单位向量函数，于是任意的向量函数

$$\boldsymbol{r}(t)=\lambda(t)\boldsymbol{e}(t)$$

下面我们会由假设$\boldsymbol{r}\times\boldsymbol{r}'=\boldsymbol{0}$，推出$\boldsymbol{e}(t)$不依赖于$t_o$事实上，

由$\boldsymbol{r}\times\boldsymbol{r}'=\boldsymbol{0}$，即$\lambda\boldsymbol{e}\times(\lambda'\boldsymbol{e}+\lambda\boldsymbol{e}')=\boldsymbol{0}$

$$\lambda\lambda'(\boldsymbol{e}\times\boldsymbol{e})+\lambda^2(\boldsymbol{e}\times\boldsymbol{e}')=\boldsymbol{0},\ \lambda^2(\boldsymbol{e}\times\boldsymbol{e}')=\boldsymbol{0}$$

因为$\lambda^2\neq 0$，所以$\boldsymbol{e}\times\boldsymbol{e}'=\boldsymbol{0}$

应用拉格朗日恒等式：

$$(\boldsymbol{e}\times\boldsymbol{e}')^2=(\boldsymbol{e}\times\boldsymbol{e}')\cdot(\boldsymbol{e}\times\boldsymbol{e}')=\boldsymbol{e}^2(\boldsymbol{e}')^2-(\boldsymbol{e}\cdot\boldsymbol{e}')^2=(\boldsymbol{e}')^2=0\Rightarrow\boldsymbol{e}=\boldsymbol{0}$$

因此，$\boldsymbol{e}(t)$是常单位向量。

引理2的几何意义是：具有固定方向的向量函数与其导向量函数是平行的。

下面我们介绍单位向量函数的一个重要性质。为此定义向量函数$\boldsymbol{r}(t)$的旋转速度如下：

给向量函数$\boldsymbol{r}(t)$的变量t以增量Δt，$\Delta\varphi$表示$\boldsymbol{r}(t)$和$\boldsymbol{r}(t+\Delta t)$所成的角。作比值$\frac{\Delta\varphi}{\Delta t}$，当$\Delta t\to 0$时，$\left|\frac{\Delta\varphi}{\Delta t}\right|$的极限，即

$$\left|\frac{\mathrm{d}\varphi}{\mathrm{d}t}\right|=\lim_{\Delta t\to 0}\left|\frac{\Delta\varphi}{\Delta t}\right|$$

叫作单位向量函数$\boldsymbol{r}(t)$对于变量t的旋转速度。

引理3：单位向量函数$\boldsymbol{e}(t)$关于t的旋转速度，等于其导向量的模$|\boldsymbol{e}(t)|$。

证明：如图0.2，因为$|\boldsymbol{e}(t)|=1$，所以$\widehat{MM'}=\Delta\varphi\cdot 1=\Delta\varphi$

于是$\left|\frac{\Delta\varphi}{\Delta t}\right|=\frac{\widehat{MM'}}{|\Delta t|}=\frac{|\boldsymbol{MM'}|}{|\Delta t|}\cdot\frac{\widehat{MM'}}{|\boldsymbol{MM'}|}$

因为

$$\boldsymbol{e}(t+\Delta t)-\boldsymbol{e}(t)=\boldsymbol{MM'}$$

$$|\boldsymbol{e}(t+\Delta t)-\boldsymbol{e}(t)|=|\boldsymbol{MM'}|$$

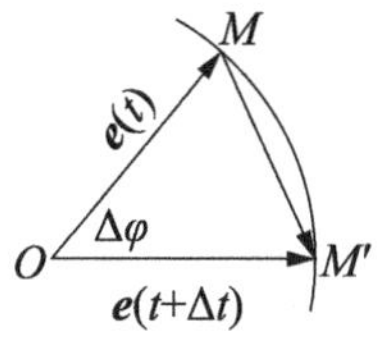

所以 $\left|\dfrac{\Delta\varphi}{\Delta t}\right|=\left|\dfrac{\boldsymbol{e}(t+\Delta t)-\boldsymbol{e}(t)}{\Delta t}\right|\cdot\dfrac{\overset{\frown}{MM'}}{|\boldsymbol{MM'}|}$

图 0.2

由于 $\Delta t\to 0$，$\dfrac{\overset{\frown}{MM'}}{|\boldsymbol{MM'}|}\to 1$

因此，$\left|\dfrac{\mathrm{d}\varphi}{\mathrm{d}t}\right|=\lim\limits_{\Delta t\to 0}\left|\dfrac{\Delta\varphi}{\Delta t}\right|=\lim\limits_{\Delta t\to 0}\left|\dfrac{\boldsymbol{e}(t+\Delta t)-\boldsymbol{e}(t)}{\Delta t}\right|\cdot\dfrac{\overset{\frown}{MM'}}{|\boldsymbol{MM'}|}=|\boldsymbol{e}(t)|$。

习题

1. 验证拉格朗日恒等式。

2. 证明：

$$(\boldsymbol{a}_1,\boldsymbol{a}_2,\boldsymbol{a}_3)(\boldsymbol{b}_1,\boldsymbol{b}_2,\boldsymbol{b}_3)=\begin{vmatrix}\boldsymbol{a}_1\cdot\boldsymbol{b}_1 & \boldsymbol{a}_1\cdot\boldsymbol{b}_2 & \boldsymbol{a}_1\cdot\boldsymbol{b}_3\\ \boldsymbol{a}_2\cdot\boldsymbol{b}_1 & \boldsymbol{a}_2\cdot\boldsymbol{b}_2 & \boldsymbol{a}_2\cdot\boldsymbol{b}_3\\ \boldsymbol{a}_3\cdot\boldsymbol{b}_1 & \boldsymbol{a}_3\cdot\boldsymbol{b}_2 & \boldsymbol{a}_3\cdot\boldsymbol{b}_3\end{vmatrix}$$

3. 证明：$(\boldsymbol{a}\times\boldsymbol{b},\ \boldsymbol{c}\times\boldsymbol{d},\ \boldsymbol{e}\times\boldsymbol{f})=(\boldsymbol{a},\boldsymbol{b},\boldsymbol{d})(\boldsymbol{c},\boldsymbol{e},\boldsymbol{f})-(\boldsymbol{a},\boldsymbol{b},\boldsymbol{c})(\boldsymbol{d},\boldsymbol{e},\boldsymbol{f})$

4. 求三平面 $\boldsymbol{r}\cdot\boldsymbol{a}=\boldsymbol{\alpha}$，$\boldsymbol{r}\cdot\boldsymbol{b}=\boldsymbol{\beta}$，$\boldsymbol{r}\cdot\boldsymbol{c}=\boldsymbol{\gamma}$，平行于同一直线的条件。

5. 证明向量函数的极限性。

6. 求证常向量的微商等于零。

7. 设曲线(C)：$\boldsymbol{r}=\boldsymbol{r}(t)$ 不通过原点，$\boldsymbol{r}(t_0)$ 是(C) 距原点最近的点且 $\boldsymbol{r}'(t_0)\neq\boldsymbol{0}$，证明 $\boldsymbol{r}(t_0)$ 正交于 $\boldsymbol{r}'(t_0)$。

8. 证明：变向量 $\boldsymbol{r}(t)$ 平行于固定平面的充要条件为$(\boldsymbol{r},\boldsymbol{r}',\boldsymbol{r}'')=0$。

第 1 章　曲线的局部性质

1.1　曲线的概念

我们首先介绍拓扑映射（或同胚）的概念。

给出两个点集 A，B，设对应 $f: A \to B$ 是一个映射。如果对于 A 中的任意两个元素 x 和 y，只要 $x \neq y$，就有 $f(x) \neq f(y)$，那么就称 f 是 A 到 B 的一个单映射，简称“单射”。如果 $f(A) = B$，那么称 f 是 A 到 B 的一个满映射，简称“满射”。如果 $f: A \to B$ 是一个单射，同时又是满射，则称这个映射 f 是 1－1 映射。再者，对于 A 中的任一个点 x 和任一个数 $\varepsilon > 0$，都存在着数 $\delta > 0$，使得对于 A 中与 x 的距离小于 δ 的任意一点 y 来说，B 中的点 $f(y)$ 与 $f(x)$ 的距离小于 ε，则称映射 f 为连续映射。

给出欧氏空间的两个点集 A，B，如果对应 $f: A \to B$ 是 1－1 的连续映射，而且逆映射 $f^{-1}: B \to A$ 也是连续的，则 f 称作拓扑映射或同胚。亦称点集 A 与 B 是同胚的。

下面给出曲线的概念：

如果点集 A 是由开的直线段上的点所组成，它到 E^3 内的点集 B 建立的对应 $f: A \to B$ 是一个拓扑映射，则称 B 为简单曲线段。即简单曲线段是开的直线段在 E^3 中的同胚象。直观地说，对直线段进行不粘连、不断裂的任意弯曲变形后，就得到一条简单曲线段。例如圆弧、圆柱螺线等等。

应该指出，由于本章的内容是研究曲线的局部理论，所以我们只要有简单曲线段的概念就可以了，今后所讨论的曲线都是指简单曲线段，不另作声明。

在直线段上引入坐标 t（$a<t<b$），在 E^3 中引入笛卡尔直角坐标（x，y，z），则上述映射的解析表达式是

$$\begin{cases} x=x(t) \\ y=y(t) \\ z=z(t) \end{cases} \quad (a<t<b) \tag{1.1.1}$$

（1.1.1）称为曲线的参数方程，t 称为曲线的参数。显然，曲线的参数方程可以表示成向量函数的形式

$$\boldsymbol{r}=\boldsymbol{r}(t)=(x(t),y(t),z(t)) \tag{1.1.2}$$

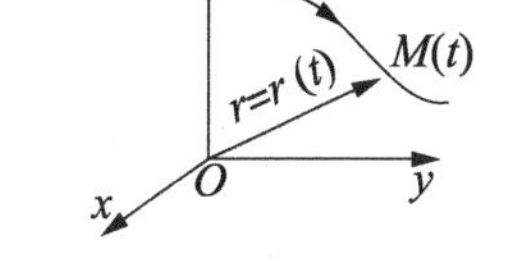

图 1.1

这时，曲线上任何一点 M 的径矢 $\boldsymbol{OM}=\boldsymbol{r}$ 对应区间（a，b）中唯一的参数 t（图 1.1）。

我们约定，今后所说的“曲线的方向”指的是曲线上的点对应的参数增加的方向。

由解析几何知道，下列曲线的参数方程和向量函数的形式

1. 圆 $\begin{cases} x=R\cos\theta \\ y=R\sin\theta \end{cases} \quad (0\leqslant\theta<2\pi)$

$$\boldsymbol{r}(\theta)=(R\cos\theta,R\sin\theta,0)$$

2. 椭圆 $\begin{cases} x=a\cos t \\ y=b\sin t \end{cases} \quad (0\leqslant t<2\pi)$

$$\boldsymbol{r}(t)=(a\cos t,b\sin t,0)$$

3. 双曲线(一支) $\begin{cases} x=a\operatorname{ch}u \\ y=b\operatorname{sh}u \end{cases} \quad (-\infty<u<+\infty)$

$$\boldsymbol{r}(u)=(a\operatorname{ch}u,b\operatorname{sh}u,0)$$

4. 抛物线 $\begin{cases} x=t \\ y=\sqrt{2pt} \end{cases} \quad (0\leqslant t<+\infty)$

$$\boldsymbol{r}(t)=(t,\sqrt{2pt},0)$$

5. 圆柱螺线 $\begin{cases} x=a\cos t \\ y=a\sin t \\ z=bt \end{cases} \quad (-\infty<t<+\infty)$（图 1.2）

$$\boldsymbol{r}(t)=(a\cos t,a\sin t,bt)$$

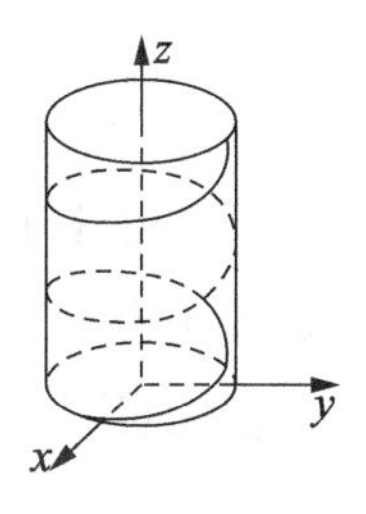

图 1.2

为了研究的方便和确切，我们对曲线的方程（1.1.2）做以下的限制：

(1) $x(t)$，$y(t)$，$z(t)$ 三个函数在 (a,b) 上都是单值的。

(2) $x(t)$，$y(t)$，$z(t)$ 三个函数在 (a,b) 上都是解析的。也就是说，它们在 (a,b) 上任意一点都能展成泰勒级数。

(3) 满足不等式 $\left(\frac{dx}{dt}\right)^2+\left(\frac{dy}{dt}\right)^2+\left(\frac{dz}{dt}\right)^2>0$，即 $\boldsymbol{r}(t)\neq\boldsymbol{0}$。

凡满足上述条件的点叫作正则点（或正常点），如果曲线上的点都是正则点，则此曲线叫作正则曲线（或正规曲线）。

今后，我们研究的曲线假定是正则的。

如果 $\boldsymbol{r}(t)$ 是 C^k 类的向量函数，则称曲线 $\boldsymbol{r}=\boldsymbol{r}(t)$ 是 C^k 类的。特殊地，称 C^1 类曲线为光滑曲线。

1.2 曲线的切向量 自然参数

给出曲线 (C)

$$\boldsymbol{r}=\boldsymbol{r}(t)\quad t\in(a,b)$$

上一点 M，它所对应的参数为 $t_0\in(a,b)$（以后简记为 $M(t_0)$，$M'(t_0+\Delta t)$ 是 M 邻近的点，M 到 M' 的方向是曲线的正向，因此 $\Delta t>0$，当 $M'\to M$ 时，割线 MM' 的极限位置 l，称为曲线 (C) 在 M 点的切线，M 点是切点（图 1.3）。

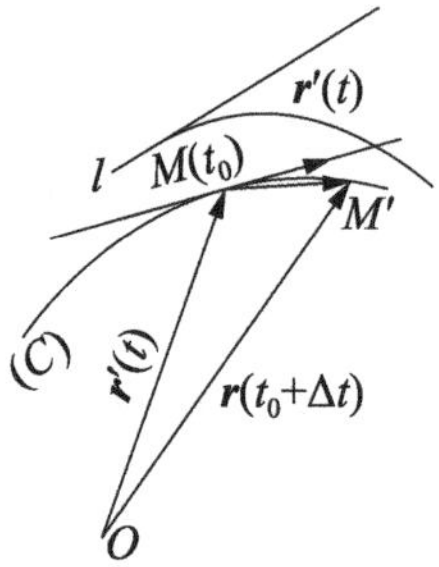

图 1.3

我们定义曲线 (C) 在 $M(t_0)$ 点的切向量如下：

设 M,M' 的径矢分别为 $\boldsymbol{r}(t_0)$ 与 $\boldsymbol{r}(t_0+\Delta t)$，显然

$$\frac{\boldsymbol{r}(t_0+\Delta t)-\boldsymbol{r}(t_0)}{\Delta t} \tag{1.2.1}$$

是割线 MM' 上的向量。当 $M'\to M$，即 $\Delta t\to 0$ 时，向量（1.2.1）的极限位置是 M 点切线上的向量，该向量称为曲线 (C) 在 M 点的切向量。由向量函数的导向量的意义可知，曲线 (C) 在 M 点的切向量就是 $\boldsymbol{r}'(t_0)$，即

$$\boldsymbol{r}'(t_0)=\lim_{\Delta t\to 0}\frac{\boldsymbol{r}(t_0+\Delta t)-\boldsymbol{r}(t_0)}{\Delta t}$$

切向量用符号 $\boldsymbol{\alpha}(t)$ 来表示。于是

$$\boldsymbol{\alpha}(t) = \boldsymbol{r}'(t) = (\boldsymbol{x}'(t), \boldsymbol{y}'(t), \boldsymbol{z}'(t))$$

注意：(1) 由于我们研究的曲线是正则的，所以$\boldsymbol{\alpha}(t) = \boldsymbol{r}'(t) \neq \boldsymbol{0}$，也就是说，正则曲线上每一点的切向量是唯一确定的。

(2) $\boldsymbol{\alpha}(t)$ 的方向与曲线的方向一致。

(3) $\boldsymbol{\alpha}(t)$ 一般说来不是单位向量。

曲线上每一点的切向量$\boldsymbol{\alpha}(t)$，若是单位向量，将会对曲线的讨论带来许多方便。为此，我们引入曲线的自然参数。

由一元微积分知道，对于空间曲线的方程

$$\boldsymbol{r}(t) = (x(t), y(t), z(t))$$

或$\begin{cases} x = x(t) \\ y = y(t) \\ z = z(t) \end{cases}$

对应于参数 a，b 间曲线的弧长 s_0 为定积分

$$s_0 = \int_a^b \sqrt{[x'(t)]^2 + [y'(t)]^2 + [z'(t)]^2}\,\mathrm{d}t = \int_a^b \left|\boldsymbol{r}'(t)\right| \mathrm{d}t$$

若变更积分上限，曲线的弧长 s 是参数 t 的函数

$$s = s(t) = \int_a^t \left|\boldsymbol{r}'(t)\right| \mathrm{d}t$$

这时，t 增加的方向与 s 增加的方向一致，由于

$$\boldsymbol{s}'(t) = |\boldsymbol{r}'(t)| > 0$$

故 $s(t)$ 是 t 的单调递增函数，因而存在着连续的反函数

$$t = t(s) \quad s \in [0, s_0]$$

于是，曲线可表示成弧长 s 的可微函数

$$\boldsymbol{r}[t(s)] = \bar{\boldsymbol{r}}(s) = (x(s), y(s), z(s))$$

我们称以曲线的弧长 s 为参数的曲线是由自然参数给定的，弧长 s 称为自然参数。

为了区别自然参数s与一般参数t(或u, v, θ等) 和今后讨论问题的方便，我们做以下的约定：

(1) 曲线的方程由一般参数给出

$$\boldsymbol{r} = \boldsymbol{r}(t) = (x(t), y(t), z(t)) \quad t \in [a, b]$$

曲线的方程由自然参数给出

$$\boldsymbol{r} = \boldsymbol{r}(s) = (x(s), y(s), z(s)) \quad s \in [0, s_0]$$

(2) 用“.”代替“,”表示自然参数的向量函数的微分运算。

例如:

$$\boldsymbol{\alpha}(s) = \frac{\mathrm{d}\boldsymbol{r}(s)}{\mathrm{d}s} = \dot{\boldsymbol{r}}(s) = \left(\dot{x}(s), \dot{y}(s), \dot{z}(s)\right)$$

$$\frac{\mathrm{d}^2\boldsymbol{r}(s)}{\mathrm{d}s^2} = \ddot{\boldsymbol{r}}(s) = \left(\ddot{x}(s), \ddot{y}(s), \ddot{z}(s)\right)$$

…

从以下的命题可以看到自然参数的优越性。

命题: 曲线 $\boldsymbol{r} = \boldsymbol{r}(s)$ 上任意一点的切向量是单位向量。

证明: 由 $s(t) = \int_a^t \left|\boldsymbol{r}'(t)\right| \mathrm{d}t$

得 $\mathrm{d}s = |\boldsymbol{r}'(t)|\mathrm{d}t$

于是, $\mathrm{d}s^2 = |\boldsymbol{r}'(t)|^2\mathrm{d}t^2 = [\boldsymbol{r}'(t)]^2\mathrm{d}t^2 = [\boldsymbol{r}'(t)\mathrm{d}t]^2 = [\mathrm{d}\boldsymbol{r}(t)]^2$

因此, $\frac{\mathrm{d}\boldsymbol{r}^2}{\mathrm{d}s^2} = 1$, $\left|\frac{\mathrm{d}\boldsymbol{r}}{\mathrm{d}s}\right| = 1$

也就是, $|\dot{\boldsymbol{r}}(s)| = |\boldsymbol{\alpha}(s)| = 1$

1.3 空间曲线上的活动标架

1.3.1 空间曲线上一点的切线和法面

设 $M(s)$ 是空间曲线 $\boldsymbol{r} = \boldsymbol{r}(s)$, $s \in [0, s_0]$ 上的一点, 该点的切线 l 以单位切向量 $\boldsymbol{\alpha}(s) = \dot{\boldsymbol{r}}(s)$ 为方向矢(图 1.4)。因此, 我们很容易写出切线 l 的方程

$$\boldsymbol{R} - \boldsymbol{r}(s) = \lambda(s)\dot{\boldsymbol{r}}(s) \tag{1.3.1}$$

其中 $\boldsymbol{R} = (X, Y, Z)$ 是 l 上任意一点的径矢, $\lambda(s)$ 是参数。(1.3.1) 用坐标

$$\frac{X - x(s)}{\dot{x}(s)} = \frac{Y - y(s)}{\dot{y}(s)} = \frac{Z - z(s)}{\dot{z}(s)}$$

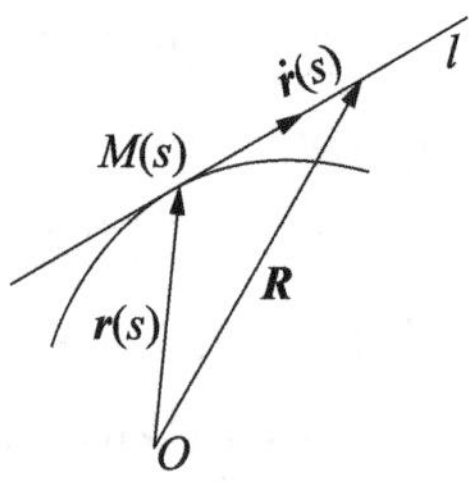

表示。过 $M(s)$ 点与切线 l 垂直的平面,叫作曲线在 $M(s)$ 点的法面(图 1.5)。设

图 1.4

$\boldsymbol{\rho}=(X,Y,Z)$ 为法面 N 上任意一点的径矢，则曲线在 M 点的法面 N 的方程

$$[\boldsymbol{\rho}-\boldsymbol{r}(s)]\cdot\dot{\boldsymbol{r}}(s)=0 \qquad (1.3.2)$$

用坐标表示

$$[X-x(s)]\cdot\dot{x}(s)+[Y-y(s)]\cdot\dot{y}(s)+[Z-z(s)]\cdot\dot{z}(s)=0$$

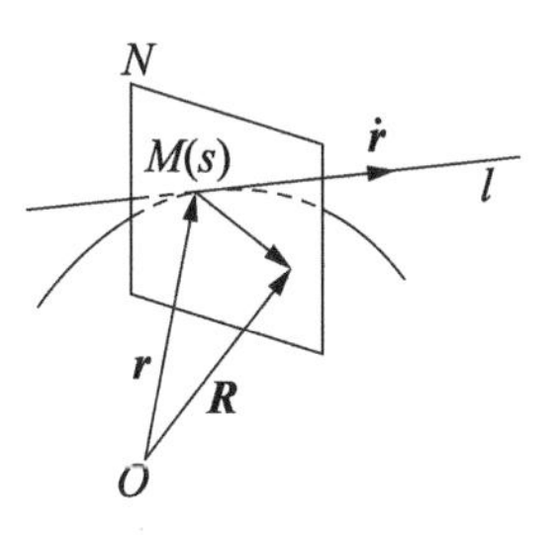

图 1.5

1.3.2　空间曲线上一点的密切面，副法线

设曲线上 $M(s)$ 点的邻近点 $M'(s+\Delta s)$ 和 $M(s)$ 点的切线 l 所确定的平面为 π。当 $M\to M'$，即 $\Delta s\to 0$ 时，平面 π 的极限位置，叫作曲线在 $M(s)$ 点的密切平面。设它的法向量(与 π 垂直的向量)为 $\boldsymbol{N}$。下面导出密切平面的方程。

由定义，π 过 $\boldsymbol{\alpha}(s)=\dot{\boldsymbol{r}}(s)$ 和点 $M'(s+\Delta s)$、$M(s)$，因此 π 的法向量是 $\dot{\boldsymbol{r}}\times\boldsymbol{MM'}$。当 $\Delta s\to 0$ 时，$\dot{\boldsymbol{r}}\times\boldsymbol{MM'}\to\boldsymbol{N}(s)$。

因为

$$\begin{aligned}\boldsymbol{MM'}&=\boldsymbol{r}(s+\Delta s)-\boldsymbol{r}(s)\\&=\boldsymbol{r}(s)+\dot{\boldsymbol{r}}\cdot\Delta s+\frac{1}{2!}\left(\ddot{\boldsymbol{r}}(s)+\boldsymbol{\varepsilon}\right)\Delta s^2-\boldsymbol{r}(s)\end{aligned}$$

其中，$\Delta s\to 0$ 时，$\boldsymbol{\varepsilon}\to\boldsymbol{0}$。

所以，$\dfrac{2}{\Delta s^2}\left[\boldsymbol{MM'}-\dot{\boldsymbol{r}}(s)\cdot\Delta s\right]=\ddot{\boldsymbol{r}}(s)+\boldsymbol{\varepsilon}$ 是平面 π 上的一个向量，于是 π 的法向量为

$$\dot{\boldsymbol{r}}(s)\times[\ddot{\boldsymbol{r}}(s)+\boldsymbol{\varepsilon}]$$

当 $\Delta s\to 0$ 时，$\dot{\boldsymbol{r}}(s)\times[\ddot{\boldsymbol{r}}(s)+\boldsymbol{\varepsilon}]\to\dot{\boldsymbol{r}}(s)\times\ddot{\boldsymbol{r}}(s)=\boldsymbol{N}(s)$

若假定 $\dot{\boldsymbol{r}}\times\ddot{\boldsymbol{r}}\neq\boldsymbol{0}$，则曲线在 $M(s)$ 点的密切面的方程为

$$[\boldsymbol{R}-\boldsymbol{r}(s)]\cdot[\dot{\boldsymbol{r}}(s)\times\ddot{\boldsymbol{r}}(s)]=0 \qquad (1.3.3)$$

或 $\left(\boldsymbol{R}-\boldsymbol{r}(s),\dot{\boldsymbol{r}}(s),\ddot{\boldsymbol{r}}(s)\right)=0$

其中，$\boldsymbol{R}=(X,Y,Z)$ 为密切面上任意一点的径矢。

坐标表示：

$$\begin{vmatrix}X-x(s) & Y-y(s) & Z-z(s)\\ \dot{x}(s) & \dot{y}(s) & \dot{z}(s)\\ \ddot{x}(s) & \ddot{y}(s) & \ddot{z}(s)\end{vmatrix}=0$$

我们把密切面的法向量 $\boldsymbol{N}=\dot{\boldsymbol{r}}\times\ddot{\boldsymbol{r}}$ 的单位向量，记为 $\boldsymbol{\gamma}(s)$，即

$$\boldsymbol{\gamma}(s)=\frac{\dot{\boldsymbol{r}}\times\ddot{\boldsymbol{r}}}{|\dot{\boldsymbol{r}}\times\ddot{\boldsymbol{r}}|}$$

称 $\boldsymbol{\gamma}(s)$ 为曲线在 $M(s)$ 点的副法向量。

注意：(1) 因为 $|\dot{\boldsymbol{r}}\times\ddot{\boldsymbol{r}}|^2=(\dot{\boldsymbol{r}}\times\ddot{\boldsymbol{r}})^2=(\dot{\boldsymbol{r}}\cdot\dot{\boldsymbol{r}})(\ddot{\boldsymbol{r}}\cdot\ddot{\boldsymbol{r}})-(\dot{\boldsymbol{r}}\cdot\ddot{\boldsymbol{r}})(\dot{\boldsymbol{r}}\times\ddot{\boldsymbol{r}})$

又因为 $|\dot{\boldsymbol{r}}|=1$

所以 $\dot{\boldsymbol{r}}\cdot\boldsymbol{r}=1$，且据引理1 $\dot{\boldsymbol{r}}\cdot\ddot{\boldsymbol{r}}=0$

因此，$|\dot{\boldsymbol{r}}\times\ddot{\boldsymbol{r}}|^2=\ddot{\boldsymbol{r}}\times\ddot{\boldsymbol{r}}=\ddot{\boldsymbol{r}}^2=|\ddot{\boldsymbol{r}}|^2$，$|\dot{\boldsymbol{r}}\times\ddot{\boldsymbol{r}}|=|\ddot{\boldsymbol{r}}|$

于是 $\boldsymbol{\gamma}(s)=\dfrac{\dot{\boldsymbol{r}}\times\ddot{\boldsymbol{r}}}{|\ddot{\boldsymbol{r}}|}$

(2) 由 $\boldsymbol{\gamma}(s)$ 的意义，$\boldsymbol{\gamma}(s)\perp\dot{\boldsymbol{r}}(s)=\boldsymbol{\alpha}(s)$

(3) 曲线在一点的密切面与法面互相垂直，且 $\boldsymbol{\gamma}(s)$ 位于法面内。

以 $\boldsymbol{\gamma}(s)$ 为方向矢且过 M 点的直线叫作曲线在 M 点的副法线。它的方程为

$$\boldsymbol{R}-\boldsymbol{r}(s)=\lambda(s)\,\boldsymbol{\gamma}(s) \tag{1.3.4}$$

1.3.3 空间曲线上一点的主法线，从切面

命
$$\begin{aligned}\boldsymbol{\beta}(s)&=\boldsymbol{\gamma}(s)\times\boldsymbol{\alpha}(s)\\&=\left(\frac{\dot{\boldsymbol{r}}\times\ddot{\boldsymbol{r}}}{|\ddot{\boldsymbol{r}}|}\right)\times\dot{\boldsymbol{r}}=\frac{1}{|\ddot{\boldsymbol{r}}|}\left[\left(\dot{\boldsymbol{r}}\times\ddot{\boldsymbol{r}}\right)\times\dot{\boldsymbol{r}}\right]\\&=\frac{1}{|\ddot{\boldsymbol{r}}|}\left[\left(\dot{\boldsymbol{r}}\cdot\dot{\boldsymbol{r}}\right)\ddot{\boldsymbol{r}}-\left(\ddot{\boldsymbol{r}}\cdot\dot{\boldsymbol{r}}\right)\dot{\boldsymbol{r}}\right]\\&=\frac{\ddot{\boldsymbol{r}}}{|\ddot{\boldsymbol{r}}|}\end{aligned}$$

即 $\boldsymbol{\beta}(s)=\boldsymbol{\gamma}(s)\times\boldsymbol{\alpha}=\dfrac{\ddot{\boldsymbol{r}}}{|\ddot{\boldsymbol{r}}|}$

显然，$\boldsymbol{\beta}$ 是一个单位向量。我们把 $\boldsymbol{\beta}(s)$ 叫作曲线在 $\boldsymbol{M}(s)$ 点的主法向量。过 $\boldsymbol{M}(s)$ 点以 $\boldsymbol{\beta}(s)$ 为方向矢的直线，叫作曲线在 $\boldsymbol{M}(s)$ 点的主法线。过 $\boldsymbol{M}(s)$ 点且以 $\boldsymbol{\beta}(s)$ 为法向量的平面叫作曲线在 $\boldsymbol{M}(s)$ 点的从切面。请读者写出主法线和从切面的方程。

由 $\boldsymbol{\beta}(s)$ 的意义知道，$\boldsymbol{\beta}\perp\boldsymbol{\alpha}$，$\boldsymbol{\beta}\perp\boldsymbol{\gamma}$，且 $\boldsymbol{\alpha},\boldsymbol{\beta},\boldsymbol{\gamma}$ 成右手系；$\boldsymbol{\alpha},\boldsymbol{\gamma}$ 位于从切面内，因此从切面分别与法面和密切面垂直。

综合上述，空间曲线上 $\boldsymbol{M}(s)$ 点处有以三个基本向量 $\boldsymbol{\alpha},\boldsymbol{\beta},\boldsymbol{\gamma}$ 为方向矢的直

线，即切线，法线，副法线。还有三个基本平面：副面、密切面和从切面。它们和$\boldsymbol{M}(s)$点构成了空间曲线在一点的基本三棱形。三个基本向量$\boldsymbol{\alpha}$，$\boldsymbol{\beta}$，$\boldsymbol{\gamma}$是单位的、两两正交的、且成右手系，它们和$\boldsymbol{M}(s)$点构成曲线在该点的一个“标架”（一个局部坐标系），当$\boldsymbol{M}(s)$点在曲线上运动时，这个标架作为刚体也在运动，因此称它为空间曲线上的活动标架，记为$\left[\boldsymbol{M}(s);\boldsymbol{\alpha}(s),\boldsymbol{\beta}(s),\boldsymbol{\gamma}(s)\right]$。它对空间曲线的研究起着重要作用（图 1.6）。

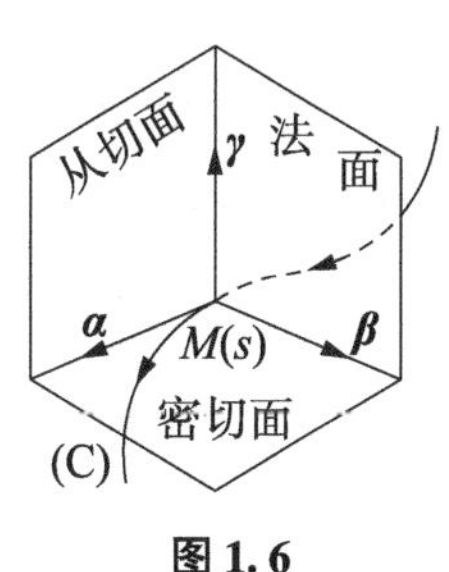

图 1.6

对于曲线的一般参数表示

$$\boldsymbol{r}=\boldsymbol{r}(t)$$

$$\boldsymbol{\alpha}(t)=\frac{\boldsymbol{r}'}{|\boldsymbol{r}'|}\qquad \boldsymbol{\gamma}=\frac{\boldsymbol{r}'\times\boldsymbol{r}''}{|\boldsymbol{r}'\times\boldsymbol{r}''|}$$

$$\boldsymbol{\beta}=\boldsymbol{\gamma}\times\boldsymbol{\alpha}=\frac{(\boldsymbol{r}'\cdot\boldsymbol{r}')\boldsymbol{r}''-(\boldsymbol{r}'\cdot\boldsymbol{r}'')\boldsymbol{r}'}{|\boldsymbol{r}'||\boldsymbol{r}'\times\boldsymbol{r}''|}$$

习题

1. 求下列曲线（从$t=0$起）的弧长：

（1）双曲线$\boldsymbol{r}=(a\mathrm{ch}t,\ a\mathrm{sh}t,\ at)$

（2）悬链线$\boldsymbol{r}=\left(t,\ a\mathrm{ch}\dfrac{t}{a},0\right)$

（3）曳物线$\boldsymbol{r}=(a\cos t,\ a\ln(\sec t+\tan t)-a\sin t,0)$

2. 求平面曲线的极坐标方程$\rho=\rho(\theta)$下的弧长公式，其中ρ为极径，θ为极角。

3. 用自然参数表示圆柱螺线与双曲线。

4. 设曲线(C)：$\boldsymbol{r}=\boldsymbol{r}(t)$不通过原点，$\boldsymbol{r}(t_0)$是$(C)$距原点最近的点且$\boldsymbol{r}'(t_0)\neq\boldsymbol{0}$。证明$\boldsymbol{r}(t_0)\perp\boldsymbol{r}'(t_0)$。

5. 求三次挠曲线$\boldsymbol{r}=(at,\ bt^2,\ ct^3)$在$t_0$点的切线和法面方程。

6. 对于圆柱螺线$\boldsymbol{r}=(a\cos\theta,\ a\sin\theta,\ b\theta)$

（1）求它在点$(1,0,0)$的切线、法面和密切面的方程。

(2) 证明它任意一点的切线和 z 轴成固定角，而主法线和 z 轴平行。

7. 求螺旋线 $x = \cos t$, $y = \sin t$, $z = t$ 在点 $t = 0$ 的三个基本向量 $\boldsymbol{\alpha}(0)$, $\boldsymbol{\beta}(0)$, $\boldsymbol{\gamma}(0)$。

8. 若 π 是通过曲线 $\boldsymbol{r} = \boldsymbol{r}(s)$ 在 $M_0(s_0)$ 点切线的平面，且 $d(\Delta s)$ 为点 $M(s_0 + \Delta s)$ 到平面 π 的距离。证明：当且仅当 $\lim\limits_{\Delta s \to 0} \dfrac{d(\Delta s)}{\Delta s^2} = 0$ 时，平面 π 为曲线在 M_0 点的密切面。

9. 在曲线 $x = \cos\alpha\cos t$, $y = \cos\alpha\sin t$, $z = t\sin\alpha$ 的副法线的正向取单位长，求其端点组成的新曲线的方程。

1.4 曲率　挠率　Frenet 公式

在不同的曲线或同一条直线的不同点处，曲线弯曲的程度可能是不同的。为了刻画曲线的弯曲程度，引进曲率的概念。

我们可以用曲线切线的旋转速度，来描述曲线在一点的曲率。

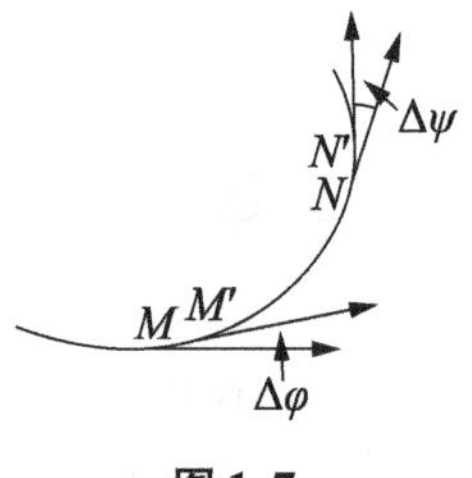

图 1.7

例如，在图 1.7 曲线上，M 点变化到 M' 点与 N 点变化到 N' 点所经过的弧长相等，而切线变化角 $\Delta\varphi < \Delta\psi$，这是由于曲线在 N 点的弯曲程度比在 M 点的弯曲程度大一些。

给定曲线 (C) : $\boldsymbol{r} = \boldsymbol{r}(s)$，设 $M(s)$ 点的切向量为 $\boldsymbol{\alpha}(s)$，其邻近点 $\boldsymbol{M}'(s + \Delta s)$ 的切向量为 $\boldsymbol{\alpha}(s + \Delta s)$（图 1.8）。

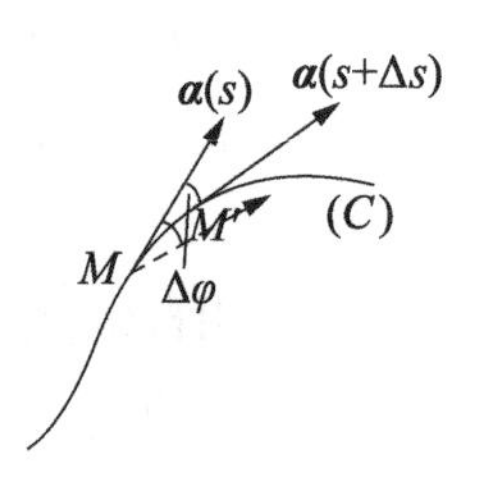

图 1.8

命 $\Delta\varphi = \left(\boldsymbol{\alpha}(s) {}^\wedge \boldsymbol{\alpha}(s + \Delta s)\right)$

于是，曲线段 $\widehat{MM'}$ 间切向量关于弧长参数的平均旋转角为 $\dfrac{\Delta\varphi}{\Delta s}$。

曲线 (C) 在 $M(s)$ 点的曲率（记为 $k(s)$）定义如下：

$$k(s) = \left|\frac{d\varphi}{ds}\right| = \lim_{\Delta s \to 0}\left|\frac{\Delta\varphi}{\Delta s}\right|$$

也就是，曲线在一点的曲率等于该点切向量对弧长的旋转速度。因为$\boldsymbol{\alpha}(s)$是单位向量，由引理 3 可得 $k(s)$ 的计算式

$$k(s)=\left|\frac{\mathrm{d}\varphi}{\mathrm{d}s}\right|=\left|\dot{\boldsymbol{\alpha}}(s)\right|=\left|\ddot{\boldsymbol{r}}(s)\right| \tag{1.4.1}$$

注意：$k(s)$ 的存在要求曲线(C) 是 C^2 类的，这时对曲线的任意点 $k(s)$ 是非负的。显然直线段上诸点的曲率为零。

对于空间曲线,在其上一点不仅弯曲,而且还要扭转(离开切平面),下面介绍刻画曲线扭转程度的量 —— 挠率。

当曲线扭转时，副法向量(或密切面) 的位置随着改变。该曲线(C) 上点 $M(s)$ 的副法向量$\boldsymbol{\gamma}(s)$，其邻近点 $M'(s+\Delta s)$ 的副法向量$\boldsymbol{\gamma}(s+\Delta s)$(图 1.9)，命

$$\Delta\psi=\left(\boldsymbol{\gamma}(s+\Delta s)\,^\wedge\,\boldsymbol{\gamma}(s)\right)$$

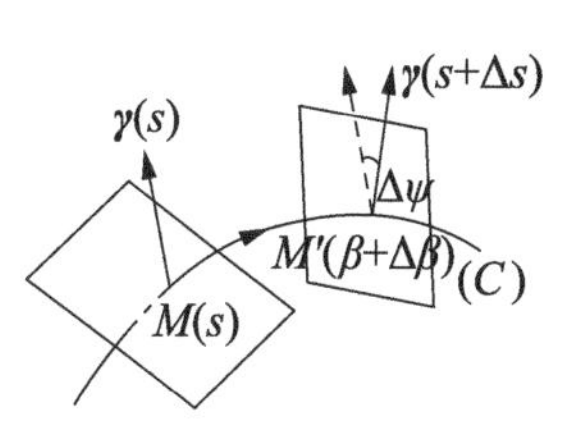

图 1.9

曲线段 MM' 上的平均扭转速度为$\dfrac{\Delta\psi}{\Delta s}$，曲线在 $M(s)$ 点的扭转速度为

$$\left|\frac{\mathrm{d}\psi}{\mathrm{d}s}\right|=\lim_{\Delta s\to 0}\left|\frac{\Delta\psi}{\Delta s}\right|$$

我们称$\left|\dfrac{\mathrm{d}\psi}{\mathrm{d}s}\right|$为曲线$(C)$ 在 $M(s)$ 点的挠率的绝对值，记为$\left|\tau(s)\right|$，即$\left|\tau(s)\right|=\left|\dfrac{\mathrm{d}\psi}{\mathrm{d}s}\right|$。

把引理 3 应用到单位副法向量 $\boldsymbol{\gamma}(s)$ 上，有

$$\left|\dot{\boldsymbol{\gamma}}(s)\right|=\left|\frac{\mathrm{d}\psi}{\mathrm{d}s}\right|$$

因而，$\left|\boldsymbol{\tau}(s)\right|=\left|\dot{\boldsymbol{\gamma}}(s)\right|$

注意：我们这里还未给曲线的挠率以精确的定义，为此做以下的准备。

命题 1：曲线的主法向量$\boldsymbol{\beta}(s)$ 永远指向曲线的凹侧。

证明：如图 1.10，由$\boldsymbol{\beta}(s)=\dfrac{\ddot{\boldsymbol{r}}}{\left|\ddot{\boldsymbol{r}}\right|}=\dfrac{1}{\left|\ddot{\boldsymbol{r}}\right|}\dot{\boldsymbol{\alpha}}(s)$，得

$$\boldsymbol{\beta}(s)\ /\!/\ \dot{\boldsymbol{\alpha}}(s)$$

而 $\dot{\boldsymbol{\alpha}}(s) = \lim\limits_{\Delta s \to 0} \dfrac{\boldsymbol{\alpha}(s+\Delta s) - \boldsymbol{\alpha}(s)}{\Delta s} = \lim\limits_{\Delta s \to 0} \dfrac{\Delta \boldsymbol{\alpha}}{\Delta s}$

因为向量 $\Delta\boldsymbol{\alpha}$ 永远指向曲线的凹侧且曲线在 s 点连续，故命题得证。

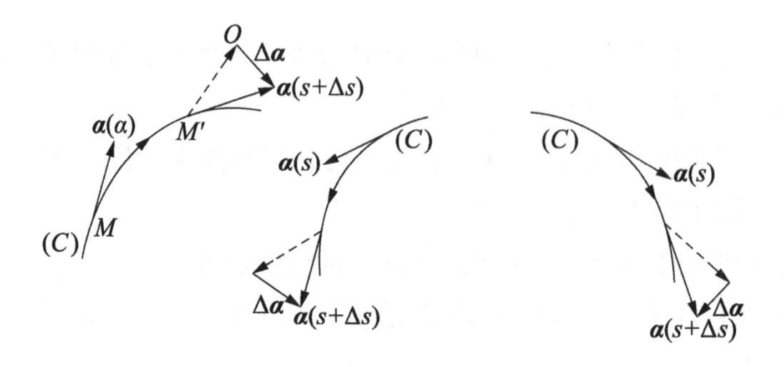

图 1.10

命题 2：对于曲线的主法向量和副法向量有 $\dot{\boldsymbol{\gamma}} \mathbin{/\mkern-5mu/} \boldsymbol{\beta}$。

证明：由于 $\boldsymbol{\gamma}(s)$ 是单位的，据引理 1，$\dot{\boldsymbol{\gamma}} \perp \boldsymbol{\gamma}$

又 $\boldsymbol{\gamma} = \boldsymbol{\alpha} \times \boldsymbol{\beta}$，对 s 求微商

$$\begin{aligned}\dot{\boldsymbol{\gamma}} &= \dot{\boldsymbol{\alpha}} \times \boldsymbol{\beta} + \boldsymbol{\alpha} \times \dot{\boldsymbol{\beta}} = \ddot{\boldsymbol{\gamma}} \times \boldsymbol{\beta} + \boldsymbol{\alpha} \times \dot{\boldsymbol{\beta}} \\ &= \boldsymbol{\alpha} \times \dot{\boldsymbol{\beta}} \Rightarrow \dot{\boldsymbol{\gamma}} \perp \boldsymbol{\alpha}\end{aligned}$$

所以，$\dot{\boldsymbol{\gamma}} \mathbin{/\mkern-5mu/} \boldsymbol{\beta}$。

定义：曲线 (C) 在 $M(s)$ 点的挠率 $\tau(s)$ 的意义，由下式规定：

$$\tau(s) = \begin{cases} + \left|\dfrac{\mathrm{d}\psi}{\mathrm{d}s}\right| = + \left|\dot{\boldsymbol{\gamma}}\right| & \text{当 } \dot{\boldsymbol{\gamma}} \text{ 与 } \boldsymbol{\beta} \text{ 异向} \\ - \left|\dfrac{\mathrm{d}\psi}{\mathrm{d}s}\right| = - \left|\dot{\boldsymbol{\gamma}}\right| & \text{当 } \dot{\boldsymbol{\gamma}} \text{ 与 } \boldsymbol{\beta} \text{ 同向} \end{cases} \tag{1.4.2}$$

因为 $\dot{\boldsymbol{\gamma}}$ 与 $\boldsymbol{\beta}$ 是共线的（命题 1），由（1.4.2）立刻推得下面的公式：

$$\dot{\boldsymbol{\gamma}}(s) = -\boldsymbol{\tau}(s)\boldsymbol{\beta}(s) \tag{1.4.3}$$

另外，由 $\boldsymbol{\beta} = \dfrac{\ddot{\boldsymbol{r}}}{\left|\ddot{\boldsymbol{r}}\right|}$ 和 $k(s) = \left|\ddot{\boldsymbol{r}}\right|$，$\dot{\boldsymbol{\alpha}} = \ddot{\boldsymbol{r}}$，可以得：

$$\dot{\boldsymbol{\alpha}}(s) = k(s)\boldsymbol{\beta} \tag{1.4.4}$$

再对 $\boldsymbol{\beta} = (\boldsymbol{\gamma} \times \boldsymbol{\alpha})$ 两边求微商并利用（1.4.3）和（1.4.4）

$$\dot{\boldsymbol{\beta}} = \dot{\boldsymbol{\gamma}} \times \boldsymbol{\alpha} + \boldsymbol{\gamma} \times \dot{\boldsymbol{\alpha}} = -\tau(s)\boldsymbol{\beta} \times \boldsymbol{\alpha} + \boldsymbol{\gamma} \times k(s)\boldsymbol{\beta} = \tau(s)\boldsymbol{\gamma} - k(s)\boldsymbol{\alpha}$$

即

$$\dot{\boldsymbol{\beta}} = -k(s)\boldsymbol{\alpha} + \tau(s)\boldsymbol{\gamma} \tag{1.4.5}$$

(1.4.3), (1.4.4), (1.4.5) 合称为 Frenet 公式:

$$\begin{cases} \dot{\boldsymbol{\alpha}} = k\boldsymbol{\beta} \\ \dot{\boldsymbol{\beta}} = -k\boldsymbol{\alpha} + \tau\boldsymbol{\gamma} \\ \dot{\boldsymbol{\gamma}} = -\tau\boldsymbol{\beta} \end{cases} \tag{1.4.6}$$

Frenet 公式是空间曲线论的一个最重要的基本公式, 它的特点是,基本向量 $\boldsymbol{\alpha}$, $\boldsymbol{\beta}$, $\boldsymbol{\gamma}$ 关于弧长 s 的微商可以用 $\boldsymbol{\alpha}$, $\boldsymbol{\beta}$, $\boldsymbol{\gamma}$ 的线性组合来表示, 且系数矩阵是反对称方阵

$$\begin{pmatrix} 0 & k(s) & 0 \\ -k(s) & 0 & \tau(s) \\ 0 & -\tau(s) & 0 \end{pmatrix}$$

这时, 活动标架($\boldsymbol{r}$; $\boldsymbol{\alpha}$, $\boldsymbol{\beta}$, $\boldsymbol{\gamma}$) 亦称为空间曲线的 Frenet 标架。

下面推导挠率的计算公式。

由 Frenet 公式, $\dot{\boldsymbol{\gamma}} = -\tau\boldsymbol{\beta}$, 两边点乘 $\boldsymbol{\beta}$① 得

$$\dot{\boldsymbol{\gamma}} \cdot \boldsymbol{\beta} = -\tau\boldsymbol{\beta} \cdot \boldsymbol{\beta} = -\tau$$

因此,

$$\begin{aligned} \tau &= -\dot{\boldsymbol{\gamma}} \cdot \boldsymbol{\beta} = \boldsymbol{\gamma} \cdot \dot{\boldsymbol{\beta}} \text{②} \\ &= (\boldsymbol{\alpha} \times \boldsymbol{\beta}) \cdot \left(\frac{1}{k}\dot{\boldsymbol{\alpha}}\right)^{\cdot} \\ &= \left(\boldsymbol{\alpha} \times \frac{1}{k}\dot{\boldsymbol{\alpha}}\right) \cdot \left[\left(\frac{1}{k}\right)^{\cdot} \dot{\boldsymbol{\alpha}} + \frac{1}{k}\ddot{\boldsymbol{\alpha}}\right] \\ &= \left(\dot{\boldsymbol{r}} \times \frac{1}{k}\ddot{\boldsymbol{r}}\right) \cdot \left[\left(\frac{1}{k}\right)^{\cdot} \ddot{\boldsymbol{r}} + \frac{1}{k}\dddot{\boldsymbol{r}}\right] \\ &= \frac{1}{k^2}\left(\dot{\boldsymbol{r}}, \ddot{\boldsymbol{r}}, \dddot{\boldsymbol{r}}\right) \end{aligned}$$

即

$$\tau(s) = \frac{\left(\dot{\boldsymbol{r}}, \ddot{\boldsymbol{r}}, \dddot{\boldsymbol{r}}\right)}{\left|\ddot{\boldsymbol{r}}\right|^2} \tag{1.4.7}$$

---

① 等式两边点乘一个向量,是常用的一种推导或证明方法。

② 因为 $\boldsymbol{\gamma} \cdot \boldsymbol{\beta} = 0$, 两边求微商得 $\boldsymbol{\gamma} \cdot \boldsymbol{\beta} + \boldsymbol{\gamma} \cdot \boldsymbol{\beta} = 0$,这也是常用的一种方法。

(1.4.1) 至(1.4.7) 是自然参数的曲率和挠率的计算公式，一般参数下的曲率和挠率的计算公式为

$$k(t)=\frac{\left|\boldsymbol{r}'\times\boldsymbol{r}''\right|}{\left|\boldsymbol{r}'\right|^{3}} \tag{1.4.8}$$

$$\tau(t)=\frac{\left(\boldsymbol{r}',\boldsymbol{r}'',\boldsymbol{r}'''\right)}{\left|\boldsymbol{r}'\times\boldsymbol{r}''\right|^{2}} \tag{1.4.9}$$

证明：给出曲线 $\boldsymbol{r}=\boldsymbol{r}(t)\quad t\in(a,b)$

$$\because\ \boldsymbol{r}'=\frac{\mathrm{d}\boldsymbol{r}}{\mathrm{d}s}\cdot\frac{\mathrm{d}s}{\mathrm{d}t}=\dot{\boldsymbol{r}}\frac{\mathrm{d}s}{\mathrm{d}t}$$

$$\therefore\ \left|\boldsymbol{r}'\right|=\left|\frac{\mathrm{d}s}{\mathrm{d}t}\right| \tag{1.4.10}$$

$$\because\ \boldsymbol{r}''=\frac{\mathrm{d}\left(\dot{\boldsymbol{r}}\cdot\frac{\mathrm{d}s}{\mathrm{d}t}\right)}{\mathrm{d}t}=\ddot{\boldsymbol{r}}\frac{\mathrm{d}s}{\mathrm{d}t}\cdot\frac{\mathrm{d}s}{\mathrm{d}t}+\dot{\boldsymbol{r}}\frac{\mathrm{d}^{2}s}{\mathrm{d}t^{2}}$$

$$\therefore\ \boldsymbol{r}'\times\boldsymbol{r}''=\dot{\boldsymbol{r}}\times\ddot{\boldsymbol{r}}\left(\frac{\mathrm{d}s}{\mathrm{d}t}\right)^{3}$$

$$\left|\boldsymbol{r}'\times\boldsymbol{r}''\right|=\left|\dot{\boldsymbol{r}}\right|\times\left|\ddot{\boldsymbol{r}}\right|\left(\frac{\mathrm{d}s}{\mathrm{d}t}\right)^{3}\sin\theta,\ \theta=\left(\dot{\boldsymbol{r}}\wedge\ddot{\boldsymbol{r}}\right)$$

由 $\left|\dot{\boldsymbol{r}}\right|=1\Rightarrow\dot{\boldsymbol{r}}\perp\ddot{\boldsymbol{r}}\Rightarrow\theta=\frac{\pi}{2},\ \sin\theta=1$

并利用 $\left|\boldsymbol{r}'\right|=\left|\frac{\mathrm{d}s}{\mathrm{d}t}\right|$, $\left|\ddot{\boldsymbol{r}}\right|=k$,上式变为

$$\left|\boldsymbol{r}'\times\boldsymbol{r}''\right|=k\left|\boldsymbol{r}'\right|^{3}$$

于是得到

$$k(t)=\frac{\left|\boldsymbol{r}'\times\boldsymbol{r}''\right|}{\left|\boldsymbol{r}'\right|^{3}}$$

再由 $\boldsymbol{r}''' = \dddot{\boldsymbol{r}}\left(\frac{\mathrm{d}s}{\mathrm{d}t}\right)^3 + 3\frac{\mathrm{d}s}{\mathrm{d}t}\cdot\frac{\mathrm{d}^2s}{\mathrm{d}t^2}\ddot{\boldsymbol{r}} + \dot{\boldsymbol{r}}\frac{\mathrm{d}^3s}{\mathrm{d}t^3}$

可以计算 $\left(\boldsymbol{r}', \boldsymbol{r}'', \boldsymbol{r}'''\right) = \left(\frac{\mathrm{d}s}{\mathrm{d}t}\right)^6\left(\dot{\boldsymbol{r}}, \ddot{\boldsymbol{r}}, \dddot{\boldsymbol{r}}\right)$

利用(1.4.7),(1.4.8),(1.4.10) 得到

$$\tau(t) = \frac{\left(\boldsymbol{r}', \boldsymbol{r}'', \boldsymbol{r}'''\right)}{\left|\boldsymbol{r}' \times \boldsymbol{r}''\right|^2}$$

下面举例说明如何应用 Frenet 公式导出某些简单的几何性质。

例 1：若曲线的密切平面处处平行,则曲线是平面曲线。

证明：密切平面平行的条件为：

$\boldsymbol{\gamma}$ = 常向量

将等式两边求微商,得 $\dot{\boldsymbol{\gamma}} = \boldsymbol{0}$, 设 $\boldsymbol{r}_0 = \boldsymbol{r}(0)$, 要证明 $\boldsymbol{r}(s)$ 是平面曲线, 只要证明 $\boldsymbol{\gamma}\cdot(\boldsymbol{r}-\boldsymbol{r}_0) = 0$ 就可以了。由

$(\boldsymbol{\gamma}\cdot(\dot{\boldsymbol{r}}-\boldsymbol{r}_0)) = \boldsymbol{\gamma}\cdot\boldsymbol{\alpha} = 0$ 可知 $\boldsymbol{\gamma}(s)\cdot(\boldsymbol{\gamma}'(s)-\boldsymbol{r}_0)$ 为常数, 但 $\boldsymbol{\gamma}\cdot\ (\boldsymbol{\gamma}'\ (s)-\boldsymbol{r}_0)\mid_{s=0}=0$

故 $\boldsymbol{\gamma}\cdot(\boldsymbol{r}-\boldsymbol{r}_0)\equiv 0$, 这就可以证明 $\boldsymbol{\gamma}(s)$ 落在一平面内。另证从 $\boldsymbol{\gamma}(s)$ = 常向量, 但是 $\dot{\boldsymbol{\gamma}} = 0$, $\left|\dot{\boldsymbol{\gamma}}\right| = 0$, 由挠率 $\tau(s)$ 的定义(1.4.2) 得 $\tau(s) = 0$ 因而有 $\dot{\boldsymbol{r}}(s)\cdot\boldsymbol{\gamma} = 0$, 积分后得 $\boldsymbol{r}(s)\cdot\boldsymbol{\gamma} = a$(常数) 所以曲线在一个平面上, 即曲线是平面曲线。

注意：从 $\boldsymbol{\gamma}$ = 常向量 $\Rightarrow \dot{\boldsymbol{\gamma}} = \boldsymbol{0}$, $\left|\dot{\boldsymbol{\gamma}}\right| = 0$, 由挠率的定义(1.4.2) 可知 $\tau(s)\equiv 0$, 因此, 挠率恒等于零的曲线是平面曲线。

例 2：若曲线的所有法面通过定点, 则曲线是球面曲线。

证明：不妨设曲线 $\boldsymbol{r} = \boldsymbol{r}(s)$ 的法面通过原点, 则

$$\boldsymbol{\alpha}(s)\cdot\boldsymbol{\gamma}(s) = 0$$

由 $(\boldsymbol{r}\cdot\boldsymbol{r})^2 = 2\boldsymbol{r}\cdot\dot{\boldsymbol{r}} = 2\boldsymbol{r}\cdot\boldsymbol{\alpha} = 0$

知道 $\left|\dot{\boldsymbol{r}}\right|^2$ = 常数, 即曲线 $\boldsymbol{r} = \boldsymbol{r}(s)$ 落在一个球面上。

例 3：设 $\boldsymbol{r} = \boldsymbol{r}(s)$ 是单位球面 s^2 上的一条曲线, 它的曲率 k 和挠率 τ 都不等于零, 则 $\boldsymbol{r} = -\rho\boldsymbol{\beta} - \dot{\rho}\sigma\boldsymbol{\gamma}$ 其中 $\rho = \frac{1}{k}$(称为曲率半径), $\sigma = \frac{1}{\tau}$(称为挠率半径)。

证明：设 $\boldsymbol{r} = a\boldsymbol{\alpha} + b\boldsymbol{\beta} + c\boldsymbol{\gamma}$，因 $\boldsymbol{r}(s)$ 在 s^2 上，故有 $\left|\boldsymbol{r}\right|^2 = 1$

将等式两边求导，得 $2\boldsymbol{r} \cdot \dot{\boldsymbol{r}} = 0$ 或 $a = \boldsymbol{r} \cdot \boldsymbol{\alpha} = 0$

再对此等式两边求导，得 $\dot{\boldsymbol{r}} \cdot \boldsymbol{\alpha} + \boldsymbol{r} \cdot \dot{\boldsymbol{\alpha}} = 0$ 或 $\boldsymbol{\alpha}^2 + \boldsymbol{r}(k \cdot \boldsymbol{\beta}) = 0$

因此 $b = \boldsymbol{r} \cdot \boldsymbol{\beta} = -\dfrac{1}{k} = -\rho$，

再对等式 $\boldsymbol{r} \cdot \boldsymbol{\beta} = -\rho$ 两边求导，得

$-\dot{\rho} = \dot{\boldsymbol{r}} \cdot \boldsymbol{\beta} + \boldsymbol{r} \cdot \dot{\boldsymbol{\beta}} = \boldsymbol{r} \cdot (-k\boldsymbol{\alpha} + \tau\boldsymbol{\gamma}) = \tau\boldsymbol{r} \cdot \boldsymbol{\gamma}$

可知 $c = \boldsymbol{r} \cdot \boldsymbol{\gamma} = \dfrac{-\dot{\rho}}{\tau} = -\dot{\rho}\sigma$。得证。

从上述例子可以初步看到，应用 Frenet 公式解这类问题的方法大致分三步：

(1) 将几何条件表达为代数方程；

(2) 微分这些表达式（尽可能多的次数），并将 Frenet 公式与几何条件代入；

(3) 解释所得结果的几何意义。

最后，我们介绍一下关于曲率圆（密切圆）的概念。

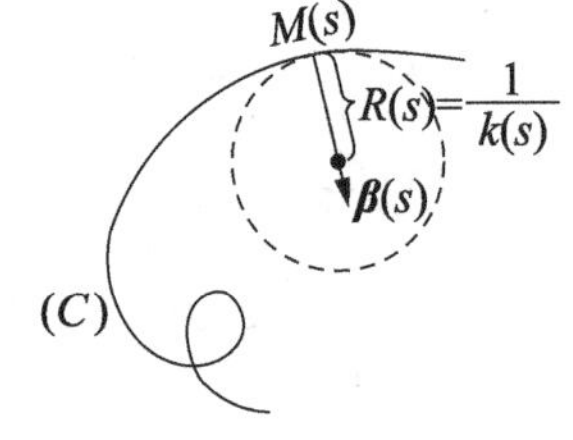

图 1.11

如图 1.11，曲线 (C)：$\boldsymbol{r} = \boldsymbol{r}(s)$ 上一点 $M(s)$ 的曲率圆是满足下列条件的圆：

(1) 它位于 $M(s)$ 点的密切面上；

(2) 圆心（称为曲率中心）在 $\boldsymbol{\beta}(s)$ 的正向上；

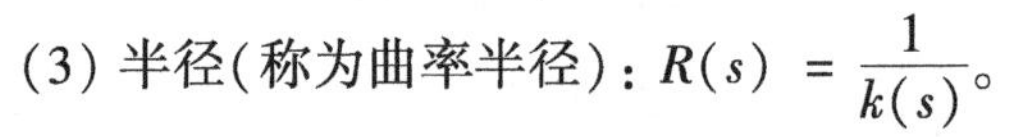
(3) 半径（称为曲率半径）：$R(s) = \dfrac{1}{k(s)}$。

当 $M(s)$ 点在曲线 (C) 上变动时，曲率中心的轨迹是一条新的曲线 (C')，它的方程是

$$\boldsymbol{\rho}(s) = \boldsymbol{r}(s) + \frac{1}{k(s)}\boldsymbol{\beta}(s)$$

但是要注意曲线（C）的弧长 s 不再是新曲线（C'）的自然参数，而是一般参数了。

例 4：如果一条曲线有相同的曲率中心，求证：它是一个圆。

证明：设给定的曲线（C）：$\boldsymbol{r} = \boldsymbol{r}(s)$。它的曲率中心的轨迹方程

$$\boldsymbol{\rho}(s)=\boldsymbol{r}(s)+\frac{1}{k(s)}\boldsymbol{\beta}(s)$$

由已知$\boldsymbol{\rho}$是不依赖于 s 的常向量，上式两边求导

$$\dot{\boldsymbol{r}}+\frac{\dot{\boldsymbol{\beta}}}{k}-\frac{\dot{k}}{k^2}\boldsymbol{\beta}=0$$

$$\boldsymbol{\alpha}+\frac{1}{k}(-k\boldsymbol{\alpha}+\tau\boldsymbol{\gamma})-\frac{\dot{k}}{k^2}\boldsymbol{\beta}=0$$

$$\frac{\tau}{k}\boldsymbol{\gamma}-\frac{\dot{k}}{k^2}\boldsymbol{\beta}=0$$

$$\left.\begin{array}{l}\dot{k}=0\Rightarrow k(s)=\text{常数}\\ \tau=0\Rightarrow(C)\text{ 是平面曲线}\end{array}\right\}\text{故}(C)\text{ 是圆。}$$

习题

1. 求以下曲线的曲率和挠率：

(1) $\boldsymbol{r}=(a\text{ch}t,\ a\text{sh}t,\ at)$

(2) $\boldsymbol{r}=(a(3t-t^3),\ 3at^2,\ a(3t-t^3))\quad(a>0)$

2. 曲线$\boldsymbol{r}=(\cos^3t,\ \sin^3t,\ \cos2t)$，求：(1) 基本向量$\boldsymbol{\alpha},\boldsymbol{\beta},\boldsymbol{\gamma}$，(2) 曲率和挠率，(3) 验证 Frenet 公式。

3. 证明如果曲线的所有切线都经过一个定点，则此曲线是直线。

4. 证明如果曲线的所有密切面都经过一个定点，则曲线是平面曲线。

5. 设在两条曲线Γ，$\overline{\Gamma}$的点之间建立了一一对应关系，使它们在对应点的切线平行。证明它们在对应点的主法线及副法线也分别平行。

6. 曲线$\boldsymbol{r}=\left(a(t-\sin t),\ a(1-\cos t),\ 4a\cos\frac{t}{2}\right)$在哪些点的曲率半径最大?

7. 设 s 是单位球面上曲线(C):$\boldsymbol{r}=\boldsymbol{r}(s)$ 的弧长，证明：存在一组向量$\boldsymbol{a}(s)$，$\boldsymbol{b}(s)$，$\boldsymbol{c}(s)$ 及函数$\boldsymbol{\lambda}(s)$，使

$$\begin{cases}\dot{\boldsymbol{a}}(s)=\boldsymbol{b}\\ \dot{\boldsymbol{b}}(s)=-\boldsymbol{a}+\lambda(s)\boldsymbol{c}\\ \dot{\boldsymbol{c}}(s)=-\boldsymbol{\lambda}(s)\boldsymbol{b}\end{cases}$$

8. 设 s 是曲线 $(C): \boldsymbol{r}=\boldsymbol{r}(s)$ 的弧长。$k,\tau>0$；曲线 $(C_1): \boldsymbol{r}_1=\int_0^s \boldsymbol{\gamma}(\sigma)\mathrm{d}\sigma$ 的曲率、挠率分别为 k_1, τ_1。切向量、主法向量、副法向量分别为 $\boldsymbol{\alpha}_1$, $\boldsymbol{\beta}_1$, $\boldsymbol{\gamma}_1$。证明：

(1) s 是 (C_1) 的弧长。

(2) $k_1=\tau$, $\tau_1=k$, $\boldsymbol{\alpha}_1=\boldsymbol{\gamma}$, $\boldsymbol{\beta}_1=-\boldsymbol{\beta}$, $\boldsymbol{\gamma}_1=\boldsymbol{\alpha}$。

1.5 空间曲线在一点邻近的结构

设曲线 $(C): \boldsymbol{r}=\boldsymbol{r}(s)$ 是 C^3 类的，$M(s_0+\Delta s)$ 是其上点 $M_0(s_0)$ 邻近的一点。将它们的径矢量之差展成泰勒级数

$$\boldsymbol{r}(s_0-\Delta s)-\boldsymbol{r}(s_0)=\Delta s\dot{\boldsymbol{r}}(s_0)+\frac{(\Delta s)^2}{2!}\ddot{\boldsymbol{r}}(s_0)+\frac{(\Delta s)^3}{3!}\left(\dddot{\boldsymbol{r}}(s_0)+\boldsymbol{\varepsilon}\right)$$

其中，$\Delta s\to 0$ 时，$\boldsymbol{\varepsilon}\to\boldsymbol{0}$。

由于 $\dot{\boldsymbol{r}}=\boldsymbol{\alpha}$，$\ddot{\boldsymbol{r}}=k\boldsymbol{\beta}$，$\dddot{\boldsymbol{r}}=\dot{k}\boldsymbol{\beta}+k\dot{\boldsymbol{\beta}}=\dot{k}\boldsymbol{\beta}+k(-k\boldsymbol{\alpha}+\tau\boldsymbol{\gamma})$

$$=-k^2\boldsymbol{\alpha}+\dot{k}\boldsymbol{\beta}+k\tau\boldsymbol{\gamma}$$

所以 $\boldsymbol{r}(s_0+\Delta s)-\boldsymbol{r}(s_0)=\Delta s\,\boldsymbol{\alpha}_0+\frac{(\Delta s)^2}{2!}k_0\boldsymbol{\beta}_0+\frac{(\Delta s)^3}{6}\left(-k_0^2\boldsymbol{\alpha}_0+\dot{k}_0\boldsymbol{\beta}_0+k_0\tau_0\boldsymbol{\gamma}_0+\boldsymbol{\varepsilon}\right)$

其中，$\Delta s\to 0$ 时，$\boldsymbol{\varepsilon}\to 0$。

其中，$\boldsymbol{\varepsilon}=\varepsilon_1\boldsymbol{\alpha}_0+\varepsilon_2\boldsymbol{\beta}_0+\varepsilon_3\boldsymbol{\gamma}_0$，$\boldsymbol{\alpha}_0, \boldsymbol{\beta}_0, \boldsymbol{\gamma}_0, k_0, \tau_0$ 表示在 $\boldsymbol{r}(s_0)$ 点的值。

我们来研究曲线 (C) 在 M_0 点邻近的结构。为此，取局部坐标系—— M_0 点的 Frenet 标架 $[\boldsymbol{r}_0;\boldsymbol{\alpha}_0,\boldsymbol{\beta}_0,\boldsymbol{\gamma}_0]$，且以 $\boldsymbol{r}_0$ 为计算曲线弧长的起点，令 $s_0=0$，$\Delta s=s$，设 ξ,η,ζ 为 (C) 在局部坐标系下的坐标，则

$$\begin{cases}\xi=\boldsymbol{M}_0\boldsymbol{M}\cdot\boldsymbol{\alpha}_0=s+\frac{1}{6}(-k_0^2+\varepsilon_1)s^3\\ \eta=\boldsymbol{M}_0\boldsymbol{M}\cdot\boldsymbol{\beta}_0=\frac{1}{2}k_0s^2+\frac{1}{6}(\dot{k}_0+\varepsilon_2)^3\\ \zeta=\boldsymbol{M}_0\boldsymbol{M}\cdot\boldsymbol{\gamma}_0=\frac{1}{6}(k_0\tau_0+\varepsilon_3)s^3\end{cases}$$

若只取上式中的第一项，就得到（C）在 M_0 点邻近的一段近似曲线（$\bar{C}$）；

$$\begin{cases} \bar{\xi} = s \\ \bar{\eta} = \dfrac{1}{2}k_0 s^2 \\ \bar{\zeta} = \dfrac{1}{6}k_0 \tau_0 s^3 \end{cases}$$

不过要注意 s 不再是（$\bar{C}$）的自然参数。但（C）与（$\bar{C}$）在 M_0 点有相同的曲率、挠率。下面我们通过（C）在 M_0 点的基本三棱形的三个平面上的棱形来观察曲线在 M_0 点的形状。

1. 曲线（C）在 M_0 点的密切面上的棱形近似地为一条抛物线［图 1. 12（a）］

$$\begin{cases} \bar{\xi} = s \\ \bar{\eta} = \dfrac{1}{2}k_0 s^2 \end{cases}$$

2. 曲线（C）在 M_0 点的法面上的棱形近似地为半立方抛物线［图 1. 12（b）］。

$$\begin{cases} \bar{\eta} = \dfrac{1}{2}k_0 s^2 \\ \bar{\zeta} = \dfrac{1}{6}k_0 \tau_0 s^3 \end{cases}$$

3. 曲线（C）在 M_0 点的从切面上的棱形近似地为立方抛物线［图 1. 12（c）］。

$$\begin{cases} \bar{\xi} = s \\ \bar{\zeta} = \dfrac{1}{6}k_0 \tau_0 s^3 \end{cases}$$

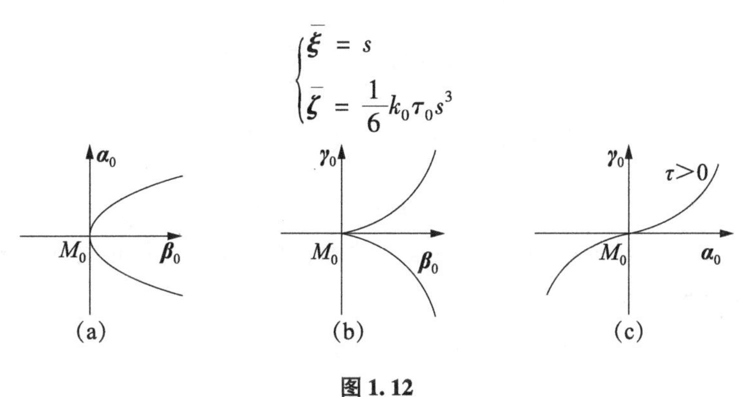

图 1. 12

图 1.13 是空间曲线（C）在点 M_0 的近似形状的立体图：

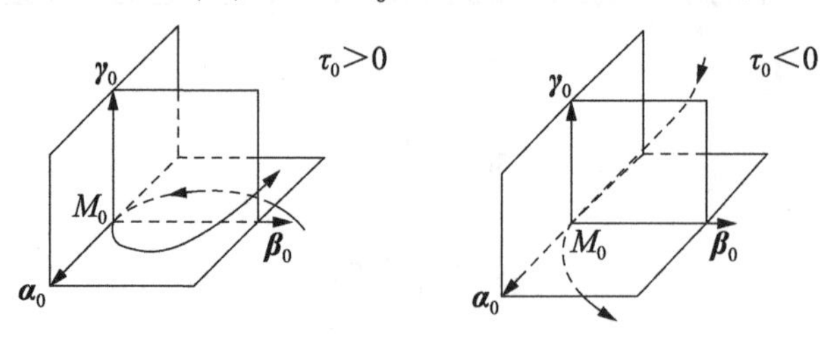

图 1.13

从以上分析可以看出：

1. 曲线穿过法平面和密切平面，但不穿过从切平面。
2. 主法向量 $\boldsymbol{\beta}_0$ 总是指向曲线凹侧。
3. 挠率的符号对曲线的影响如表 1.1 和表 1.2：

表 1.1

$\tau_0>0$			
s	ξ	η	ζ
$-$	$-$	$+$	$-$
$+$	$+$	$+$	$+$

表 1.2

$\tau_0<0$			
s	ξ	η	ζ
$-$	$-$	$+$	$+$
$+$	$+$	$+$	$-$

4. k_0,τ_0 完全确定了曲线在 M_0 点邻近的形状。

习题

1. 验证近似曲线（$\overline{C}$）和曲线（C）在 M_0 点有相同的曲率和挠率。

2. 证明：$(\dot{\boldsymbol{\alpha}},\ddot{\boldsymbol{\alpha}},\dddot{\boldsymbol{\alpha}})=k^3(k\dot{\tau}-\dot{k}\tau)=k^5\dfrac{\mathrm{d}}{\mathrm{d}s}\left(\dfrac{\tau}{k}\right)$

$$(\dot{\boldsymbol{\gamma}},\ddot{\boldsymbol{\gamma}},\dddot{\boldsymbol{\gamma}})=\tau^3(\dot{k}\tau-k\dot{\tau})=\tau^3\frac{\mathrm{d}}{\mathrm{d}s}\left(\frac{k}{\tau}\right)$$

3. 已知曲线（C）$\in C^3$ 类，$\boldsymbol{r}=\boldsymbol{r}(s)$ 上一点 $\boldsymbol{r}(s_0)$ 的邻近一点 $M(s_0+\Delta s)$，求 $\boldsymbol{r}(s_0+\Delta s)$ 点到 $\boldsymbol{r}(s_0)$ 点的密切面、法面、从切面的近似距离（设 $\boldsymbol{r}(s_0)$ 点的曲率和挠率分别为 k_0,τ_0）。

1.6　空间曲线论的基本定理

由第五节知道，空间曲线一点的邻近结构仅依赖于该点的曲率和挠率。我们将证明，空间曲线 $\boldsymbol{r} = \boldsymbol{r}(s)$ 有确定的曲率函数和挠率函数：$k = k(s)$，$\tau = \tau(s)$（称为曲线的自然方程）。这两个函数只与曲线的形状有关，而与曲线的刚体运动及参数变换无关。

命题 1：变向量 $\boldsymbol{r}(t)$ 的 n 阶微商是运动（坐标变换）不变量。

证明：变向量 $\boldsymbol{r}(t)$ 在空间做刚体运动相当于一个坐标变换（平移、旋转或它们之积）。

如图 1.14，设曲线 (C) 在两种笛氏直角坐标系 $[o;x,y,z]$，$[\tilde{o};\tilde{x},\tilde{y},\tilde{z}]$ 下的方程为

$\boldsymbol{r} = \boldsymbol{r}(t)$ 和 $\tilde{\boldsymbol{r}} = \tilde{\boldsymbol{r}}(t)$ 。

那么，曲线 (C) 上任意一点 $M(t)$ 的径矢在两种坐标系下的关系是：

$$\boldsymbol{r}(t) = \boldsymbol{o}\tilde{\boldsymbol{o}} + \tilde{\boldsymbol{r}}(t)$$

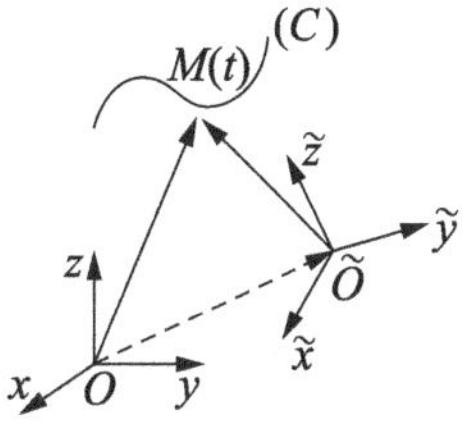

图 1.14

对 t 求导可得

$$\boldsymbol{r}' = \tilde{\boldsymbol{r}}', \boldsymbol{r}' = \tilde{\boldsymbol{r}}'', \cdots, \boldsymbol{r}^{(n)} = \tilde{\boldsymbol{r}}^{(n)}$$

命题得证。

由于曲线的弧长、曲率和挠率的计算公式，都是由 $\boldsymbol{r} = \boldsymbol{r}(t)$ 的各阶微商表达的，推得下面命题成立。

命题 2：空间曲线的弧长、曲率和挠率都是运动不变量。

关于曲线的弧长、曲率和挠率也是参数变换下的不变量，留给读者证明。

若给出闭区间 $[s_0, s]$ 上的两个连续函数 $\varphi(s) > 0, \psi(s)$，则除了空间位置外，唯一地存在一条空间曲线，使得参数 s 是曲线的自然参数，并且 $\varphi(s)$ 和 $\psi(s)$ 分别为曲线的曲率和挠率。

证明：以给定的两个连续函数 $\varphi(s)$，$\psi(s)$ 为系数，$\boldsymbol{r}(s)$，$\boldsymbol{\alpha}(s)$，$\boldsymbol{\beta}(s)$，$\boldsymbol{\gamma}(s)$ 为未知函数造一个微分方程组：

$$
\begin{cases}
\dfrac{\mathrm{d}\boldsymbol{r}}{\mathrm{d}s} = \boldsymbol{\alpha} \\
\dfrac{\mathrm{d}\boldsymbol{\alpha}}{\mathrm{d}s} = \varphi(s)\boldsymbol{\beta} \\
\mathrm{d}\boldsymbol{\beta} = -\varphi(s)\boldsymbol{\alpha} + \psi(s)\boldsymbol{\gamma} \\
\dfrac{\mathrm{d}\boldsymbol{\gamma}}{\mathrm{d}s} = -\psi(s)\boldsymbol{\beta}
\end{cases}
\tag{1.6.1}
$$

给定初始条件：$s = s_0$ 时

$$\boldsymbol{r} = \boldsymbol{r}_0, \boldsymbol{\alpha} = \boldsymbol{\alpha}_0, \boldsymbol{\beta} = \boldsymbol{\beta}_0, \boldsymbol{\gamma} = \boldsymbol{\gamma}_0$$

并满足，$\boldsymbol{\alpha}_0$，$\boldsymbol{\beta}_0$，$\boldsymbol{\gamma}_0$ 是两两正交的成右手系的单位向量，即

$$
\left.
\begin{array}{l}
\boldsymbol{\alpha}_0 \cdot \boldsymbol{\alpha}_0 = 1, \boldsymbol{\beta}_0 \cdot \boldsymbol{\beta}_0 = 1, \boldsymbol{\gamma}_0 \cdot \boldsymbol{\gamma}_0 = 1 \\
\boldsymbol{\alpha}_0 \cdot \boldsymbol{\beta}_0 = 0, \boldsymbol{\beta}_0 \cdot \boldsymbol{\gamma}_0 = 0, \boldsymbol{\gamma}_0 \cdot \boldsymbol{\alpha}_0 = 0 \\
(\boldsymbol{\alpha}_0, \boldsymbol{\beta}_0, \boldsymbol{\gamma}_0) = 1
\end{array}
\right\}
\tag{1.6.2}
$$

根据微分方程组解的存在定理，方程组（1.6.1）对于上述初始条件有唯一一组解：

$$\boldsymbol{r} = \boldsymbol{r}(s), \boldsymbol{\alpha} = \boldsymbol{\alpha}(s), \boldsymbol{\beta} = \boldsymbol{\beta}(s), \boldsymbol{\gamma} = \boldsymbol{\gamma}(s)$$

其中 $\boldsymbol{r} = \boldsymbol{r}(s)$ 可以由（1.6.1）的第一式得到，

$$\boldsymbol{r}(s) = \boldsymbol{r}_0 + \int_{s_0}^{s} \boldsymbol{\alpha}(s)\,\mathrm{d}s \tag{1.6.3}$$

下面证明它就是我们要的曲线的方程，为此分以下几步：

(1) 求证：$\boldsymbol{\alpha}(s), \boldsymbol{\beta}(s), \boldsymbol{\gamma}(s)$ 是曲线（1.6.3）在 s 点的两两正交的成右手系的单位向量。

再造一个微分方程组：

$$\begin{cases}\dfrac{\mathrm{d}}{\mathrm{d}s}(\boldsymbol{\alpha}\cdot\boldsymbol{\alpha}) = 2\boldsymbol{\alpha}\dfrac{\mathrm{d}\boldsymbol{\alpha}}{\mathrm{d}s}\\ \dfrac{\mathrm{d}}{\mathrm{d}s}(\boldsymbol{\beta}\cdot\boldsymbol{\beta}) = 2\boldsymbol{\beta}\dfrac{\mathrm{d}\boldsymbol{\beta}}{\mathrm{d}s}\\ \dfrac{\mathrm{d}}{\mathrm{d}s}(\boldsymbol{\gamma}\cdot\boldsymbol{\gamma}) = 2\boldsymbol{\gamma}\dfrac{\mathrm{d}\boldsymbol{\gamma}}{\mathrm{d}s}\\ \dfrac{\mathrm{d}}{\mathrm{d}s}(\boldsymbol{\alpha}\cdot\boldsymbol{\beta}) = \dfrac{\mathrm{d}\boldsymbol{\alpha}}{\mathrm{d}s}\cdot\boldsymbol{\beta}+\boldsymbol{\alpha}\cdot\dfrac{\mathrm{d}\boldsymbol{\beta}}{\mathrm{d}s}\\ \dfrac{\mathrm{d}}{\mathrm{d}s}(\boldsymbol{\beta}\cdot\boldsymbol{\gamma}) = \dfrac{\mathrm{d}\boldsymbol{\beta}}{\mathrm{d}s}\cdot\boldsymbol{\gamma}+\boldsymbol{\beta}\cdot\dfrac{\mathrm{d}\boldsymbol{\gamma}}{\mathrm{d}s}\\ \dfrac{\mathrm{d}}{\mathrm{d}s}(\boldsymbol{\gamma}\cdot\boldsymbol{\alpha}) = \dfrac{\mathrm{d}\boldsymbol{\gamma}}{\mathrm{d}s}\cdot\boldsymbol{\alpha}+\boldsymbol{\gamma}\cdot\dfrac{\mathrm{d}\boldsymbol{\alpha}}{\mathrm{d}s}\end{cases}$$

利用（1.6.1）上述微分方程组可变为

$$\begin{cases}\dfrac{\mathrm{d}}{\mathrm{d}s}(\boldsymbol{\alpha}\cdot\boldsymbol{\alpha}) = 2\varphi(s)\boldsymbol{\beta}\cdot\boldsymbol{\alpha}\\ \dfrac{\mathrm{d}}{\mathrm{d}s}(\boldsymbol{\beta}\cdot\boldsymbol{\beta}) = -2\varphi(s)\boldsymbol{\beta}\cdot\boldsymbol{\alpha}+2\psi(s)\boldsymbol{\beta}\cdot\boldsymbol{\gamma}\\ \dfrac{\mathrm{d}}{\mathrm{d}s}(\boldsymbol{\gamma}\cdot\boldsymbol{\gamma}) = -2\psi(s)\boldsymbol{\gamma}\cdot\boldsymbol{\beta}\\ \dfrac{\mathrm{d}}{\mathrm{d}s}(\boldsymbol{\alpha}\cdot\boldsymbol{\beta}) = \varphi(s)\boldsymbol{\beta}\cdot\boldsymbol{\beta}-\varphi(s)\boldsymbol{\alpha}\cdot\boldsymbol{\alpha}+\psi(s)\boldsymbol{\gamma}\cdot\boldsymbol{\alpha}\\ \dfrac{\mathrm{d}}{\mathrm{d}s}(\boldsymbol{\beta}\cdot\boldsymbol{\gamma}) = \varphi(s)\boldsymbol{\gamma}\cdot\boldsymbol{\gamma}-\varphi(s)\boldsymbol{\alpha}\cdot\boldsymbol{\gamma}-\psi(s)\boldsymbol{\beta}\cdot\boldsymbol{\beta}\\ \dfrac{\mathrm{d}}{\mathrm{d}s}(\boldsymbol{\gamma}\cdot\boldsymbol{\alpha}) = \varphi(s)\boldsymbol{\gamma}\cdot\boldsymbol{\beta}-\psi(s)\boldsymbol{\beta}\cdot\boldsymbol{\alpha}\end{cases} \tag{1.6.4}$$

显然，（1.6.2）可作为（1.6.4）的一个初始条件，据微分方程组解的存在定理，（1.6.4）有唯一解。但是

$$\begin{aligned}&\boldsymbol{\alpha}\cdot\boldsymbol{\alpha}=1,\ \boldsymbol{\beta}\cdot\boldsymbol{\beta}=1,\ \boldsymbol{\gamma}\cdot\boldsymbol{\gamma}=1\\&\boldsymbol{\alpha}\cdot\boldsymbol{\beta}=0,\ \boldsymbol{\beta}\cdot\boldsymbol{\gamma}=0,\ \boldsymbol{\gamma}\cdot\boldsymbol{\alpha}=0\end{aligned} \tag{1.6.5}$$

时，方程组（1.6.4）正好被满足，所以（1.6.5）是在初始条件（1.6.2）下，方程组（1.6.4）的唯一解。这组解表明了 $\boldsymbol{\alpha},\boldsymbol{\beta},\boldsymbol{\gamma}$ 是两两正交的单位向量，并有 $(\boldsymbol{\alpha},\boldsymbol{\beta},\boldsymbol{\gamma})=\pm 1$ 。但据已知条件，$\varphi(s)>0$，$\psi(s)$ 在 $[s_0,s]$ 上是连续

的，可知 $(\boldsymbol{\alpha},\boldsymbol{\beta},\boldsymbol{\gamma})$ 也是 s 的连续函数。由于 $s=s_0$ 时它等于1，所以对所有的 s 都等于1，即 $\boldsymbol{\alpha},\boldsymbol{\beta},\boldsymbol{\gamma}$ 成右手系。这样我们就证明了第一步。

（2）求证 s 是曲线（1.6.3）的自然参数。

因为 $|\dot{\boldsymbol{r}}|=|\boldsymbol{\alpha}|=1$，所以曲线（1.6.3）的弧长

$$\sigma=\int_{s_0}^{s}|\dot{\boldsymbol{r}}|\mathrm{d}s=\int_{s_0}^{s}\mathrm{d}s=s-s_0$$

若取 $s_0=0$，则 $\sigma=s$。这就是说 s 为曲线（1.6.3）的弧长，得证。

（3）求证 $[\boldsymbol{r};\boldsymbol{\alpha},\boldsymbol{\beta},\boldsymbol{\gamma}]$ 是曲线（1.6.3）的 Frenet 标架。

也就是要证明，$\boldsymbol{\alpha},\boldsymbol{\beta},\boldsymbol{\gamma}$ 分别是点 $\boldsymbol{r}$ 的切向量、主法向量和副法向量。事实上，由（1.6.2）知道 $\boldsymbol{\alpha}_0,\boldsymbol{\beta}_0,\boldsymbol{\gamma}_0$ 是 $\boldsymbol{r}_0$ 点的三个基本向量。再根据（1.6.1）的第一式：$\frac{\mathrm{d}\boldsymbol{r}}{\mathrm{d}s}=\boldsymbol{\alpha}$，可知 $\boldsymbol{\alpha}$ 为（1.6.3）的切向量；又由（1.6.1）的第二式：$k=|\dot{\boldsymbol{\alpha}}|=|\varphi(s)\boldsymbol{\beta}|=\varphi(s)$（因为 $\varphi(s)>0$）因此 $\varphi(s)$ 是曲线（1.6.3）的曲率，同时可知 $\boldsymbol{\beta}$ 是主法向量；由（1）又知 $\boldsymbol{\gamma}=\boldsymbol{\alpha}\times\boldsymbol{\beta}$ 是曲线的副法向量。得证。

（4）求证 $\varphi=\varphi(s)$，$\psi=\psi(s)$ 是曲线（1.6.3）的自然方程。

$\varphi(s)$ 是曲线的曲率在（3）中已证明，下面只要通过计算求得曲线（1.6.3）的挠率为 $\psi(s)$ 即可。

$$\begin{aligned}\tau(s)&=\frac{(\dot{\boldsymbol{r}},\ddot{\boldsymbol{r}},\dddot{\boldsymbol{r}})}{|\ddot{\boldsymbol{r}}|^2}=\frac{1}{k^2}(\boldsymbol{\alpha},\varphi(s)\boldsymbol{\beta},\dot{\varphi}(s)\boldsymbol{\beta}+\varphi(s)\dot{\boldsymbol{\beta}})\\&=\frac{1}{k^2}(\boldsymbol{\alpha},\varphi(s)\boldsymbol{\beta},\dot{\varphi}(s)\boldsymbol{\beta}+(-\varphi^2(s)\boldsymbol{\alpha}+\varphi(s)\psi(s)\boldsymbol{\gamma}))\\&=\frac{\varphi^2(s)\psi(s)}{k^2}(\boldsymbol{\alpha},\boldsymbol{\beta},\boldsymbol{\gamma})=\psi(s)\end{aligned}$$

由以上可见，曲线（1.6.3）是以 s 为自然参数，$\varphi(s)$ 为曲率，$\psi(s)$ 为挠率的曲线。这条曲线是在方程组（1.6.1）的初始条件下求得的，如果我们给（1.6.1）不同的初始条件，所得的曲线仅位置不同，但经过运动它们就完全重合（命题2）。

根据上述定理，曲线除了在空间中的位置外，由它的自然方程

$$k=k(s),\tau=\tau(s)$$

唯一确定。

1.7　平面曲线的相对曲率　基本公式

平面曲线是空间曲线的特殊情况，它的方程

$$\begin{cases} x = x(t) \\ y = y(t) \end{cases} \quad \text{或} \boldsymbol{r}(t) = (x(t), y(t))$$

前几节讲过的空间曲线的局部理论均可适用于平面曲线，本节的重点是研究平面曲线的一些特殊性质。

我们已经证明了挠率为零的曲线是平面曲线，因此平面曲线的 Frenet 公式是

$$\begin{cases} \dot{\boldsymbol{\alpha}} = k\boldsymbol{\beta} \\ \dot{\boldsymbol{\beta}} = -k\boldsymbol{\alpha} \end{cases} \tag{1.7.1}$$

其中 $k \geqslant 0$ 是曲线的曲率或称平面曲线的绝对曲率。为了研究平面曲线的特殊性质，我们引进相对曲率的概念。

在第四节我们曾把切向量 $\boldsymbol{\alpha}(s)$ 的旋转速度定义为空间曲线的曲率，也就是

$$k(s) = \left|\frac{\mathrm{d}\varphi}{\mathrm{d}s}\right| = \lim_{\Delta s \to 0}\left|\frac{\Delta\varphi}{\Delta s}\right| = \left|\frac{\mathrm{d}\boldsymbol{\alpha}}{\mathrm{d}s}\right|$$

那时，旋转角 φ（从 $\boldsymbol{\alpha}(s) \to \boldsymbol{\alpha}(s+\Delta s)$ 的旋转角为 $\Delta\varphi$）没有考虑方向，因为旋转速度 $\left|\frac{\mathrm{d}\varphi}{\mathrm{d}s}\right|$ 是非负的。现在为了表述平面曲线是朝哪个方向弯曲的，我们规定 $\Delta\varphi$ 为有向角。当 $\boldsymbol{\alpha}(s) \to \boldsymbol{\alpha}(s+\Delta s)$ 为逆时针时，$\Delta\varphi$ 为正；反之为负。也就是曲线随着参数增加的方向向左转时 $\Delta\varphi$ 为正，向右转时为负。

定义：给出平面曲线（C）：

$$\boldsymbol{r} = \boldsymbol{r}(s)$$

上一点 $M(s)$ 和它的邻近点 $M'(s+\Delta s)$，$\Delta\varphi$ 是这两点的切向量 $\boldsymbol{\alpha}(s) \to \boldsymbol{\alpha}(s+\Delta s)$ 的旋转角，则（C）在 $M(s)$ 点的相对曲率（记为 $k_r(s)$）：

$$k_r(s) = \lim_{\Delta s \to 0}\frac{\Delta\varphi}{\Delta s} = \frac{\mathrm{d}\varphi}{\mathrm{d}s}$$

根据有向角 $\Delta\varphi$ 正负的规定和相对曲率 k_r 的意义，我们会知道：在曲线 (C) 上向左弯曲的点有 $k_r(s)>0$，向右弯曲的点有 $k_r(s)<0$，在拐点处 $k_r(s)=0$。由图 1.15 所示。

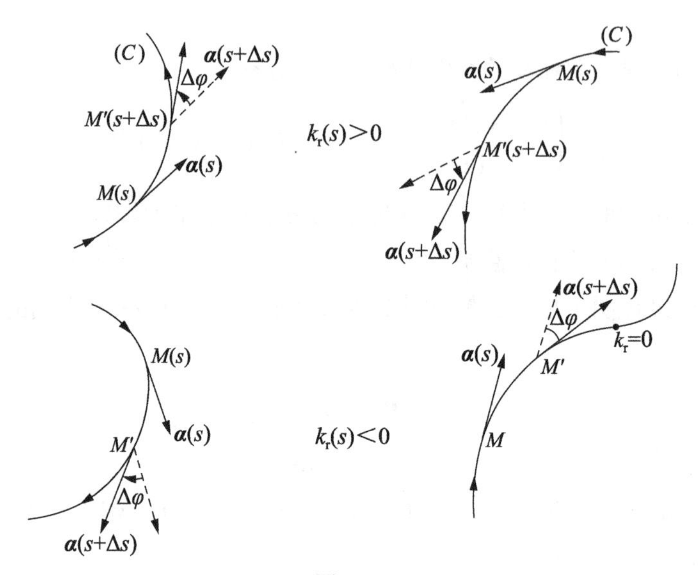

图 1.15

如果平面曲线上一点的曲率 $k_r=0$，则该点称为曲线的拐点（图 1.16）。经过拐点，曲线的弯曲方向突然改变。因此平面曲线的相对曲率与绝对曲率的关系是

$$k_r=\varepsilon k$$

（其中 $\varepsilon=\pm 1$），当曲线向左弯曲时 $\varepsilon=1$；反之 $\varepsilon=-1$。显然，

图 1.16

$$k=|k_r|$$

这时 Frenet 公式可写成：

$$\begin{cases}\dot{\boldsymbol{\alpha}}=|k_r|\boldsymbol{\beta}\\ \dot{\boldsymbol{\beta}}=-|k_r|\boldsymbol{\alpha}\end{cases} \tag{1.7.2}$$

主法向量 $\boldsymbol{\beta}$ 总指向曲线的凹侧，这个结论对于平面曲线上的拐点会发生 $\boldsymbol{\beta}$ 方向不能确定的问题（$\boldsymbol{\beta}(s)$ 不再是连续的），为此我们引进平面曲线的单位法向量 $\boldsymbol{n}$。

如图 1.17，定义平面曲线 (C)：$\boldsymbol{r}=\boldsymbol{r}(s)$ 在 $M(s)$ 点的单位法向量为

$$\boldsymbol{n}(s) = \varepsilon\boldsymbol{\beta}(s)$$

使得 $\boldsymbol{\alpha}(s)$ 到 $\boldsymbol{n}(s)$ 的方向是逆时针的（即 $\boldsymbol{\alpha}(s)$ 到 $\boldsymbol{n}(s)$ 的夹角是 $\frac{\pi}{2}$）。

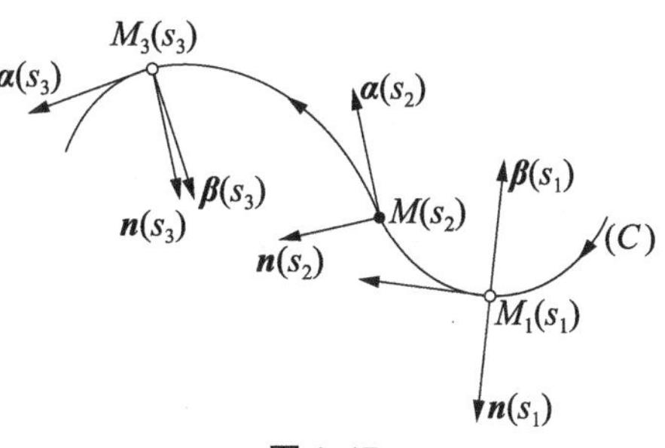

图 1.17

也就是说，在曲线向左弯曲的点 $\boldsymbol{n}(s) = \boldsymbol{\beta}(s)$；反之，$\boldsymbol{n}(s) = -\boldsymbol{\beta}(s)$。即

$$\boldsymbol{n}(s) = \varepsilon\boldsymbol{\beta}(s)$$

这样，在曲线拐点处 $\boldsymbol{n}(s)$ 的方向唯一确定，且对于 C^2 类的 (C)，$\boldsymbol{n}(s)$ 是连续的。同时，(1.7.1) 改造为

$$\dot{\boldsymbol{\alpha}} = k\boldsymbol{\beta} = k\varepsilon\boldsymbol{n} = (\varepsilon k)\boldsymbol{n} = k_r\boldsymbol{n}$$

$$\dot{\boldsymbol{\beta}} = (\varepsilon\dot{\boldsymbol{n}}) = \varepsilon\,\dot{\boldsymbol{n}} = -k\boldsymbol{\alpha} \Rightarrow \dot{\boldsymbol{n}} = -\varepsilon k\boldsymbol{\alpha} = -k_r\boldsymbol{\alpha}$$

即

$$\begin{cases} \dot{\boldsymbol{\alpha}} = k_r\boldsymbol{n} \\ \dot{\boldsymbol{n}} = -k_r\boldsymbol{\alpha} \end{cases} \tag{1.7.3}$$

(1.7.3) 称为平面曲线的基本公式。

下面推导平面曲线的相对曲率的计算公式。

如图 1.18，给出平面曲线 (C)：

$$\boldsymbol{r}(s) = (x(s), y(s))$$

设 φ 是曲线的切向量和 x 轴的夹角，则

$$\boldsymbol{\alpha}(s) = \cos\varphi\,\boldsymbol{e}_1 + \sin\varphi\,\boldsymbol{e}_2$$

(其中 $\boldsymbol{e}_1, \boldsymbol{e}_2$ 是正交的成右手系的单位向量)

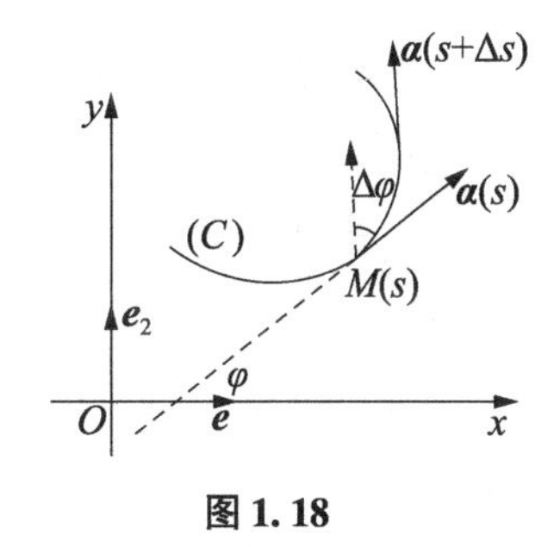

图 1.18

又因为 $\boldsymbol{\alpha}(s) = \dot{x}(s)\,\boldsymbol{e}_1 + \dot{y}(s)\,\boldsymbol{e}_2$

比较两式得 $\dot{x}(s) = \cos\varphi, \dot{y}(s) = \sin\varphi$

对 s 求导：

$$\ddot{x}(s) = -\sin\varphi\frac{\mathrm{d}\varphi}{\mathrm{d}s} = -\dot{y}k_r, \ddot{y}(s) = \cos\varphi\frac{\mathrm{d}\varphi}{\mathrm{d}s} = \dot{x}k_r \tag{1.7.4}$$

因此

$$k_r(s) = -\frac{\ddot{x}(s)}{\dot{y}(s)} = \frac{\ddot{y}(s)}{\dot{x}(s)} \tag{1.7.5}$$

由于 $\dot{x}, \dot{y}$ 中至少有一个不为零，并利用 $\dot{x}^2 + \dot{y}^2 = 1$。由 (1.7.4) 和 (1.7.5) 得到自然参数下的平面曲线相对曲率的计算公式：

$$k_r(s) = \dot{x}\ddot{y} - \ddot{x}\dot{y} \tag{1.7.6}$$

若平面曲线由一般参数给出

$$\boldsymbol{r}(t) = (x(t), y(t))$$

不难推导出曲率公式

$$k_r(t) = \frac{x'y'' - x''y'}{(x'^2 + y'^2)^{\frac{3}{2}}} \tag{1.7.7}$$

特别地 $x = t$，曲线的方程 $\boldsymbol{r} = (x, y(x))$ 或 $y = y(x)$

$$k_r(x) = \frac{\dfrac{\mathrm{d}^2 y}{\mathrm{d}x^2}}{\left(1 + \left(\dfrac{\mathrm{d}y}{\mathrm{d}x}\right)^2\right)^{\frac{3}{2}}} \tag{1.7.8}$$

最后应该指出，如同空间曲线的理论一样，对平面曲线也有相应的关于“曲率圆”和“曲线在一点邻近的结构”问题的讨论，这里不再讲授。

习题

1. 求以下平面曲线的相对曲率 k_r 和曲率半径 $R\left(R = \dfrac{1}{|k_r|}\right)$

双曲线 $\boldsymbol{r} = (a\mathrm{ch}t, b\mathrm{sh}t)$

旋轮线 $\boldsymbol{r} = a(t - \sin t, 1 - \cos t)$

2. 平面曲线曲率中心的轨迹称为该曲线的渐缩线。设平面曲线 $\boldsymbol{r}(s) = (x(s), y(s))$，它的渐缩线的方程 $\tilde{\boldsymbol{r}}(s) = (\tilde{x}(s), \tilde{y}(s))$ 试证：

(1) $\tilde{\boldsymbol{r}} = \boldsymbol{r}(s) + R(s)\boldsymbol{\beta}(s) = \boldsymbol{r}(s) + \dfrac{1}{|k_r|}\boldsymbol{\beta}(s)$

(2) $$\begin{cases} \tilde{x} = x(s) + \dfrac{1}{[k_r(s)]^2}\ddot{x}(s) \\ \tilde{y} = y(s) + \dfrac{1}{[k_r(s)]^2}\ddot{y}(s) \end{cases}$$

(3) 对于平面曲线的一般参数表示，有渐缩线的参数方程：

$$\begin{cases} \tilde{x} = x(t) - \dfrac{y'(x'^2 + y'^2)}{x'y'' - y'x''} \\ \tilde{y} = y(t) + \dfrac{x'(x'^2 + y'^2)}{x'y'' - y'x''} \end{cases}$$

3. 求椭圆 $\frac{x^2}{a^2}+\frac{y^2}{b^2}=1$ 的渐缩线。

4. 证明：平面曲线 (C) 的法线和它的渐缩线 $(\widetilde{C})$ 在对应点相切。

5. 平面曲线 (C) 上两点的曲率半径之差等于渐缩线上对应点之间的弧长。

6. 如果曲线 (C) 是曲线 (C^*) 的渐缩线，则称 (C^*) 为曲线 (C) 的渐伸线。如果曲线 (C)：$\boldsymbol{r}=\boldsymbol{r}(s)$ 的渐伸线 (C^*) 存在的话，试证 (C^*) 的方程

$$\boldsymbol{r}^*=\boldsymbol{r}(s)+(c-s)\boldsymbol{\alpha}(s)$$

其中 c 为一个常数。

7. 求证：悬链线 $\boldsymbol{r}=\left(t,a\mathrm{ch}\frac{t}{a}\right)$ 的渐伸线是曳物线。

8. 证明：如果一条曲线所有密切面垂直于某固定直线，那么这条曲线是平面曲线。

9. 证明：如果两条曲线在对应点有公共的副法线，则它们是平面曲线。

10. 证明：如果所有的法平面包含固定向量 $\boldsymbol{e}$，那么这条曲线是直线或平面曲线。

1.8　一般柱面螺线

最后我们来研究一种特殊的空间曲线——一般柱面螺线。

曲线论的基本定理告诉我们，空间曲线的形状完全由它的曲率和挠率所决定。对于 C^3 类的空间曲线 (C)，我们已经知道

(1) (C) 是直线 $\Leftrightarrow k(s)=0$

(2) (C) 是平面曲线 $\Leftrightarrow \tau(s)=0$

(3) (C) 是圆 $\Leftrightarrow k(s)=$ 常数 $\neq 0,\tau(s)=0$

(4) (C) 是球面曲线 $\Leftrightarrow R\tau+\frac{\mathrm{d}}{\mathrm{d}s}\left(\frac{\dot{R}}{\tau}\right)=0\ \left(R=\frac{1}{k}\right)$

(5) (C) 是圆柱螺线 $\Rightarrow k(s)=\frac{a}{a^2+b^2},\tau(s)=\frac{b}{a^2+b^2}$

我们来证明 (5) 的充分性。设 k,τ 是常数，从而 $a=\frac{k}{k^2+\tau^2}>0,b=$

$\frac{\tau}{k^2+\tau^2} \neq 0$ 均为常数。因此以 t 为参数的曲线

$$\tilde{\boldsymbol{r}}(t) = \left(\frac{k}{k^2+\tau^2}\cos t, \frac{k}{k^2+\tau^2}\sin t, \frac{\tau}{k^2+\tau^2}t\right)$$

是圆柱螺线。它的曲率和挠率分别为

$$\tilde{k} = \frac{\frac{k}{k^2+\tau^2}}{\left(\frac{k}{k^2+\tau^2}\right)^2 + \left(\frac{\tau}{k^2+\tau^2}\right)^2} = k$$

$$\tilde{\tau} = \frac{\frac{\tau}{k^2+\tau^2}}{\left(\frac{k}{k^2+\tau^2}\right)^2 + \left(\frac{\tau}{k^2+\tau^2}\right)^2} = \tau$$

我们还知道圆柱螺线的以下两个性质：

(1) 切线与母线成固定角。

(2) 主法线与母线（固定直线）垂直。

因而，可以指出副法线与母线成固定角。

我们来研究一般柱面螺线的性质。

定义：切线和固定方向作固定角的曲线称为一般柱面螺线，简称一般螺线。

一般柱面螺线可以这样得到，在一张长方形的纸上画一条斜的直线，当纸卷在柱面上时，则斜线卷成一般柱面螺线（图 1.19）。

如图 1.20，设定义在 $[s_0,s_1]$ 上的一般螺线 (C)：$\boldsymbol{r} = \boldsymbol{r}(s)$，$\boldsymbol{\delta}$ 为固定方向上的单位向量，ω 为固定角。对于 $s \in [s_0,s_1]$ 有

$$\boldsymbol{\alpha}(s) \cdot \boldsymbol{\delta} = \cos\omega \tag{1.8.1}$$

两边求导得：
$$k(s)\boldsymbol{\beta}(s) \cdot \boldsymbol{\delta} = 0$$

假定
$$k(s) \neq 0, \boldsymbol{\beta}(s) \cdot \boldsymbol{\delta} = 0 \tag{1.8.2}$$

即 $\boldsymbol{\beta} \perp \boldsymbol{\delta}$，因而 $\boldsymbol{\delta},\boldsymbol{\alpha},\boldsymbol{\gamma}$ 共面。又因为 $\boldsymbol{\alpha} \perp \boldsymbol{\gamma}$，且 $\boldsymbol{\alpha}$ 与 $\boldsymbol{\delta}$ 成固定角，所以 $\boldsymbol{\gamma}$ 与 $\boldsymbol{\delta}$ 成固定角 $\frac{\pi}{2} \pm \omega$，即

$$\boldsymbol{\gamma}(s) \cdot \boldsymbol{\delta} = \pm \sin\omega \tag{1.8.3}$$

再对（1.8.2）求导得

$$\dot{\boldsymbol{\beta}}(s) \cdot \boldsymbol{\delta} = 0$$

$$(-k(s)\boldsymbol{\alpha}(s)+\tau(s)\boldsymbol{\gamma}(s))\cdot\boldsymbol{\delta}=0$$

$$-k(s)\cos\omega\pm\tau(s)\sin\omega=0$$

因此，

$$\frac{k(s)}{\tau(s)}=\pm\tan\omega=\text{常数} \tag{1.8.4}$$

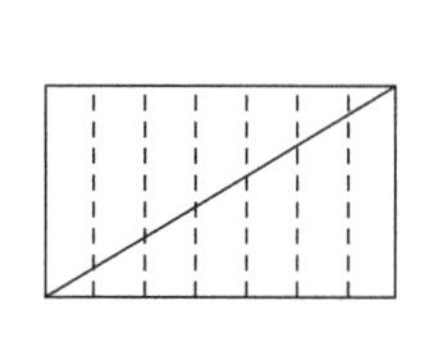

图 1.19

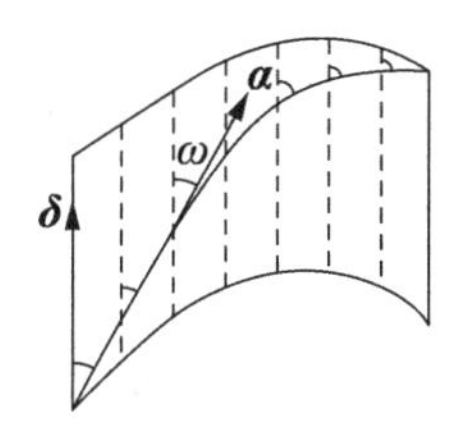

图 1.20

以上我们从一般螺线的定义（1.8.1）出发推得了（1.8.2），（1.8.3）和（1.8.4），我们还可以从后三个式中任意一个出发推得四个式子中的其余三个。因此得到如下四个等价命题。

若曲线（C）是一般螺线，则

（1）切线和固定方向作固定角。

（2）主法线和固定方向垂直。

（3）副法线和固定方向作固定角。

（4）曲率和挠率的比值是常数。

这四个等价命题说明了一般螺线的性质。最后来求一般螺线的标准方程。

设柱面的母线平行于 z 轴，令 $\boldsymbol{\delta}=\boldsymbol{e}_3$（$z$ 轴上的单位向量），则

$$\boldsymbol{\alpha}\cdot\boldsymbol{\delta}=\boldsymbol{\alpha}\cdot\boldsymbol{e}_3=\cos\omega$$

即

$$\left(\frac{\mathrm{d}x}{\mathrm{d}s},\frac{\mathrm{d}y}{\mathrm{d}s},\frac{\mathrm{d}z}{\mathrm{d}s}\right)\cdot(0,0,1)=\cos\omega$$

$$\frac{\mathrm{d}z}{\mathrm{d}s}=\cos\omega$$

若命 $s=0$ 时，$z=0$ 则上式积分得：$z=\cos\omega s$。于是一般螺线的标准方程为

$$\boldsymbol{r}(s)=(x(s),y(s),s\cos\omega)$$

其中 $x(s),y(s)$ 为任意函数。

显然圆柱螺线

$$\boldsymbol{r}(s)=\left(a\cos\frac{s}{\sqrt{a^2+b^2}},a\sin\frac{s}{\sqrt{a^2+b^2}},\frac{bs}{\sqrt{a^2+b^2}}\right)$$

是一般螺线的特例。

例：求证若曲线（C）的曲率和挠率之比为常数，则（C）是一般螺线。

证明：由题设 $\frac{k}{\tau}=$ 常数，作向量 $\boldsymbol{\gamma}+\frac{\tau}{k}\boldsymbol{\alpha}$

对该向量求导得

$$\dot{\boldsymbol{\gamma}}+\frac{\tau}{k}\boldsymbol{\alpha}=-\tau\boldsymbol{\beta}+\frac{\tau}{k}(k\boldsymbol{\beta})=0$$

因此，向量 $\dot{\boldsymbol{\gamma}}+\frac{\tau}{k}\boldsymbol{\alpha}$ 是常向量，命

$$\boldsymbol{\gamma}+\frac{\tau}{k}\boldsymbol{\alpha}=\boldsymbol{m}(\text{常向量})$$

两边点乘 $\boldsymbol{\alpha}$，得

$$\boldsymbol{\alpha}\cdot\boldsymbol{m}=\frac{\tau}{k}=\text{常数}$$

所以曲线（C）是一般螺线。

习题

1. 证明：一条曲线 $\boldsymbol{r}=\boldsymbol{r}(s)$ 为一般螺线的充要条件是

$$(\ddot{\boldsymbol{r}},\dddot{\boldsymbol{r}},\ddddot{\boldsymbol{r}})=0$$

2. 证明：若一条曲线的主法线与固定直线垂直，则该曲线是一般螺线。

3. 如果曲线（C）与（$\tilde{C}$）的点之间建立这样的一一对应关系，使得在对应点的主法线重合，则这两条曲线都称为贝特朗曲线。而每一条称为另一条的侣线。设一条贝特朗曲线（C）的方程为 $\boldsymbol{r}=\boldsymbol{r}(s)$，试证明：

（1）（$\tilde{C}$）的方程为 $\boldsymbol{r}(s)=\boldsymbol{r}(s)+\lambda(s)\boldsymbol{\beta}(s)$。其中 $\lambda(s)$ 表示一对对应点之间的距离。s 是（$\tilde{C}$）的一般参数。

（2）$\lambda(s)=$ 常数。

（3）若设两曲线在对应点的两切向量 $\boldsymbol{\alpha},\tilde{\boldsymbol{\alpha}}$ 的夹角为 θ，则

$$k\sin\theta + \tau\cos\theta = \frac{\sin\theta}{\lambda}$$

(4) 贝特朗曲线的必要条件是 $\lambda k + \mu\tau = 0$，其中 λ,μ 都是常数，$\mu = \lambda\cot\theta$。

4. 设在两条曲线 (C)、$(\bar{C})$ 的点之间建立了一一对应关系，使它们在对应点的切线平行。证明：它们在对应点的主法线以及副法线也分别平行，而且它们的挠率和曲率都成比例，因此如果 (C) 是一般螺线 $(\bar{C})$ 也是一般螺线。

5. 证明：一条曲线的切线不可能同时都是另一条曲线的切线。

6. 证明：一条挠曲线的所有副法线不可能都是另一条曲线的副法线。

第2章　曲面的局部性质

2.1　曲面的概念

2.1.1　曲面的定义

我们这里所讨论的曲面是三维欧氏空间里充分小领域里的简单曲面（或称曲面片），至于大范围的曲面的概念，必须在微分几何的整体理论里，才能给出严格的定义。

平面上不自交的闭曲线的内部，称为一个初等区域。如图2.1，在欧氏空间R^3的笛卡尔直角坐标系$[O;x,y,z]$中，设二元函数

$$\begin{cases} x = x(u,v) \\ y = y(u,v) \\ z = z(u,v) \end{cases} \tag{2.1.1}$$

是定义在初等区域$D(u,v)$上的可微函数，(2.1.1)确定了映射

$$f:(u,v) \in D \rightarrow (x,y,z) \in R^3$$

假若，f是一一对应的、双方连续的映射，则称$D(u,v)$在f下的象集$s(x,y,z)$为简单曲面（图2.2）。

今后我们讨论的曲面都是上述定义的简单曲面。

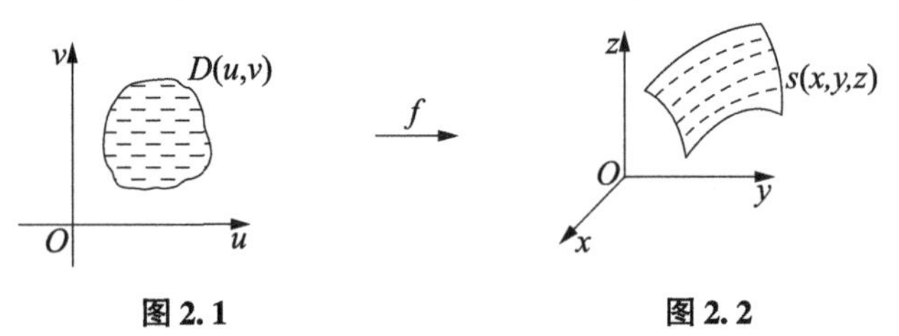

图2.1　　　图2.2

我们把（2.1.1）称为曲面 s 的参数方程。u,v 称为曲面 s 的参数或曲纹坐标。而由（2.1.1）所确定的二元向量函数：

$$\boldsymbol{r}=\boldsymbol{r}(u,v)=(x(u,v),y(u,v),z(u,v))\quad (u,v)\in D$$

称为曲面 s 的向量方程。

例如，一矩形纸片（初等区域），可以卷成带有裂缝的圆柱面或圆环面。整个平面也是一个初等区域，经过球极投影可以映成挖掉北极的球面。

下面给出几种曲面的方程。

1. 圆柱面（图 2.3）：

D 是长方形 $u=\theta,v=z,0<\theta<2\pi,-\infty<z<+\infty$

$$\boldsymbol{r}(\theta,z)=(R\cos\theta,R\sin\theta,z)$$

其中 R 为截面的半径。

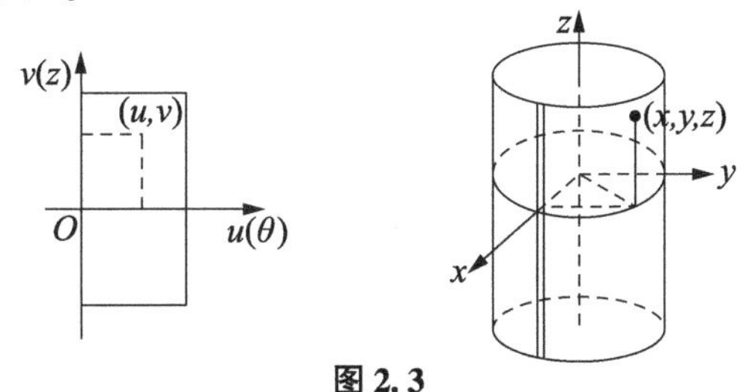

图 2.3

2. 球面（图 2.4）：

D 是长方形 $u=\theta$（经度），$v=\varphi$（纬度），$-\dfrac{\pi}{2}<\varphi<\dfrac{\pi}{2},0<\theta<2\pi$

$$\boldsymbol{r}(\theta,\varphi)=(R\cos\varphi\cos\theta,R\cos\varphi\sin\theta,R\sin\varphi)$$

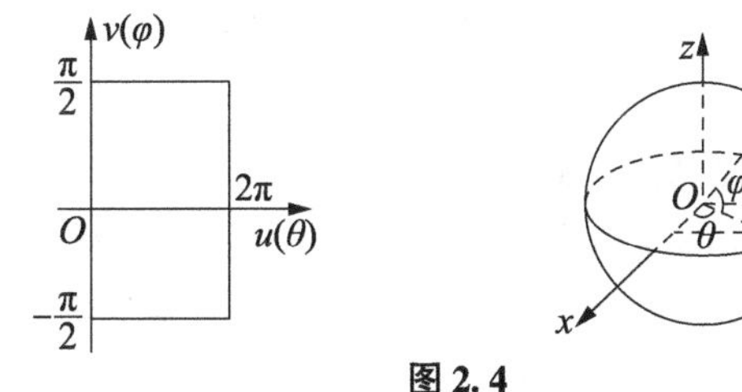

图 2.4

3. 旋转面：

考虑 xOz 平面上的一条曲线

$$x=\varphi(t)>0\qquad y=\psi(t),-\infty<t<+\infty$$

把这条曲线绕 z 轴旋转，则得一曲面，称为旋转面。它的 D 是一个长方形，$u=\theta$，$\varphi=t$，$0<\theta<2n$，$-\infty<t<+\infty$，旋转面的方程为

$$\underline{r}(\theta,t)=(\varphi(t)\cos\theta,\varphi(t)\sin\theta,\psi(t))$$

4. 正螺面（图 2.5）：

位于 xOz 平面内的直线 MN 垂直于 z 轴，MN 绕 z 轴旋转，同时交点 N 匀速向上滑动，则 MN 的轨迹描绘成的曲面叫正螺面。

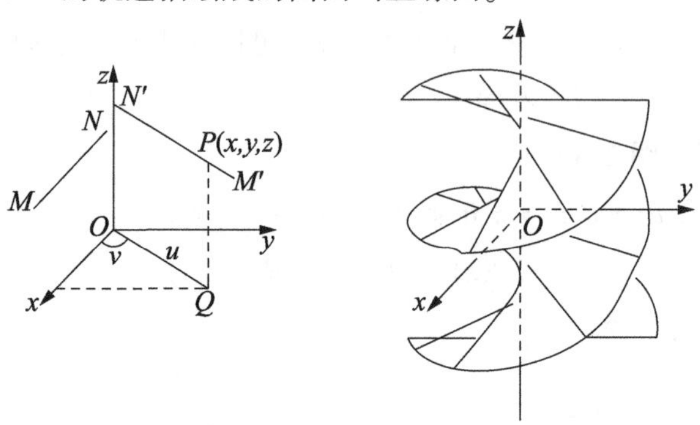

图 2.5

设 $P(x,y,z)$ 为正螺面上一点，它在 xOy 平面上的投影为 Q。命

$$OQ=u,\angle xOQ=v$$

则 $x=u\cos v,y=u\sin v,z=av$（a 是常数）

其中正螺面的 z 轴为单位时间内上升的高度

$$\underline{r}(u,v)=(u\cos v,u\sin v,av)$$

更一般地，将直线段 MN 改为曲线：$x=f(u),z=g(u)$

可得到一般螺旋面的方程

$$\underline{r}=\underline{r}(u,v)=(f(u)\cos v,f(u)\sin v,g(u)+av)$$

5. 正圆锥面（图 2.6）：

设半顶角为 ω，对称轴为 z 轴

$\underline{r}(u,v)=(u\cos v,u\sin v,u\cot\omega)$ $-\infty<u<+\infty$（$u\neq0$，因为 $u=0$ 对应着顶点，在顶点处曲面不可微）。$0<v<2\pi$。

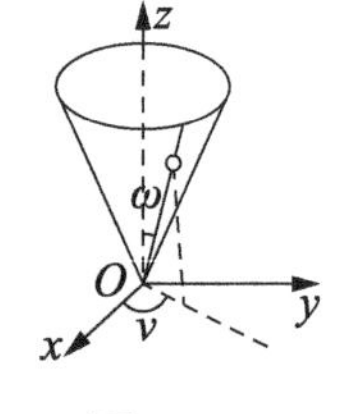

图 2.6

2.1.2 曲面上的曲线（族）和坐标面

设曲面 $S:\underline{r}=\underline{r}(u,v)(u,v)\in D$ （2.1.2）

中的函数有直到 k 阶的连续偏微商，则 S 称为 C^k 阶曲面。特别地 C^1 阶曲面称为光滑曲面。以后我们总假定所研究的曲面至少是光滑曲面。

假定曲面（2.1.2）中的参数 u,v 都依赖于另一个参数 t

$$u = u(t),v = v(t) \tag{2.1.3}$$

这意味着在 D 上给定了一条平面曲线（2.1.3），它在同胚映射 f 下的象是曲面 S 上的一条曲线

$$\boldsymbol{r} = \boldsymbol{r}(u(t),v(t)) \tag{2.1.4}$$

我们经常用（2.1.4），甚至简略地用（2.1.3）来表示曲面曲线。另外曲面曲线还有以下的形式

$$u = \varphi(v) \text{ 或 } v = \psi(u)\ f(u,v) = 0$$

我们用微分方程

$$A(u,v)\mathrm{d}u + B(u,v)\mathrm{d}v = 0$$

来表示曲面上的曲线族。事实上，设 $A \neq 0, \dfrac{\mathrm{d}u}{\mathrm{d}v} = -\dfrac{B(u,v)}{A(u,v)}$ 解得

$$u = \varphi(v,C) \qquad C \text{ 是特定常数}$$

特别地，$A = 0$，$B \neq 0$，有 $\mathrm{d}v = 0$，$v =$ 常数，称为曲面上的 u – 曲线族；$A \neq 0, B = 0$，有 $\mathrm{d}u = 0$，$u =$ 常数，称为曲面上的 v – 曲线族，这两种特殊的曲面曲线构成了曲面上的参数曲线（或称坐标曲线）网，它是研究曲面的基本工具（图 2.7）。

显然，微分方程

$$A(u,v)\mathrm{d}u^2 + 2B(u,v)\mathrm{d}u\mathrm{d}v + C(u,v)\mathrm{d}v^2 = 0$$

（假定 $B^2 - 4AC > 0$）表示曲面上的两族曲线。

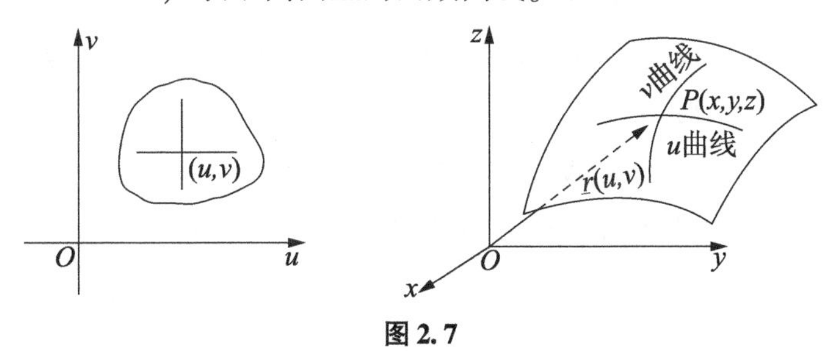

图 2.7

应当注意，曲面上的 u – 曲线（$\mathrm{d}v = 0$ 或 $v =$ 常数）u 在变动，v 取常数；v – 曲线（$\mathrm{d}u = 0$ 或 $u =$ 常数）v 在变动，u 取常数。

例如，圆柱面上的 θ – 曲线（$z =$ 常数）是垂直于 z 轴的平面和圆柱面的交线，它们都是圆；而 z – 曲线是圆柱面的直母线。球面上的 θ – 曲线和 φ – 曲线分别是球面上的纬线和经线。

参数曲线的方程为

u - 曲线：$\underline{r}=\underline{r}(u,v_0)$ 或 $dv=0, v=$ 常数

v - 曲线：$\underline{r}=\underline{r}(u_0,v)$ 或 $du=0$，$u=$ 常数

2.1.3 切平面 法向量

考虑曲面曲线 (C)：$\underline{r}=\underline{r}(u(t),v(t))$ 在点 $P(u,v)$ 的切向量

$$\frac{d\underline{r}}{dt}=\underline{r}_u\frac{du}{dt}+\underline{r}_v\frac{dv}{dt} \tag{2.1.5}$$

和 $\underline{r}(u,v)$ 的全微分

$$d\underline{r}=\underline{r}_u du+\underline{r}_v dv \tag{2.1.6}$$

我们称 $d\underline{r}$ 为曲面在 $P(u,v)$ 点的一个切方向。因为 $\frac{d\underline{r}}{dt}\parallel d\underline{r}$，所以，曲面在一点的切方向是曲面上过该点的一条曲面曲线的切线方向。又由于

$$d\underline{r}=\underline{r}_u du+\underline{r}_v dv=du\left(\underline{r}_u+\underline{r}_v\frac{dv}{du}\right)$$

因此，切方向 $d\underline{r}$ 完全由比值 $\frac{dv}{du}$ 所确定。有时，我们也用 $\frac{dv}{du}$ 来表示曲面在一点的切方向。

假若在 P 点 $\underline{r}_u\neq 0$，$\underline{r}_u$ 为曲面在点 P 的 u - 曲线的切向量。同样，$\underline{r}_v$ 为曲面在点 P 的 v - 曲线的切向量。

假若在 P 点 $\underline{r}_u\times\underline{r}_v\neq 0$，我们称该点为正常点，反之为奇点。

如图 2.8，由（2.1.6）知道，曲面在正常点的任意一个切方向都位于 $\underline{r}_u$，$\underline{r}_v$ 确定的平面内，我们称由 $\underline{r}_u$ 与 $\underline{r}_v$ 确定的平面为曲面在该点的切平面，而切平面的法向量

$$\underline{N}=\underline{r}_u\times\underline{r}_v$$

称为曲面在该点的法向量。通常考虑曲面在一点的单位法向量：

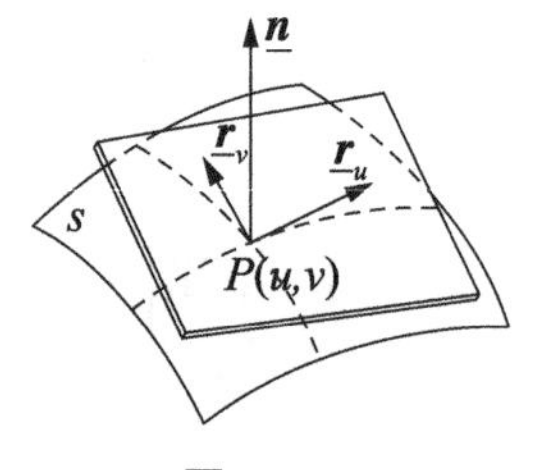

图 2.8

$$\underline{n}=\frac{\underline{r}_u\times\underline{r}_v}{|\underline{r}_u\times\underline{r}_v|}$$

曲面在 P 点的切平面的方程为

$$[\underset{\sim}{\boldsymbol{R}} - \underset{\sim}{\boldsymbol{r}}_{(u,v)}] \cdot (\underset{\sim}{\boldsymbol{r}}_u \times \underset{\sim}{\boldsymbol{r}}_v) = 0$$

或 $(\underset{\sim}{\boldsymbol{R}} - \underset{\sim}{\boldsymbol{r}}, \underset{\sim}{\boldsymbol{r}}_u, \underset{\sim}{\boldsymbol{r}}_v) = 0$

用坐标表示

$$\begin{vmatrix} X - x & Y - y & Z - z \\ x_u & y_u & z_u \\ x_v & y_v & z_v \end{vmatrix} = 0$$

其中，$\underset{\sim}{\boldsymbol{R}} = (X, Y, Z)$ 为切平面上任意一点的径矢。

曲面在 P 点的法线（以 $\underset{\sim}{\boldsymbol{n}}$ 为方向矢的直线）的方程为：

$$\underset{\sim}{\boldsymbol{\rho}} - \underset{\sim}{\boldsymbol{r}} = \lambda(\underset{\sim}{\boldsymbol{r}}_u \times \underset{\sim}{\boldsymbol{r}}_v)$$

用坐标表示

$$\frac{X - x}{\begin{vmatrix} y_u & -z_u \\ y_v & z_v \end{vmatrix}} = \frac{Y - y}{\begin{vmatrix} z_u & z_v \\ x_u & x_v \end{vmatrix}} = \frac{Z - z}{\begin{vmatrix} x_u & y_u \\ x_v & y_v \end{vmatrix}}$$

其中，$\underset{\sim}{\boldsymbol{\rho}} = (X, Y, Z)$ 为法线上任意一点的径矢。

例：求曲面 $s: z = f(x, y)$ 在 (x_0, y_0) 点的切平面方程和法线方程。

解：曲面 s 的向量方程为

$$\underset{\sim}{\boldsymbol{r}}(x, y) = (x, y, f(x, y))$$

参数曲线的切向量

$$\underset{\sim}{\boldsymbol{r}}_x = (1, 0, p) \qquad \underset{\sim}{\boldsymbol{r}}_y = (0, 1, q)$$

其中 $p = \dfrac{\partial f}{\partial x} \qquad q = \dfrac{\partial f}{\partial y}$

曲面 s 在 (x_0, y_0) 点的切平面方程

$$\begin{vmatrix} X - x_0 & Y - y_0 & Z - z_0 \\ 1 & 0 & p_0 \\ 0 & 1 & q_0 \end{vmatrix} = 0$$

其中 $z_0 = f(x_0, y_0) \qquad p_0 = \dfrac{\partial f}{\partial x}\Big|_{(x_0, y_0)} q_0 = \dfrac{\partial f}{\partial y}\Big|_{(x_0, y_0)}$

法线方程：

$$\frac{X - x_0}{p_0} = \frac{Y - y_0}{q_0} = \frac{Z - z_0}{-1}$$

2.1.4 参数变换

如果曲面的参数 u,v，变为新的参数 $\bar{u},\bar{v}$。而

$$\begin{cases} u = u(\bar{u},\bar{v}) \\ v = v(\bar{u},\bar{v}) \end{cases} \qquad \left(\frac{\partial(u,v)}{\partial(\bar{u},\bar{v})} \neq 0\right)$$

则得曲面关于新参数的方程

$$\boldsymbol{r} = \boldsymbol{r}[u(\bar{u},\bar{v}),v(\bar{u},\bar{v})]$$

由于 $$\boldsymbol{r}_{\bar{u}} = \boldsymbol{r}_u \frac{\partial u}{\partial \bar{u}} + \boldsymbol{r}_v \frac{\partial v}{\partial \bar{u}} \qquad \boldsymbol{r}_{\bar{v}} = \boldsymbol{r}_u \frac{\partial u}{\partial \bar{v}} + \boldsymbol{r}_v \frac{\partial v}{\partial \bar{v}}$$

因此得到曲面的法向量在新旧参数下的关系式

$$\bar{\boldsymbol{N}} = \boldsymbol{r}_{\bar{u}} \times \boldsymbol{r}_{\bar{v}} = (\boldsymbol{r}_u \times \boldsymbol{r}_v)\left(\frac{\partial u}{\partial \bar{u}}\frac{\partial v}{\partial \bar{v}} - \frac{\partial u}{\partial \bar{v}}\frac{\partial v}{\partial \bar{u}}\right) = \boldsymbol{N}\frac{\partial(u,v)}{\partial(\bar{u},\bar{v})} \qquad (2.1.7)$$

从（2.1.7）可以看出，曲面在参数变换下的法向量 $\boldsymbol{N} /\!/ \bar{\boldsymbol{N}}$（假定 $\frac{\partial(u,v)}{\partial(\bar{u},\bar{v})} \neq 0$）若 $\frac{\partial(u,v)}{\partial(\bar{u},\bar{v})} > 0$，$\boldsymbol{N}$ 与 $\bar{\boldsymbol{N}}$ 同向，这时称 $\boldsymbol{N}$ 所指的方向为曲面的正侧；若 $\frac{\partial(u,v)}{\partial(\bar{u},\bar{v})} < 0$，$\boldsymbol{N}$ 与 $\bar{\boldsymbol{N}}$ 异向。我们还要指出，由于 $\boldsymbol{r}_u,\boldsymbol{r}_v,\boldsymbol{N}$ 构成右手系，所以曲面正侧的确定与参数的确定有关，当坐标曲线 u 与 v 对调时，则 $\boldsymbol{N}$ 的方向改变为它的反向，因而曲面的正侧变为负侧，这时我们把所讨论的曲面称为双侧曲面。在本章中我们讨论的曲面总假定它是双侧曲面，单侧曲面也是存在的，例如莫比乌斯带，我们将在曲面的整体理论中提及。

习题

1. 求正螺面 $\boldsymbol{r} = (u\cos v, u\sin v, bv)$ 的坐标曲线。

2. 证明：双曲抛物面 $\boldsymbol{r} = (a(u+v), b(u-v), 2uv)$ 的坐标曲线就是它的直母线。

3. 求球面 $\boldsymbol{r} = (R\cos\varphi\cos\theta, R\cos\varphi\sin\theta, R\sin\varphi)$ 上任意一点的切平面和法线方程。

4. 求椭圆柱面 $\frac{x^2}{a^2}+\frac{y^2}{b^2}=1$ 在任意点的切平面方程，并证明沿每一条直母线，该曲面只有一个切平面。

5. 证明：曲面 $xyz=a^3$ 在任何点的切平面和三个坐标平面构成的四面体的体积等于常数。

6. 计算下面的莫比乌斯带 $\boldsymbol{r}=(\cos\theta,\sin\theta,0)+v\left(\sin\frac{\theta}{2}\cos\theta,\sin\frac{\theta}{2}\sin\theta,\cos\frac{\theta}{2}\right)\left(-\pi<\theta<\pi,-\frac{1}{2}<v<\frac{1}{2}\right)$ 的法向量 $\boldsymbol{n}$。

7. 证明：曲面为旋转曲面的充要条件是法线通过定直线。

2.2　曲面的第一基本形式

给出曲面 s:$\boldsymbol{r}=\boldsymbol{r}(u,v)$ 及其上的曲线 (C)：

$$u=u(t),\ v=v(t) \tag{2.2.1}$$

或

$$\boldsymbol{r}(t)=\boldsymbol{r}(u(t),v(t))$$

对于 (C) 上任意点的切向量 $\frac{\mathrm{d}\boldsymbol{r}}{\mathrm{d}t}=\boldsymbol{r}_u\frac{\mathrm{d}u}{\mathrm{d}t}+\boldsymbol{r}_v\frac{\mathrm{d}v}{\mathrm{d}t}$，若以 s 表示 (C) 的弧长，如同曲线论一样，(C) 在自然参数下，任意点的单位切向量

$$\boldsymbol{\alpha}(s)=\frac{\mathrm{d}\boldsymbol{r}}{\mathrm{d}s}=\boldsymbol{r}_u\frac{\mathrm{d}u}{\mathrm{d}t}+\boldsymbol{r}_v\frac{\mathrm{d}v}{\mathrm{d}t}$$

于是，$|\boldsymbol{\alpha}(s)|=\left|\frac{\mathrm{d}\boldsymbol{r}}{\mathrm{d}s}\right|=\frac{|\mathrm{d}\boldsymbol{r}|}{|\mathrm{d}s|}=1$，因此

$$\mathrm{d}\,\boldsymbol{r}^2=\mathrm{d}s^2$$

从而有 $\mathrm{d}s^2=\mathrm{d}\,\boldsymbol{r}^2=(\boldsymbol{r}_u\mathrm{d}u+\boldsymbol{r}_v\mathrm{d}v)^2=\boldsymbol{r}_u^2\mathrm{d}u^2+2\,\boldsymbol{r}_u\cdot\boldsymbol{r}_v\mathrm{d}u\mathrm{d}v+\boldsymbol{r}_v^2\mathrm{d}v^2$

令 $E=\boldsymbol{r}_u^2,F=\boldsymbol{r}_u\cdot\boldsymbol{r}_v,G=\boldsymbol{r}_v^2$

则有

$$\mathrm{d}s^2=E(u,v)\mathrm{d}u^2+2F(u,v)\mathrm{d}u\mathrm{d}v+G(u,v)\mathrm{d}v^2$$

这是关于 $\mathrm{d}u,\mathrm{d}v$ 的一个二次齐式，它称为曲面 s 的第一基本形式，用 Ⅰ 表示。它的系数 E,F,G 都是 (u,v) 的函数，称为曲面的第一基本量。即

$$\mathrm{I}=\mathrm{d}s^2=E(u,v)\mathrm{d}u^2+2F(u,v)\mathrm{d}u\mathrm{d}v+G(u,v)\mathrm{d}v^2 \tag{2.2.2}$$

从本质上说，曲面的第一基本形式等于曲面曲线弧微分的平方，且 Ⅰ 是

正定的。这是因为 $E = \boldsymbol{r}_u^2 > 0, G = \boldsymbol{r}_v^2 > 0$ 以及称为它的判别式的

$$EG - F^2 = \boldsymbol{r}_u^2 \boldsymbol{r}_v^2 - (\boldsymbol{r}_u \cdot \boldsymbol{r}_v)^2 = (\boldsymbol{r}_u \cdot \boldsymbol{r}_v)^2 > 0$$

对于曲面的特殊参数表示 $z = f(x,y)$ 即

$$\boldsymbol{r}(x,y) = (x,y,f(x,y)) \text{——曲面的蒙日形式} \tag{2.2.3}$$

有 $\boldsymbol{r}_x = (1,0,p)$，$\boldsymbol{r}_y = (0,1,q)$

其中 $p = \dfrac{\partial f}{\partial x}, q = \dfrac{\partial f}{\partial y}$，于是

$$E = \boldsymbol{r}_x^2 = 1 + p^2, F = \boldsymbol{r}_x \boldsymbol{r}_y = pq, G = \boldsymbol{r}_y^2 = 1 + q^2$$

(2.2.3) 的第一基本形式

$$\mathrm{I} = (1 + p^2)\mathrm{d}x^2 + 2pq\mathrm{d}x\mathrm{d}y + (1 + q^2)\mathrm{d}y^2$$

例 1：求正螺面的第一基本形式

解：正螺面 $\boldsymbol{r}(u,v) = (u\cos v, u\sin v, av)$

$$\boldsymbol{r}_u = (\cos v, \sin v, 0),\ \boldsymbol{r}_v = (-u\sin v, u\cos v, a)$$

$$E = \boldsymbol{r}_u^2 = 1, F = \boldsymbol{r}_u \cdot \boldsymbol{r}_v = 0, G = \boldsymbol{r}_v^2 = u^2 + v^2$$

因此，正螺面的第一基本形式

$$\mathrm{I} = \mathrm{d}s^2 = \mathrm{d}u^2 + (u^2 + v^2)\mathrm{d}v^2$$

下面指出曲面的第一基本形式的几个应用，但它的重要意义不局限于此。

2.2.1 求曲面曲线的弧长

设 $A(t_1), B(t_2)$ 是曲面曲线 (2.2.1) 上两点，由 I 的意义可直接计算 (C) 上 A,B 两点间的弧长

$$s = \int_{t_1}^{t_2} \frac{\mathrm{d}s}{\mathrm{d}t}\mathrm{d}t = \int_{t_1}^{t_2} \sqrt{E\left(\frac{\mathrm{d}u}{\mathrm{d}t}\right)^2 + 2F\frac{\mathrm{d}u}{\mathrm{d}t}\frac{\mathrm{d}v}{\mathrm{d}t} + G\left(\frac{\mathrm{d}v}{\mathrm{d}t}\right)^2}\,\mathrm{d}t \tag{2.2.4}$$

若曲面曲线由

$$u = u(v) \text{ 或 } v = v(u)$$

给出，则其上两点 $A(u_1,v_1)$，$B(u_2,v_2)$ 间的弧长

$$s = \int_{v_1}^{v_2} \sqrt{E\left(\frac{\mathrm{d}u}{\mathrm{d}v}\right)^2 + 2F\frac{\mathrm{d}u}{\mathrm{d}v} + G}\,\mathrm{d}v$$

或

$$s = \int_{u_1}^{u_2} \sqrt{E + 2F\frac{\mathrm{d}v}{\mathrm{d}u} + G\left(\frac{\mathrm{d}v}{\mathrm{d}u}\right)^2}\,\mathrm{d}u \tag{2.2.5}$$

2.2.2　求曲面上两方向的夹角

曲面 $\boldsymbol{r}=\boldsymbol{r}(u,v)$ 上一点 (u_0,v_0) 的切方向称为曲面上该点的方向，表示为

$$\mathrm{d}\boldsymbol{r}=\boldsymbol{r}_u(u_0,v_0)\mathrm{d}u+\boldsymbol{r}_v(u_0,v_0)\mathrm{d}v$$

这是我们前面提到过的，它完全由比值 $\frac{\mathrm{d}u}{\mathrm{d}v}$ 来确定。设

$$\mathrm{d}\boldsymbol{r}=\boldsymbol{r}_u(u_0,v_0)\mathrm{d}u+\boldsymbol{r}_v(u_0,v_0)\mathrm{d}v$$

和

$$\delta\boldsymbol{r}=\boldsymbol{r}_u(u_0,v_0)\delta u+\boldsymbol{r}_v(u_0,v_0)\delta v$$

表示点 (u_0,v_0) 处的两个不同方向（简记为 $(\mathrm{d})=\frac{\mathrm{d}u}{\mathrm{d}v}$ 和 $(\delta)=\frac{\delta u}{\delta v}$），方向 (d) 与 (δ) 间的夹角记为 θ，那么

$$\mathrm{d}\boldsymbol{r}\cdot\delta\boldsymbol{r}=|\mathrm{d}\boldsymbol{r}||\delta\boldsymbol{r}|\cos\theta\qquad\cos\theta=\frac{\mathrm{d}\boldsymbol{r}\cdot\delta\boldsymbol{r}}{|\mathrm{d}\boldsymbol{r}||\delta\boldsymbol{r}|}$$

因此得到曲面上 (u_0,v_0) 点两方向 (d) 与 (δ) 的夹角计算公式

$$\cos\theta=\frac{E\mathrm{d}u\delta u+F(\mathrm{d}u\delta v+\mathrm{d}v\delta u)+G\mathrm{d}v\delta v}{\sqrt{E\mathrm{d}u^2+2F\mathrm{d}u\mathrm{d}v+G\mathrm{d}v^2}\sqrt{E\delta u^2+2F\delta u\delta v+G\delta v^2}}\tag{2.2.6}$$

设曲面曲线 (C) 与 $(\bar{C})$ 交于 (u_0,v_0) 点，且分别以 $\frac{\mathrm{d}\boldsymbol{r}}{\mathrm{d}t}$ 与 $\frac{\delta\boldsymbol{r}}{\delta t}$ 为两条曲线在该点的切向量。由于向量 $\frac{\mathrm{d}\boldsymbol{r}}{\mathrm{d}t}$ 和 $\mathrm{d}\boldsymbol{r}$，$\frac{\delta\boldsymbol{r}}{\delta t}$ 和 $\delta\boldsymbol{r}$ 的方向相同，故 (2.2.6) 也是计算曲面上两条相交的曲线夹角的公式。

显然，曲面上两个方向（两条曲线）正交的充要条件是

$$E\mathrm{d}u\delta u+F(\mathrm{d}u\delta v+\mathrm{d}v\delta u)+G\mathrm{d}v\delta v=0\tag{2.2.7}$$

特别地，对曲面的坐标曲线 u – 线$(\mathrm{d}v=0)$ 与 v – 线$(\delta u=0)$ 的夹角 θ，有

$$\cos\theta=\frac{F\mathrm{d}u\delta v}{\sqrt{E}\mathrm{d}u\sqrt{G}\delta v}=\frac{F}{\sqrt{EG}}$$

因此得到

命题 1　曲面的坐标曲线（网）正交的充要条件是 $F=0$。

给出曲面上的两族曲线

$$A(u,v)\mathrm{d}u+B(u,v)\mathrm{d}v=0\ (A,B\ \text{至少有一个不为}0)$$

与

$$C(u,v)\delta u+D(u,v)\delta v=0\ (C,D\ \text{至少有一个不为}0)$$

如果它们正交，可以得出

$$E+F\left(\frac{\mathrm{d}v}{\mathrm{d}u}+\frac{\delta v}{\delta u}\right)+G\frac{\mathrm{d}v}{\mathrm{d}u}\frac{\delta v}{\delta u}=0 \tag{2.2.8}$$

则

$$E-F\left(\frac{A}{B}+\frac{C}{D}\right)+G\frac{A}{B}\frac{C}{D}=0$$

或

$$EBD-F(AD+BC)+GAC=0 \tag{2.2.9}$$

定义 在曲面上与曲线族 $A\mathrm{d}u+B\mathrm{d}v=0$ 正交的曲线，称为这族曲线的正交轨线。

从（2.2.8）可以知道曲线族 $A\mathrm{d}u+B\mathrm{d}v=0$ 的正交轨线的微分方程是

$$E+F\left(-\frac{A}{B}+\frac{\delta v}{\delta u}\right)-\frac{A}{B}G\frac{\delta v}{\delta u}=0$$

也就是 $\dfrac{\delta v}{\delta u}=-\dfrac{BE-AF}{BF-AG}$

其中 E,F,G 是曲面的第一基本量。

2.2.3 曲面域的面积

设曲面 $s:\boldsymbol{r}=\boldsymbol{r}(u,v)$ 上的一个区域$\wp$，它所对应的 (u,v) 平面上的区域为 D。我们来推导计算曲面域$\wp$的公式。

首先用坐标曲线把$\wp$分割成完整的和不完整的曲边四边形，坐标曲线越密，那些完整的曲边四边形就越接近于平行四边形，而那些不完整的曲边四边形的面积在整个曲面域的面积里所占的比重就越小，以至忽略不计。

如图 2.9 所示，取以点 $P(u,v)$，$P_1(u+\mathrm{d}u,v)$，$P'(u+\mathrm{d}u,v+\mathrm{d}v)$ 及 $P_2(u,v+\mathrm{d}v)$ 为顶点的曲边四边形，可以把它近似地看成 P 点的切平面上的一个平行四边形，而且这个平行四边形以切于坐标曲线的向量 $\boldsymbol{r}_u\mathrm{d}u$ 和 $\boldsymbol{r}_v\mathrm{d}v$ 为边，设它的面积为 $\mathrm{d}\sigma$，于是有

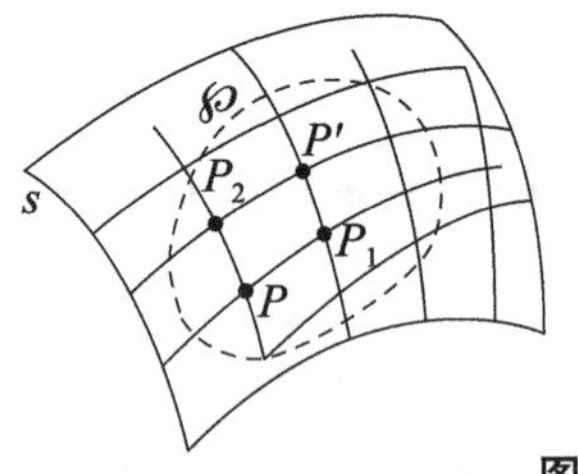

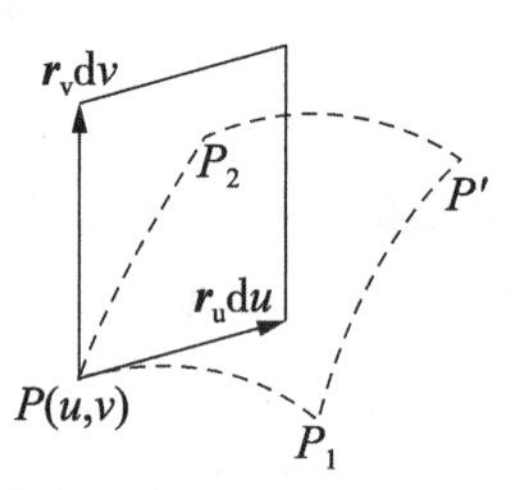

图 2.9

$$d\sigma = |\boldsymbol{r}_u du \times \boldsymbol{r}_v dv| = |\boldsymbol{r}_u \times \boldsymbol{r}_v| du dv \approx \text{曲边四边形 } PP_1P'P_2 \text{ 的面积}$$

因此，曲面域$\wp$的面积 σ 可由二重积分来表示

$$\sigma = \iint_{\wp} d\sigma = \iint_{D} |\boldsymbol{r}_u \times \boldsymbol{r}_v| du dv$$

利用 $(\boldsymbol{r}_u \times \boldsymbol{r}_v)^2 = \boldsymbol{r}_u^2 \cdot \boldsymbol{r}_v^2 - (\boldsymbol{r}_u \cdot \boldsymbol{r}_v)^2 = EG - F^2 > 0$，得到公式

$$\sigma = \iint_{D} \sqrt{EG - F^2} du dv \tag{2.2.10}$$

小结：曲面上曲线的弧长、两条曲线的夹角以及曲面域的面积的计算都是用曲面的第一基本量 E,F,G 来表达的。仅由曲面的第一基本形式出发所能建立的几何性质称为曲面的内在性质（内蕴性质），表达内在性质的量称为内蕴量，以上曲面的三种量都是内蕴量；研究曲面内在性质的几何称为内蕴几何。

2.2.4　等距变换 等角变换

给出两个曲面 $s:\boldsymbol{r}=\boldsymbol{r}(u,v)$　$s_1:\boldsymbol{r}_1=\boldsymbol{r}_1(u_1,v_1)$

如果在对应点参数之间存在着一一对应关系：

$$\begin{cases} u_1 = u_1(u,v) \\ v_1 = v_1(u,v) \end{cases} \tag{2.2.11}$$

函数 $u_1 = u_1(u,v), v_1 = v_1(u,v)$ 连续、有连续的偏导数，并且函数行列式

$$\frac{\partial(u_1,v_1)}{\partial(u,v)} \neq 0$$

则 s 与 s_1 之间的一一对应关系，称为 s 到 s_1 的变换。

曲面 s 到 s_1 的变换，使得它们在对应点有相同的参数。事实上，只要将变换式（2.2.11）代入 s_1 的方程即可。以下讨论的曲面之间的变换，无特别声明总假定它们在对应点有相同的参数。

定义：曲面之间的一个变换，如果它保持曲面上曲线的长度不变，则这个变换称为等距变换（保长变换）。

定理：两个曲面之间存在等距变换的充要条件是适当选择参数后，它们具有相同的第一基本形式。

证明：对于曲面 s 上的一条曲线（C）:$u=u(t),v=v(t),A(t_1),B(t_2)$ 是其上两点。在变换（2.2.11）下，对应着 s_1 上的一条曲线（C_1）和对应点 $A_1(t_1),B_1(t_2)$。设 l 与 l_1 分别是曲线（C）与（C_1）上 $A(t_1)$ 到 $B(t_2)$ 与 $A_1(t_1)$ 到 $B_1(t_2)$ 的弧长，则

$$l=\int_{t_1}^{t_2}\sqrt{E\left(\frac{\mathrm{d}u}{\mathrm{d}t}\right)^2+2F\frac{\mathrm{d}u}{\mathrm{d}t}\frac{\mathrm{d}v}{\mathrm{d}t}+G\left(\frac{\mathrm{d}v}{\mathrm{d}t}\right)^2}\mathrm{d}t$$

$$l_1=\int_{t_1}^{t_2}\sqrt{E_1\left(\frac{\mathrm{d}u}{\mathrm{d}t}\right)^2+2F_1\frac{\mathrm{d}u}{\mathrm{d}t}\frac{\mathrm{d}v}{\mathrm{d}t}+G_1\left(\frac{\mathrm{d}v}{\mathrm{d}t}\right)^2}\mathrm{d}t$$

其中 E,F,G 及 E_1,F_1,G_1 分别是曲面 s 与 s_1 的第一基本量。若曲面 s 到 s_1 的变换是等距变换，也就是 $l=l_1$，则由上面两式推得

$$\mathrm{I}=E\mathrm{d}u^2+2F\mathrm{d}u\mathrm{d}v+G\mathrm{d}v^2=E_1\mathrm{d}u^2+2F_1\mathrm{d}u\mathrm{d}v+G_1\mathrm{d}v^2=\mathrm{I}_1$$

即曲面 s 与 s_1 的第一基本形式相等；反之若 $\mathrm{I}=\mathrm{I}_1$ 可推得 $l=l_1$，即曲面 s 与 s_1 之间的变换是等距变换。

定义：曲面在等距变换下不变的量，称为曲面的等距不变量或内蕴量。

推论：曲面上曲线的弧长，两曲线的交角、曲面域的面积都是等距不变量。

例：证明正螺面 $\boldsymbol{r}=(u\cos v,u\sin v,av)$ 和悬链面 $\boldsymbol{r}_1=\left(a\mathrm{ch}\frac{t}{a}\cos\theta,a\mathrm{ch}\frac{t}{a}\sin\theta,t\right)$ 之间存在着等距变换。

证明：我们知道正螺面的第一基本形式

$$\mathrm{I}=\mathrm{d}u^2+(u^2+a^2)\mathrm{d}v^2$$

悬链面的第一基本形式可以算得

$$\mathrm{I}_1=\mathrm{ch}^2\frac{t}{a}(\mathrm{d}t^2+a^2\mathrm{d}\theta^2)$$

考虑变换 T：$\begin{cases}u=\left(a\mathrm{sh}\dfrac{t}{a}\right)^2+a^2=a^2\mathrm{ch}^2\dfrac{t}{a}\\ v=\theta\end{cases}\Rightarrow\begin{cases}\mathrm{d}u=\mathrm{ch}\dfrac{t}{a}\mathrm{d}t\\ \mathrm{d}v=\mathrm{d}\theta\end{cases}$

代入悬链面的第一基本形式得

$$\mathrm{I}_1=\mathrm{d}u^2+(u^2+a^2)\mathrm{d}v^2$$

因为 $\mathrm{I}=\mathrm{I}_1$，根据定理正螺面与悬链面之间的变换 T 是等距变换。

定义：曲面之间的一个变换，如果使曲面上对应曲线的交角相等，则称这个变换为等角变换（保形变换）。

定理：两个曲面之间的变换是保角变换的充要条件是它们的第一基本形式成比例。

证明：设曲面 s 与 s_1 的第一基本形式分别为

$$\mathrm{I} = E\mathrm{d}u^2 + 2F\mathrm{d}u\mathrm{d}v + G\mathrm{d}v^2,\ \mathrm{I}_1 = E_1\mathrm{d}u^2 + 2F_1\mathrm{d}u\mathrm{d}v + G_1\mathrm{d}v^2$$

如果 I 与 I_1 成比例，即存在函数 $\lambda(u,v) \neq 0$，使得

$$\mathrm{I}_1 = \lambda^2(u,v)\,\mathrm{I}$$

即 $E_1 = \lambda^2 E, F_1 = \lambda^2 F, G_1 = \lambda^2 G$，于是

$$E:E_1 = F:F_1 = G:G_1$$

设 θ 为 s 上两曲线的交角，θ_1 是 s_1 上对应的两曲线的交角。根据曲面上曲线的交角公式并利用题设

$$\cos\theta = \frac{E\mathrm{d}u\delta u + F(\mathrm{d}u\delta v + \mathrm{d}v\delta u) + G\mathrm{d}v\delta v}{\sqrt{E\mathrm{d}u^2 + 2F\mathrm{d}u\mathrm{d}v + G\mathrm{d}v^2}\sqrt{E\delta u^2 + 2F\delta u\delta v + G\delta v^2}}$$

$$= \frac{\lambda^2 E\mathrm{d}u\delta u + \lambda^2 F(\mathrm{d}u\delta v + \mathrm{d}v\delta u) + \lambda^2 G\mathrm{d}v\delta v}{\sqrt{\lambda^2 E\mathrm{d}u^2 + \lambda^2 2F\mathrm{d}u\mathrm{d}v + \lambda^2 G\mathrm{d}v^2}\sqrt{\lambda^2 E\delta u^2 + \lambda^2 2F\delta u\delta v + \lambda^2 G\delta v^2}}$$

$$= \frac{E_1\mathrm{d}u\delta u + F_1(\mathrm{d}u\delta v + \mathrm{d}v\delta u) + G_1\mathrm{d}v\delta v}{\sqrt{E_1\mathrm{d}u^2 + 2F_1\mathrm{d}u\mathrm{d}v + G_1\mathrm{d}v^2}\sqrt{E_1\delta u^2 + 2F_1\delta u\delta v + G_1\delta v^2}}$$

$$= \cos\theta_1$$

$$\theta = \theta_1$$

因此，$s \to s_1$ 的变换是等角变换。这就证明了定理的充分性。

设 $s \to s_1$ 的变换是等角变换，它对于曲线的正交性保持不变，命 $\theta = \theta_1 = \frac{\pi}{2}$，代入前面的式子得

$$E\mathrm{d}u\delta u + F(\mathrm{d}u\delta v + \mathrm{d}v\delta u) + G\mathrm{d}v\delta v = 0$$

$$E_1\mathrm{d}u\delta u + F_1(\mathrm{d}u\delta v + \mathrm{d}v\delta u) + G_1\mathrm{d}v\delta v = 0$$

消去 δu，δv

$$\frac{E\mathrm{d}u + F\mathrm{d}v}{E_1\mathrm{d}u + F_1\mathrm{d}v} = \frac{F\mathrm{d}u + G\mathrm{d}v}{F_1\mathrm{d}u + G_1\mathrm{d}v}$$

由于 $\mathrm{d}u$ 和 $\mathrm{d}v$ 的任意性，在 $\mathrm{d}v = 0$ 时得到

$$E:E_1 = F:F_1$$

在 $\mathrm{d}u = 0$ 时得到 $F:F_1 = G:G_1$，因此

$$E:E_1 = F:F_1 = G:G_1 = \lambda^2(u,v)$$

即 $\mathrm{I}_1 = \lambda^2(u,v)\,\mathrm{I}$。也就是说，若 $s \to s_1$ 的变换是等角变换，保持曲面 s 与 s_1 的第一基本形式成比例。证毕。

注意： 每一个等距变换都是等角变换，反之不一定成立。

例： 试证明，球极投影（除北极外）给出球面到平面的一个等角变换。

证明： 如图 2.10 所示，在给定的坐标系和参数下的球极投影，使得球面上的 P 点对着平面上的 P_1 点。球面和平面的参数方程分别为

$$s:\begin{cases} x = 2R\sin u\cos u\cos v \\ y = 2R\sin u\cos u\sin v \\ z = 2R\sin^2 u \end{cases}$$

$$\pi:\begin{cases} x = 2R\tan u\cos v \\ y = 2R\tan u\sin v \\ z = 0 \end{cases}$$

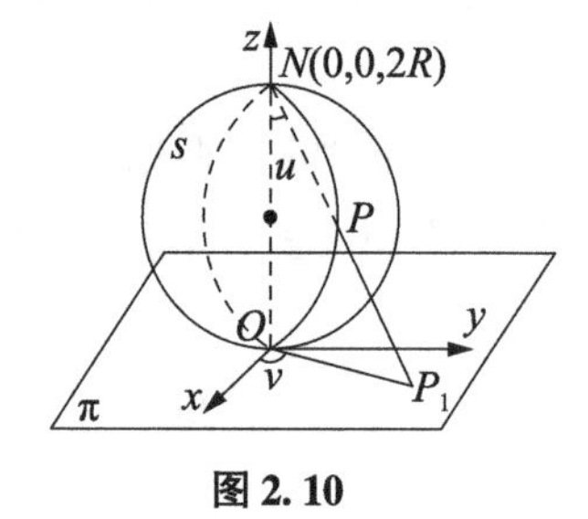

图 2.10

则它们的第一基本形式分别为

$$\mathrm{I} = 4R^2(\mathrm{d}u^2 + \sin^2 u\cos^2 u\mathrm{d}v^2),\ \mathrm{I}_1 = \frac{4R^2}{\cos^4 u}(\mathrm{d}u^2 + \sin^2 u\cos^2 u\mathrm{d}v^2)$$

有 $\mathrm{I} = \cos^4 u\,\mathrm{I}_1$，所以 $s \to \pi$ 的变换是等角变换。

2.3 曲面的第二基本形式

前一节我们利用曲面的第一基本形式研究了曲面的一些内蕴性质，它属于内蕴几何的范畴，与曲面在空间如何弯曲无关。为了研究曲面在空间中的弯曲性，我们介绍曲面的第二基本形式。

2.3.1 曲面的第二基本形式

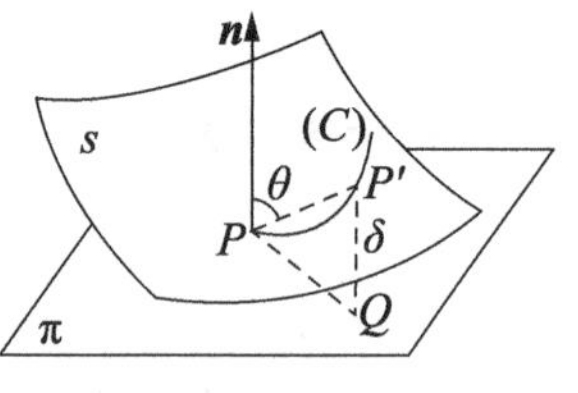

图 2.11

如图 2.11，设曲面 $s \in C^2$ 类，即 $\boldsymbol{r}(u,v)$ 有连续的二阶偏导数 $\boldsymbol{r}_{uu}, \boldsymbol{r}_{uv}, \boldsymbol{r}_{vv}, P'$ 为 s 上与 P 点邻近的一

点，从 π 到 P_1 的有向距离为 δ 。在 s 上连结 P 和 P' 的曲线（C）：

$$u = u(s), v = v(s)$$

并假定对应于 P 和 P' 的弧长为 s 和 $s + \Delta s$ ，利用泰勒公式

$$\begin{aligned} \boldsymbol{PP'} &= \boldsymbol{r}(s + \Delta s) - \boldsymbol{r}(s) \\ &= \dot{\boldsymbol{r}}(s) \cdot \boldsymbol{\Delta s} + \frac{1}{2}[\ddot{\boldsymbol{r}}(s) + \boldsymbol{\varepsilon}]\Delta s^2 \end{aligned}$$

其中 $\Delta s \to 0$ 时，$\boldsymbol{\varepsilon} \to \boldsymbol{0}$ 。由 P' 作平面 π 的垂线，垂足为 Q ，则

$$\boldsymbol{QP'} = \delta \boldsymbol{n}$$

其中，δ 称为切平面 π 到曲面 s 的有向距离。当 s 向 $\boldsymbol{n}$ 的指向弯曲时，$\delta > 0$ ；反之 $\delta < 0$ 。显然 δ 与 P 点的一个方向（d）$= \dfrac{\mathrm{d}u}{\mathrm{d}v}$ 有关。

由于 $\boldsymbol{QP} \cdot \boldsymbol{n} = 0$, $\boldsymbol{n} \cdot \dot{\boldsymbol{r}} = 0$ 。

而

$$\begin{aligned} \delta &= \delta \boldsymbol{n} \cdot \boldsymbol{n} = \boldsymbol{QP'} \cdot \boldsymbol{n} = (\boldsymbol{QP} + \boldsymbol{PP'}) \cdot \boldsymbol{n} = \boldsymbol{PP'} \cdot \boldsymbol{n} \\ &= \dot{\boldsymbol{r}} \cdot \boldsymbol{n}(\Delta s) + \frac{1}{2}(\boldsymbol{n} \cdot \ddot{\boldsymbol{r}} + \boldsymbol{n} \cdot \boldsymbol{\varepsilon})(\Delta s)^2 \\ &= \frac{1}{2}(\boldsymbol{n} \cdot \ddot{\boldsymbol{r}} + \boldsymbol{n} \cdot \boldsymbol{\varepsilon})(\Delta s)^2 \end{aligned}$$

因此当 $\boldsymbol{n} \cdot \ddot{\boldsymbol{r}} \neq 0$ 时，无穷小距离 δ 的主要部分是

$$\frac{1}{2}\boldsymbol{n} \cdot \ddot{\boldsymbol{r}}(\Delta s)^2 = \frac{1}{2}\boldsymbol{n} \cdot \ddot{\boldsymbol{r}}\mathrm{d}s^2 = \frac{1}{2}\boldsymbol{n} \cdot \mathrm{d}^2\boldsymbol{r}$$

即 $\delta \approx \dfrac{1}{2}\boldsymbol{n} \cdot \mathrm{d}^2\boldsymbol{r}$ 。

又因为 $\mathrm{d}\boldsymbol{r} = \boldsymbol{r}_u\mathrm{d}u + \boldsymbol{r}_v\mathrm{d}v$

$$\begin{aligned} \mathrm{d}^2\boldsymbol{r} &= \mathrm{d}(\boldsymbol{r}_u\mathrm{d}u + \boldsymbol{r}_v\mathrm{d}v) \\ &= (\boldsymbol{r}_{uu}\mathrm{d}u + \boldsymbol{r}_{uv}\mathrm{d}v)\mathrm{d}u + \boldsymbol{r}_u\mathrm{d}^2u + (\boldsymbol{r}_{vu}\mathrm{d}u + \boldsymbol{r}_{vv}\mathrm{d}v)\mathrm{d}v + \boldsymbol{r}_v\mathrm{d}^2v \\ &= \boldsymbol{r}_{uu}\mathrm{d}u^2 + 2\boldsymbol{r}_{uv}\mathrm{d}u\mathrm{d}v + \boldsymbol{r}_{vv}\mathrm{d}v^2 + \boldsymbol{r}_u\mathrm{d}^2u + \boldsymbol{r}_v\mathrm{d}^2v \end{aligned}$$

$$\boldsymbol{n} \cdot \boldsymbol{r}_u = \boldsymbol{n} \cdot \boldsymbol{r}_v = 0$$

所以 $2\delta \approx \boldsymbol{n} \cdot \mathrm{d}^2r = \boldsymbol{n} \cdot \boldsymbol{r}_{uu}\mathrm{d}u^2 + 2\boldsymbol{n} \cdot \boldsymbol{r}_{uv}\mathrm{d}u\mathrm{d}v + \boldsymbol{n} \cdot \boldsymbol{r}_{vv}\mathrm{d}v^2$ 。

记 $L = \boldsymbol{n} \cdot \boldsymbol{r}_{uu}, M = \boldsymbol{n} \cdot \boldsymbol{r}_{uv}, N = \boldsymbol{n} \cdot \boldsymbol{r}_{vv}$ 。

我们称 $\mathrm{II} = \boldsymbol{n} \cdot \mathrm{d}^2r = L\mathrm{d}u^2 + 2M\mathrm{d}u\mathrm{d}v + N\mathrm{d}v^2$ 为曲面 s 的第二基本形式，L,

M,N 称为第二基本量。

显然，曲面的第二基本形式近似地等于曲面上一点 $P(u,v)$ 沿方向 $\frac{\mathrm{d}u}{\mathrm{d}v}$ 的有向距离的二倍。它刻画了曲面在该点沿方向 $\frac{\mathrm{d}u}{\mathrm{d}v}$ 上的弯曲程度。因此它是研究曲面上一点的邻近结构的重要工具。

下面给出 Ⅱ 与 L,M,N 的另外形式的表示。

对关系式 $\boldsymbol{n}\cdot\mathrm{d}\boldsymbol{r}=0$ 两边进行微分得

$$\mathrm{d}\boldsymbol{n}\cdot\mathrm{d}\boldsymbol{r}+\boldsymbol{n}\cdot\mathrm{d}^2\boldsymbol{r}=0$$

因此，$\mathrm{II}=-\boldsymbol{n}\cdot\mathrm{d}^2\boldsymbol{r}$ 表示了 Ⅱ 的另外一种意义。

另外，由于 $\boldsymbol{r}_u,\boldsymbol{r}_v$ 均是曲面的切平面上的向量，所以

$$\boldsymbol{n}\cdot\boldsymbol{r}_u=\boldsymbol{n}\cdot\boldsymbol{r}_v=0$$

对 u,v 求偏导

$$\boldsymbol{r}_{uu}\cdot\boldsymbol{n}+\boldsymbol{r}_u\cdot\boldsymbol{n}_u=0\quad \boldsymbol{r}_{vu}\cdot\boldsymbol{n}+\boldsymbol{r}_v\cdot\boldsymbol{n}_u=0$$

$$\boldsymbol{r}_{uv}\cdot\boldsymbol{n}+\boldsymbol{r}_u\cdot\boldsymbol{n}_v=0\quad \boldsymbol{r}_{vv}\cdot\boldsymbol{n}+\boldsymbol{r}_v\cdot\boldsymbol{n}_v=0$$

于是，$L=\boldsymbol{n}\cdot\boldsymbol{r}_{uu}=-\boldsymbol{r}_u\cdot\boldsymbol{n}_u,M=\boldsymbol{n}\cdot\boldsymbol{r}_{uv}=-\boldsymbol{r}_u\cdot\boldsymbol{n}_v=-\boldsymbol{r}_v\cdot\boldsymbol{n}_u,N=\boldsymbol{n}\cdot\boldsymbol{r}_{vv}=-\boldsymbol{r}_v\cdot\boldsymbol{n}_v$。

再者，利用 $\boldsymbol{n}=\frac{\boldsymbol{r}_u\times\boldsymbol{r}_v}{|\boldsymbol{r}_u\times\boldsymbol{r}_v|}=\frac{\boldsymbol{r}_u\times\boldsymbol{r}_v}{\sqrt{EG-F^2}}$，

$$L=\boldsymbol{r}_{uu}\cdot\boldsymbol{n}=\frac{(\boldsymbol{r}_{uu},\boldsymbol{r}_u,\boldsymbol{r}_v)}{\sqrt{EG-F^2}}$$

$$M=\boldsymbol{r}_{uv}\cdot\boldsymbol{n}=\frac{(\boldsymbol{r}_{uv},\boldsymbol{r}_u,\boldsymbol{r}_v)}{\sqrt{EG-F^2}}$$

$$N=\boldsymbol{r}_{vv}\cdot\boldsymbol{n}=\frac{(\boldsymbol{r}_{vv},\boldsymbol{r}_u,\boldsymbol{r}_v)}{\sqrt{EG-F^2}}$$

曲面的第二基本量有三种表示形式，最后一种一般用于计算，前两种多用于理论推导与证明。

例：求正螺面 $\boldsymbol{r}(u,v)=(u\cos v,u\sin v,av)$ 的第二基本形式。

解：因为 $\boldsymbol{r}_u=(\cos v,\sin v,0)$，$\boldsymbol{r}_v=(-u\sin v,u\cos v,a)$

$\boldsymbol{r}_{uu}=(0,0,0)$，$\boldsymbol{r}_{uv}=(-\sin v,\cos v,0)$，$\boldsymbol{r}_{vv}=(-u\cos v,-u\sin v,0)$，

所以 $E=\boldsymbol{r}_u^2=1, F=\boldsymbol{r}_u\cdot\boldsymbol{r}_v=0, G=\boldsymbol{r}_v^2=u^2+a^2, EG-F^2=u^2+a^2$。

$$L=\frac{(\boldsymbol{r}_{uu},\boldsymbol{r}_u,\boldsymbol{r}_v)}{\sqrt{EG-F^2}}=0,\ M=\frac{(\boldsymbol{r}_{uv},\boldsymbol{r}_u,\boldsymbol{r}_v)}{\sqrt{EG-F^2}}=\frac{-u}{\sqrt{u^2+a^2}}(-a),$$

$$N=\frac{(\boldsymbol{r}_{vv},\boldsymbol{r}_u,\boldsymbol{r}_v)}{\sqrt{EG-F^2}}=0$$

因此，正螺面的 $\mathrm{II}=-\dfrac{u}{\sqrt{u^2+a^2}}\mathrm{d}u\mathrm{d}v$。

2.3.2　法曲率

对于曲面曲线（C）：$u=u(s)$，$v=v(s)$ 或 $\boldsymbol{r}=\boldsymbol{r}(u(t),v(t))=\boldsymbol{r}(t)$，$\boldsymbol{r}=\boldsymbol{r}(u(s),v(s))=\boldsymbol{r}(s)$

如图 2.12，我们沿用以前的符号，对于（C）上一点 $M(s)$，$\boldsymbol{\alpha}(s)$，$\boldsymbol{\beta}(s)$，$\boldsymbol{\gamma}(s)$ 分别为该点的切向量、主法向量、副法向量。我们称向量 $\dot{\boldsymbol{\alpha}}=\ddot{\boldsymbol{r}}$（和 $\boldsymbol{\beta}$ 共线且同向）为曲线（C）在该点的曲率向量。它在曲面于该点的单位法向量 $\boldsymbol{n}$ 上的投影记为 $\mathrm{Prj}_{\boldsymbol{n}}\dot{\boldsymbol{\alpha}}$，称为曲面在 M 点沿曲线（C）的切线方向的法曲率，用 k_n 表示，即

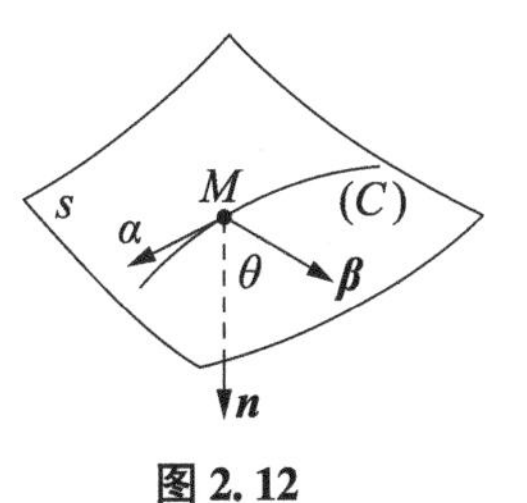

图 2.12

$$k_n=\mathrm{Prj}_{\boldsymbol{n}}\dot{\boldsymbol{\alpha}}\tag{2.3.1}$$

设 $(\boldsymbol{\beta}\hat{,}\boldsymbol{n})=\theta(0\leqslant\theta\leqslant\pi)$，

$$k_n=\mathrm{Prj}_{\boldsymbol{n}}\dot{\boldsymbol{\alpha}}=\boldsymbol{n}\cdot\dot{\boldsymbol{\alpha}}=\boldsymbol{n}\cdot k\boldsymbol{\beta}=k\cos\theta$$

或 $k_n=\boldsymbol{n}\cdot\dot{\boldsymbol{\alpha}}=\boldsymbol{n}\cdot\ddot{\boldsymbol{r}}=\boldsymbol{n}\cdot\dfrac{\mathrm{d}^2\boldsymbol{r}}{\mathrm{d}s^2}=\dfrac{\mathrm{II}}{\mathrm{I}}=\dfrac{L\mathrm{d}u^2+2M\mathrm{d}u\mathrm{d}v+N\mathrm{d}v^2}{E\mathrm{d}u^2+2F\mathrm{d}u\mathrm{d}v+G\mathrm{d}v^2}$。

也就是，法曲率的意义可表述为

$$k_n=k\cos\theta\tag{2.3.2}$$

或

$$k_n=\frac{\mathrm{II}}{\mathrm{I}}=\frac{L\mathrm{d}u^2+2M\mathrm{d}u\mathrm{d}v+N\mathrm{d}v^2}{E\mathrm{d}u^2+2F\mathrm{d}u\mathrm{d}v+G\mathrm{d}v^2}。\tag{2.3.3}$$

注意：（1）法曲率是曲面上一点一方向的概念，因此它是 (u,v) 和 $\dfrac{\mathrm{d}u}{\mathrm{d}v}$ 的函数；（2）由（2.3.3）看出它与曲面的 II 有关，因此利用它可以描述曲面的

弯曲性；(3) 由于θ在区间$[0,\pi]$上取值，有$-1\leqslant\cos\theta\leqslant1$，同时$k\geq0$，所以$k_n=k\cos\theta$在实数范围内取值。当$k_n>0$时，$0\leqslant\theta\leqslant\frac{\pi}{2}$，曲面朝$\boldsymbol{n}$所指的方向弯曲；当$k_n<0$时，$\frac{\pi}{2}<\theta\leqslant\pi$，曲面朝$\boldsymbol{n}$所指的反向弯曲。

k_n的意义可作如下的直观解释：

过曲面s上P点的法向量$\boldsymbol{n}$和所给的方向$\frac{\mathrm{d}u}{\mathrm{d}v}$所作的平面，称为曲面在$P$点沿方向$\frac{\mathrm{d}u}{\mathrm{d}v}$的法截面。该法截面与曲面$s$的交线称为法截线，记为$(C_0)$。它是一条平面曲线，它与过该点以$\frac{\mathrm{d}u}{\mathrm{d}v}$为切线方向的曲面曲线$(C)$在$P$点有公共的切向量$\boldsymbol{\alpha}_0$。设$(C_0)$在$P$点的相对曲率为$k_r$，法向量为$\boldsymbol{n}$(正好是曲面在$P$点的单位法向量)，由平面曲线的基本公式：

$$\dot{\boldsymbol{\alpha}}=k_r\boldsymbol{n}$$

两边点乘$\boldsymbol{n}$得

$$k_n=\boldsymbol{n}\cdot\dot{\boldsymbol{\alpha}}=k_r\dot{\boldsymbol{n}}\cdot\boldsymbol{n}=k_r$$

上述结果表明，曲面s在P点沿给定方向$\frac{\mathrm{d}u}{\mathrm{d}v}$的法曲率$k_n$在数值上等于曲面在该点沿该方向的法截线于$P$点的相对曲率$k_r$。

如图2.13，若设$R=\frac{1}{k}$为曲线(C)的曲率半径；$R_n=\frac{1}{k_n}$称为曲线(C)的法曲率半径，它也是法截线(C_0)的曲率半径。这时公式$k_n=k\cos\theta$可以写成

$$R=R_n\cos\theta$$

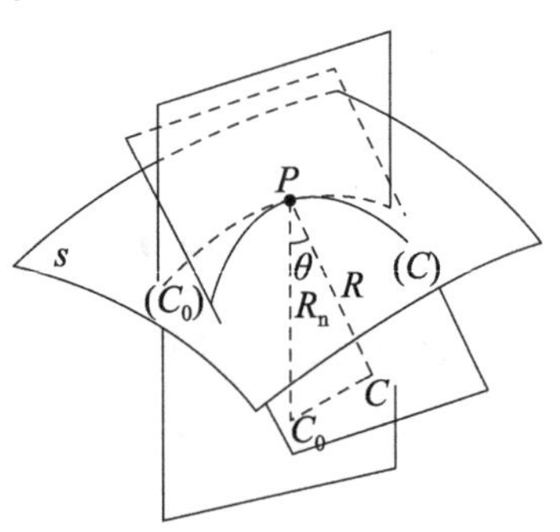

图2.13

这个式子的几何意义可以叙述如下：

Mensnier定理：曲面曲线(C)在给定点P的法曲率中心C，就是与曲线(C)具有共同切线的法截线(C_0)上同一个P点的曲率中心C_0在曲线(C)的密切面上的投影。

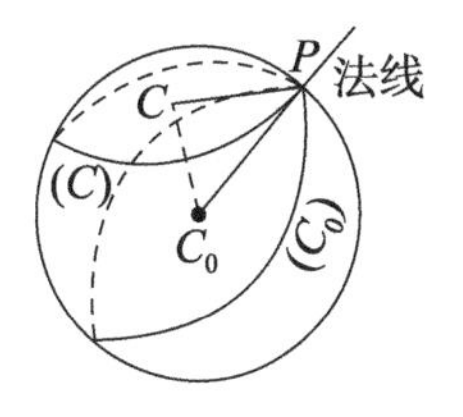

图 2.14

如图 2.14，若所给的曲面是球面，球面的切平面垂直于过切点的半径，这个半径就是球面的法线。所以球面的所有法线均过它的球心，因此在球面的每一点处所取的法截面必过球心。由此推出所有法截线（C_0）是球面的大圆，并且任意法截线（C_0）的曲率中心 C_0 就是这个球的球心。另一方面若取球面的任意平面截线为曲线（C）所得到的是圆，因此（C）的曲率中心是这个圆的圆心 C 。现在如果从（C_0）的曲率中心 C_0 ，作（C）所在平面的垂线，则垂足是圆（C）的圆心，也就是曲线（C）的曲率中心 C 。

关于法曲率的研究暂时到此，我们将在第五节中对它作详尽的讨论。

习题

1. 求第一基本形式为：$ds^2 = du^2 + (u^2 + a^2)dv^2$ 的曲面上，两条曲线 $u + v = 0$, $u - v = 0$ 的交角。

2. 求 u - 曲线和 v - 曲线的正交轨线的微分方程。

3. 在曲面上一点含 du 、dv 的二次方程

$pdu^2 + 2Qdudv + Rdv^2 = 0$ 确定的两个方向（$du : dv$）和（$\delta\breve{u} : \delta\breve{v}$），证明：这两个方向互相垂直的充要条件是 $ER - 2FQ + GP = 0$ 。

4. 证明：曲面的坐标曲线的二等分角轨线的微分方程为 $Edu^2 = Gdv^2$ 。

5. 设曲面的第一基本形式为 $ds^2 = du^2 + (u^2 + a^2)dv^2$ ，求出曲面上由三条曲线 $u = \pm av$; $v = 1$ 相交所成的三角形的面积。

6. 证明：在螺面 $\boldsymbol{r} = (u\cos v, u\sin v, \ln\cos u + v)$ 上，每两条螺线（ v 曲线）在任一 u 曲线上截取等长的曲线段。

7. 证明：积分 $A = \iint\limits_{\wp} \sqrt{EG - F^2}\,dudv$ 与曲面的参数变换无关。

8. 证明：曲面到自身的等距变换必为平面上的运动。

9. 证明：螺面 $\boldsymbol{r} = (u\cos v, u\sin v, u + v)$ 为旋转抛物面 $\boldsymbol{r} = (\rho\cos\theta, \rho\sin\theta, \sqrt{\rho^2 - 1})(\rho \geq 1, 0 \leqslant \theta < 2\pi)$ ，可建立等距变换：

$$\theta = \tan^{-1}u + v, \rho = \sqrt{u^2 + 1}$$

10. 证明：平面上关于以原点为圆心，r 为半径的圆周的反演是平面到自身的等角变换。

11. 若两曲面之间的对应，使对应区域的面积保持相等，则称这种对应是等积的。证明：既是等角又是等积的对应必是等距对应。

12. 证明：对于正螺面 $\boldsymbol{r}=(u\cos v,u\sin v,bv)(-\infty<u,v<+\infty)$ 处处有 $EN-2FM+GL=0$。

13. 求抛物面 $z=\frac{1}{2}(ax^2+by^2)$ 在 $(0,0)$ 和方向 $(\mathrm{d}x:\mathrm{d}y)$ 的法曲率。

14. 利用法曲率公式 $k_n=\frac{\mathrm{II}}{\mathrm{I}}$ 证明在球面上对于任何参数第一、二基本量成比例。

2.4　曲面的基本公式　W－变换

为了今后讨论方便起见，我们引进新记号。

若曲面的参数 u、v 用 u^1,u^2 来代替，则曲面的方程写成：

$$\boldsymbol{r}=\boldsymbol{r}(u^1,u^2)$$

同时命：
$$\begin{cases}\boldsymbol{r}_1=\boldsymbol{r}_u\quad \boldsymbol{r}_2=\boldsymbol{r}_v\\ \boldsymbol{r}_{11}=\boldsymbol{r}_{uu}\quad \boldsymbol{r}_{22}=\boldsymbol{r}_{vv}\quad \boldsymbol{r}_{12}=\boldsymbol{r}_{uv}\quad \boldsymbol{r}_{21}=\boldsymbol{r}_{vu}\\ \boldsymbol{n}_1=\boldsymbol{n}_u\quad \boldsymbol{n}_2=\boldsymbol{n}_v\end{cases}$$

再把曲面的第一、二基本形式的系数分别改写为：$g_{11}=E,g_{12}=F,g_{22}=G,b_{11}=L$，$b_{12}=M$，$b_{22}=N$

即
$$g_{ij}=\boldsymbol{r}_i\cdot\boldsymbol{r}_j(i,j=1,2)$$

$b_{ij}=\boldsymbol{r}_{ij}\cdot n=-\boldsymbol{r}_i\cdot\boldsymbol{n}_j=-\boldsymbol{r}_j\cdot\boldsymbol{n}_i$ 其中 $i=1,2;j=1,2$。

于是应用上面的记号

$$\begin{aligned}\mathrm{I}&=g_{11}(\mathrm{d}u^1)^2+2g_{12}\mathrm{d}u^1\mathrm{d}u^2+g_{22}(\mathrm{d}u^2)^2\\&=\sum_{i,j=1}^{2}g_{ij}\mathrm{d}u^i\mathrm{d}u^j\\ \mathrm{II}&=b_{11}(\mathrm{d}u^1)^2+2b_{12}\mathrm{d}u^1\mathrm{d}u^2+b_{22}(\mathrm{d}u^2)^2\\&=\sum_{i,j=1}^{2}b_{ij}\mathrm{d}u^i\mathrm{d}u^j\end{aligned}$$

我们还进一步省略和号“Σ”，引入哑指标，约定：

$$\sum_{i,j=1}^{2} g_{ij}\mathrm{d}u^i\mathrm{d}u^j = g_{ij}\mathrm{d}u^i\mathrm{d}u^j, \sum_{i,j=1}^{2} b_{ij}\mathrm{d}u^i\mathrm{d}u^j = b_{ij}\mathrm{d}u^i\mathrm{d}u^j$$

即，凡是在表达式中遇到上下重复的指标，就意味着这个指标从 1 到 2 求和。再例如：

$$\mathrm{d}\boldsymbol{r} = \boldsymbol{r}_1\mathrm{d}u^1 + \boldsymbol{r}_2\mathrm{d}u^2 = \boldsymbol{r}_i\mathrm{d}u^i, \mathrm{d}\boldsymbol{n} = \boldsymbol{n}_1\mathrm{d}u^1 + \boldsymbol{n}_2\mathrm{d}u^2 = \boldsymbol{n}_j\mathrm{d}u^j$$

$$\mathrm{I} = (\mathrm{d}\boldsymbol{r})^2 = (\boldsymbol{r}_i\mathrm{d}u^i)(\boldsymbol{r}_j\mathrm{d}u^j) = \boldsymbol{r}_i\boldsymbol{r}_j\mathrm{d}u^i\mathrm{d}u^j = g_{ij}\mathrm{d}u^i\mathrm{d}u^j$$

在使用哑指标时应注意：(1) 在表达式的一项中作为求和的重复指标采用哪个字母可以随便选取。(2) 不同的求和一定要用不同指标字母。例如 I 不能写成 $(\boldsymbol{r}_i\mathrm{d}u^i)\cdot(\boldsymbol{r}_i\mathrm{d}u^i)$。(3) 哑指标仅在表达式的一项中使用，在不同的项里若有相同的指标不意味着求和。例如

$$\Gamma_{ij}^{\lambda} = \frac{1}{2}g^{k\lambda}\left(\frac{\partial g_{ik}}{\partial u^i} + \frac{\partial g_{ki}}{\partial u^j} + \frac{\partial g_{ij}}{\partial u^k}\right)$$

中只对 k 作和，而 i,j,λ 均不是求和指标。

我们还引进记号：

$$g = EG - F^2 = \begin{vmatrix} E & F \\ F & G \end{vmatrix} = \begin{vmatrix} g_{11} & g_{12} \\ g_{12} & g_{22} \end{vmatrix}$$

若用 (g^{ij}) 表示 (g_{ij}) 的逆矩阵，则

$$g^{ik}g_{kj} = \delta_i^j = \begin{cases} 1, & 当\ i = j \\ 0, & 当\ i \neq j \end{cases}$$

其中 $g^{11} = \dfrac{g_{22}}{g}, g^{12} = \dfrac{-g_{21}}{g}, g^{21} = \dfrac{-g_{12}}{g}, g^{22} = \dfrac{g_{11}}{g}$

符号 δ_i^j 称为克朗纳格（Kronecker）的德耳他（Delta）。

2.4.1　曲面的基本公式

我们知道曲线的基本公式是 Frenet 公式，它是在曲线的一点上建立了 Frenet 标架的基础上推导出来的。在曲面上一点 $\boldsymbol{r}(u^1,u^2)$ 有三个基本向量 $\boldsymbol{r}_{u^1}$，$\boldsymbol{r}_{u^2}$ 和 $\boldsymbol{n}$，它们在该点可以组成曲面在一点的标架。当点在曲面上变动时，在曲面上形成了一个和参数 u^1,u^2 有关的活动标架场，曲面的基本公式就是用一点的标架来表示它邻近点的标架的公式。

设曲面 $s: \boldsymbol{r}=\boldsymbol{r}(u^1,u^2)$ 是 C^2 类的，其上一点的标架 $[\boldsymbol{r};\boldsymbol{r}_{u^1},\boldsymbol{r}_{u^2},\boldsymbol{n}]$ 下，矢函数 $\boldsymbol{r}_{ij}(i,j=1,2)$ 可写成

$$\begin{cases} \boldsymbol{r}_{ij} = \Gamma_{ij}^{\lambda}\boldsymbol{r}_{\lambda} + a_{ij}\boldsymbol{n} & (2.4.1) \\ \qquad\qquad\qquad (i,j=1,2) \\ \boldsymbol{n}_i = -\omega_i^{\lambda}\boldsymbol{r}_{\lambda} + b_i\boldsymbol{n} & (2.4.2) \end{cases}$$

其中 $\Gamma_{ij}^{\lambda}, a_{ij}, \omega_i^{\lambda}, b_i$ 是待定系数，下面用曲面的第一、二基本量来表示它们。

给（2.4.2）两边点乘 $\boldsymbol{n}$ 得，$0=\boldsymbol{n}_i\cdot\boldsymbol{n}=b_i$。

给（2.4.2）两边点乘 $\boldsymbol{r}_j$ 得，$\boldsymbol{n}_i\cdot\boldsymbol{r}_j=-\omega_i^{\lambda}\boldsymbol{r}_{\lambda}\cdot\boldsymbol{r}_j$

即 $b_{ij}=\omega_i^{\lambda}g_{\lambda j}$。

为了使 ω_i^{λ} 的系数变为1，我们采用如下的方法，即上式两边同乘以 g^{jk} 得

$$b_{ij}g^{jk}=\omega_i^{\lambda}g_{\lambda j}g^{jk}=\omega_i^{\lambda}\delta_{\lambda}^{k} \tag{2.4.3}$$

当 $\lambda=k$ 时，$\omega_i^{\lambda}=b_{ij}g^{j\lambda}$

因此，得到魏因加尔吞（Weingarten）公式

$$\boldsymbol{n}_i=-b_{ij}g^{j\lambda}\boldsymbol{r}_{\lambda} \tag{2.4.4}$$

用曲面的第一、二基本量表示 ω_i^{λ}，有

$$\omega_1^1=\frac{LG-MF}{EG-F^2} \qquad \omega_1^2=\frac{-LF+ME}{EG-F^2}$$

$$\omega_2^1=\frac{-NF+MG}{EG-F^2} \qquad \omega_2^2=\frac{NE-MF}{EG-F^2}$$

对于曲面上的正交网（$F=0$），有

$$\omega_1^1=\frac{L}{E} \quad \omega_1^2=\frac{M}{G} \quad \omega_2^1=\frac{M}{E} \quad \omega_2^2=\frac{N}{G}$$

这时 W－公式是

$$\begin{cases} \boldsymbol{n}_1=-\dfrac{L}{E}\boldsymbol{r}_1-\dfrac{M}{G}\boldsymbol{r}_2 \\ \boldsymbol{n}_2=-\dfrac{M}{E}\boldsymbol{r}_1-\dfrac{N}{G}\boldsymbol{r}_2 \end{cases}$$

我们再来确定（2.4.1）中的系数 Γ_{ij}^{λ} 和 a_{ij}。

在（2.4.1）两边点乘 $\boldsymbol{n}$，得

$$a_{ij}=\boldsymbol{n}\cdot\boldsymbol{r}_{ij}=b_{ij} \tag{2.4.5}$$

在（2.4.1）两边点乘 $\boldsymbol{r}_k$，得

$$\boldsymbol{r}_{ij}\cdot\boldsymbol{r}_k=\Gamma_{ij}^{\lambda}\boldsymbol{r}_{\lambda}\cdot\boldsymbol{r}_k=\Gamma_{ij}^{\lambda}g_{\lambda k} \tag{2.4.6}$$

命 $\Gamma_{ijk}=\Gamma_{ij}^{\lambda}g_{\lambda k}=\boldsymbol{r}_{ij}\cdot\boldsymbol{r}_{k}$

我们把 Γ_{ijk} 称为第一类克里斯托菲尔（Christoffer）符号，Γ_{ij}^{k} 称为第二类克里斯托菲尔（Christoffer）符号。（2.4.6）是 Γ_{ijk} 的表达式也是两类符号的关系式，下面求 Γ_{ij}^{k} 的表达式。为此给（2.4.6）两边乘以 g^{kl} 得

$$g^{kl}\Gamma_{ijk}=\Gamma_{ij}^{\lambda}g_{\lambda k}g^{kl}=\Gamma_{ij}^{\lambda}\delta_{\lambda}^{l}$$

当 $\lambda=l$ 时，有 $\Gamma_{ij}^{\lambda}=g^{k\lambda}\Gamma_{ijk}=g^{k\lambda}\boldsymbol{r}_{ij}\cdot\boldsymbol{r}_{k}$　　(2.4.7)

下面用曲面的第一、二类基本量来表示 Γ_{ijk}，Γ_{ij}^{λ}

由于

$$g_{ij}=\boldsymbol{r}_{i}\cdot\boldsymbol{r}_{j},\quad \frac{\partial g_{ij}}{\partial u^{k}}=\boldsymbol{r}_{ik}\cdot\boldsymbol{r}_{j}+\boldsymbol{r}_{i}\cdot\boldsymbol{r}_{jk}\quad (1)$$

$$g_{ik}=\boldsymbol{r}_{i}\cdot\boldsymbol{r}_{j},\quad \frac{\partial g_{ik}}{\partial u^{j}}=\boldsymbol{r}_{ij}\cdot\boldsymbol{r}_{k}+\boldsymbol{r}_{i}\cdot\boldsymbol{r}_{kj}\quad (2)$$

$$g_{jk}=\boldsymbol{r}_{j}\cdot\boldsymbol{r}_{k},\quad \frac{\partial g_{jk}}{\partial u^{i}}=\boldsymbol{r}_{ji}\cdot\boldsymbol{r}_{k}+\boldsymbol{r}_{j}\cdot\boldsymbol{r}_{ki}\quad (3)$$

因为曲面是 C^2 类的，所以 $\boldsymbol{r}_{ik}=\boldsymbol{r}_{ki},\boldsymbol{r}_{ji}=\boldsymbol{r}_{ij},\boldsymbol{r}_{jk}=\boldsymbol{r}_{kj}$。[(2)+(3)−(1)]÷2 得

$$\Gamma_{ijk}=\boldsymbol{r}_{ij}\cdot\boldsymbol{r}_{k}=\frac{1}{2}\left(\frac{\partial g_{ik}}{\partial u^{j}}+\frac{\partial g_{jk}}{\partial u^{i}}-\frac{\partial g_{ij}}{\partial u^{k}}\right)$$

由（2.4.7）得

$$\Gamma_{ij}^{\lambda}=\frac{1}{2}g^{k\lambda}\left(\frac{\partial g_{ik}}{\partial u^{j}}+\frac{\partial g_{jk}}{\partial u^{i}}-\frac{\partial g_{ij}}{\partial u^{k}}\right)\tag{2.4.8}$$

因此得到高斯（Gauss）公式

$$\boldsymbol{r}_{ij}=\frac{1}{2}g^{k\lambda}\left(\frac{\partial g_{ik}}{\partial u^{j}}+\frac{\partial g_{jk}}{\partial u^{i}}-\frac{\partial g_{ij}}{\partial u^{k}}\right)+b_{ij}\boldsymbol{n}\tag{2.4.9}$$

如果采用过去的符号，得到六个系数如下

$$\Gamma_{11}^{1}=\frac{GE_{u}-F(2F_{u}-E_{v})}{2(EG-F^{2})},\quad \Gamma_{11}^{2}=\frac{E(2F_{u}-E_{v})-FE_{u}}{2(EG-F^{2})}$$

$$\Gamma_{12}^{1}=\frac{GE_{v}-FG_{u}}{2(EG-F^{2})},\quad \Gamma_{12}^{2}=\frac{EG_{u}-FE_{v}}{2(EG-F^{2})}$$

$$\Gamma_{22}^{1}=\frac{G(2F_{v}-G_{u})-FG_{v}}{2(EG-F^{2})},\quad \Gamma_{22}^{2}=\frac{EG_{u}-F(2F_{v}-G_{u})}{2(EG-F^{2})}$$

对于曲面上的正交网

$$\Gamma_{11}^{1}=\frac{E_u}{2E}\qquad\Gamma_{11}^{2}=\frac{-E_v}{2G}$$

$$\Gamma_{12}^{1}=\frac{E_v}{2E}\qquad\Gamma_{12}^{2}=\frac{G_u}{2G}$$

$$\Gamma_{22}^{1}=\frac{-E_u}{2E}\qquad\Gamma_{22}^{2}=\frac{G_v}{2G}$$

应该指出，Γ_{ij}^{λ} 与 Γ_{ijk} 都是由第一基本量表达的，所以第一、二类克氏符号都是内蕴量。

2.4.2　W－变换

我们可以利用（2.4.4）中的系数矩阵

$$(\omega_i^{\lambda})=\begin{pmatrix}\omega_1^1 & \omega_1^2\\ \omega_2^1 & \omega_2^2\end{pmatrix}$$

来定义曲面上一点的切平面中的 Weingarten 变换，它简称 W－变换，是一个线性变换，将切平面中的一组基向量 $\boldsymbol{r}_1,\boldsymbol{r}_2$ 变到另一组基向量 $\boldsymbol{n}_1,\boldsymbol{n}_2$。即

$$W(\boldsymbol{r}_i)=\omega_i^{\lambda}\boldsymbol{r}_{\lambda}=-\boldsymbol{n}_i$$

W－变换具有下列性质：

(1) $\mathrm{d}\boldsymbol{n}=-W(\mathrm{d}\boldsymbol{r})$

证明： $\mathrm{d}\boldsymbol{n}=\boldsymbol{n}_i\mathrm{d}u^i=-\omega_i^{\lambda}\boldsymbol{r}_{\lambda}\mathrm{d}u^i=-W(\boldsymbol{r}_i)\mathrm{d}u^i=-W(\boldsymbol{r}_i\mathrm{d}u^i)=-W(\mathrm{d}\boldsymbol{r})$。

(2) $\mathrm{II}=b_{ij}\mathrm{d}u^i\mathrm{d}u^j=-\langle\mathrm{d}\boldsymbol{n},\mathrm{d}\boldsymbol{r}\rangle=\langle W(\mathrm{d}\boldsymbol{r}),\mathrm{d}\boldsymbol{r}\rangle$

$$k_n=\frac{\mathrm{II}}{\mathrm{I}}=\frac{\langle W(\mathrm{d}\boldsymbol{r}),\mathrm{d}\boldsymbol{r}\rangle}{\langle\mathrm{d}\boldsymbol{r},\mathrm{d}\boldsymbol{r}\rangle}$$

(3) W－变换是对称的线性变换。也就是对曲面上一点的切平面中的任意两个向量 $\boldsymbol{a}$ 与 $\boldsymbol{b}$ 成立

$$\langle W\boldsymbol{a},\boldsymbol{b}\rangle=\langle\boldsymbol{a},W\boldsymbol{b}\rangle$$

证明： 由于 W－变换是线性的，我们只需在 $\boldsymbol{a}=\boldsymbol{r}_i,\boldsymbol{b}=\boldsymbol{r}_j$ 时，证明上式即可。因为

$$\langle W\boldsymbol{r}_i,\boldsymbol{r}_j\rangle=\langle\omega_i^k\boldsymbol{r}_k,\boldsymbol{r}_j\rangle=\omega_i^k\boldsymbol{r}_k\cdot\boldsymbol{r}_j=b_{il}g^{lk}\cdot g_{kj}\xlongequal{l=j\text{时}}b_{ij}$$

同样　$$\langle\boldsymbol{r}_i,W\boldsymbol{r}_j\rangle=\langle\boldsymbol{r}_i,\omega_j^k\boldsymbol{r}_k\rangle=\omega_j^k\boldsymbol{r}_i\cdot\boldsymbol{r}_k=b_{jl}g^{lk}\cdot g_{ik}\overset{l=i}{=}b_{ji}=b_{ij}$$

所以
$$\langle W\boldsymbol{r}_i,\boldsymbol{r}_j\rangle = \langle \boldsymbol{r}_i, W\boldsymbol{r}_j\rangle$$
因此
$$\langle W\boldsymbol{a},\boldsymbol{b}\rangle = \langle \boldsymbol{a}, W\boldsymbol{b}\rangle。$$

2.5　k_n 与方向的关系

由线性代数知道，欧氏空间的任何一个实对称矩阵的特征根都是实数，因此对称线性变换 W，存在着两个实的特征根 k_1,k_2，同时相应于 k_1,k_2 的两个特征向量彼此正交。我们选取的这两个特征向量 $\boldsymbol{e}_1,\boldsymbol{e}_2$ 是单位的，它们位于曲面的切平面上，且满足

$$W\boldsymbol{e}_1 = k_1\boldsymbol{e}_1,\ W\boldsymbol{e}_2 = k_2\boldsymbol{e}_2 \tag{2.5.1}$$

我们来讨论沿方向 $\boldsymbol{e}_1,\boldsymbol{e}_2$ 上的法曲率。因为

$$k_n = \frac{\langle W\boldsymbol{e}_i,\boldsymbol{e}_i\rangle}{\langle \boldsymbol{e}_i,\boldsymbol{e}_i\rangle} = \frac{k_i\langle \boldsymbol{e}_i,\boldsymbol{e}_i\rangle}{\langle \boldsymbol{e}_i,\boldsymbol{e}_i\rangle} = k_i(i=1,2)$$

因此，我们得到下面的结论：

定理： W－变换的特征值等于其相应的特征向量方向上的法曲率。

我们把曲面上一点的切平面上的 W－变换的两个特征向量 $\boldsymbol{e}_1,\boldsymbol{e}_2$ 称为该点的两个主方向，相应的法曲率 k_1,k_2 称为主曲率。今后我们把曲面上一点的两个主方向 $\boldsymbol{e}_1,\boldsymbol{e}_2$ 和单位法向量 $\boldsymbol{n}$ 以及该点 $\boldsymbol{r}(u^1,u^2)$ 所组成的单位的两两正交且成右手系的标架 $[\boldsymbol{r};\boldsymbol{e}_1,\boldsymbol{e}_2,\boldsymbol{n}]$ 作为研究曲面在该点的邻近性质的基本工具。显然它是曲面上的活动标架。

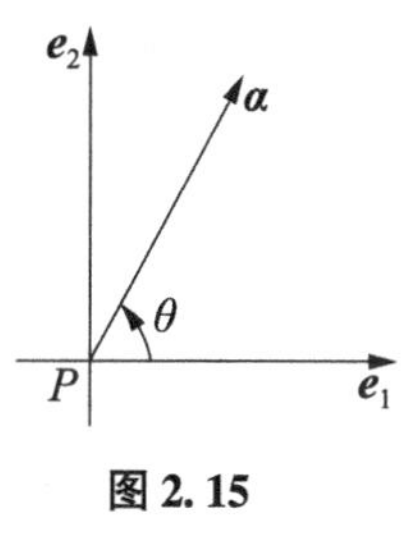

图 2.15

如图 2.15，设 $\boldsymbol{\alpha}$ 是曲面上 P 点的切平面上任意一个方向且 $\boldsymbol{e}_1\to\boldsymbol{\alpha}$ 的夹角为 θ。由于 $\boldsymbol{e}_1,\boldsymbol{e}_2$ 是正交的，所以单位切向量 $\boldsymbol{\alpha}$ 可表示为

$$\boldsymbol{\alpha} = \cos\theta\boldsymbol{e}_1 + \sin\theta\boldsymbol{e}_2$$

记相应于方向 $\boldsymbol{\alpha}$ 的法曲率为 $k_n(\theta)$，于是

$$k_n(\theta) = \frac{\langle W\boldsymbol{\alpha},\boldsymbol{\alpha}\rangle}{\langle \boldsymbol{\alpha},\boldsymbol{\alpha}\rangle} = \langle W(\cos\theta\boldsymbol{e}_1 + \sin\theta\,\boldsymbol{e}_2),(\cos\theta\boldsymbol{e}_1 + \sin\theta\boldsymbol{e}_2)\rangle$$

$$= \langle \cos\theta k_1\boldsymbol{e}_1 + \sin\theta k_2\boldsymbol{e}_2, \cos\theta\boldsymbol{e}_1 + \sin\theta\boldsymbol{e}_2\rangle$$

即
$$k_n(\theta) = k_1\cos^2\theta + k_2\sin^2\theta \tag{2.5.2}$$

(2.5.2) 称为欧拉 (Euler) 公式。若已知曲面上一点的两个主曲率，可以计算一个方向 θ 上的法曲率；如果曲面上一点的两个主曲率相等，即 $k_1 = k_2$，则该点沿任何方向上的法曲率都相等。我们称这样的点为曲面的脐点，在曲面的脐点处有

$$\frac{\mathrm{II}}{\mathrm{I}} = \frac{b_{ij}\mathrm{d}u^i\mathrm{d}u^j}{g_{ij}\mathrm{d}u^i\mathrm{d}u^j} = k_0(\text{常数})$$

因此，$b_{ij} = k_0 g_{ij}$，也就是曲面脐点处的第一、二类基本量成比例

即
$$\frac{L}{E} = \frac{M}{F} = \frac{N}{G}$$

若 $k_0 = 0$ 时，$L = M = N = 0$，称此脐点为平点；若 $k_0 \neq 0$ 时称为圆点。

下面我们研究在曲面的非脐点处，沿各个方向上法曲率的变化情况。首先设 $k_2 \leqslant k_1$，就欧拉公式两边对 θ 取微分得：

$$\mathrm{d}k_n(\theta) = -2k_1\cos\theta\sin\theta\mathrm{d}\theta + 2k_2\sin\theta\cos\theta\mathrm{d}\theta$$

$$\frac{\mathrm{d}k_n(\theta)}{\mathrm{d}\theta} = 2(k_2 - k_1)\cos\theta\sin\theta$$

命 $\dfrac{\mathrm{d}k_n(\theta)}{\mathrm{d}\theta} = 0$，由 $k_1 \neq k_2$，推出 $\cos\theta\sin\theta = 0$ 因此 $\theta = 0$ 或 $\dfrac{\pi}{2}$，即 $\boldsymbol{\alpha}$ 的方向必与 $\boldsymbol{e}_1$ 或 $\boldsymbol{e}_2$ 一致，说明

定理：在曲面的非脐点处，两个主曲率是诸方向上的法曲率中的最大值和最小值。

其次，在沿方向 θ 的直线上截取长度为 $\rho = \sqrt{\dfrac{1}{|k_n|}}$ 的点 Q，除非 $k_n = 0$，这种点 Q 所形成的曲线称为曲面在 P 点的 Dupin 标线。下面计算 Dupin 标线的方程。

如图 2.16，在 P 点的切平面中选取以 P 点为原点，$\boldsymbol{e}_1$，$\boldsymbol{e}_2$ 为基向量的笛卡尔直角坐标系 (x^1, x^2)。这时 Dupin 标线的极坐标方程为

$$\rho = \sqrt{\frac{1}{|k_n|}} = \frac{1}{\sqrt{|k_1\cos^2\theta + k_2\sin^2\theta|}}$$

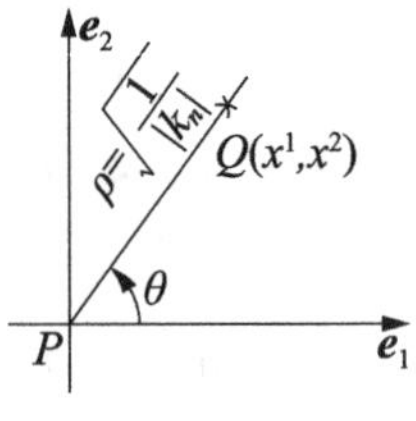

图 2.16

故由

$$x^1 = \rho\cos\theta = \frac{\cos\theta}{\sqrt{|k_1\cos^2\theta + k_2\sin^2\theta|}}, x^2 = \rho\sin\theta = \frac{\sin\theta}{\sqrt{|k_1\cos^2\theta + k_2\sin^2\theta|}}。$$

得出 Dupin 标线的方程为

$$k_1 (x^1)^2 + k_2 (x^2)^2 = \pm 1 \tag{2.5.3}$$

可以看出，Dupin 标线与曲面在 P 点附近的形状有密切关系。其图形如图 2.17：

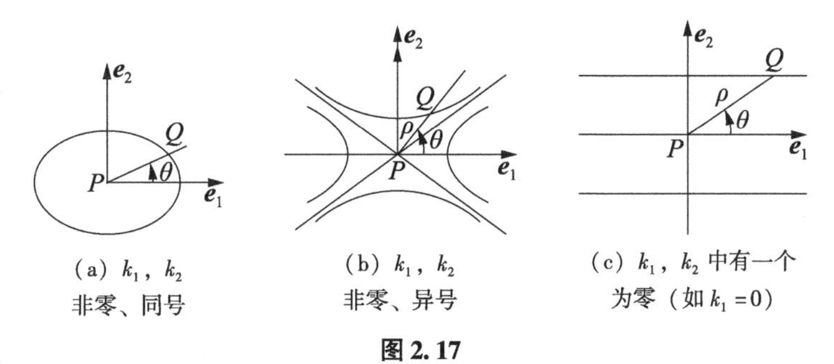

(a) k_1，k_2 非零、同号　(b) k_1，k_2 非零、异号　(c) k_1，k_2 中有一个为零（如 $k_1=0$）

图 2.17

显然，前两种情况（k_1,k_2 非零）的 Dupin 标线是切平面上的有心二次曲线。由解析几何知道，有心二次曲线有共轭方向、渐近方向的概念，下面我们给出曲面上一点的共轭方向、渐近方向的意义。

如果在曲面 s 的 P 点处的两个方向 $\mathrm{d}\boldsymbol{r},\delta\boldsymbol{r}$ 满足

$$\langle W(\mathrm{d}\boldsymbol{r}),\delta\boldsymbol{r}\rangle = 0 \ (\text{或} \langle \mathrm{d}\boldsymbol{r}, W(\delta\boldsymbol{r})\rangle = 0)$$

则称这两个方向是相互共轭的。显然，在曲面的非脐点处的两个主方向 $\boldsymbol{e}_1,\boldsymbol{e}_2$ 是相互共轭的。

由于

$$\begin{aligned}\langle W(\mathrm{d}\boldsymbol{r}),\delta\boldsymbol{r}\rangle &= \langle W(\boldsymbol{r}_i\mathrm{d}u^i),\boldsymbol{r}_j\delta u^j\rangle \\ &= \mathrm{d}u^i\delta u^j\langle W\boldsymbol{r}_i,\boldsymbol{r}_j\rangle = \mathrm{d}u^i\delta u^j\langle -\boldsymbol{n}_i,\boldsymbol{r}_j\rangle = b_{ij}\mathrm{d}u^i\delta u^j\end{aligned}$$

因此方向 $\mathrm{d}\boldsymbol{r},\delta\boldsymbol{r}$ 共轭的充要条件是

$$b_{ij}\mathrm{d}u^i\delta u^j = 0$$

即

$$L\mathrm{d}u\delta u + M(\mathrm{d}u\delta v + \mathrm{d}v\delta u) + N\mathrm{d}v\delta v = 0 \tag{2.5.4}$$

或

$$\mathrm{d}\boldsymbol{n}\cdot\delta\boldsymbol{r} = 0 \tag{2.5.5}$$

如果 $\mathrm{d}\boldsymbol{r}$ 与自己共轭，则称方向 $\mathrm{d}\boldsymbol{r}$ 为渐近方向。$\mathrm{d}\boldsymbol{r}$ 是渐近方向的充要条件是

$$L\mathrm{d}u^2 + 2M\mathrm{d}u\mathrm{d}v + N\mathrm{d}v^2 = 0 \tag{2.5.6}$$

小结：在本节讲述了曲面在一点的主方向、主曲率、欧拉公式、Dupin 标线、共轭方向、渐近方向等一些重要概念和公式，它们从不同方面描述了曲

面在一点的法曲率 k_n 与方向 $\frac{\mathrm{d}u}{\mathrm{d}v}$ 的关系。

习题

1. 证明：(1) $g^{ij}g_{ji}=2$

$$(2)\ \frac{\partial \ln\sqrt{g}}{\partial u^i}=\Gamma_{1i}^1+\Gamma_{1i}^2$$

2. 平面上取极坐标时，第一基本形式为 $\mathrm{I}=\mathrm{d}r^2+r^2\mathrm{d}\theta^2$，计算 Γ_{ij}^k。

3. 用第一、二基本量表示下列混合积：$(\boldsymbol{n},\boldsymbol{n}_1,\boldsymbol{r}_1)$，$(\boldsymbol{n},\boldsymbol{n}_1,\boldsymbol{r}_2)$，$(\boldsymbol{n},\boldsymbol{n}_2,\boldsymbol{r}_1)$，$(\boldsymbol{n},\boldsymbol{n}_2,\boldsymbol{r}_2)$。

4. 利用曲面的高斯公式证明法曲率公式：

$$k_n=\frac{\mathrm{II}}{\mathrm{I}}$$

（提示：利用高斯公式将曲率向量 $\boldsymbol{\alpha}=\frac{\mathrm{d}}{\mathrm{d}s}\left(\frac{\mathrm{d}\boldsymbol{r}}{\mathrm{d}s}\right)$ 表示成 $\boldsymbol{r}_k$，$\boldsymbol{n}$ 的线性组合）。

5. 证明：任何两个正交方向的法曲率之和为常数。

6. 设曲面 s_1,s_2 的交线 C 的曲率为 k，曲线 (C) 在 s_i 的法曲率为 $k_i(i=1,2)$，s_1,s_2 的法线交角为 θ，证明：

$$k^2\sin^2\theta=k_1^2+k_2^2-2k_1k_2\cos\theta$$

7. 证明：平面上的点均为平点，球面上的点均为圆点。

8. 求球面 $xyz=a^3$ 的脐点。

2.6 曲面上的曲线（网）

本节我们研究几种特殊的曲线（网）。

2.6.1 曲率线（网）

设 (C) 是曲面 s 上的一条曲线，如果它每一点的切方向正好都是曲线在该点的主方向，那么称曲线 (C) 是曲面 s 的曲率线。也就是曲率线是 s 上主方向场的积分曲线。

定理（Rodriques 定理）：曲线（C）：$\boldsymbol{r}=\boldsymbol{r}(s)$ 为曲面 s 的曲率线的充要条件是

$$\mathrm{d}\boldsymbol{n}=-\lambda(s)\mathrm{d}\boldsymbol{r}$$

其中 $\lambda(s)$ 是曲面在 $\boldsymbol{r}(s)$ 点的主曲率。

证明：因为（C）是曲率线，所以它的切方向 $\mathrm{d}\boldsymbol{r}$ 是主方向，即 $\mathrm{d}\boldsymbol{r}$ 是 W－变换的特征方向，故有

$$W(\mathrm{d}\boldsymbol{r})=\lambda(s)\mathrm{d}\boldsymbol{r}$$

其中 $\lambda(s)$ 为主曲率。再由曲面的基本公式就得到了

$$\mathrm{d}\boldsymbol{n}=-W(\mathrm{d}\boldsymbol{r})=-\lambda(s)\mathrm{d}\boldsymbol{r}$$

反之，把上述过程倒推过去，就可以从 $\mathrm{d}\boldsymbol{n}=-\lambda(s)\mathrm{d}\boldsymbol{r}$ 得出（C）为曲率线。证毕。

Rodriques 定理表明，若方向（d）是主方向，则 $\mathrm{d}\boldsymbol{n}\parallel\mathrm{d}\boldsymbol{r}$ 。下面求曲率线的方程，为此先计算主曲率。

设曲面 s 在 P 点的主曲率 $k_n(n=1,2)$ ，由第五节定理知，相应于 W－变换矩阵（ω_i^λ）的特征多项式

$$f(k_n)=|k_n\mathrm{I}-(\omega_i^\lambda)|=\begin{vmatrix}k_n-\omega_1^1 & -\omega_1^2\\ -\omega_2^1 & k_n-\omega_2^2\end{vmatrix}$$

命 $f(k_n)=0$ ，且将 $\omega_i^\lambda=b_{ij}g^{j\lambda}$ 代入，求得主曲率（特征根）的计算公式

$$(EG-F^2)k_n^2-(NE-2MF+LG)k_n+(LN-M^2)=0 \qquad (2.6.1)$$

由于曲率线的切方向 $\mathrm{d}\boldsymbol{r}=\boldsymbol{r}_i\mathrm{d}u^i$ 是主方向，因此

$$W(\mathrm{d}\boldsymbol{r})=k_n\mathrm{d}\boldsymbol{r}\ (k_n\text{ 是主曲率})$$

即

$$W(\boldsymbol{r}_i\mathrm{d}u^i)=k_n\boldsymbol{r}_j\mathrm{d}u^j$$

$$-\boldsymbol{n}_i\mathrm{d}u^i=k_n\boldsymbol{r}_j\mathrm{d}u^j$$

两边点乘 $\boldsymbol{r}_k$ ，得

$$b_{ik}\mathrm{d}u^i=k_ng_{ik}\mathrm{d}u^j$$

分别令 $k=1,2$ 时

$$\begin{cases}L\mathrm{d}u^1+M\mathrm{d}u^2-k_n(E\mathrm{d}u^1+F\mathrm{d}u^2)=0\\ M\mathrm{d}u^1+N\mathrm{d}u^2-k_n(F\mathrm{d}u^1+G\mathrm{d}u^2)=0\end{cases}$$

因为（1，$-k_n$）是上述方程组的非零解，于是得到曲率（C）的微分方程

$$\begin{vmatrix} L\mathrm{d}u^1 + M\mathrm{d}u^2 & E\mathrm{d}u^1 + F\mathrm{d}u^2 \\ M\mathrm{d}u^1 + N\mathrm{d}u^2 & F\mathrm{d}u^1 + G\mathrm{d}u^2 \end{vmatrix} = 0$$

即 $(LF - ME)(\mathrm{d}u^1)^2 + (LG - NE)\mathrm{d}u^1\mathrm{d}u^2 + (MG - NF)(\mathrm{d}u^2)^2 = 0$

写成如下容易记忆的形式

$$\begin{vmatrix} (\mathrm{d}u^2)^2 & -\mathrm{d}u^1\mathrm{d}u^2 & (\mathrm{d}u^1)^2 \\ E & F & G \\ L & M & N \end{vmatrix} = 0 \tag{2.6.2}$$

设曲面 s 上没有脐点，于是过 s 上每点有两个独立的主方向，可以选择适当的参数 (u,v) 使得两族参数曲线都是曲率线[1]，这样的参数曲线网称为曲率线网。

定理： 在不含脐点的曲面上，参数曲线网为曲率线网的充要条件是 $F = M = 0$。

证明： 设非脐点曲面 s 上的参数曲线网为曲率线网，这时任意一点的 $\boldsymbol{r}_1$ 与 $\boldsymbol{r}_2$ 正交，于是 $F = 0$。

$$\mathrm{I} = \langle \mathrm{d}\boldsymbol{r}, \mathrm{d}\boldsymbol{r} \rangle = E(\mathrm{d}u^1)^2 + G(\mathrm{d}u^2)^2$$

因为 $\boldsymbol{r}_i(i = 1,2)$ 是主方向，所以

$$\begin{aligned} \mathrm{II} &= \langle W(\mathrm{d}\boldsymbol{r}), \mathrm{d}\boldsymbol{r} \rangle = \langle W(\boldsymbol{r}_i\mathrm{d}u^i), r_j\mathrm{d}u^j \rangle = \langle \mathrm{d}u^i k_i \boldsymbol{r}_i, \boldsymbol{r}_j\mathrm{d}u^j \rangle \\ &= k_i g_{ij}\mathrm{d}u^i\mathrm{d}u^j \end{aligned}$$

即 $\mathrm{II} = k_1E(\mathrm{d}u^1)^2 + k_2G(\mathrm{d}u^2)^2$，$L = k_1E, M = 0, N = k_2G$。

注意： 这时两个主方向 $k_1 = \dfrac{L}{E}, k_2 = \dfrac{N}{G}$。

这就证明了定理的必要性，以下证明充分性。

设 $F = M = 0$，由（2.6.2）知曲率线的微分方程为

$$(EN - LG)\mathrm{d}u^1\mathrm{d}u^2 = 0$$

因为曲面上没有脐点，$\dfrac{E}{L} \neq \dfrac{G}{N} \Rightarrow EN \neq LG$，所以

$$\mathrm{d}u^1\mathrm{d}u^2 = 0$$

即 $u^1 =$ 常数或 $u^2 =$ 常数都是曲率线，也就是两族参数曲线均为曲率线，证毕。

2.6.2　渐近曲线（网）

我们已经定义了在曲面的一点处由 Ⅱ $=0$（2.5.5）确定的方向是渐近方向，如果曲面上一条曲线 $u=u(t)$，$v=v(t)$ 上每一点的切方向都是渐近方向，则称这条曲线是曲面上的渐近曲线。它的微分方程为

$$L(u,v)\mathrm{d}u^2+2M(u,v)\mathrm{d}u\mathrm{d}v+N(u,v)\mathrm{d}v^2=0 \qquad (2.6.3)$$

如果曲面的参数曲线均为渐近曲线，则该曲面构成渐近曲线网。即 $\boldsymbol{r}_1$，$\boldsymbol{r}_2$ 都是渐近方向。于是

$$0=\langle W\boldsymbol{r}_1,\boldsymbol{r}_1\rangle=-\boldsymbol{n}_1\cdot\boldsymbol{r}_1=b_{11}=L,0=\langle W\boldsymbol{r}_2,\boldsymbol{r}_2\rangle=-\boldsymbol{n}_2\cdot\boldsymbol{r}_2=b_{22}=N$$

定理：曲面的参数曲线网是渐近曲线网的充要条件是 $L=N=0$。

2.6.3　共轭曲线（网）

曲面上的两族曲线，如果过曲面上每一点此两族曲线的两条曲线的切方向都是共轭方向，则这两族曲线构成了曲面上的共轭曲线网。当曲面上的共轭曲线网恰是参数曲线网时，即 $\boldsymbol{r}_1$ 与 $\boldsymbol{r}_2$ 互相共轭时，则有

$$0=\langle W\boldsymbol{r}_1,\boldsymbol{r}_2\rangle=-\boldsymbol{n}_1\cdot\boldsymbol{r}_2=b_{12}=M$$

因此得到下面的定理。

定理：曲面的参数曲线网是共轭曲线网的充要条件是 $M=0$。

在曲面上一点，若 $LN-M^2>0$，则不存在实的渐近方向；若 $LN-M^2<0$，则存在两个渐近方向，且主方向平分两渐近方向所张成的角。

证明：如图 2.18，设曲面 s 的参数曲线网是曲率线网。命 $\boldsymbol{e}_1=\dfrac{\boldsymbol{r}_1}{\sqrt{E}},\boldsymbol{e}_2=\dfrac{\boldsymbol{r}_2}{\sqrt{G}}$ 为 s 上 P 点的主方向，也是参数曲线的单位切向量。设 P 点的渐近方向 k_n 与 $\boldsymbol{e}_1$ 所成的角为 θ，当 $LN-M^2>0$ 时，曲面在 P 点不存在实的渐近方向，若 $LN-M^2<0$，方程（2.6.3）有两不等实根，故

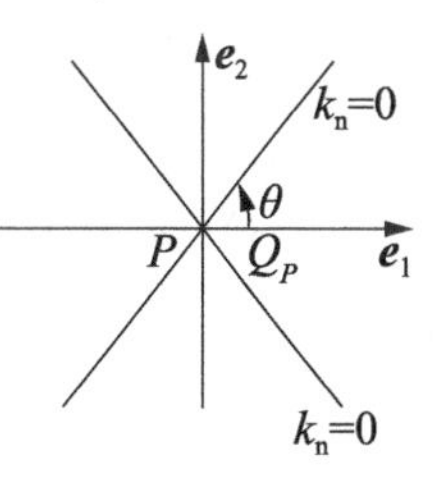

图 2.18

曲面在 P 点有两个渐近方向，设渐近方向 $(\mathrm{d})=\dfrac{\mathrm{d}u}{\mathrm{d}v}$ 与 $\boldsymbol{e}_1$ 的夹角为 θ，在 $k_n=0$ 的条件下利用欧拉公式，有

$$0=k_1\cos^2\theta+k_2\sin^2\theta$$

于是 $$\tan\theta = \pm\sqrt{\frac{-k_1}{k_2}},\theta = \pm\arctan\sqrt{\frac{-k_1}{k_2}} \tag{2.6.4}$$

也就是主方向平分两渐近方向所张成的角，证毕。

注意：(2.6.4) 给出了求渐近方向与主方向夹角的方法，其中 k_1,k_2 是主曲率。

习题

1. 求螺旋面 $x = u\cos v, y = u\sin v, z = cv$ 上的曲率线。
2. 找出双曲面 $z = axy$ 上的曲率线。
3. 求曲面 $\boldsymbol{r} = \left(\frac{a}{2}(u-v),\frac{b}{2}(u+v),\frac{uv}{2}\right)$ 上曲率线的方程。
4. 求证在正螺面上有一族渐近线是直线，另一族是螺旋线。
5. 求曲面 $z = xy^2$ 的渐近线。
6. 证明：平移曲面 $\boldsymbol{r} = \boldsymbol{a}(u) + \boldsymbol{b}(v)$ 的参数曲线网是共轭曲线网。
7. 给出曲面上一条曲率线 Γ，设 Γ 上每一处的副法向量和曲面在该点处的法向量成定角。求证 Γ 是一条平面曲线。
8. 证明若曲面的两族渐近线交于定角，则主曲率之比为一个常数。
9. 若曲面的参数曲线所构成的曲边四边形对边长相等，则称 Chebysher 网。证明：

（1）参数曲线网构成 Chebysher 网的充要条件是 $E_v = G_u = 0$。

（2）当参数曲线网构成 Chebysher 网时，曲面的第一基本形式：$\mathrm{I} = \mathrm{d}u^2 + 2\cos\omega\mathrm{d}u\mathrm{d}v + \mathrm{d}v^2$。其中 ω 为参数曲线的交角。

（3）证明平移曲面 $\boldsymbol{r} = \boldsymbol{a}(u) + \boldsymbol{b}(v)$ 的参数曲线网构成 Chebysher 网。

2.7 曲面在一点邻近的形状

设曲面上的参数曲线网采用曲率线网。我们来观察曲面在 $P(u^1,u^2)$ 点邻近的形状。设 $P'(u^1+\Delta u^1,u^2+\Delta u^2)$ 为 P 的邻近点，则

$$\boldsymbol{PP'} = \Delta\boldsymbol{r} = \boldsymbol{r}_i \mathrm{d}u^i + \frac{1}{2}\boldsymbol{r}_{ij}\mathrm{d}u^i\mathrm{d}u^j + \cdots$$

$$= \boldsymbol{r}_i \mathrm{d}u^i + \frac{1}{2}(\Gamma_{ij}^{\lambda}\boldsymbol{r}_{\lambda} + b_{ij}\boldsymbol{n})\Delta u^i \Delta u^j$$

$$= \boldsymbol{r}_1(\Delta u^1 + \frac{1}{2}\Gamma_{ij}^1 \Delta u^i \Delta u^j) + \boldsymbol{r}_2(\Delta u^2 + \frac{1}{2}\Gamma_{ij}^2 \Delta u^i \Delta u^j) + \boldsymbol{n}\left(\frac{1}{2}b_{ij}\Delta u^i \Delta u^j\right) + \cdots$$

如图2.19，如果取 E^3 中的笛卡尔直角坐标系 $[X^1, X^2, Z]$ 的原点为 P，三个单位正交的基向量为单位主方向 $\boldsymbol{e}_1, \boldsymbol{e}_2$ 及法向量 $\boldsymbol{n}$，在这个直角坐标系下，曲面在 P 点邻近处的方向可写为

$$\Delta\boldsymbol{r} = X^1 \boldsymbol{e}_1 + X^2 \boldsymbol{e}_2 + Z\boldsymbol{n}$$

其中三个直角坐标为

$$X^1 = \left(\Delta u^1 + \frac{1}{2}\Gamma_{ij}^1 \Delta u^i \Delta u^j\right)\sqrt{E} + \cdots$$

$$X^2 = \left(\Delta u^2 + \frac{1}{2}\Gamma_{ij}^2 \Delta u^i \Delta u^j\right)\sqrt{G} + \cdots$$

$$Z = \frac{1}{2}b_{ij}\Delta u^i \Delta u^j + \cdots$$

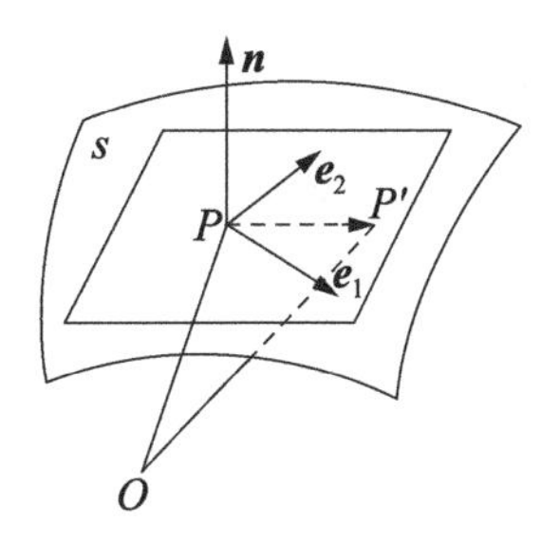

图 2.19

因为 $M = 0$，所以

$$Z = \frac{L}{2}(\Delta u^1)^2 + \frac{N}{2}(\Delta u^2)^2 + \cdots = \frac{1}{2}L\left(\frac{X^1}{\sqrt{E}}\right)^2 + \frac{1}{2}N\left(\frac{X^2}{\sqrt{G}}\right)^2 + \cdots$$

$$= \frac{k_1}{2}(X^1)^2 + \frac{k_2}{2}(X^2)^2 + \cdots$$

故当略去二阶以上的无穷小量后，曲面在 P 点的邻近处的形状近似地为一个二次曲面

$$Z = \frac{k_1}{2}(X^1)^2 + \frac{k_2}{2}(X^2)^2$$

如果我们用与 P 点的切平面（$Z = 0$）平行的邻近平面 $Z = C$ 去截此曲面 s，所得的截口形状就近似地为

$$k_1(X^1)^2 + k_2(X^2)^2 = 2C$$

可见与 P 点的 Dupin 标线的形状相似。

因为当 $K = k_1 k_2 > 0$（K 称为曲面在 P 点的总曲率，下节详细研究它）时截口是椭圆型，$K = k_1 k_2 < 0$ 时是双曲型，$K = k_1 k_2 = 0$ 时是抛物型，于是我们

就把曲面上的点按照在这点的总曲率的符号来分类。

$K>0$ 的点称为椭圆点；$K<0$ 的点称为双曲点；$K=0$ 的点称为抛物点（图 2.20）。

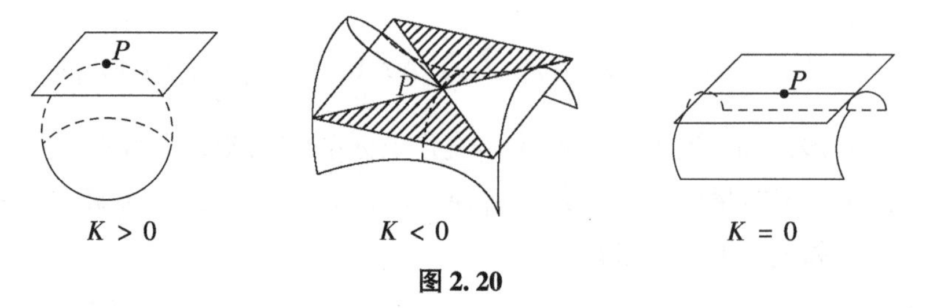

图 2.20

习题

1. 证明：(1) 椭圆面、双叶双曲面，椭圆抛物面上的点均为椭圆点；
   (2) 单叶双曲面、双曲抛物面上的点均为双曲点；
   (3) 锥面、柱面上的点均为抛物点。
2. 求曲面 $\boldsymbol{r}=(u^3,\ v^3,\ a+v)$ 的抛物点轨迹。
3. 设旋转面的径线有水平切线，证明这些切线上的切点都是抛物点。

2.8 总曲率 平均曲率

在第三至七节中我们利用法曲率这个重要概念，通过讨论曲面上一点沿不同方向的法曲率的变化情况阐述了曲面在一点的弯曲性，这是 Euler 的方法；本节讲述的 Gauss 方法是通过映射后曲面上一点的邻域在单位球面上的象域的大小来说明曲面在一点的弯曲性。

若 k_1，k_2 是曲面在一点的主曲率，则分别称 $K=k_1k_2$ 和 $H=\dfrac{k_1+k_2}{2}$ 为曲面在该点的总曲率（Gauss 曲率、全曲率）和平均曲率（中曲率）。由 (2.6.1) 可知，K 与 H 用第二基本量的表示式

$$K=k_1k_2=\frac{LN-M^2}{EG-F^2}$$

$$H=\frac{k_1+k_2}{2}=\frac{NE-2MF+LG}{EG-F^2}$$

2.8.1　K 的性质

定理：K 是内蕴量

这个定理说明，总曲率 K 完全可以用曲面的第一基本量来表示。这是著名德国数学家高斯（Gauss）一生从事数学研究最满意的一个结果，下面给出它的证明：

由定义，

$$K=\frac{LN-M^2}{EG-F^2}=\frac{1}{(EG-F^2)^2}[(r_{uu},r_u,r_v)(r_{vv},r_u,r_v)-(r_{uv},r_u,r_v)^2]$$

$$=\frac{1}{(EG-F^2)^2}\left[\begin{vmatrix} r_{uu}r_{vv} & r_{uu}r_u & r_{uu}r_v \\ r_ur_{vv} & r_ur_u & r_ur_v \\ r_vr_{vv} & r_vr_u & r_vr_v \end{vmatrix}-\begin{vmatrix} r_{uv}r_{uv} & r_{uv}r_u & r_{uv}r_v \\ r_ur_{uv} & r_ur_u & r_ur_v \\ r_vr_{uv} & r_vr_u & r_vr_v \end{vmatrix}\right]$$

$$=\frac{1}{(EG-F^2)^2}\left[\begin{vmatrix} r_{uu}r_{vv}-r_{uv}r_{uv} & r_{uu}r_u & r_{uu}r_v \\ r_ur_{vv} & E & F \\ r_vr_{vv} & F & G \end{vmatrix}-\begin{vmatrix} 0 & r_{uv}r_u & r_{uv}r_v \\ r_ur_{uv} & E & F \\ r_vr_{uv} & F & G \end{vmatrix}\right]$$

由于 $F_{uv}=(F_u)_v=((\boldsymbol{r}_u\cdot\boldsymbol{r}_v)_u)_v=(\boldsymbol{r}_{uu}\cdot\boldsymbol{r}_v+\boldsymbol{r}_u\cdot\boldsymbol{r}_{vu})_v$

$$=\boldsymbol{r}_{uu}\cdot\boldsymbol{r}_{vv}+\boldsymbol{r}_{uuv}\cdot\boldsymbol{r}_v+\boldsymbol{r}_u\cdot\boldsymbol{r}_{uvv}+\boldsymbol{r}_{uv}\cdot\boldsymbol{r}_{vu}$$

$$\frac{1}{2}E_{vv}=\left(\frac{1}{2}E_v\right)_v=(\boldsymbol{r}_u\cdot\boldsymbol{r}_{uv})_v=\boldsymbol{r}_u\cdot\boldsymbol{r}_{uvv}+\boldsymbol{r}_{uv}\cdot\boldsymbol{r}_{uv}$$

$$\frac{1}{2}G_{uu}=\left(\frac{1}{2}G_u\right)_u=(\boldsymbol{r}_v\cdot\boldsymbol{r}_{vu})_u=\boldsymbol{r}_v\cdot\boldsymbol{r}_{vuu}+\boldsymbol{r}_{vu}\cdot\boldsymbol{r}_{vu}$$

所以 $F_{uv}-\frac{1}{2}E_{vv}-\frac{1}{2}G_{uu}=\boldsymbol{r}_{uu}\cdot\boldsymbol{r}_{vv}-\boldsymbol{r}_{uv}\cdot\boldsymbol{r}_{uv}$。

于是得到

$$K=\frac{1}{(EG-F^2)^2}\left[\begin{vmatrix} F_{uv}-\frac{1}{2}E_{vv}-\frac{1}{2}G_{uu} & \frac{1}{2}E_u & F_u-\frac{1}{2}E_v \\ F_v-\frac{1}{2}G_u & E & F \\ \frac{1}{2}G_v & F & G \end{vmatrix}-\right.$$

$$\begin{vmatrix} 0 & \frac{1}{2}E_v & \frac{1}{2}G_u \\ \frac{1}{2}E_v & E & F \\ \frac{1}{2}G_u & F & G \end{vmatrix}\Bigg]$$

这就证明了 K 是内蕴量。

由定理推得，当一个曲面经过等距变换变成另一个曲面时，它的总曲率是不会改变的。由于平面的 $K=0$（$L=M=N=0$）因此总曲率等于零的曲面一定不能经过等距变换变成平面或平面的一部分。

2.8.2 曲面的第三基本形式

设 σ 是曲面 $s:\boldsymbol{r}=\boldsymbol{r}(u,v)$ 上一块不大的区域，另外再作一单位球面。我们建立 σ 中的点和单位球面上的点的一一对应关系如下：取 σ 中任意一点 $P(u,v)$，作曲面在 P 点处的单位法向量 $\boldsymbol{n}=\boldsymbol{n}(u,v)$，然后把 $\boldsymbol{n}$ 的始端平移到单位球面的中心，则 $\boldsymbol{n}$ 的另一端就落在单位球面上，设该点为 P'，这样对于曲面的小区域 σ 中的每一点 $\boldsymbol{r}(u,v)((u,v)\in\sigma)$ 与球面上径矢 $\boldsymbol{n}(u,v)$ 的唯一点对应。因此，曲面上所给的小区域 σ 单值地表示到单位球面的对应区域 σ^* 上。这就是说建立了 $\sigma\to\sigma^*$ 的一一对应（由于 σ 充分小，因而可以使对应是一一的）我们把曲面上的点与单位球面上的点的这种对应称为曲面的球面表示，也称为高斯映射。

如图 2.21，当 P 点在曲面 s 上描出一曲线时，通过球面表示它的对应点 P' 在单位球面上也描出对应的曲线。设它的弧微分分别为 ds 和 ds^*。

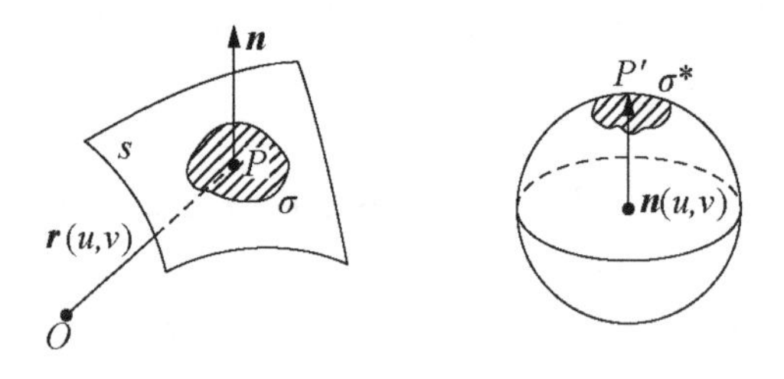

图 2.21

定义：曲面 s 的球面表示的球面曲线的弧微分的平方

$$\mathrm{d}s^* = \mathrm{d}\boldsymbol{n}^2 = e\mathrm{d}u^2 + 2f\mathrm{d}u\mathrm{d}v + g\mathrm{d}v^2$$

称为曲面 s 的第三基本形式，记为Ⅲ。其中

$$e = \boldsymbol{n}_u{}^2, f = \boldsymbol{n}_u \cdot \boldsymbol{n}_v, g = \boldsymbol{n}_v{}^2$$

称为曲面 s 的第三基本量。换言之，曲面 s 的球面表示的第一基本形式称为曲面 s 的第三基本表示。

曲面 s 的第一、二、三基本形式有如下的关系

$$\mathrm{III} - 2H\,\mathrm{II} + K\,\mathrm{I} = 0 \tag{2.8.1}$$

证明：选取曲面 s 的参数曲线网为曲率线网，于是 $F = M = 0$，这时

$$\mathrm{I} = E\mathrm{d}u^2 + G\mathrm{d}v^2, \mathrm{II} = L\mathrm{d}u^2 + N\mathrm{d}v^2$$

由于 $\boldsymbol{r}_u, \boldsymbol{r}_v$ 为主方向，设 k_1, k_2 分别为主方向上的主曲率，据罗德里格（Rodriques）定理

$$\frac{\partial \boldsymbol{n}}{\partial u} = \boldsymbol{n}_u = -k_1 \boldsymbol{r}_u = -k_1 \frac{\partial \boldsymbol{r}}{\partial u}, \frac{\partial \boldsymbol{n}}{\partial \boldsymbol{v}} = \boldsymbol{n}_v = -k_2 \boldsymbol{r}_v = -k_2 \frac{\partial \boldsymbol{r}}{\partial v}$$

于是

$$e = \boldsymbol{n}_u = k_1^2 \boldsymbol{r}_u{}^2 = k_1^2 E$$

$$f = \boldsymbol{n}_u \cdot \boldsymbol{n}_v = k_1 k_2 \boldsymbol{r}_u \cdot \boldsymbol{r}_v = k_1 k_2 F$$

$$g = \boldsymbol{n}_v = k_2^2 \boldsymbol{r}_v{}^2 = k_2^2 G$$

所以 $\mathrm{III} = k_1^2 E\mathrm{d}u^2 + k_2^2 G\mathrm{d}v^2$。

又因为

$$L = -\boldsymbol{n}_u \cdot \boldsymbol{r}_u = k_1 \boldsymbol{r}_u{}^2 = k_1 E, N = -\boldsymbol{n}_v \cdot \boldsymbol{r}_v = k_2 \boldsymbol{r}_v{}^2 = k_2 G$$

所以 $\mathrm{II} = k_1 E\mathrm{d}u^2 + k_2 G\mathrm{d}v^2$。

因此得 $\mathrm{III} - (k_1 + k_2)H\,\mathrm{II} + k_1 \cdot k_2\,\mathrm{I} = 0$。

即 $\mathrm{III} - 2H\,\mathrm{II} + K\,\mathrm{I} = 0$，证毕。

因为 $\mathrm{I}, \mathrm{II}, \mathrm{III}, H, K$ 都与坐标曲线的选择无关，所以这个关系式对于曲面的任何参数曲线网都成立，证毕。

注意：从（2.8.1）可看出曲面的第三基本形式可以由第一、二基本形式来表示，因此它不是独立的。

2.8.3　K 的几何意义

定理： $|K_P| = \lim\limits_{\sigma \to P} \dfrac{\sigma^* \text{ 的面积}}{\sigma \text{ 的面积}}$　　(2.8.2)

其中 $|K_P|$ 表示曲面 s 在 P 点的总曲率的绝对值。

证明： 因为 σ 的面积 $= \iint\limits_D |\boldsymbol{r}_u \times \boldsymbol{r}_v| \mathrm{d}u\mathrm{d}v$，$\sigma^*$ 的面积 $= \iint\limits_D |\boldsymbol{n}_u \times \boldsymbol{n}_v| \mathrm{d}u\mathrm{d}v$

又因 $\boldsymbol{r}_u$，$\boldsymbol{r}_v$ 与 $\boldsymbol{n}_u$，$\boldsymbol{n}_v$ 均是 P 点切平面上的向量，根据高斯映射的意义 $\boldsymbol{r}_u \times \boldsymbol{r}_v$ // $\boldsymbol{n}_u \times \boldsymbol{n}_v$，设

$$\boldsymbol{n}_u \times \boldsymbol{n}_v = \lambda(\boldsymbol{r}_u \times \boldsymbol{r}_v)$$

两边点乘 $\boldsymbol{r}_u \times \boldsymbol{r}_v$，并应用拉格朗日恒等式，有

$$\begin{vmatrix} \boldsymbol{n}_u \cdot \boldsymbol{r}_u & \boldsymbol{n}_u \cdot \boldsymbol{r}_v \\ \boldsymbol{n}_v \cdot \boldsymbol{r}_u & \boldsymbol{n}_v \cdot \boldsymbol{r}_v \end{vmatrix} = \lambda \begin{vmatrix} \boldsymbol{r}_u \cdot \boldsymbol{r}_u & \boldsymbol{r}_u \cdot \boldsymbol{r}_v \\ \boldsymbol{r}_v \cdot \boldsymbol{r}_u & \boldsymbol{r}_v \cdot \boldsymbol{r}_v \end{vmatrix}$$

即 $LN - M^2 = \lambda(EG - F^2)$，$\lambda = \dfrac{LN - M^2}{EG - F^2} = K$。

因此 $\boldsymbol{n}_u \times \boldsymbol{n}_v = K(\boldsymbol{r}_u \times \boldsymbol{r}_v)$。

于是

$$\sigma^* \text{ 的面积} = \iint\limits_D |K| |\boldsymbol{r}_u \times \boldsymbol{r}_v| \mathrm{d}u\mathrm{d}v$$

$$= |K_Q| \iint\limits_D |\boldsymbol{r}_u \times \boldsymbol{r}_v| \mathrm{d}u\mathrm{d}v = |K_Q| (\sigma \text{ 的面积})$$

上式是根据二重积分的中值定理推导的，其中 K_Q 表示总曲率 K 在区域 σ 中的某一内点的值。

显然，当区域 $\sigma \to P$ 点时，$Q \to P$

所以

$$\lim_{\sigma \to P} \frac{\sigma^* \text{ 的面积}}{\sigma \text{ 的面积}} = \lim_{\sigma \to P} |K_Q| = |K_P|$$

证毕。

注意： $\boldsymbol{r}_u \times \boldsymbol{r}_v$ 是曲面的法向量，$\boldsymbol{n}_u \times \boldsymbol{n}_v$ 是球面的法向量。$K > 0$ 表示这两个法向量指向一致，因此从 $\boldsymbol{r}_u$ 到 $\boldsymbol{r}_v$ 的旋转方向和 $\boldsymbol{n}_u$ 到 $\boldsymbol{n}_v$ 的旋转方向相同；$K < 0$ 表示这两个法向量方向相反，从而 $\boldsymbol{r}_u$ 到 $\boldsymbol{r}_v$ 的旋转方向和 $\boldsymbol{n}_u$ 到 $\boldsymbol{n}_v$ 的旋转方向

相反。

我们从 K 的几何意义（2.8.2）可以看出，曲面在 P 点的弯曲程度完全取决于曲面包含 P 点的小区域 σ 在高斯映射下对应的球面区域 σ^* 面积的大小，这就是本节开始提到的研究曲面在一点的弯曲性的高斯方法。

2.8.4　极小曲面

对平均曲率 H 的研究涉及所谓“极小曲面”——满足 $H(u,v) \equiv 0$ 的曲面。也称小积曲面。关于这个问题的研究至今还未完结，在 1866 年由 J. Plateau 提出，又称为 Plateau 问题。1930 年 J. Douglas 和 T. Rado 分别独立地证明了解的存在性，不过他们的解中可能有孤立奇点，到了 1970 年，R. Osserman 证明了 Plateau 问题没有奇点。1776 年 Meusnier 又找到了两个极小曲面：正螺面和悬链面。此后人们的兴趣完全集中到所谓 Plateau 问题（1866 年）：给定了空间中一条闭的可求长的 Jortan 曲线（C），能否找到一个以（C）为边界的极小曲面？1930 年 J. Douglas 和 T. Rado 分别独立的证明了解的存在性，不过他们的解中可能有孤立奇点，到了 1970 年 R. Osserman 证明了 Plateau 问题的解没有奇点。

定理：设 E^3 中一条简单闭曲线（C），若在一切以（C）为边界的曲面中有一个面积最小，则这个曲面必是极小曲面。

证明：设曲面 $s: \boldsymbol{r} = \boldsymbol{r}(u^1,u^2) \in C^2$ 类　$(u^1,u^2) \in D$ 是以（C）为边界的曲面，其中 D 是一个单连通域，它的边界（l）与（C）对应，则 s 的面积

$$\sigma = \iint_D \sqrt{EG - F^2}\,\mathrm{d}u^1\mathrm{d}u^2 = \iint_D \sqrt{g}\,\mathrm{d}u^1\mathrm{d}u^2$$

下面将 s 的面积与其邻近的曲面 $\bar{s}$ 进行比较，$\bar{s}$ 是以（C）为边界将 s 上每一点沿该点的法线移动一个无穷小距离 ε 得到的。这样曲面 $\bar{s}$ 的方程为

$$\bar{\boldsymbol{r}} = \bar{\boldsymbol{r}}(u^1,u^2) = \boldsymbol{r}(u^1,u^2) + \varepsilon\lambda(u^1,u^2)\boldsymbol{n} \qquad (u^1,u^2) \in D$$

其中 $\lambda(u^1,u^2) \in C^1$ 类，它在（l）上为零。

给定 $\lambda(u^1,u^2)$ 后，给 ε 不同的常数值，可得不同的曲面 $\bar{s}$，构成包含 s 在内的曲面族 $\{\bar{s}\}$；而不同的函数 $\lambda(u^1,u^2)$ 对应不同的曲面族。我们先求曲面 $\bar{s}$ 的第一基本量。因为

$$\bar{\boldsymbol{r}}_i = \boldsymbol{r}_i + \varepsilon(\lambda_i\boldsymbol{n} + \lambda\,\boldsymbol{n}_i) \qquad i = 1,2$$

所以 $\bar{g}_{ij}=\bar{\boldsymbol{r}}_i\cdot\bar{\boldsymbol{r}}_j=g_{ij}-2\varepsilon\lambda b_{ij}+\varepsilon^2(*)$ 。

这里和以下的 (*) 号表示不需要明确写出的一些项。还有

$$\bar{g}=\begin{vmatrix}\bar{g}_{11} & \bar{g}_{12}\\ \bar{g}_{21} & \bar{g}_{22}\end{vmatrix}=g-4\varepsilon\lambda gH+\varepsilon^2(*)$$

$$\sqrt{\bar{g}}=\sqrt{g}(1-2\varepsilon\lambda H)+\varepsilon^2(*)$$

于是曲面 $\bar{s}$ 的面积

$$\bar{\sigma}=\iint_D\sqrt{\bar{g}}\,\mathrm{d}u^1\mathrm{d}u^2=\sigma-2\varepsilon\iint_D\lambda H\sqrt{g}\,\mathrm{d}u^1\mathrm{d}u^2+\varepsilon^2(*)$$

在后一式里, (*) 表示依赖于 ε 的一个变量，当 $\varepsilon\to 0$ 时，它有极限。

现在把 $\bar{\sigma}$ 看成 ε 的函数，若 s 的面积 σ 比一切相邻曲面的面积要小，则不论如何选择曲面族 $\{\bar{s}\}$ ，即不论如何选择函数 $\lambda(u^1,u^2)$ 应有

$$\left(\frac{\mathrm{d}\bar{\sigma}}{\mathrm{d}\varepsilon}\right)_{\varepsilon=0}=0$$

于是 $\iint_D\lambda H\sqrt{g}\,\mathrm{d}u^1\mathrm{d}u^2=0$ 。

它等价于 $H=0$ (因为 $\lambda\neq 0,\sqrt{g}\neq 0$) ，故 s 是极小曲面。

极小曲面在实际中是存在的，将弯曲的铅丝圈浸入肥皂液中取出时所得的皂膜曲面就是极小曲面，因为皂膜面上的表面张力使皂膜面的表面积变得尽可能小。

例：计算环面

$$\boldsymbol{r}(u,v)=[(a+r\cos u)\cos v,(a+r\cos u)\sin v,r\sin u]$$

上的点的总曲率 K ，其中 $0\leqslant u\leqslant 2\pi,0\leqslant v<2\pi$ 。

解：由

$$\boldsymbol{r}_u=(-r\sin u\cos v,-r\sin u\sin v,r\cos u)$$

$$\boldsymbol{r}_v=[-(a+r\cos u)\sin v,(a+\cos u)\cos v,0]$$

$$\boldsymbol{r}_{uu}=(-r\cos u\cos v,-r\cos u\sin v,-r\sin u)$$

$$\boldsymbol{r}_{uv}=(r\sin u\sin v,-r\sin u\cos v,0)$$

$$\boldsymbol{r}_{vv}=[-(a+r\cos u)\cos v,(a+\cos u)\sin v,0]$$

得到 $E=\boldsymbol{r}_u^2=r^2,F=\boldsymbol{r}_u\cdot\boldsymbol{r}_v=0,G=\boldsymbol{r}_v^2=(a+r\cos u)^2$

又 $L=\dfrac{(\boldsymbol{r}_u,\boldsymbol{r}_v,\boldsymbol{r}_{uu})}{\sqrt{EG-F^2}}=r$, $M=\dfrac{(\boldsymbol{r}_u,\boldsymbol{r}_v,\boldsymbol{r}_{uv})}{\sqrt{EG-F^2}}=0$, $N=\dfrac{(\boldsymbol{r}_u,\boldsymbol{r}_v,\boldsymbol{r}_{vv})}{\sqrt{EG-F^2}}=\cos u(a+r\cos u)$

所以 $K=\dfrac{LN-M^2}{EG-F^2}=\dfrac{\cos u}{r(a+r\cos u)}$。

于是 $K=0$ 的点（双曲点）是 $u=\dfrac{\pi}{2}$ 及 $\dfrac{3\pi}{2}$，即环面上最高、最低处的纬线; $K<0$ 的点（双曲点）是 $\dfrac{\pi}{2}<u<\dfrac{3\pi}{2}$，这是环面的内侧面，$K>0$ 的点（椭圆点）是 $0<u<\dfrac{\pi}{2}$ 及 $\dfrac{3\pi}{2}<u<2\pi$，这是环面的外侧面（图 2.22）。

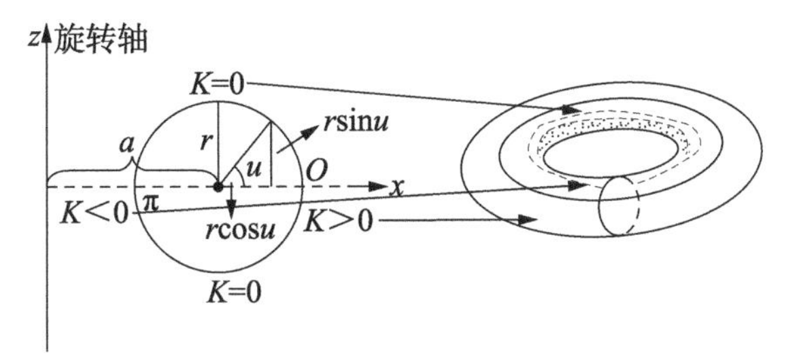

图 2.22

例：求旋转面 $\boldsymbol{r}=[\varphi(u)\cos\theta,\varphi(u)\sin\theta,u]$, $\varphi(u)>0$ 的平均曲率，并证明所有旋转面中以悬链面的面积最小。

解：可以求得

$$E=\varphi'^2+1,F=0,G=\varphi^2$$

$$L=\frac{-\varphi''}{\sqrt{\varphi'^2+1}},M=0,N=\frac{\varphi}{\sqrt{\varphi'^2+1}}$$

因为 $F=M=0$，所以旋转面的参数曲线（子午线和纬线）网是参数曲线网，并且主曲率为

$$k_1=\frac{L}{E}=-\frac{\varphi''}{(\varphi'^2+1)^{\frac{3}{2}}},k_2=\frac{N}{G}=\frac{1}{\varphi\sqrt{\varphi'^2+1}}$$

所以曲面在一点的平均曲率

$$H=\frac{k_1+k_2}{2}=\frac{1+\varphi'^2-\varphi\varphi''}{2\varphi(1+\varphi'^2)^{\frac{3}{2}}}$$

命 $H=0$，所以 $1+\varphi'^2-\varphi\varphi''=0$。

由此得 $\frac{\varphi''\varphi'}{1+\varphi'^2}=\frac{\varphi'}{\varphi}$。

即 $\frac{1}{2}[\ln(1+\varphi'^2)]'=(\ln\varphi)'$。

积分后我们得到

$$\varphi=a\sqrt{1+\varphi'^2}, a=\text{常数}。$$

或者 $\frac{\varphi'}{\sqrt{\frac{\varphi^2}{a^2}-1}}=1$。

上式可以变成 $\left[\ln\left(\frac{\varphi}{a}+\sqrt{\frac{\varphi^2}{a^2}-1}\right)\right]'=\frac{1}{a}$。

积分后得 $\ln\left(\frac{\varphi}{a}+\sqrt{\frac{\varphi^2}{a^2}-1}\right)=\frac{z}{a}$。

即 $\varphi(z)=\frac{a}{2}(e^{\frac{z}{a}}+e^{-\frac{z}{a}})$。

这些省略了积分常数，因为它只不过表示沿平行于旋转轴的方向平移而已。因此旋转面是由悬链线

$$x=\frac{a}{2}(e^{\frac{z}{a}}+e^{-\frac{z}{a}})$$

绕 z 轴旋转而成的悬链面，证毕。

习题

1. 证明球面（半径为 a）的总曲率与平均曲率都是常数：$K=\frac{1}{a^2}$，$H=\frac{1}{a}$。

2. 求螺面 $\boldsymbol{r}=(u\cos v, u\sin v, u+v)$ 的总曲率与平均曲率。

3. 证明：$\boldsymbol{n}_1\times\boldsymbol{n}_2=K\sqrt{g}\boldsymbol{n}$。

4. 设曲面上曲线的切向量与一个主方向的夹角为 θ，证明：$H=\frac{1}{2\pi}\int_0^{2\pi}k_n\mathrm{d}\theta$。

5. 证明曲面为球面或平面的充要条件是 $H^2=K$。

6. 证明正螺面的平均曲率为零。

7. 证明极小曲面上的点都是双曲点或平点。

8. 求证如果曲面的平均曲率为零，则渐近曲线网构成正交网。

9. 设曲面的第三基本形式 $\mathrm{III} = e\mathrm{d}u^2 + 2f\mathrm{d}u\mathrm{d}v + g\mathrm{d}v^2$，证明：

（1）$|K| = \sqrt{\dfrac{eg - f^2}{EG - F^2}}$　　（2）$(LN - M^2)^2 = (EG - F^2)(eg - f^2)$

10. 求证在曲面的渐近曲线（曲率不为零）上，$|\tau| = \sqrt{-K}$，这里 K 是曲面的总曲率。

2.9　直纹面　可展曲面

这一节将运用所学过的曲面的基本理论研究一种特殊的曲面类型——直纹面。

在空间解析几何中讲述的一些二阶曲面：柱面、锥面、单叶双曲面和双曲抛物面都是由连续族直线所组成的，这些曲面称为直纹面。更确切地说，动直线 l 沿着一条空间曲线（C）按照一定规律连续运动所生成的曲面 s，称为直纹面。其中曲线（C）：$\boldsymbol{a} = \boldsymbol{a}(u)$ 称为 s 的导线，动直线 l 称为 s 的母线。

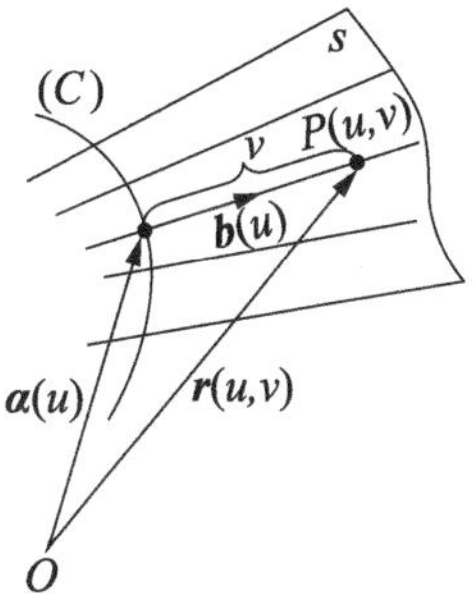

图 2.23

如图 2.23，设 s 的直母线 l 的单位方向矢为 $\boldsymbol{b}(u)$［显然 $\boldsymbol{b}(u)$ 随着（C）上的点变动而变动，因此它是（C）上参数 u 的函数］，设 $\boldsymbol{r}(u,v)$ 为 s 上任意一点 P 的径矢，则直纹面 s 的方程为

$$\boldsymbol{r}(u,v) = \boldsymbol{a}(u) + v\boldsymbol{b}(u) \quad (a \leqslant u \leqslant b,\ -\infty < v < +\infty)$$

其上的 u - 曲线（v = 常数）是与导线（C）“平行”的曲面曲线，v - 曲线（u = 常数）是曲面上的直母线族 $\{l_u\}$。

特别地，当 $\boldsymbol{a}(u) = \boldsymbol{a}_0$（常向量），即导线退化为一点时，$s$ 是锥面；当 $\boldsymbol{b}(u) = \boldsymbol{b}_0$（常向量），直母线互相平行时，$s$ 是柱面；当 $\boldsymbol{b}(u) = \boldsymbol{a}(u)$，即（$C$）的切向量恰好是直母线的方向矢时，$s$ 称为切线曲面。

由于 $\boldsymbol{r}_u = \boldsymbol{a}' + v\boldsymbol{b}(u) \quad \boldsymbol{r}_v = \boldsymbol{b}$，所以 s 的法向量

$$\boldsymbol{N}: \boldsymbol{r}_u \times \boldsymbol{r}_v = \boldsymbol{a}' \times \boldsymbol{b} = v\boldsymbol{b}' \times \boldsymbol{b}$$

下面我们通过观察 $\boldsymbol{N}$ 沿直母线 l 变动时所产生的情形来了解 s 上总曲率 K 的符号：

情形1：设 $\boldsymbol{a}' \times \boldsymbol{b} \not\parallel \boldsymbol{b}' \times \boldsymbol{b}$ 即 $(\boldsymbol{a}', \boldsymbol{b}, \boldsymbol{b}') \neq 0$

这时，当 P 点在 l 上移动时（v 在变动）$\boldsymbol{N}$ 的方向随之变动，P 点的切平面绕 l 旋转。

情形2：设 $\boldsymbol{a}' \times \boldsymbol{b} \parallel \boldsymbol{b}' \times \boldsymbol{b}$ 即 $(\boldsymbol{a}', \boldsymbol{b}, \boldsymbol{b}') = 0$

这时，当 P 点在 l 上移动时，虽然 v 变化了，但是 $\boldsymbol{N}$ 的方向不改变（只改变长度），因此直纹面 s 沿直母线 l 有相同的切平面。我们把具有这种性质的直纹面称为可展曲面。显然 $(\boldsymbol{a}', \boldsymbol{b}, \boldsymbol{b}') = 0$ 是 s 为可展曲面的充分条件，还可以证明它是必要的。

由于曲面上的直线是渐近曲线，因此直纹面上的母线均是渐近线，也就是直纹面只能由双曲点和抛物点组成，于是得到下面的结论：直纹面上的总曲率 $K \leqslant 0$。还有

定理：直纹面是可展曲面的充要条件是 $K = 0$。

证明：先计算 s 的第二基本量

$$\boldsymbol{r}_u = \boldsymbol{a}' + v\boldsymbol{b}' \quad \boldsymbol{r}_v = \boldsymbol{b}$$

$$\boldsymbol{r}_{uu} = \boldsymbol{a}'' + v\boldsymbol{b}'' \quad \boldsymbol{r}_{uv} = \boldsymbol{b}' \quad \boldsymbol{r}_{vv} = 0$$

$$L = \frac{(\boldsymbol{r}_{uu}, \boldsymbol{r}_u, \boldsymbol{r}_v)}{\sqrt{EG - F^2}} = \frac{1}{\sqrt{EG - F^2}}\{(\boldsymbol{b}'', \boldsymbol{b}', \boldsymbol{b})v^2 + [(\boldsymbol{a}'', \boldsymbol{b}', \boldsymbol{b}) + (\boldsymbol{b}'', \boldsymbol{a}', \boldsymbol{b}) + (\boldsymbol{a}'', \boldsymbol{a}', \boldsymbol{b})]\}$$

$$M = \frac{(\boldsymbol{r}_{uv}, \boldsymbol{r}_u, \boldsymbol{r}_v)}{\sqrt{EG - F^2}} = \frac{(\boldsymbol{b}', \boldsymbol{a}', \boldsymbol{b})}{\sqrt{EG - F^2}}$$

$$N = \frac{(\boldsymbol{r}_{vv}, \boldsymbol{r}_u, \boldsymbol{r}_v)}{\sqrt{EG - F^2}} = 0$$

由于 $K = \dfrac{LN - M^2}{EG - F^2} = \dfrac{-(\boldsymbol{b}', \boldsymbol{a}, \boldsymbol{b})^2}{(EG - F^2)^2} = \dfrac{-(\boldsymbol{a}', \boldsymbol{b}, \boldsymbol{b}')}{EG - F^2}$

所以 $K = 0 \Leftrightarrow (\boldsymbol{a}', \boldsymbol{b}, \boldsymbol{b}') = 0$，定理得证。

为了详尽地研究可展曲面，我们引进直纹面上的腰曲线和单参数平面族的包络面的概念。

2.9.1　直纹面上的腰曲线

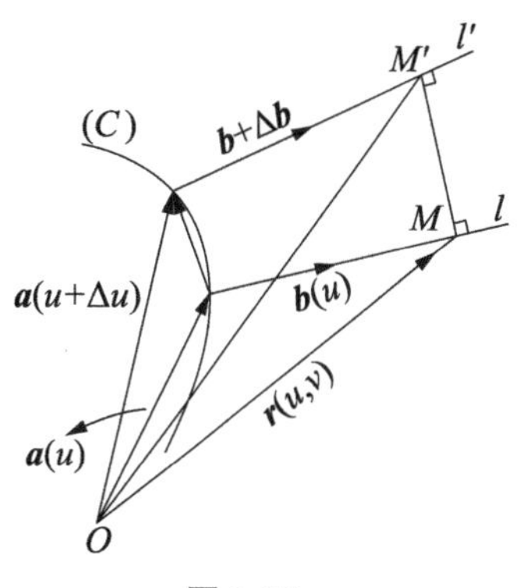

图 2.24

考虑直纹面 s 上的两条无限邻近的直母线的相互位置。

如图 2.24，设 l 是过导线 (C) 上点 $\boldsymbol{a}(u)$ 的直母线，l'是 (C) 上 $\boldsymbol{a}(u)$ 的邻近点 $\boldsymbol{a}(u+\Delta u)$ 处的直母线。作 l 与 l' 的公垂线，垂足分别为 M 与 M'。当 $\Delta u \to 0$ 时，M 沿 l 趋近于极限位置 M_0。点 M_0 称为 l 上的腰点。下面导出 M_0 的径矢表达式，关键是求出 v。

显然 M，M' 的径矢分别为

$$\boldsymbol{r} = \boldsymbol{a}(u) + v\boldsymbol{b}(u)$$

$$\boldsymbol{r} + \Delta\boldsymbol{r} = \boldsymbol{a} + \Delta\boldsymbol{a} + (v + \Delta v)(\boldsymbol{b} + \Delta\boldsymbol{b})$$

所以 $\boldsymbol{MM'} = \Delta\boldsymbol{r} = \Delta\boldsymbol{a} + v\Delta\boldsymbol{b} + \Delta v(\boldsymbol{b} + \Delta\boldsymbol{b})$

因为 $\boldsymbol{MM'} \perp \boldsymbol{b}$ 和 $\boldsymbol{MM'} \perp \boldsymbol{b} + \Delta\boldsymbol{b}$ 所以

$$\boldsymbol{MM'} \perp \Delta\boldsymbol{b} \Rightarrow \boldsymbol{MM'} \cdot \Delta\boldsymbol{b} = 0$$

因此 $\Delta\boldsymbol{r} \cdot \Delta\boldsymbol{b} = \Delta\boldsymbol{a} \cdot \Delta\boldsymbol{b} + v\Delta\boldsymbol{b} \cdot \Delta\boldsymbol{b} + \Delta v(\boldsymbol{b} + \Delta\boldsymbol{b}) \cdot \Delta\boldsymbol{b} = 0$

上式两边除以 $(\Delta u)^2$

$$\frac{\Delta\boldsymbol{a}}{\Delta u} \cdot \frac{\Delta\boldsymbol{b}}{\Delta u} + v\left(\frac{\Delta\boldsymbol{b}}{\Delta u}\right)^2 + \frac{\Delta v}{\Delta u}(\boldsymbol{b} + \Delta\boldsymbol{b}) \cdot \frac{\Delta\boldsymbol{b}}{\Delta u} = 0$$

因为当 $\Delta u \to 0$ 时，$\dfrac{\Delta\boldsymbol{a}}{\Delta u} \to \boldsymbol{a}'$，$\dfrac{\Delta\boldsymbol{b}}{\Delta u} \to \boldsymbol{b}'$，$\dfrac{\Delta\boldsymbol{b}}{\Delta u} \cdot \Delta\boldsymbol{b} \to \boldsymbol{b}' \cdot \boldsymbol{0} = 0$，$\boldsymbol{b} \cdot \dfrac{\Delta\boldsymbol{b}}{\Delta u} \to \boldsymbol{b} \cdot \boldsymbol{b}' = \boldsymbol{0}$

假定 $\boldsymbol{b}'(u) \neq \boldsymbol{0}$。

因此，当 $\Delta u \to 0$ 时，上式为

$$\boldsymbol{a}' \cdot \boldsymbol{b}' + v\,\boldsymbol{b}'^2 = 0$$

$$\text{所以 } v = \frac{-\boldsymbol{a}' \cdot \boldsymbol{b}'}{\boldsymbol{b}'^2} \tag{2.9.1}$$

把它代入 s 的方程后得到腰点的径矢表达式：

$$\boldsymbol{r} = \boldsymbol{a}(u) - \frac{\boldsymbol{a}'(u) \cdot \boldsymbol{b}'(u)}{\boldsymbol{b}'(u)^2}\boldsymbol{b}(u) \tag{2.9.2}$$

在 $\boldsymbol{b}'(u) \neq \boldsymbol{0}$ 时，直纹面的每一条直母线上有一个腰点，这些腰点的轨

迹，称为直纹面的腰曲线。若（2.9.2）中 $u = u_0, \boldsymbol{r}(u_0)$ 是 s 的直母线 $l_{u=u_0}$ 上的腰点的径矢；若 u 在变动（2.9.2）是 s 上腰曲线的方程。

腰曲线的几何意义是它沿直纹面的狭窄部位“围绕着”直纹面。

取腰曲线为直纹面的导线 $\boldsymbol{r} = \boldsymbol{a}(u) \Leftrightarrow \boldsymbol{a}' \cdot \boldsymbol{b}' = 0$。

借助于直纹面腰曲线的概念，进一步来讨论可展曲面。

定理：每一个可展曲面或是柱面，或是锥面，或是一条曲线的切线曲面。

证明：对可展曲面有 $(\boldsymbol{a}', \boldsymbol{b}, \boldsymbol{b}') = 0$，我们取直纹面的腰曲线为导线，则 $\boldsymbol{a}' \cdot \boldsymbol{b}' = 0$

（1）当 $\boldsymbol{a}'(u) = 0$ 时，$\boldsymbol{a}(u) = a_0$（常向量），这表示腰曲线退化为一点，因此可展曲面为锥面［图2.25（a）］。

（2）当 $\boldsymbol{a}'(u) \neq 0$ 时，由 $(\boldsymbol{a}', \boldsymbol{b}, \boldsymbol{b}') = 0$，$\boldsymbol{a}' \cdot \boldsymbol{b}' = 0$ 和 $|\boldsymbol{b}| = 1$（有 $\boldsymbol{b} \perp \boldsymbol{b}'$）共同推出 $\boldsymbol{a}' /\!/ \boldsymbol{b}$，因此得到的是腰曲线的切线曲面［图2.25（b）］。

（3）当 $\boldsymbol{b}' = \boldsymbol{0}$ 时，$\boldsymbol{b}(u) =$ 常向量，表明可展曲面是柱面［图2.25（c）］。

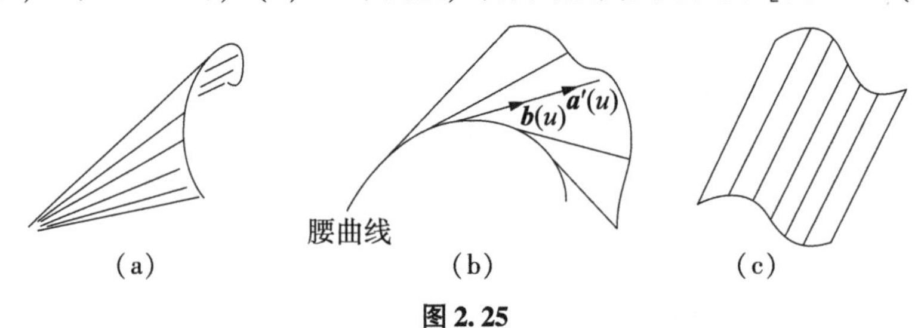

图 2.25

2.9.2 单参数平面族的包络面

设有一族曲面 $\{s_\lambda\}: F(x,y,z,\lambda) = 0$

这里 $\dfrac{\partial F}{\partial x}, \dfrac{\partial F}{\partial y}, \dfrac{\partial F}{\partial z}$ 不同时为零。如果存在一个曲面 s，满足：

(1) s 的每一点 $P(x,y,z)$ 必属于曲面族 $\{s_\lambda\}$ 中的一个曲面 s_λ。

（2）在 $P(x,y,z)$，s 与 s_λ 有公共的切平面，即 s 与 s_λ 在 P 点有公共的法线。

则称曲面 s 是曲面族 $\{s_\lambda\}$ 的包络面。下面求它的方程。

设点 $(x,y,z) \in s$，该点也是 s_λ 上的点，因此 s 上的每一点对应着 $\boldsymbol{\lambda}$ 一个确定的值，即 $\boldsymbol{\lambda}$ 是 (x,y,z) 的函数，记为 $\boldsymbol{\lambda}(x,y,z)$。假定在 s 上 $\boldsymbol{\lambda}(x,y,z) \neq$

常数（否则 s 将整个地属于 $\{s_\lambda\}$ 中的某一曲面，这是我们不感兴趣的情形）。于是 s 上的点 (x,y,z) 满足方程

$$F[x,y,z,\lambda(x,y,z)]=0$$

两边微分后得到

$$\frac{\partial F}{\partial x}\mathrm{d}x+\frac{\partial F}{\partial y}\mathrm{d}y+\frac{\partial F}{\partial z}\mathrm{d}z+\frac{\partial F}{\partial \lambda}\mathrm{d}\lambda=0$$

但 $(\mathrm{d}x,\mathrm{d}y,\mathrm{d}z)$ 为 s 上的点 (x,y,z) 的切向量，而 $\left(\frac{\partial F}{\partial x},\frac{\partial F}{\partial y},\frac{\partial F}{\partial z}\right)$ 同是 s 与 s_λ 在 (x,y,z) 的法向量，所以

$$\frac{\partial F}{\partial x}\mathrm{d}x+\frac{\partial F}{\partial y}\mathrm{d}y+\frac{\partial F}{\partial z}\mathrm{d}z=0$$

因为 $\mathrm{d}\lambda\neq 0$，因此 $F_\lambda=0$，s 上的点要满足

$$\begin{cases}F(x,y,z,\lambda)=0\\F_\lambda(x,y,z,\lambda)=0\end{cases}\tag{2.9.3}$$

如能消去（2.9.3）中的参数 λ 后得到一个曲面 Σ，我们称它为判别曲面。下面证明，判别曲面 Σ 就是包络面 s，需要证明

（1）$s\subset\Sigma$——上述推导过程已证得。

（2）$\Sigma\subset s$——只要证明 Σ 上任意一点法向量与 s_λ 的法向量一致即可。

证明： 取 Σ 上一点 (x,y,z)，设它对应的 $\lambda=\lambda(x,y,z)$，下面计算 Σ 在这点的法向量。

设 $(\mathrm{d}x,\mathrm{d}y,\mathrm{d}z)$ 是 Σ 在 (x,y,z) 处的切向量，对（2.9.3）的第一式两边微分后得到

$$\frac{\partial F}{\partial x}\mathrm{d}x+\frac{\partial F}{\partial y}\mathrm{d}y+\frac{\partial F}{\partial z}\mathrm{d}z+\frac{\partial F}{\partial \lambda}\mathrm{d}\lambda=0$$

将（2.9.3）的第二式代入，有

$$\frac{\partial F}{\partial x}\mathrm{d}x+\frac{\partial F}{\partial y}\mathrm{d}y+\frac{\partial F}{\partial z}\mathrm{d}z=0$$

于是，当 F_x,F_y,F_z 不全为零时，$\left(\frac{\partial F}{\partial x},\frac{\partial F}{\partial y},\frac{\partial F}{\partial z}\right)$ 是 Σ 的法向量，但它又同时是 s_λ 的法向量。所以不但 Σ 上任意点 (x,y,z) 属于 $s_\lambda(x,y,z)$，而且在这点 Σ 与 $s_\lambda(x,y,z)$ 有公共的法向量，因此 Σ 必在 $\{s_\lambda\}$ 的包络面上，即 $\Sigma\subset s$。

由此 $\Sigma\equiv$s，也就是

单参数曲面族 $\{s_\lambda\}: F(x,y,z,\lambda)=0$ 的包络面的方程为（2.9.3）。

在（2.9.3）中取 $\lambda=\lambda_0$（常数）时，即

$$\begin{cases}F(x,y,z,\lambda_0)=0\\F_\lambda(x,y,z,\lambda_0)=0\end{cases}\tag{2.9.4}$$

所确定的曲线，称为包络面 s 的一条特征线。

显然，不同的 λ 就对应于不同的特征线，因此包络面 s 是由这些特征线所组成的。

设有一个单参数的平面族 $\{\pi_\lambda\}: \boldsymbol{n}(\lambda)\boldsymbol{r}-p(\lambda)=0$　λ 是参数

当 $\boldsymbol{n}(\lambda)=$ 常向量时，这族平面的法线平行，所以 $\{\pi_\lambda\}$ 是一族平行平面，也就谈不上包络面。下设 $\boldsymbol{n}'(\lambda)\neq\boldsymbol{0}$。

由（2.9.3）知，$\{\pi_\lambda\}$ 的包络面为

$$\begin{cases}\boldsymbol{n}(\lambda)\cdot\boldsymbol{r}-p(\lambda)=0\\\boldsymbol{n}'(\lambda)\cdot\boldsymbol{r}-p'(\lambda)=0\end{cases}\tag{2.9.5}$$

对固定的 $\lambda(\lambda=\lambda_0)$（2.9.5）表示一条特征线 l_λ，（2.9.5）第二式若写成

$$\begin{aligned}0&=\boldsymbol{n}'(\lambda_0)\cdot\boldsymbol{r}-p'(\lambda_0)\\&=\lim_{\Delta\lambda\to0}\frac{\boldsymbol{n}(\lambda_0+\Delta\lambda)\cdot\boldsymbol{r}-p(\lambda_0+\Delta\lambda)-[\boldsymbol{n}(\lambda_0)\cdot\boldsymbol{r}-p(\lambda_0)]}{\Delta\lambda}\end{aligned}$$

它表示平面 $\boldsymbol{n}(\lambda_0)\cdot\boldsymbol{r}-p(\lambda_0)=0$ 的邻近平面，当 $\Delta\lambda\to0$ 时的极限位置。因此特征线 l_{λ_0}（直线）是平面族中相邻平面 $\pi_{\lambda_0},\pi_{\lambda_0+\Delta\lambda}$ 的交线。当 $\Delta\lambda\to0$ 时的极限位置，l_λ 的方向向量为 $\boldsymbol{n}(\lambda)\times\boldsymbol{n}'(\lambda)$。因此单参数平面族 $\{\pi_\lambda\}$ 的包络面是由连续族直线所组成的。如果这些直线都重合在一起，则包络面退化为一条直线，这时 $\{\pi_\lambda\}$ 为平面束；除了这种情形外，在 $\{\pi_\lambda\}$ 上可以选取一条曲线 $(C): \boldsymbol{r}=\boldsymbol{a}(\lambda)$，使得 (C) 与每条特征线只交于一点，于是 $\{\pi_\lambda\}$ 的包络面是一个直纹面

$$s: \boldsymbol{r}=\boldsymbol{a}(\lambda)+v\boldsymbol{n}(\lambda)\times\boldsymbol{n}(\lambda)$$

而且它是可展曲面。实际上，由于沿 s 的直母线 l_λ 上每一点 s 的法线方向都是 $\boldsymbol{n}(\lambda)$，或说沿 s 的直母线 l_λ 上每一点都有相同的切平面。

因为可展曲面的切平面只依赖于一个参数，所以可展曲面当然是单参数平面族的包络面。由上得到

定理：曲面 s 是可展曲面的充要条件是它为单参数平面族的包络面。

可展曲面的直观意义表现为下述

定理：可展曲面与平面成等距对应。

证明：在直角坐标系 (x,y) 里，平面的第一基本形式为

$$\mathrm{I} = \mathrm{d}x^2 + \mathrm{d}y^2$$

而在极坐标系 (ρ,θ) 里，上式通过变换 $x = \rho\cos\theta, y = \rho\sin\theta$ 可以得到

$$\mathrm{I} = \mathrm{d}\rho^2 + \rho^2\mathrm{d}\theta^2$$

我们分别考虑可展曲面的三种情形：

1. 柱面 $\boldsymbol{r} = \boldsymbol{a}(s) + v\,\boldsymbol{b}_0$（$s$ 是自然参数，$\boldsymbol{b}_0$ 是单位常向量）

若取导线 $\boldsymbol{a} = \boldsymbol{a}(s)$ 与柱面的直母线正交，于是

$$\boldsymbol{r}_s = \dot{\boldsymbol{a}} = \boldsymbol{\alpha}\ , \boldsymbol{r}_v = \boldsymbol{b}_0$$

$$E = \boldsymbol{r}_s^2 = \boldsymbol{\alpha}^2 = 1, F = \boldsymbol{r}_s \cdot \boldsymbol{r}_v = \boldsymbol{\alpha} \cdot \boldsymbol{b}_0 = 0, G = \boldsymbol{r}_v^2 = \boldsymbol{b}_0^2 = 1$$

柱面的第一基本形式为

$$\mathrm{I} = \mathrm{d}s^2 + \mathrm{d}v^2$$

这与平面的第一形式相同，因此柱面与平面成等距对应。

2. 锥面 $\boldsymbol{r} = \boldsymbol{a}_0 + v\boldsymbol{b}(s)$（$\boldsymbol{a}_0$ 是常向量，$|\boldsymbol{b}(s)| = 1$）

$$\boldsymbol{r}_s = v\dot{\boldsymbol{b}}(s), \boldsymbol{r}_v = \boldsymbol{b}(s)$$

注意到 $\boldsymbol{b}^2 = 1, \boldsymbol{b} \cdot \dot{\boldsymbol{b}} = 0, \dot{\boldsymbol{b}}^2 = 1$，于是

$$E = \boldsymbol{r}_s^2 = v^2, F = \boldsymbol{r}_s \cdot \boldsymbol{r}_v = 0, G = \boldsymbol{r}_v^2 = 1$$

锥面的第一基本形式为

$$\mathrm{I} = v^2\mathrm{d}s^2 + \mathrm{d}v^2$$

这与平面的极坐标系下的第一基本形式相同，故锥面与平面成等距对应。

3. 切线曲面 $\boldsymbol{r} = \boldsymbol{a}(s) + v\dot{\boldsymbol{a}}(s) = \boldsymbol{a}(s) + v\boldsymbol{\alpha}(s)$（$\boldsymbol{\alpha}(s)$ 为 $\boldsymbol{a}(s)$ 的切向量）

由于 $\boldsymbol{r}_s = \boldsymbol{\alpha} + vk\boldsymbol{\beta}, \boldsymbol{r}_v = \boldsymbol{\alpha}$

$$E = \boldsymbol{r}_s^2 = 1 + v^2k^2, F = \boldsymbol{r}_s \cdot \boldsymbol{r}_v = 1, G = \boldsymbol{r}_v^2 = 1$$

因此切线曲面的第一基本形式

$$\mathrm{I} = (1 + v^2k^2)\mathrm{d}s^2 + 2\mathrm{d}s\mathrm{d}v + \mathrm{d}v^2$$

应当注意，切线曲面的第一基本形式只与曲线（导线）的曲率 k 有关而与挠率无关，这表明曲率相同的任意空间曲线生成的切线曲面，都具有相同的第一基本形式，即任何具有相同曲率的曲线的切线曲面均成等距对应。特

别地，平面曲线的切线曲面（平面）与任何一条与此平面曲线有相同曲率的空间曲线的切线曲面成等距对应。

综上所述，切线曲面与平面成等距对应。

可展曲面可以通过等距变换展成平面，这就是可展曲面的直观意义。

最后，我们利用可展曲面的概念来阐述曲率线的一个性质。

定理：曲面曲线是曲率线的充要条件是沿此曲线的曲面法线组成可展曲面。

证明：设曲面曲线 $\boldsymbol{a}=\boldsymbol{a}(s)$ 是曲率线，据罗德里格（Rodriques）定理

$$\mathrm{d}\boldsymbol{n}=-k_1\mathrm{d}\boldsymbol{a}$$

其中主方向（d）是曲面曲线 $\boldsymbol{a}=\boldsymbol{a}(s)$ 的切线方向，k_1 是沿这个方向的法曲率（即主曲率）。

上式两边同除以 ds 得

$$\dot{\boldsymbol{n}}=-k_1\dot{\boldsymbol{a}}\Rightarrow\dot{\boldsymbol{n}}\mathbin{/\mkern-5mu/}\dot{\boldsymbol{a}}$$

若把沿曲率线 $\boldsymbol{a}=\boldsymbol{a}(s)$ 上各点曲面的单位法向量 $\boldsymbol{n}$ 理解成曲率线的切线向量。由上式得

$$(\dot{\boldsymbol{a}},\boldsymbol{n},\dot{\boldsymbol{n}})=0$$

因此沿曲率线 $\boldsymbol{a}=\boldsymbol{a}(s)$ 的曲面法线生成的曲面

$$\boldsymbol{r}=\boldsymbol{a}(s)+v\boldsymbol{n}(s)$$

是可展曲面，这就证明了必要性，以下证明充分性。设 $\boldsymbol{a}=\boldsymbol{a}(s)$ 是曲面上的一条曲线，沿此曲线的法线曲面

$\boldsymbol{r}=\boldsymbol{a}(s)+v\boldsymbol{n}(s)$

可展，则有

$$(\dot{\boldsymbol{a}},\boldsymbol{n},\dot{\boldsymbol{n}})=0$$

由于 $\boldsymbol{n}\perp\dot{\boldsymbol{n}}$，而 $\dot{\boldsymbol{a}}$ 是曲面的切向量，因而 $\dot{\boldsymbol{a}}\perp\boldsymbol{n}$，所以 $\dot{\boldsymbol{a}}\mathbin{/\mkern-5mu/}\dot{\boldsymbol{n}}$ 或 d$\boldsymbol{a}\mathbin{/\mkern-5mu/}d\boldsymbol{n}$，据罗德里格（Rodriques）定理，d$\boldsymbol{a}$ 是主方向，因此曲线 $\boldsymbol{a}=\boldsymbol{a}(s)$ 是曲率线。

习题

1. 证明曲面 $\boldsymbol{r}=\left(u^2+\frac{1}{2}v,2u^3+uv,u^4+\frac{2}{3}u^2v\right)$ 是可展曲面。

2. 证明曲面 $\boldsymbol{r}=[\cos v-(u+v)\sin v,\sin v+(u+v)\cos v,u+2v]$ 是可展曲面。

3. 求平面族 $x\cos\alpha + y\sin\alpha - z\sin\alpha = 1$ 的包络面。

4. 求平面族 $a^2x + 2ay + 2z = 2a$ 的包络面。

2.10　曲面的基本方程和基本定理

本节我们要讨论曲面的第一、二基本量之间的关系，并回答曲面是否完全由它的第一、第二基本形式所确定。

2.10.1　基本方程

首先定义曲面的第一类黎曼（Riemann）曲率张量 R_{ijk}^{l} 如下：

$$R_{ijk}^{l} = \frac{\partial \Gamma_{ij}^{l}}{\partial u^k} - \frac{\partial \Gamma_{ik}^{l}}{\partial u^j} + \Gamma_{ij}^{p}\Gamma_{pk}^{l} - \Gamma_{ik}^{p}\Gamma_{pj}^{l}\ (i,j,k,l,p = 1,2) \tag{2.10.1}$$

容易验证黎曼曲率张量满足

$$R_{ijk}^{l} = -R_{ikj}^{l}\ \text{因此}\ R_{ijj}^{l} = 0 \tag{2.10.2}$$

$$R_{ijk}^{l} + R_{kij}^{l} + R_{jki}^{l} = 0 \tag{2.10.3}$$

再定义第二类黎曼曲率张量

$$R_{mijk} = g_{ml}R_{ijk}^{l}(m,i,j,k = 1,2) \tag{2.10.4}$$

则有恒等式

$$R_{mijk} = -R_{imjk}\ ,\ \text{因此}\ R_{mmjk} = 0 \tag{2.10.5}$$

$$R_{mijk} = -R_{mikj}\ ,\ \text{因此}\ R_{mijj} = 0 \tag{2.10.6}$$

$$R_{mijk} = R_{jkmi} \tag{2.10.7}$$

$$R_{mijk} + R_{mkij} + R_{mjki} = 0 \tag{2.10.8}$$

由于克氏符号 Γ_{ij}^{λ} 是内蕴量，所以两类黎曼曲率张量也是内蕴量。

第一类黎曼曲率张量 R_{mijk} 当 $m,i,j,k = 1,2$ 时，共有 $2^4 = 16$ 个分量，下面证明它们之中只有一个是独立的。

为叙述方便，写出 16 个分量的下指标，代表这 16 个分量。

$$\begin{array}{cccc}
1111 & 1211 & 2111 & 2211 \\
1112 & \underline{1212} & \underline{2112} & 2212 \\
1121 & \underline{1221} & \underline{2121} & 2221 \\
1122 & 1222 & 2122 & 2222
\end{array}$$

由恒等式（2.10.5）知道上列第一、四两列的8个分量为零；

由恒等式（2.10.6）知道上列第二、三两列首尾的4个分量为零；剩下的4个分量（画横线标出）中，由恒等式（2.10.6）得

$$R_{1212}=-R_{1221},R_{2112}=-R_{2121}$$

又由恒等式（2.10.7）得

$$R_{2112}=R_{1221}$$

因此这4个分量中，只有一个是独立的。也就是在16个第一类黎曼曲率张量分量中仅有一个是独立的。今后我们只取分量R_{1212}作为代表来研究问题。

曲面的第一、二基本量的关系由下面的高斯—科达齐—迈因纳尔迪（Gauss－Codazzi－Mainardi）方程给出。

高斯方程：

$$R_{mijk}=b_{ij}b_{mk}-b_{ik}b_{mj} \tag{2.10.9}$$

科达齐—迈因纳尔迪方程：

$$\frac{\partial b_{ij}}{\partial u^k}-\frac{\partial b_{ik}}{\partial u^j}=\Gamma_{ik}^{\lambda}b_{\lambda j}-\Gamma_{ij}^{\lambda}b_{\lambda k} \tag{2.10.10}$$

证明：对高斯公式

$$\boldsymbol{r}_{ij}=\Gamma_{ij}^{\lambda}\boldsymbol{r}_{\lambda}+b_{ij}\boldsymbol{n}$$

求导，并利用曲面的2个基本公式，得

$$(\boldsymbol{r}_{ij})_k=\frac{\partial\Gamma_{ij}^{\lambda}}{\partial u^k}\boldsymbol{r}_{\lambda}+\Gamma_{ij}^{\lambda}\boldsymbol{r}_{\lambda k}+\frac{\partial b_{ij}}{\partial u^k}\boldsymbol{n}+b_{ij}\boldsymbol{n}_k$$

$$\begin{aligned}\boldsymbol{r}_{ijk}&=\frac{\partial\Gamma_{ik}^{\lambda}}{\partial u^k}\boldsymbol{r}_{\lambda}+\Gamma_{ij}^{\lambda}(\Gamma_{\lambda k}^{m}\boldsymbol{r}_m+b_{\lambda k}\boldsymbol{n})+\frac{\partial b_{ij}}{\partial u^k}\boldsymbol{n}-b_{ij}\omega_k^m\boldsymbol{r}_m\\&=\left(\frac{\partial\Gamma_{ij}^{\lambda}}{\partial u^k}+\Gamma_{ij}^{l}\Gamma_{lk}^{\lambda}-b_{ij}\omega_k^{\lambda}\right)\boldsymbol{r}_{\lambda}+\left(\Gamma_{ij}^{\lambda}b_{\lambda k}+\frac{\partial b_{ij}}{\partial u^k}\right)\boldsymbol{n}\end{aligned}$$

类似地得

$$\boldsymbol{r}_{ikj}=\left(\frac{\partial\Gamma_{ik}^{\lambda}}{\partial u^j}+\Gamma_{ik}^{l}\Gamma_{lj}^{\lambda}-b_{ij}\omega_k^{\lambda}\right)\boldsymbol{r}_{\lambda}+\left(\Gamma_{ik}^{\lambda}b_{\lambda j}+\frac{\partial b_{ik}}{\partial u^j}\right)\boldsymbol{n}$$

设曲面为C^3类的，有

$$\boldsymbol{r}_{ijk}=\boldsymbol{r}_{ikj}$$

因此有

$$\frac{\partial \Gamma_{ij}^{\lambda}}{\partial u^{k}} + \Gamma_{ij}^{l}\Gamma_{lk}^{\lambda} - b_{ij}\omega_{k}^{\lambda} = \frac{\partial \Gamma_{ik}^{\lambda}}{\partial u^{j}} + \Gamma_{ik}^{l}\Gamma_{lj}^{\lambda} - b_{ik}\omega_{j}^{\lambda} \tag{2.10.11}$$

$$\Gamma_{ij}^{\lambda} b_{\lambda k} + \frac{\partial b_{ij}}{\partial u^{k}} = \Gamma_{ik}^{\lambda} b_{\lambda j} + \frac{\partial b_{ik}}{\partial u^{j}} \tag{2.10.12}$$

由（2. 10. 11）得

$$\frac{\partial \Gamma_{ij}^{\lambda}}{\partial u^{k}} - \frac{\Gamma_{ik}^{\lambda}}{\partial u^{j}} + \Gamma_{ij}^{l}\Gamma_{lk}^{\lambda} - \Gamma_{ik}^{l}\Gamma_{lj}^{\lambda} = b_{ij}\omega_{k}^{\lambda} - b_{ik}\omega_{j}^{\lambda}$$

根据第二类黎曼曲率张量的意义和 $\omega_{i}^{\lambda} = g^{\lambda k} b_{ki}$ 得

$$\begin{aligned} R_{ijk}^{\lambda} &= b_{ij} g^{\lambda p} b_{pk} - b_{ik} g^{\lambda p} b_{pj} \\ &= g^{\lambda p}(b_{ij} b_{pk} - b_{ik} b_{pj}) \end{aligned}$$

因为

$$R_{mijk} = g_{m\lambda} R_{ijk}^{\lambda} = g_{m\lambda} g^{\lambda p}(b_{ij} b_{pk} - b_{ik} b_{pj})$$

当 $m = p$ 时

$$R_{mijk} = b_{ij} b_{mk} - b_{ik} b_{mj}$$

由（2. 10. 12）得 $\dfrac{\partial b_{ij}}{\partial u^{k}} - \dfrac{\partial b_{ik}}{\partial u^{j}} = \Gamma_{ik}^{\lambda} b_{\lambda j} - \Gamma_{ij}^{\lambda} b_{\lambda k}$。证毕。

（2. 10. 9）与（2. 10. 10）称为曲面的基本方程。

根据本节开始的讨论，高斯方程只有一个是独立的，即

$$R_{1212} = b_{21} b_{12} - b_{22} b_{11} = -(LN - M^{2}) \tag{2.10.13}$$

根据 $K = \dfrac{LN - M^{2}}{EG - F^{2}}$

$$R_{1212} = -K(EG - F^{2}) \tag{2.10.14}$$

所以 $K = \dfrac{-R_{1212}}{EG - F^{2}}$。

前面已经说明黎曼曲率张量是内蕴量，因此从（2. 10. 14）再一次证明了总曲率 K 是内蕴量。

当 $F = 0$ 时，K 容易记忆的形式

$$K = \frac{-1}{\sqrt{EG}}\left[\left(\frac{(\sqrt{G})_{u}}{\sqrt{E}}\right)_{u} + \left(\frac{(\sqrt{E})_{v}}{\sqrt{G}}\right)_{v}\right] \tag{2.10.15}$$

在今后要经常用到。请读者推导之并熟记。

下面给出科达齐—迈因纳尔迪方程用第一、二基本量具体表示的式，同

时说明当 $i,j,k=1,2$ 时，(2.10.10) 应有 $2^3=8$ 个方程，但它们中间仅有 2 个是独立的，即下面 2 个方程

$$(EG-2F^2+GE)(L_v-M_u)-(EN-2FM+GL)(E_v-F_u)+\begin{vmatrix} E & E_u & L \\ F & F_u & M \\ G & G_u & N \end{vmatrix}=0 \tag{2.10.16}$$

$$(EG-2F^2+GE)(M_v-N_v)-(EN-2FM+GL)(F_v-G_u)+\begin{vmatrix} E & E_v & L \\ F & F_v & M \\ G & G_v & N \end{vmatrix}=0 \tag{2.10.17}$$

综合上述，在曲面的第一、二基本量之间存在着 3 个关系式，即 1 个独立的高斯方程 (2.10.13) 和 2 个独立的科达齐—迈因纳尔迪方程 (2.10.16)、(2.10.17)。

2.10.2 曲面的基本定理

我们知道曲面 $\boldsymbol{r}=\boldsymbol{r}(u,v)$ 的许多性质，由它的第一、二基本形式所确定。试问，给出变量 u,v 的两个二次微分形式：

$$E(u,v)\mathrm{d}u^2+2F(u,v)\mathrm{d}u\mathrm{d}v+G(u,v)\mathrm{d}v^2$$

$$L(u,v)\mathrm{d}u^2+2M(u,v)\mathrm{d}u\mathrm{d}v+N(u,v)\mathrm{d}v^2$$

能否确定一个曲面 $\boldsymbol{r}(u,v)$，使它的第一、二基本形式正好是上面所给出的两个二次微分形式？

一般说来，这个问题不可能有解，因为确定一个曲面只需三个函数 $x(u,v),y(u,v),z(u,v)$；但给两个二次微分形式等于给出六个函数 $E(u,v),F(u,v),G(u,v),L(u,v),M(u,v),N(u,v)$，这样条件太多了，除非这六个函数之间有三个关系式。正好上面证明过的基本方程帮助我们解决了这个问题。

基本定理：设 $\mathrm{I}=g_{ij}\mathrm{d}u^i\mathrm{d}u^j$，$\mathrm{II}=b_{ij}\mathrm{d}u^i\mathrm{d}u^j(i,j=1,2)$ 是给定的两个二次微分形式，其中 I 是正定的。若 I，II 的系数 g_{ij},b_{ij} 满足基本方程 (2.10.9)、(2.10.10)，则除了空间中的位置差别外，唯一地存在一个曲面以 I 和 II 分别为它的第一和第二基本形式。

证明：由给定的两个二次形式的系数 g_{ij},b_{ij}，以及由 g_{ij} 决定的 g^{ij},Γ_{ij}^k 为系数，考虑以 $\boldsymbol{r}(u^1,u^2)$，$\boldsymbol{r}_1(u^1,u^2),\boldsymbol{r}_2(u^1,u^2)$ 和 $\boldsymbol{n}(u^1,u^2)$ 为未知函数的一阶线性偏微分方程组

$$\begin{cases}\dfrac{\partial \boldsymbol{r}}{\partial u^i}=\boldsymbol{r}_i\\[2ex] \dfrac{\partial \boldsymbol{r}_i}{\partial u^j}=\Gamma_{ij}^k\boldsymbol{r}_k+b_{ij}\boldsymbol{n}\quad(i,j=1,2)\\[2ex] \dfrac{\partial \boldsymbol{n}}{\partial u^i}=-b_{ij}g^{jk}\boldsymbol{r}_k\end{cases}\tag{2.10.18}$$

根据偏微分方程组的解的存在定理可知，这个偏微分方程组的完全可积条件是

$$\boldsymbol{r}_{ij}=\boldsymbol{r}_{ji}\tag{2.10.19}$$

$$\begin{cases}(\boldsymbol{r}_i)_{jk}=(\boldsymbol{r}_i)_{kj}\\ \boldsymbol{n}_{ij}=\boldsymbol{n}_{ji}\end{cases}\tag{2.10.20}$$

其中（2.10.19）是由于 g_{ij} 和 b_{ij} 是对称的，所以 $\Gamma_{ij}^k=\Gamma_{ji}^k$，从而 $\boldsymbol{r}_{ij}=\boldsymbol{r}_{ji}$；而（2.10.20）则由前面的讨论可知，这些可积条件恰好就是基本方程（2.10.9）、（2.10.10）。因此对任意的 (u_0^1,u_0^2)，给定一初始右手标架

$$[\boldsymbol{r}_0;(\boldsymbol{r}_1)_0,(\boldsymbol{r}_2)_0,\boldsymbol{n}_0]$$

其中 $\boldsymbol{r}_0$ 是任意的，$(\boldsymbol{r}_1)_0,(\boldsymbol{r}_2)_0,\boldsymbol{n}_0$ 满足条件：

$$\begin{cases}(\boldsymbol{r}_i)_0\cdot(\boldsymbol{r}_j)_0=g_{ij}(u_0^1,u_0^2)\\ \boldsymbol{n}_0\cdot(\boldsymbol{r}_i)_0=0\\ \boldsymbol{n}_0^2=1\end{cases}\tag{2.10.21}$$

又因为是右手标架，所以

$$((\boldsymbol{r}_1)_0,(\boldsymbol{r}_2)_0,\boldsymbol{n}_0)>0$$

方程组（2.10.18）有唯一一组解

$$\boldsymbol{r}=\boldsymbol{r}(u^1,u^2),\boldsymbol{r}_i=\boldsymbol{r}_i(u^1,u^2),\boldsymbol{n}=\boldsymbol{n}(u^1,u^2)\tag{2.10.22}$$

以下证明由此得到的曲面 $\boldsymbol{r}=\boldsymbol{r}(u^1,u^2)$ 就是满足定理要求的曲面。

首先证明，在曲面 $\boldsymbol{r}=\boldsymbol{r}(u^1,u^2)$ 上任一点，$\boldsymbol{r}_1,\boldsymbol{r}_2$ 和 $\boldsymbol{n}$ 构成一右手标架，且

$$\boldsymbol{r}_i\cdot\boldsymbol{r}_j=g_{ij},\boldsymbol{n}\cdot\boldsymbol{r}_i=0,\boldsymbol{n}^2=1$$

为此我们对任意的 u^1 和 u^2 求出 $\boldsymbol{r}_1^2,\boldsymbol{r}_2^2,\boldsymbol{n}^2,\boldsymbol{r}_1\cdot\boldsymbol{r}_2,\boldsymbol{n}\cdot\boldsymbol{r}_2,\boldsymbol{n}\cdot\boldsymbol{r}_1$ 的值，利用方

程组（2. 10. 18）可得下列 12 个等式：

$$
\left\{
\begin{aligned}
&\frac{1}{2}\frac{\partial(\boldsymbol{r}_1^2)}{\partial u^1}=\boldsymbol{r}_1\cdot\frac{\partial\boldsymbol{r}_1}{\partial u^1}=\Gamma_{11}^1\boldsymbol{r}_1^2+\Gamma_{11}^2\boldsymbol{r}_1\cdot\boldsymbol{r}_2+b_{11}\boldsymbol{r}_1\cdot\boldsymbol{n}\\
&\frac{1}{2}\frac{\partial(\boldsymbol{r}_1^2)}{\partial u^2}=\boldsymbol{r}_1\cdot\frac{\partial\boldsymbol{r}_1}{\partial u^2}=\Gamma_{12}^1\boldsymbol{r}_1^2+\Gamma_{12}^2\boldsymbol{r}_1\cdot\boldsymbol{r}_2+b_{12}\boldsymbol{r}_1\cdot\boldsymbol{n}\\
&\frac{1}{2}\frac{\partial(\boldsymbol{r}_2^2)}{\partial u^1}=\boldsymbol{r}_2\cdot\frac{\partial\boldsymbol{r}_2}{\partial u^1}=\Gamma_{12}^1\boldsymbol{r}_1\cdot\boldsymbol{r}_2+\Gamma_{12}^2\boldsymbol{r}_2^2+b_{12}\boldsymbol{r}_2\cdot\boldsymbol{n}\\
&\frac{1}{2}\frac{\partial(\boldsymbol{r}_2^2)}{\partial u^2}=\boldsymbol{r}_2\cdot\frac{\partial\boldsymbol{r}_2}{\partial u^2}=\Gamma_{22}^1\boldsymbol{r}_1\cdot\boldsymbol{r}_2+\Gamma_{22}^2\boldsymbol{r}_2+b_{22}\boldsymbol{r}_2\cdot\boldsymbol{n}\\
&\frac{1}{2}\frac{\partial(\boldsymbol{n}^2)}{\partial u^1}=\boldsymbol{n}\cdot\frac{\partial\boldsymbol{n}}{\partial u^1}=-(b_{1j}g^{j1}\,\boldsymbol{r}_1\cdot\boldsymbol{n}+b_{ij}g^{j2}\,\boldsymbol{r}_2\cdot\boldsymbol{n})\\
&\frac{1}{2}\frac{\partial(\boldsymbol{n}^2)}{\partial u^2}=\boldsymbol{n}\cdot\frac{\partial\boldsymbol{n}}{\partial u^2}=-(b_{2j}g^{j1}\,\boldsymbol{r}_1\cdot\boldsymbol{n}+b_{2j}g^{j2}\,\boldsymbol{r}_2\cdot\boldsymbol{n})\\
&\cdots\\
&\frac{\partial(\boldsymbol{n}\cdot\boldsymbol{r}_1)}{\partial u^2}=\boldsymbol{n}\cdot\frac{\partial\boldsymbol{r}_1}{\partial u^2}+\frac{\partial\boldsymbol{n}}{\partial u^2}\cdot\boldsymbol{r}_1=\Gamma_{12}^1\boldsymbol{r}_1\cdot\boldsymbol{n}+\Gamma_{12}^2\boldsymbol{r}_2\cdot\boldsymbol{n}+b_{12}\boldsymbol{n}^2\\
&-(b_{2j}g^{j1}\,\boldsymbol{r}_1^2+b_{2j}g^{i2}\,\boldsymbol{r}_1\cdot\boldsymbol{r}_2)
\end{aligned}
\right.
\tag{2.10.23}
$$

上述 12 个等式可以看作以 $\boldsymbol{r}_1^2,\boldsymbol{r}_2^2,\boldsymbol{n}^2,\boldsymbol{r}_1\cdot\boldsymbol{r}_2,\boldsymbol{n}\cdot\boldsymbol{r}_2,\boldsymbol{n}\cdot\boldsymbol{r}_1$ 为未知函数的一阶线性偏微分方程组，因为 g_{ij} 和 b_{ij} 满足基本方程，可以验证此方程组是完全可积的，如果用 $g_{11},g_{22},1,g_{12},0,0$ 分别替代 $\boldsymbol{r}_1^2,\boldsymbol{r}_2^2,\boldsymbol{n}^2,\boldsymbol{r}_1\cdot\boldsymbol{r}_2,\boldsymbol{n}\cdot\boldsymbol{r}_2,\boldsymbol{n}\cdot\boldsymbol{r}_1$，则不难验证它们满足方程组（2. 10. 23）。例如，我们验证第一个方程

$$\frac{1}{2}\frac{\partial(g_{11})}{\partial u^1}=\Gamma_{11}^1 g_{11}+\Gamma_{11}^2 g_{12}+b_{11}\cdot 0=\frac{1}{2}\frac{\partial(g_{11})}{\partial u^1}$$

又如验证最后一个方程

$$0 = \Gamma_{12}^{1} \cdot 0 + \Gamma_{12}^{2} \cdot 0 + b_{12} \cdot 1 - (b_{2j}g^{j1}g_{11} + b_{2j}g^{j2}g_{21})$$
$$= b_{12} - (g^{j1}g_{11} + g^{j2}g_{21})b_{2j}$$
$$= b_{12} - \delta_1^j b_{2j} = b_{12} - b_{21} = 0$$

方程组（2.10.23）的其他方程也可按同法检验。又因为这些解具有相同的初始值（2.10.21），因此由解的唯一性得到

$$\boldsymbol{r}_i \cdot \boldsymbol{r}_j = g_{ij}, \boldsymbol{n} \cdot \boldsymbol{r}_i = 0, \boldsymbol{n}^2 = 1$$

又因为 $(\boldsymbol{r}_1, \boldsymbol{r}_2, \boldsymbol{n})^2 > 0$

所以 $(\boldsymbol{r}_1, \boldsymbol{r}_2, \boldsymbol{n})$ 恒正或恒负，但是在初始点 $((\boldsymbol{r}_1)_0, (\boldsymbol{r}_2)_0, \boldsymbol{n}_0) > 0$。

由解的连续性可知

$$(\boldsymbol{r}_1, \boldsymbol{r}_2, \boldsymbol{n}) > 0$$

再证明定理所给定的二次形式 Ⅰ 和 Ⅱ 分别为此曲面 $\boldsymbol{r} = \boldsymbol{r}(u^1, u^2)$ 的第一和第二基本形式。

由 $\boldsymbol{r}_i \cdot \boldsymbol{r}_j = g_{ij}$ 得知，$\text{Ⅰ} = g_{ij}\mathrm{d}u^i\mathrm{d}u^j$ 是曲面 $\boldsymbol{r} = \boldsymbol{r}(u^1, u^2)$ 的第一基本形式，再由 $\boldsymbol{n} \cdot \boldsymbol{r}_i = 0, \boldsymbol{n}^2 = 1$ 得知 $\boldsymbol{n}$ 是此曲面的单位法向量。又因为

$$\boldsymbol{r}_{ij} = \Gamma_{ij}^{k}\boldsymbol{r}_k + b_{ij}\boldsymbol{n}$$

所以 $\boldsymbol{n} \cdot \boldsymbol{r}_{ij} = b_{ij}$。

即 $\text{Ⅱ} = b_{ij}\mathrm{d}u^i\mathrm{d}u^j$ 为曲面的第二基本形式。这样证明了合于要求的曲面的存在性。

以下证明：除了空间中的位置差别外，唯一地存在一个曲面以 Ⅰ、Ⅱ 为其第一、第二基本形式。

假定有两个曲面 s_1 和 s_2 存在，它们有相同的第一和第二基本形式，在 s_1 和 s_2 上第一和第二基本形式相同的点取相同的参数 (u^1, u^2)。在点 (u_0^1, u_0^2) 各作 s_1、s_2 的标架，则经过适当的刚体运动，可以使 s_1 在点 (u_0^1, u_0^2) 的标架跟曲面 s_2 在点 (u_0^1, u_0^2) 的标架重合。这样的重合是可能的，因为它们有相同的第一类基本量，于是 $(\boldsymbol{r}_1)_0, (\boldsymbol{r}_2)_0$ 有相同的交角（$\arccos\dfrac{F}{\sqrt{EG}}$）。假设经过这样的重合后，这两个曲面的方程分别是

$$\boldsymbol{r} = \boldsymbol{r}(u^1, u^2) \text{ 和 } \boldsymbol{r} = \tilde{\boldsymbol{r}}(u^1, u^2)$$

如果取

$$\boldsymbol{r}_1=\boldsymbol{r}_1(u^1,u^2),\boldsymbol{r}_2=\boldsymbol{r}_2(u^1,u^2),\boldsymbol{n}=\boldsymbol{n}(u^1,u^2)$$

或
$$\boldsymbol{r}_1=\tilde{\boldsymbol{r}}_1(u^1,u^2),\boldsymbol{r}_2=\tilde{\boldsymbol{r}}_2(u^1,u^2),\boldsymbol{n}=\tilde{\boldsymbol{n}}(u^1,u^2)$$

因为s_1和s_2有相同的第一、第二基本形式。因此由g_{ij}、b_{ij}作出的方程组(2.10.18)也是相同的。因此，上述两组函数都满足方程组(2.10.18)。其次，由于这两组函数在点(u_0^1,u_0^2)满足同样的初始条件：$[\boldsymbol{r}_0;(\boldsymbol{r}_1)_0,(\boldsymbol{r}_2)_0,\boldsymbol{n}_0]$。根据解的唯一性，这两组函数在任意点$(u^1,u^2)$总是恒等的。因此，对任意的$u^1,u^2$都有：

$$\boldsymbol{r}(u^1,u^2)=\tilde{\boldsymbol{r}}(u^1,u^2),\boldsymbol{r}_1=\tilde{\boldsymbol{r}}_1(u^1,u^2),\boldsymbol{r}_2(u_1,u_2)=\tilde{\boldsymbol{r}}_2(u^1,u^2)$$

所以曲面s_1和s_2除了一个刚体运动外，是完全一致的，即除了空间中的位置差别外，唯一地存在一个曲面以定理给定的两个二次形式为其第一、第二基本形式。

习题

1. 用第一基本量表示R_{1212}。

2. 验证科达齐—迈因纳尔迪方程只有两个是独立的：(2.10.16)和(2.10.17)。

3. 当曲面的参数曲线取曲率线网时，科达齐—迈因纳尔迪方程化为

$$L_v=HE_v,N_u=HG_u$$

证明：平均曲率为常数的曲面或者是平面，或者第一、第二基本形式由下式给出：

$$\mathrm{I}=\lambda(\mathrm{d}u^2+\mathrm{d}v^2),\mathrm{II}=(1+\lambda H)\mathrm{d}u^2-(1-\lambda H)\mathrm{d}v^2$$

4. 设曲面的第一基本形式取等温形式$\mathrm{I}=\rho^2(\mathrm{d}u^2+\mathrm{d}v^2)$，证明：

$$K=-\frac{1}{\rho^2}\Delta\ln\rho$$

其中$\Delta=\dfrac{\partial^2}{\partial u^2}+\dfrac{\partial^2}{\partial v^2}$是一个算子，证明：当$\rho=\dfrac{1}{u^2+v^2+C}$时，$K=4C$（常数）。

5. 求证对于R^3中的空间曲面来说

$$R_{ijk}^l=-K(\delta_j^lg_{ik}-\delta_k^lg_{ij})$$

2.11　曲面上的测地线

2.11.1　测地曲率

给出曲面 s : $\boldsymbol{r} = \boldsymbol{r}(u^1, u^2)$ 上的曲线 (C) : $u^\alpha = u^\alpha(s)$ $(\alpha = 1,2)$ ，s 是 (C) 的自然参数。

如图2.26，设 P 是 (C) 上一点，(C) 在 P 点的 Frenet 标架是 $[P;\boldsymbol{\alpha},\boldsymbol{\beta},\boldsymbol{\gamma}]$ ，s 在 P 点的单位法向量为 $\boldsymbol{n}$ ，$\boldsymbol{n}$ 与 $\boldsymbol{\beta}$ 的夹角为 θ ，于是曲面在 P 点沿方向 $\boldsymbol{\alpha}$ 的法曲率：

$$k_n = \mathrm{Prj}_{\boldsymbol{n}}\, \ddot{\boldsymbol{r}} = \boldsymbol{n} \cdot \ddot{\boldsymbol{r}} = \boldsymbol{n} \cdot k\boldsymbol{\beta} = k\cos\theta \tag{2.11.1}$$

命 $\boldsymbol{\varepsilon} = \boldsymbol{n} \times \boldsymbol{\alpha}$ ，显然向量 $\boldsymbol{\varepsilon}$ 具有如下性质：

(1) $\boldsymbol{n},\boldsymbol{\alpha},\boldsymbol{\varepsilon}$ 是两两正交的成右手系的单位向量。

(2) $\boldsymbol{\varepsilon}$ 位于平面在 P 点的切平面 π 上。

(3) $\boldsymbol{\varepsilon}$ 位于曲线 (C) 在 P 点的法平面内，即 $\boldsymbol{\varepsilon}$, $\boldsymbol{\beta},\boldsymbol{\gamma},\boldsymbol{n}$ 共面，因此 $\boldsymbol{\varepsilon}$ 与 $\boldsymbol{\beta}$ 的夹角为 $\dfrac{\pi}{2} \pm \theta$ 。

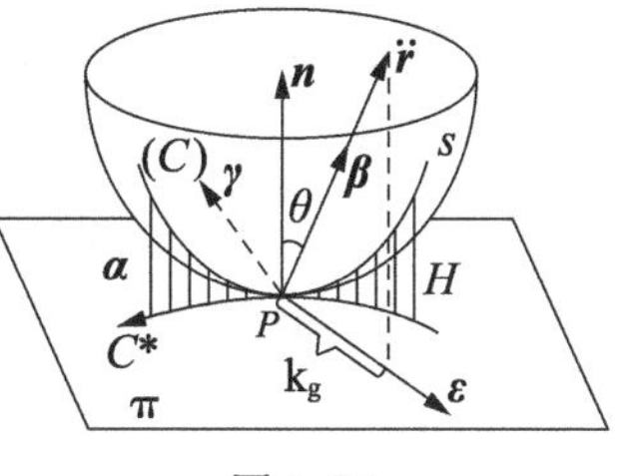

图 2.26

定义：曲线 (C) 在 P 点的曲率向量 $\dot{\boldsymbol{\alpha}} = \ddot{\boldsymbol{r}}$ 在 $\boldsymbol{\varepsilon}$ 上的投影（也就是 $\ddot{\boldsymbol{r}}$ 在 π 上的投影）记为 k_g ，即

$$k_g = \mathrm{Prj}_{\boldsymbol{\varepsilon}}\, \ddot{\boldsymbol{r}} = \ddot{\boldsymbol{r}} \cdot \boldsymbol{\varepsilon}$$

称为曲线 (C) 在 P 点的测地曲率，也称为曲面 s 在 P 点沿该定方向 $\boldsymbol{\alpha}$ 的测地曲率。

由于
$$k_g = \ddot{\boldsymbol{r}} \cdot \boldsymbol{\varepsilon} = k\boldsymbol{\beta} \cdot \boldsymbol{\varepsilon} = k\cos\left(\frac{\pi}{2} \pm \theta\right)$$

所以
$$k_g = \pm k\sin(\theta) \tag{2.11.2}$$

由（2.11.1）和（2.11.2）得

$$k_n^2 + k_g^2 = k^2 \tag{2.11.3}$$

也就是，曲面曲线 (C) 在 P 点的曲率的平方等于曲面在该点沿切方向的法曲率与测地曲率的平方和。

下面叙述测地曲率的几何意义。

我们作曲面曲线 (C) 在 P 点的切平面 π 上的正投影曲线 (C^*)，同时得到一个母线与 π 垂直的柱面 H。可以看出向量 $\boldsymbol{\varepsilon}$ 是柱面 H 在 P 点的单位法向量。这时作为柱面 H 上的一条曲线 (C) 在 P 点的法曲率：

$$k_n^* = \mathrm{Prj}_{\boldsymbol{\varepsilon}}\ddot{\boldsymbol{r}} = \ddot{\boldsymbol{r}}\cdot\boldsymbol{\varepsilon} = k\boldsymbol{\beta}\cdot\boldsymbol{\varepsilon} = k_g$$

因此，作为 H 上的曲线 (C) 在 P 点的法曲率与作为 s 上的曲线 (C) 在 P 点的测地曲率相等。

另一方面，平面 π 为柱面 H 沿方向 $\boldsymbol{\alpha}$ 的法截面，曲线 (C^*) 为法截线。据法曲率的几何意义，得

$$k_n^* = k_\gamma^*$$

其中 k_γ^* 是平面曲线 (C^*) 在 P 点的相对曲率。因此

$$k_g = k_\gamma^* \tag{2.11.4}$$

这就是测地曲率的几何意义，即曲面曲线 (C) 在一点的测地曲率等于 (C) 在该点的切平面上正投影曲线 (C^*) 在该点的相对曲率。特别地，(C) 是直线，则 (C^*) 亦为直线。因此，曲面上直线诸点的测地曲率为零。

下面推导测地曲率的计算公式。

由于

$$k_g = k\boldsymbol{\beta}\cdot\boldsymbol{\varepsilon} = k(\boldsymbol{\alpha},\boldsymbol{\beta},\boldsymbol{n}) = (\boldsymbol{\alpha},k\boldsymbol{\beta},\boldsymbol{n}) = (\dot{\boldsymbol{r}},\ddot{\boldsymbol{r}},\boldsymbol{n})$$

而

$$\dot{\boldsymbol{r}} = \boldsymbol{r}_i\frac{\mathrm{d}u^i}{\mathrm{d}s},$$

$$\begin{aligned}\ddot{\boldsymbol{r}} &= \dot{\boldsymbol{r}}_i\frac{\mathrm{d}u^i}{\mathrm{d}s}\frac{\mathrm{d}u^j}{\mathrm{d}s} + \boldsymbol{r}_i\frac{\mathrm{d}^2u^i}{\mathrm{d}s^2}\\ &= \boldsymbol{r}_{ij}\frac{\mathrm{d}u^i}{\mathrm{d}s}\frac{\mathrm{d}u^j}{\mathrm{d}s} + \boldsymbol{r}_i\frac{\mathrm{d}^2u^i}{\mathrm{d}s^2}\\ &= (\Gamma_{ij}^\lambda\boldsymbol{r}_\lambda + b_{ij}\boldsymbol{n})\frac{\mathrm{d}u^i}{\mathrm{d}s}\frac{\mathrm{d}u^j}{\mathrm{d}s} + \boldsymbol{r}_i\frac{\mathrm{d}^2u^i}{\mathrm{d}s^2}\\ &= \left(\Gamma_{ij}^\lambda\frac{\mathrm{d}u^i}{\mathrm{d}s}\frac{\mathrm{d}u^j}{\mathrm{d}s} + \frac{\mathrm{d}^2u^\lambda}{\mathrm{d}s^2}\right)\boldsymbol{r}_\lambda + b_{ij}\frac{\mathrm{d}u^i}{\mathrm{d}s}\frac{\mathrm{d}u^j}{\mathrm{d}s}\boldsymbol{n}\end{aligned}$$

因此

$$k_g=\left(\boldsymbol{r}_i\frac{\mathrm{d}u^i}{\mathrm{d}s},\left(\Gamma_{ij}^{\lambda}\frac{\mathrm{d}u^i}{\mathrm{d}s}\frac{\mathrm{d}u^j}{\mathrm{d}s}+\frac{\mathrm{d}^2u^{\lambda}}{\mathrm{d}s^2}\right)\boldsymbol{r}_{\lambda}+b_{ij}\frac{\mathrm{d}u^i}{\mathrm{d}s}\frac{\mathrm{d}u^j}{\mathrm{d}s}\boldsymbol{n},\boldsymbol{n}\right)$$

$$=\left(\boldsymbol{r}_i\frac{\mathrm{d}u^i}{\mathrm{d}s},\left(\Gamma_{ij}^{\lambda}\frac{\mathrm{d}u^i}{\mathrm{d}s}\frac{\mathrm{d}u^j}{\mathrm{d}s}+\frac{\mathrm{d}^2u^{\lambda}}{\mathrm{d}s^2}\right)\boldsymbol{r}_{\lambda},\boldsymbol{n}\right)$$

$$=\left[\frac{\mathrm{d}u^1}{\mathrm{d}s}\left(\frac{\mathrm{d}^2u^2}{\mathrm{d}s^2}+\Gamma_{ij}^{2}\frac{\mathrm{d}u^i}{\mathrm{d}s}\frac{\mathrm{d}u^j}{\mathrm{d}s}\right)-\frac{\mathrm{d}u^2}{\mathrm{d}s}\left(\frac{\mathrm{d}^2u^1}{\mathrm{d}s^2}+\Gamma_{ij}^{1}\frac{\mathrm{d}u^1}{\mathrm{d}s}\frac{\mathrm{d}u^2}{\mathrm{d}s}\right)\right](\boldsymbol{r}_1,\boldsymbol{r}_2,\boldsymbol{n})$$

因为 $(\boldsymbol{r}_1,\boldsymbol{r}_2,\boldsymbol{n})=\sqrt{g}\dfrac{\boldsymbol{r}_1\times\boldsymbol{r}_2}{\sqrt{g}}\cdot\boldsymbol{n}=\sqrt{g}\boldsymbol{n}\cdot\boldsymbol{n}=\sqrt{g}$ 。

所以得到测地曲率的计算公式：

$$k_g=\sqrt{g}\left[\frac{\mathrm{d}u^1}{\mathrm{d}s}\left(\frac{\mathrm{d}^2u^2}{\mathrm{d}s^2}+\Gamma_{ij}^{2}\frac{\mathrm{d}u^i}{\mathrm{d}s}\frac{\mathrm{d}u^j}{\mathrm{d}s}\right)-\frac{\mathrm{d}u^2}{\mathrm{d}s}\left(\frac{\mathrm{d}^2u^1}{\mathrm{d}s^2}+\Gamma_{ij}^{1}\frac{\mathrm{d}u^i}{\mathrm{d}s}\frac{\mathrm{d}u^j}{\mathrm{d}s}\right)\right]\tag{2.11.5}$$

我们还可以得到曲面 s 在正交网时计算测地曲率的 Liouville 公式：

$$k_g=\frac{1}{2\sqrt{EG}}\left(-E_v\frac{\cos\theta}{\sqrt{E}}+G_u\frac{\sin\theta}{\sqrt{G}}\right)+\frac{\mathrm{d}\theta}{\mathrm{d}s}\tag{2.11.6}$$

或
$$k_g=\frac{\mathrm{d}\theta}{\mathrm{d}s}-\frac{1}{2\sqrt{G}}\frac{\partial\ln E}{\partial v}\cos\theta+\frac{1}{2\sqrt{E}}\frac{\partial\ln G}{\partial u}\sin\theta$$

其中 θ 为 u^1 – 曲线的单位切向量 $\boldsymbol{e}_1$ 与给定方向 $\boldsymbol{\alpha}$ 的夹角（图 2.27）。这里只需注意：

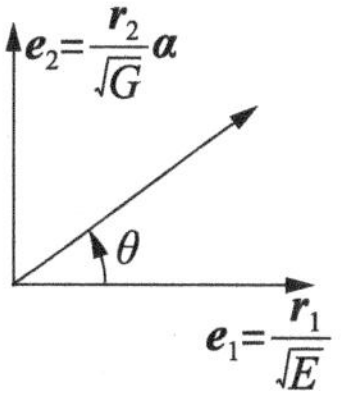

$$\boldsymbol{\alpha}=\cos\theta\,\boldsymbol{e}_1+\sin\theta\,\boldsymbol{e}_2$$

又 $\boldsymbol{\alpha}=\dfrac{\mathrm{d}\boldsymbol{r}}{\mathrm{d}s}=\boldsymbol{r}_{u^1}\dfrac{\mathrm{d}u^1}{\mathrm{d}s}+\boldsymbol{r}_{u^2}\dfrac{\mathrm{d}u^2}{\mathrm{d}s}=\sqrt{E}\,\boldsymbol{e}_1\dfrac{\mathrm{d}u^1}{\mathrm{d}s}+\sqrt{G}\,\boldsymbol{e}_2\dfrac{\mathrm{d}u^2}{\mathrm{d}s}$

因此 $\sqrt{E}\dfrac{\mathrm{d}u^1}{\mathrm{d}s}=\cos\theta,\sqrt{G}\dfrac{\mathrm{d}u^2}{\mathrm{d}s}=\sin\theta$ 。

$\boldsymbol{e}_2=\dfrac{\boldsymbol{r}_2}{\sqrt{G}}$　$\boldsymbol{\alpha}$　θ　$\boldsymbol{e}_1=\dfrac{\boldsymbol{r}_1}{\sqrt{E}}$

图 2.27

2.11.2　曲面上的测地线

定义：曲面上的一条曲线，如果它每一点处的测地曲率为零，则称为测地线。

显然，曲面上的直线是测地线。对于曲面上的非直线曲线有如下的定理：

定理：曲面上的非直线曲线是测地线的充要条件是除了曲率为零的点以外，曲线的主法线重合于曲面的法线。

证明：因为 $k_g=\pm k\sin\theta$

如果 $k\neq 0$ ，则 $k_g=0\Rightarrow\sin\theta=0,\theta=0,\pi$

所以$\boldsymbol{\beta} = \pm \boldsymbol{n}$

反之，$\theta = 0,\pi$ 可以得到 $k_g = 0(k \neq 0)$ 。

推论 1：如果两个曲面沿一条曲线相切。并且此曲线是其中一个曲面的测地线，那么它也是另一个曲面的测地线。

推论 2：球面上的测地线是大圆。

下面给出曲面上的测地线的微分方程。

因为$\boldsymbol{n} \cdot \boldsymbol{r}_k = 0(k = 1,2)$

又对于测地线有$\boldsymbol{\beta} = \pm \boldsymbol{n}$

所以$\boldsymbol{\beta} \cdot \boldsymbol{r}_k = 0$ 或 $\ddot{\boldsymbol{r}} \cdot \boldsymbol{r}_k = 0$ 。

即 $\left(\Gamma_{ij}^{\lambda} \dfrac{\mathrm{d}u^i}{\mathrm{d}s} \dfrac{\mathrm{d}u^j}{\mathrm{d}s} + \dfrac{\mathrm{d}^2 u^{\lambda}}{\mathrm{d}s^2}\right)\boldsymbol{r}_{\lambda} \cdot \boldsymbol{r}_k = 0, \left(\Gamma_{ij}^{\lambda} \dfrac{\mathrm{d}u^i}{\mathrm{d}s} \dfrac{\mathrm{d}u^j}{\mathrm{d}s} + \dfrac{\mathrm{d}^2 u^{\lambda}}{\mathrm{d}s^2}\right)g_{\lambda k} = 0$

两边同乘以 g^{kl} ，当 $\lambda = l$ 时得测地线的微分方程

$$\frac{\mathrm{d}^2 u^{\lambda}}{\mathrm{d}s^2} + \Gamma_{ij}^{\lambda} \frac{\mathrm{d}u^i}{\mathrm{d}s} \frac{\mathrm{d}u^j}{\mathrm{d}s} = 0(i,j,\lambda = 1,2) \tag{2.11.7}$$

若给出初始条件：

$$s = s_0 \text{ 时}, u^k = u_0^k, \frac{\mathrm{d}u^k}{\mathrm{d}s} = \left(\frac{\mathrm{d}u^k}{\mathrm{d}s}\right)_0 (k = 1,2)$$

也就是给出曲面上一点 $u^k = u_0^k$ 和一个方向 $\dfrac{\mathrm{d}u^k}{\mathrm{d}s} = \left(\dfrac{\mathrm{d}u^k}{\mathrm{d}s}\right)_0$ ，根据常微分方程组理论，存在唯一一条曲线（C）：$u^k = u^k(s)$

经过已知点 $\boldsymbol{r}[u^1(s_0),u^2(s_0)]$ 并且切于给定的方向 $\left[\left(\dfrac{\mathrm{d}u^1}{\mathrm{d}s}\right)_0,\left(\dfrac{\mathrm{d}u^2}{\mathrm{d}s}\right)_0\right]$，于是得到：

定理：过曲面上一点，给定曲面的一个方向，则存在唯一一条测地线切于此方向。

由 Liouville 公式，还可得到另一种测地线的方程

$$\begin{cases} \sqrt{E} \dfrac{\mathrm{d}u}{\mathrm{d}s} = \cos\theta \\ \sqrt{G} \dfrac{\mathrm{d}v}{\mathrm{d}s} = \sin\theta \\ \dfrac{\mathrm{d}\theta}{\mathrm{d}s} - \dfrac{1}{2\sqrt{G}} \dfrac{\partial \ln E}{\partial v}\cos\theta - \dfrac{1}{2\sqrt{E}} \dfrac{\partial \ln G}{\partial u}\sin\theta = 0 \end{cases} \tag{2.11.8}$$

或

$$\begin{cases}\dfrac{\mathrm{d}\theta}{\mathrm{d}u}=\dfrac{\sqrt{E}}{2\sqrt{G}}=\dfrac{\partial\ln E}{\partial v}-\dfrac{1}{2}\dfrac{\partial\ln G}{\partial v}\tan\theta\\[2ex]\dfrac{\mathrm{d}v}{\mathrm{d}u}=\sqrt{\dfrac{E}{G}}\tan\theta\end{cases}$$

例：求正螺面上的测地线。

解：正螺面 $\boldsymbol{r}=(u\cos v,u\sin v,bv)$，$\mathrm{I}=\mathrm{d}u^2+(u^2+b^2)\mathrm{d}v^2$

由方程（2.11.8）

$$\begin{cases}\dfrac{\mathrm{d}v}{\mathrm{d}u}=\dfrac{1}{\sqrt{u^2+b^2}}\tan\theta & (1)\\[2ex]\dfrac{\mathrm{d}\theta}{\mathrm{d}u}=-\dfrac{G_u}{G}\tan\theta=-\dfrac{u}{u^2+b^2}\tan\theta & (2)\end{cases}$$

由（2）得 $\cot\theta\mathrm{d}\theta=-\dfrac{u}{u^2+b^2}\mathrm{d}u=-\dfrac{1}{2(u^2+b^2)}\mathrm{d}(u^2+b^2)$

积分之 $\ln\sin\theta=-\dfrac{1}{2}\ln(u^2+b^2)+\ln C$（$C$ 是常数）

$$\sin\theta=\frac{C}{\sqrt{u^2+b^2}}$$

$$\tan\theta=\frac{C}{\sqrt{u^2+b^2-C^2}}$$

代入（1）得 $\dfrac{\mathrm{d}v}{\mathrm{d}u}=\dfrac{1}{\sqrt{u^2+b^2}}\dfrac{C}{\sqrt{u^2+b^2-C^2}}$

于是正螺面上的测地线方程为

$$v=C\int\frac{\mathrm{d}u}{\sqrt{(u^2+b^2)(u^2+b^2-C^2)}}$$

2.11.3　曲面上的半测地网

定义：曲面上的一个坐标网，其中一族是测地线，另一族是这族测地线的正交轨线，则这个坐标网称为半测地网（图 2.28）。

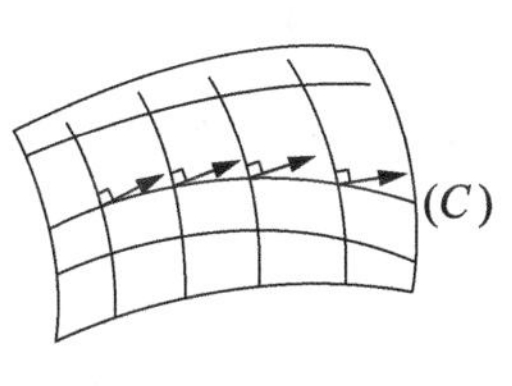

图 2.28

例如，平面上的极坐标系是半测地网。圆柱面、球面上的坐标网都是半测地网。

命题1：给出曲面上一条曲线，则总存在一个半测地网，使得它的非测地线族中包含给定的曲线。

证明：据定理，过曲面上曲线（C）的每点切线的正交方向总存在曲面的唯一一条测地线，于是得到与（C）正交的测地线族，然后再作这族测地线的正交轨线族，它必包含给定的曲线（C）。

命题2：当曲面取半测地网时，适当地选择参数使得它的第一基本形式为

$$\mathrm{I} = \mathrm{d}u^2 + G(u,v)\mathrm{d}v^2$$

其中 u - 曲线是测地线。

证明：由于半测地网是正交网，因而 $F=0$，以下只需证明 u - 曲线族是半测地线网的测地线族时

$$E(u,v) \equiv 1$$

根据方程（2.11.7）$\lambda = 2$ 时，

$$\frac{\mathrm{d}^2u^2}{\mathrm{d}s^2} + \Gamma_{ij}^2 \frac{\mathrm{d}u^i}{\mathrm{d}s}\frac{\mathrm{d}u^j}{\mathrm{d}s} = 0$$

若设 u - 曲线（$\mathrm{d}u^2 = 0$）是测地线，则上面的方程变为

$$\Gamma_{11}^2 \left(\frac{\mathrm{d}u^1}{\mathrm{d}s}\right)^2 = 0$$

由于 $\mathrm{d}u^1 \neq 0$，因而 $\Gamma_{11}^2 = -\frac{1}{2}\frac{E_v}{G} = 0 \Rightarrow E_v = 0$。

即 E 仅是 u 的函数，设 $E = \varphi(u) > 0$。在曲面上引进新参数 $\bar{u}$，使得

$$\mathrm{d}\bar{u} = \sqrt{\varphi(u)}\,\mathrm{d}u$$

则曲面在新参数（$\bar{u},v$）下的第一基本形式是

$$\mathrm{I} = \mathrm{d}\bar{u}^2 + \bar{G}(\bar{u},v)\mathrm{d}v^2$$

证毕。

应当指出新参数 $\bar{u}$ 的几何意义是，它等于测地线 $v = v_0$（常数）上两条正交参数曲线 $\bar{u} = C_1$ 与 $\bar{u} = C_2$ 之间的长度，即

$$\bar{u} = \left|\int_{C_1}^{C_2}\mathrm{d}\bar{u}\right| = |C_1 - C_2|$$

这个结果对测地线族（$\bar{u}$ - 曲线族）中的任何一条都成立。因此，$v = v_0$，

$v_1, v_2, \cdots$ 时所得到的测地线 $(C_0), (C_1), (C_2), \cdots$ 被两条与它们正交的参数曲线 $\bar{u} = C_1$，$\bar{u} = C_2$ 所截得的测地线的长度都相等（图 2. 29）。

命题 3：在曲面的半测地网下，测地坐标曲线族被任意两条与它们正交的坐标曲线截得的线段相等。

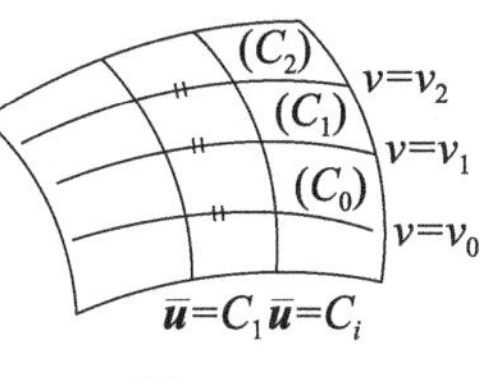

图 2. 29

我们还可以得到下面的

命题 4：在曲面的半测地坐标网下，适当地选择参数和曲线 (C) 使得

$$\mathrm{I} = \mathrm{d}u^2 + G(u,v)\mathrm{d}v^2 \text{ 中的 } G(u,v) \text{ 满足：}$$

$$G(u_0,v) = 1, G_u(u_0,v) = 0$$

证明：设曲面在半测地网下，第一基本形式

$$\mathrm{I} = \mathrm{d}u^2 + G(u,v)\mathrm{d}v^2$$

的非测地坐标曲线族中的一条曲线 (C) 为 $u = u_0$，我们再引进新参数 $\bar{v}$，使得

$$\mathrm{d}\bar{v} = \sqrt{G(u_0,v)}\,\mathrm{d}v$$

因此，仅限于曲线 (C) 上的点，曲面的第一基本形式为

$$\mathrm{I} = \mathrm{d}u^2 + G(u,v)\mathrm{d}v^2 = \mathrm{d}u^2 + \mathrm{d}\bar{v}^2$$

也就是

$$G(u_0,\bar{v}) = 1$$

同时，介于曲线 (C) 上两点 $(u_0,d_1),(u_0,d_2)$ 间的弧长

$$s = \left|\int_{d_1}^{d_2}\sqrt{\mathrm{d}u^2 + \mathrm{d}\bar{v}^2}\right| = \left|\int_{d_1}^{d_2}\mathrm{d}\bar{v}\right| = |d_2 - d_1|$$

也就是在曲线 (C) 上，被两条测地线 $\bar{v} = d_1$，$\bar{v} = d_2$ 截得的弧长为 $|d_2 - d_1|$。

我们进一步选曲线 (C) 为测地线，由方程（2. 11. 7）

$$\frac{\mathrm{d}^2u}{\mathrm{d}s^2} + \Gamma_{11}^1\left(\frac{\mathrm{d}u}{\mathrm{d}s}\right)^2 + 2\Gamma_{12}^1\frac{\mathrm{d}u}{\mathrm{d}s}\frac{\mathrm{d}\bar{v}}{\mathrm{d}s} + \Gamma_{22}^1\left(\frac{\mathrm{d}\bar{v}}{\mathrm{d}s}\right)^2 = 0$$

因 (C) 是参数曲线 $u = u_0$（常数），且 $\mathrm{d}\bar{v} \neq 0$，所以

$$\Gamma_{22}^1\big|_{u=u_0} = 0$$

即 $\Gamma_{22}^1\big|_{u=u_0} = \dfrac{-G_u}{2E}\Big|_{u=u_0} = 0$

从而 $G_u\big|_{u=u_0} = G_u(u_0,\bar{v}) = 0$ 证毕。

2.11.4 曲面上测地线的短程性

定理： 给出曲面上充分小邻域内的两点 P 和 Q，则连接这两点的任何曲面曲线段中，以测地线为最短。

证明： 如图 2.30，设 (C) 是曲面上连结 P、Q 两点的一条测地线。在曲面上选取半测地网，使得包含 (C) 在内的一族测地线为 u - 曲线，它们的正交轨线为 v - 曲线。于是

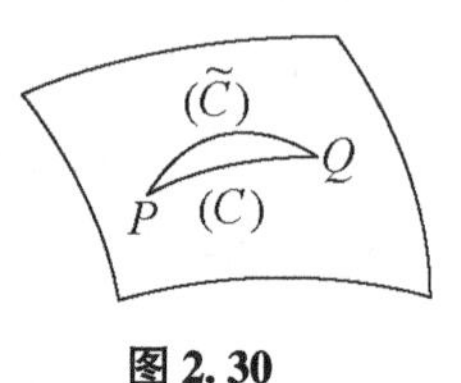

图 2.30

$$\mathrm{I} = \mathrm{d}u^2 + G(u,v)\mathrm{d}v^2$$

不妨设 (C) 的方程为 $v = 0$，P、Q 的坐标分别为 $P(u_1,0)$ 和 $Q(u_2,0)(u_1 < u_2)$，测地线 (C) 上 P 到 Q 的弧长

$$s(\widehat{P,Q})\mid_{(C)} = u_2 - u_1$$

又设在这个小邻域内连结 P、Q 的任意曲线 $(\tilde{C})$ 的方程为 $v = v(u)$，则沿 $(\tilde{C})$ 由 P 到 Q 的弧长

$$s(\widehat{P,Q})\mid_{\tilde{C}} = \int_{u_1}^{u_2}\sqrt{1 + G\left(\frac{\mathrm{d}u}{\mathrm{d}v}\right)^2}\,\mathrm{d}u$$

因为 $1 + G\left(\frac{\mathrm{d}u}{\mathrm{d}v}\right)^2 \geq 1$，所以

$$s(\widehat{P,Q})\Big|_{\tilde{C}} = \int_{u_1}^{u_2}\sqrt{1 + G\left(\frac{\mathrm{d}v}{\mathrm{d}u}\right)^2} \geq \int_{u_1}^{u_2}\mathrm{d}u = u_2 - u_1 = s(\widehat{P,Q})\mid_{(C)}$$

而且，当且仅当 $\frac{\mathrm{d}v}{\mathrm{d}u} = 0$ 时，上式中等号成立，即 $v =$ 常数时

$$(\tilde{C}) \equiv (C)$$

这样就证明了定理。

需要说明的是定理的条件是不可少的。如果不限制在充分小范围内的曲面片上，这个定理的结论不一定正确。例如，在球面上的两点不是对径点，连结它们的大圆弧（测地线）有两条，优弧与劣弧。后者是短程线而前者却不是。

习题

1. 求正交网的参数曲线的测地曲率。

2. 证明计算测地曲率的 Liouville 公式。

3. 求证旋转面的子午线是测地线，而平行圆仅当子午线的切线平行于旋转轴时才是测地线。

4. 求证：

（1）如果测地线同时为渐近线，则它是直线。

（2）如果测地线同时为曲率线，则它是一平面曲线。

5. 如果在曲面上引进半测地坐标网，求证：

$$k_g \mathrm{d}s = \mathrm{d}\left[\tan^{-1}\left(\sqrt{G}\frac{\mathrm{d}v}{\mathrm{d}u}\right)\right] + \frac{\partial \sqrt{G}}{\partial u}\mathrm{d}v$$

6. 曲面取半测地坐标网，如果此曲面上的测地线与 u - 曲线交于角 α 时，求证：

$$\frac{\mathrm{d}\alpha}{\mathrm{d}v} = -\frac{\partial \sqrt{G}}{\partial u}$$

7. 求以下曲面的测地线

(1) $\mathrm{d}s^2 = \rho(u)^2(\mathrm{d}u^2 + \mathrm{d}v^2)$

(2) $\mathrm{d}s^2 = v(\mathrm{d}u^2 + \mathrm{d}v^2)$

(3) $\mathrm{d}s^2 = \frac{a^2}{v^2}(\mathrm{d}u^2 + \mathrm{d}v^2)$（$a$ 为常数）

(4) $\mathrm{d}s^2 = [\varphi(u) + \Psi(v)](\mathrm{d}u^2 + \mathrm{d}v^2)$

8. 证明：若曲面上有两族测地线交于定角，则曲面是可展曲面。

9. 证明：柱面的测地线是一般螺线。

10. 我们把测地线（C）在 P 点的挠率称为曲面在该点的测地挠率，记为 τ_g。试证：

$$\tau_g = \left(\frac{\mathrm{d}\boldsymbol{n}}{\mathrm{d}s}, \boldsymbol{\alpha}, \boldsymbol{n}\right)$$

2.12　Gauss – Bonnet 公式

在初等几何中，我们知道三角形内角和等于 180°，现在把这个结论推广到曲面上去。

如图 2.31，设曲线 (C) 是曲面 s 上一条分段光滑的闭曲线，它由 n 段光滑曲线 $(C_1),(C_2),\cdots,(C_n)$ 所组成，(C) 所包围的区域 G 是一个单连通域，相应于参数平面中的初等区域 D。

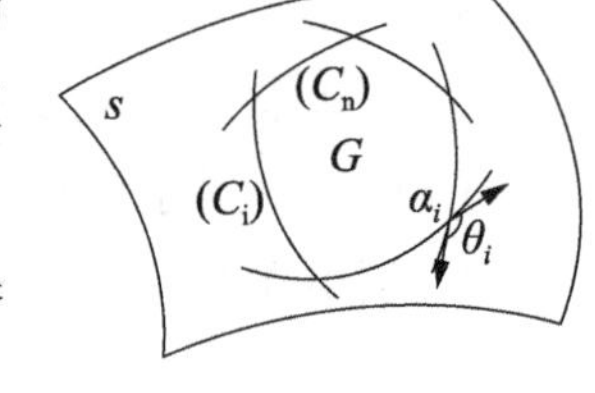

图 2.31

设 (C) 的方程：$u=u(s),v=v(s)$（s 是弧长参数），α_i,θ_i 分别是 (C) 的内角和外角，$(i=1,2,\cdots,n)$ 它们都是 s 的可微函数，则下述 Gauss – Bonnet 公式成立：

$$\iint\limits_{G} K\mathrm{d}\sigma+\oint\limits_{(C)} k_g\mathrm{d}s+\sum_{i=1}^{n}(\pi-\alpha_i)=2\pi \tag{2.12.1}$$

其中 K,k_g 分别是曲面 s 的总曲率和测地曲率。

证明：选取曲面 s 的坐标网为正交网，则曲面的第一基本形式

$$\mathrm{I}=E\mathrm{d}u^2+G\mathrm{d}v^2$$

对于曲线 (C_i) 上的测地曲率，根据 Liouville 公式有

$$k_g=\frac{\mathrm{d}\tau}{\mathrm{d}s}-\frac{1}{2\sqrt{G}}\frac{\partial\ln E}{\partial v}\cos\tau+\frac{1}{2\sqrt{E}}\frac{\partial\ln G}{\partial u}\sin\tau$$

其中 τ 是 (C_i) 的切线与 $\boldsymbol{r}_u$ 的夹角。

由于 $\sqrt{E}\dfrac{\mathrm{d}u}{\mathrm{d}s}=\cos\tau,\sqrt{G}\dfrac{\mathrm{d}v}{\mathrm{d}s}=\sin\tau,k_g=\dfrac{\mathrm{d}\tau}{\mathrm{d}s}+\dfrac{1}{\sqrt{EG}}\left(-E_v\dfrac{\mathrm{d}u}{\mathrm{d}s}+G_u\dfrac{\mathrm{d}v}{\mathrm{d}s}\right)$

沿曲线 (C_i) 积分

$$\int\limits_{(C_i)}k_g\mathrm{d}s=\int\limits_{(C_i)}\mathrm{d}\tau+\int\limits_{(C_i)}\frac{1}{2\sqrt{EG}}(-E_v\mathrm{d}u+G_u\mathrm{d}v)$$

沿闭曲线 (C)，有

$$\sum_{i=1}^{n}\int\limits_{(C_i)}k_g\mathrm{d}s=\sum_{i=1}^{n}\int\limits_{(C_i)}\mathrm{d}\tau+\sum_{i=1}^{n}\int\limits_{(C_i)}\frac{1}{2\sqrt{EG}}(-E_v\mathrm{d}u+G_u\mathrm{d}v)$$

即 $$\oint_{(C)} k_g \mathrm{d}s = \oint_{(C)} \mathrm{d}\tau + \oint_{(C)} \left(-\frac{Ev}{2\sqrt{EG}}\mathrm{d}u + \frac{Gu}{2\sqrt{EG}}\mathrm{d}v\right) \tag{2.12.2}$$

对该式应注意下面两个结果

(1) $\oint_{(C)} \mathrm{d}\tau = 2\pi - \sum_{i=1}^{n} \theta_i$

这是由于在逐段光滑的曲线 (C_i) 上切线连续变化的转角加上闭曲线 (C) 在曲线 (C_{i-1}) 与 (C_i) 交接处的跳跃角（即外角 θ_i）$(i = 1,2, \cdots, n)$ 等于 (C) 的切线旋转一周的转角 2π，即

$$\sum_{i=1}^{n} \int_{(C_i)} d\tau + \sum_{i=1}^{n} \theta_i = 2\pi$$

于是
$$\oint_{C_i} \mathrm{d}\tau = 2\pi - \sum_{i=1}^{n} \theta_i \text{。}$$

(2) $$\oint_{(C)} \left(\frac{-E_v}{2\sqrt{EG}}\mathrm{d}u + \frac{G_u}{2\sqrt{EG}}\mathrm{d}v\right) \xlongequal{\text{Green 公式}} \frac{1}{2}\iint_D \left[\left(\frac{G_u}{2\sqrt{EG}}\right)_u - \left(\frac{-E_v}{2\sqrt{EG}}\right)_v\right]\mathrm{d}u\mathrm{d}v$$

因为 $$K = -\frac{1}{2}\iint_D \left[\left(\frac{E_v}{\sqrt{EG}}\right)_v + \left(\frac{G_u}{\sqrt{EG}}\right)_u\right] = \frac{-1}{\sqrt{EG}}\left[\left(\frac{(\sqrt{E})_v}{\sqrt{G}}\right)_v + \left(\frac{(\sqrt{G})_u}{\sqrt{E}}\right)_u\right]$$

又因为 $\sqrt{EG}\mathrm{d}u\mathrm{d}v = \mathrm{d}\sigma$ 是曲面 s 的面积元素，所以

$$\oint_{(C)} \frac{1}{2}\left(\frac{-E_v}{\sqrt{EG}}\mathrm{d}u + \frac{G_u}{\sqrt{EG}}\mathrm{d}v\right) = -\iint_D K\sqrt{EG}\mathrm{d}u\mathrm{d}v = -\iint_G K\mathrm{d}\sigma$$

将这两个结果代入 (2.12.2) 得

$$\oint_{(C)} k_g \mathrm{d}s = \left(2\pi - \sum_{i=1}^{n} \theta_i\right) - \iint_G K\mathrm{d}\sigma$$

又因为 $\alpha_i + \theta_i = \pi$，代入上式，得到

$$\oint_{(C)} k_g ds + \iint_D K d\sigma + \sum_{i=1}^{n} (\pi - \alpha_i) = 2\pi$$

证毕。

Gauss－Bonnet 公式有如下的推论：

1. 如果 (C) 是一条光滑闭曲线，则

$$\iint_G K\mathrm{d}\sigma + \oint_{(C)} K_g \mathrm{d}s = 2\pi \tag{2.12.3}$$

2. 如果 (C) 是由测地线组成，则

$$\iint_G K\mathrm{d}\sigma + \sum_{i=1}^{n} (\pi - \alpha_i) = 2\pi$$

3. 如果 (C) 是一个测地线组成的三角形，则

$$\iint_G K d\sigma = S(\Delta) - \pi$$

其中 $S(\Delta) = \alpha_1 + \alpha_2 + \alpha_3$ 表示测地三角形三内角之和。特别地曲面 S 为平面，于是 $K = 0$，同时测地三角形成为平面上的三角形，于是

$$S(\Delta) = \pi$$

即，平面上的三角形三内角和等于 $180°$。

2.13 常总曲率曲面

我们已经知道，两个曲面 s 与 s^* 之间存在着等距变换的充要条件：$\mathrm{I} = \mathrm{I}^*$，因为总曲率 K 是内蕴量，所以 $\mathrm{I} = \mathrm{I}^* \Rightarrow K = K^*$，因此“两个曲面之间存在着等距变换，则它们的总曲率相等”。试问，该命题的逆命题是否成立？这个问题一般不能回答，但当 $K(u,v) = K^*(u,v) = $ 常数时，命题是正确的。

定理： 具有相同的常总曲率 K 的两个曲面之间存在着等距变换。

证明： 在曲面 $s: \boldsymbol{r} = \boldsymbol{r}(u,v)$ 上选一条测地线作为 v - 曲线：$u = 0$，再取与它正交的测地线族，作为 u - 曲线族，它的正交轨线作为 v - 曲线族，而包含 $u = 0$ 的曲线。对于这样的半测地网，据第十一节命题4，曲面的第一基本形式：$\mathrm{I} = \mathrm{d}u^2 + G(u,v)\mathrm{d}v^2$，且

$$G(0,v) = 1, G_u(0,v) = 0 \tag{2.13.1}$$

设曲面 s 的总曲率 $K(u,v) = $ 常数，则

$$K = \frac{-1}{\sqrt{EG}}\left[\left(\frac{(\sqrt{G})_u}{\sqrt{E}}\right)_u + \left(\frac{(\sqrt{E})_v}{G}\right)_v\right] = -\frac{1}{\sqrt{G}}\frac{\partial^2\sqrt{G}}{\partial u^2}$$

即

$$\frac{\partial^2\sqrt{G}}{\partial u^2} + K\sqrt{G} = 0 \tag{2.13.2}$$

这是一个以 $\sqrt{G}$ 为未知函数的二阶常系数偏微分方程，由于它不含 ∂v，可看作关于 u 的常微分方程，题设中的 $G(0,v) = 1, G_u(0,v) = 0$ 可作为方程

的初始条件。下面分三种情况讨论它的解。

1. $K(u,v)=0$

这时，方程（2.13.2）变为：$\dfrac{\partial^2\sqrt{G}}{\partial u^2}=0$

解得 $\sqrt{G}=f_1(v)+f_2(v)u$

由初始条件（2.13.1）推得 $f_1(v),f_2(v)=0$

于是 $\sqrt{G}=1, G(u,v)=1$

因此，当 $K(u,v)\equiv 0$ 时，曲面 s 的第一基本形式为

$$\mathrm{I}=\mathrm{d}u^2+\mathrm{d}v^2$$

这与平面的第一基本形式相同，这就是说，零总曲率的曲面（可展曲面）均可等距变换为平面。

2. $K(u,v)=\dfrac{1}{a^2}$（正常数）

这时，方程（2.13.2）变为

$$\frac{\partial^2\sqrt{G}}{\partial u^2}+\frac{1}{a^2}\sqrt{G}=0$$

其解为 $\sqrt{G}=\varphi_1(v)\cos\dfrac{u}{a}+\varphi_2(v)\sin\dfrac{u}{a}$

利用初始条件（2.13.1），有

$$\sqrt{G}=\cos\frac{u}{a}$$

因此，当 $K=\dfrac{1}{a^2}$ 时，曲面 s 的第一基本形式为

$$\mathrm{I}=\mathrm{d}u^2+\cos^2\frac{u}{a}\mathrm{d}v^2$$

命 $\bar{u}=\cos\dfrac{u}{a},\bar{v}=\sin\dfrac{v}{a}$

曲面 s 在新参数下的第一基本形式：$\mathrm{I}=a^2\mathrm{d}\bar{u}^2+a^2\cos^2\bar{u}\mathrm{d}\bar{v}^2$。

这与球面 $\boldsymbol{r}=(a\cos\bar{u}\cos\bar{v},a\cos\bar{u}\sin\bar{v},a\sin\bar{u})$ 的第一基本形式相同（注意球面上存在符合题设的半测地网），因此一切有正常总曲率的曲面与球面之间存在着等距变换。

3. $K(u,v) = -\frac{1}{a^2}$（负常数）

这时，方程（2.13.2）变为

$$\frac{\partial^2\sqrt{G}}{\partial u^2} - \frac{1}{a^2}\sqrt{G} = 0$$

方程的通解为

$$\sqrt{G} = f_1(v)e^{\frac{u}{a}} + f_2(v)e^{-\frac{u}{a}}$$

$$= (f_1 + f_2)ch\frac{u}{a} + (f_1 - f_2)sh\frac{u}{a}$$

$$= g_1(v)ch\frac{u}{a} + g_2(v)sh\frac{u}{a}$$

由初始条件（2.13.1）得 $g_1(v) = 1, g_2(v) = 0$。

因此 $\sqrt{G} = ch\frac{u}{a}, G = ch^2\frac{u}{a}$。

即一切 $K = -\frac{1}{a^2}$ 的曲面的第一基本形式为

$$\mathrm{I} = \mathrm{d}u^2 + \mathrm{ch}^2\frac{u}{a}\mathrm{d}v^2$$

也就是，一切总曲率等于负常数的曲面之间存在着等距变换。

综上所述，我们就证明了“具有相同的常总曲率的曲面之间存在着等距变换”。同时，找到了零总曲率曲面的代表是平面。正总曲率曲面的代表是球面，下面我们找出负总曲率曲面的代表来。

若在 xoz 平面上的曲线，其上任意一点的切线介于切点和 Z 轴之间的线段，始终保持定长，则此曲线称为曳物线。z 轴是它的渐近线。

如图 2.32，设它的方程为 $x = x(t), z = z(t)$

其上一点 $P(x,z)$ 的切线在该点的斜率为 $\frac{\mathrm{d}z}{\mathrm{d}x}$，切线方程

$$Z - z = \frac{\mathrm{d}z}{\mathrm{d}x}(X - x)$$

切线与 z 轴的交点 Q 的坐标是 $X = 0, Z = z - x\frac{\mathrm{d}z}{\mathrm{d}x}$

由定义

$$|PQ| = a\ ,\ \sqrt{(0-X)^2\ (Z-z)^2} = a\ ,\ \sqrt{(-x)^2 + \left(-x\frac{\mathrm{d}z}{\mathrm{d}x}\right)^2} = a$$

也就是 $\mathrm{d}z = \pm \dfrac{\sqrt{x^2-a^2}}{x}\mathrm{d}x$

命 $x = a\sin t$，则

$$\mathrm{d}z = \pm \frac{a\cos t}{a\sin t}a\cos t\mathrm{d}t = \pm \frac{1-\sin^2 t}{\sin t}\mathrm{d}t = \pm a\left(\frac{1}{\sin t} - \sin t\right)\mathrm{d}t$$

积分之，$Z = \pm a(\ln\tan\dfrac{t}{2} + \cos t)$ 。

因此曳物线的方程为 $x = a\sin t, z = \pm a(\ln\tan\dfrac{t}{2} + \cos t)$ 。

如果把上述曳物线绕 z 轴旋转一周，所得到的曲面称为伪球面（图 2.33），其参数方程：

$$\begin{cases} x = a\sin t\cos\theta \\ y = a\sin t\sin\theta \\ z = \pm a(\ln\tan\dfrac{t}{2} + \cos t) \end{cases}$$

可以求得它的第一基本量：

$$E = x_\theta^2 + y_\theta^2 + z_\theta^2 = a^2\sin^2 t, F = 0, G = x_t^2 + y_t^2 + z_t^2 = a^2\cot^2 t$$

于是，总曲率

$$K = \frac{-1}{\sqrt{EG}}\left[\left(\frac{(\sqrt{G})_\theta}{\sqrt{E}}\right)_\theta + \left(\frac{(\sqrt{E})_t}{\sqrt{G}}\right)_t\right] = -\frac{1}{a^2\cos t}\left(\frac{a\sin t}{a\cot t}\right)_t = -\frac{1}{a^2}$$

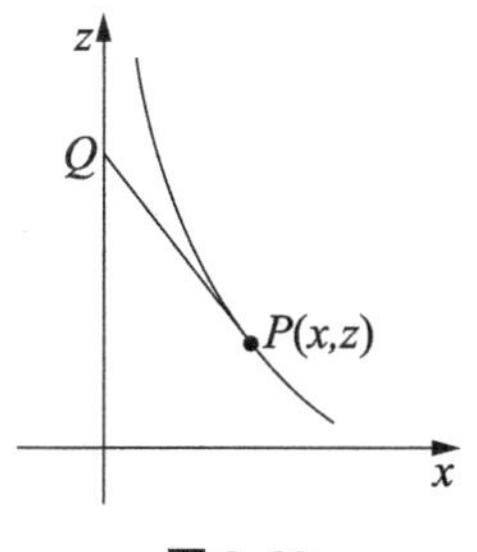

图 2.32

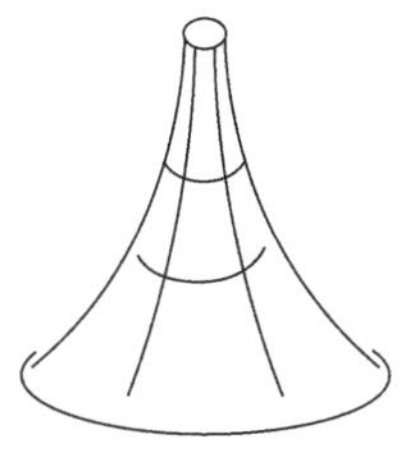

图 2.33

这样，就找到了负常数总曲率曲面的代表——伪球面。

下面研究伪球面上的几何学。

先将伪球面的第一基本形式

$$\mathrm{I} = a^2 \sin^2 t\mathrm{d}\theta^2 + a^2 \cot^2 t\mathrm{d}t^2$$

作参数变换

$$\begin{cases} u = a\ln\sin t \\ v = \theta \end{cases} \text{即} \begin{cases} \sin t = e^{\frac{u}{a}} \\ v = \theta \end{cases}$$

于是 $\mathrm{d}u = a\cot t\mathrm{d}t, \mathrm{d}v = \mathrm{d}\theta$ 。

所以伪球面的第一基本形式变为

$$\mathrm{I} = \mathrm{d}u^2 + a^2 e^{\frac{2u}{a}} \mathrm{d}v^2$$

或
$$\mathrm{I} = e^{\frac{2u}{a}}(e^{-\frac{2u}{a}}\mathrm{d}u^2 + \mathrm{d}v^2)$$

再作下列参数变换

$$\begin{cases} x = v \\ y = ae^{-\frac{u}{a}} \end{cases}, \begin{cases} \mathrm{d}x = \mathrm{d}v \\ \mathrm{d}y = -e^{-\frac{u}{a}}\mathrm{d}u \end{cases} \tag{2.13.3}$$

则有伪球面的另一种第一基本形式

$$\mathrm{I} = \frac{a^2}{y^2}(\mathrm{d}x^2 + \mathrm{d}y^2)$$

这样，如果把 (x,y) 看作平面上的直角坐标，那么伪球面的第一基本形式和平面的第一基本形式只差一个因子 $\frac{a^2}{y^2}$ 。因此，变换（2.13.3）确定了伪球面到平面的一个保角映射。此外，由于对 u 的任何值，有 $ae^{-\frac{u}{a}} > 0$ 。这表明，对于伪球面上每一点 (u,v) 映到平面上的点时，其纵坐标 $y > 0$ ，所以伪球面上的点都映到 xOy 的上半平面。

我们进一步寻找伪球面上的测地线在平面上的象。

由 $\mathrm{I} = \frac{a^2}{y^2}(\mathrm{d}x^2 + \mathrm{d}y^2)$, $E = \frac{a^2}{y^2} = G, F = 0$ 代入测地线方程（2.11.8）得

$$\begin{cases} \frac{\mathrm{d}\tau}{\mathrm{d}s} = -\frac{1}{a}\cos\tau & (1) \\ \frac{\mathrm{d}x}{\mathrm{d}s} = \frac{y}{a}\cos\tau & (2) \\ \frac{\mathrm{d}y}{\mathrm{d}x} = \frac{y}{a}\sin\tau & (3) \end{cases}$$

(2) ÷ (1) 、(3) ÷ (1) 得

$$\begin{cases} dx = -y d\tau & (4) \\ dy = -y \tan\tau d\tau & (5) \end{cases}$$

由（5）式得 $\frac{dy}{y} = -\tan\tau d\tau$

积分之 $\ln y = \ln\cos\tau + \ln r$（$r$ 是积分常数）。

解得 $y = r\cos\tau$

把它代入（4）式 $dx = -r\cos\tau d\tau$

积分之 $x - C = r\sin\tau$（C 是积分常数）

因此 $(x-C)^2 + y^2 = r^2$。　　(2.13.4)

也就是，伪球面上的测地线在保角映射下，在上半平面的象是一个圆心在 x 轴上的半圆。

我们要以区别于通常的欧氏几何学的观点作出如下的定义和解释。若把上述的半圆的两个端点（称为对径点）看作一点，则称这个半圆为罗氏直线，xOy 的上半平面称为罗氏平面。这样，伪球面上的几何学在 xOy 平面上得到了解释，即伪球面对应着 xOy 的上半平面，伪球面上的测地线对应着这个平面上的罗氏直线。这种解释是意大利数学家贝尔特拉米于 1868 年给予的。注意，过罗氏平面上任意两点 P_1 和 P_2，正好有一条罗氏直线联结它们，通过保角变换，过伪球面上任两点，也就有唯一一条测地线联结它们。

我们简单介绍一下什么叫罗巴切夫斯基几何学和它问世的历史。在欧氏几何学（公元前 3 世纪）产生后，将近两千年的漫长岁月中，数学界的一切论战是欧氏几何学的第五公设（过直线外一点作且仅能做一条直线与已知直线平行）可不可证明的问题。世界上不少数学家为它花费了毕生的精力，但绝大多数是徒劳的。例如，伊朗的纳西艾丁·屠西（1667—1733），法国的兰贝尔（1728—1777）法国的勒让法（1752—1833），英国的瓦里斯（？—1703）等，在 19 世纪初，罗巴切夫斯基，波利埃、高斯大胆地否定了欧氏几何的第五公设（平行公理）另外设立了一条替代它的公理，他们分别独立地建立了一种新的几何学，称为双曲几何学。由于最先公开发表的是罗巴切夫斯基，所以也称此几何学为罗巴切夫斯基几何学，简称罗氏几何。它是俄国大学的教授，于 1926 年 2 月 23 日宣读了关于平行线的报告，1929 年刊登在喀山大学学报上。他发现了第五公设的不可证明性及非欧几何的存在性。他把欧氏几何公理体系中的第五公设换成罗氏平行公理（过直线外一点至少能作两条直线与已知直线平行）建立了他的几何学。同时得到第五公设的不可证明性与非欧几何的存在性结果的除了上述的高斯、波利埃，还有匈牙利的雅诸什 · 伯依（1802—1860）以及史威卡特和塔乌里努斯。后来，在 1868 年，也就是罗巴切夫斯基逝世后的第 13 年贝尔特拉米（E. Beltrami）用微分几何的理论建立了罗氏几何的模型，那就是上述的“在伪球面上，把测地线看作直线而构成的几何”。另一方面，黎曼发展罗巴切夫斯基的思想（1854），建立了与欧氏几何和双曲几何都不同的椭圆几何学。

罗氏几何简介：

1. 过罗氏平面上任意两点作且仅能作一条罗氏直线。

事实上，在罗氏平面上，过任意两点作且仅能作一个圆心在 x 轴上的半圆——罗氏平面。

2. 罗氏平面上的测度

如图 2.34，设 $P_1(x_1,y_1)$ 和 $P_2(x_2,y_2)$ 是罗氏平面上的两点，通过保角变换对应着伪球面上两点 $P_1'(x_1,y_1)$ 和 $P_2'(x_2,y_2)$ 。

定义：罗氏平面上，P_1 到 P_2 的距离 $S(P_1,P_2)$ 等于伪球面上联结 P_1' 和 P_2' 间的测地线弧长 $\overset{\frown}{P_1'P_2'}$ 。

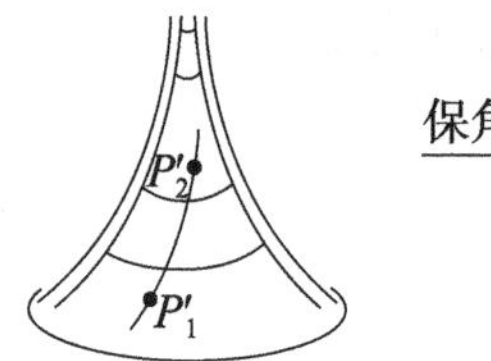

保角映射

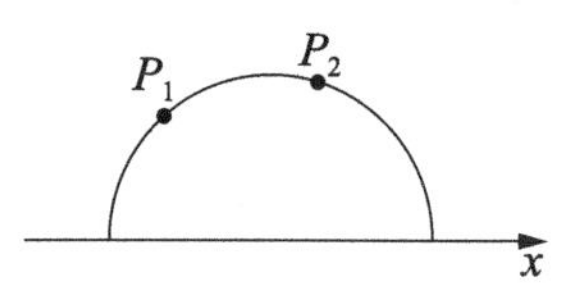

图 2.34

即
$$S(\overset{\frown}{P_1P_2}) = \int_{P_1'}^{P_2'} ds = a\int_{(x_1,y_1)}^{(x_2,y_2)} \frac{\sqrt{dx + dy}}{y}$$

被积函数应满足测地线方程：$(x - C)^2 + y^2 = r^2$

作参数变换，使得积分在相应的罗氏平面上进行

$$\begin{cases} x = C + r\cos\theta \\ y = r\sin\theta \end{cases}$$

命
$$\begin{cases} x_1 = C + r\cos\theta_1 \\ y_1 = r\sin\theta_2 \end{cases} \begin{cases} x_2 = C + r\cos\theta_2 \\ y_2 = r\sin\theta_2 \end{cases}$$

于是
$$S(\widehat{P_1P_2}) = a\int_{(x_1,y_1)}^{(x_2,y_2)} \frac{\sqrt{\mathrm{d}x + \mathrm{d}y}}{y} = \int_{\theta_1}^{\theta_2} \frac{\mathrm{d}\theta}{\sin\theta}$$
$$= a\ln\tan\frac{\theta}{2}\bigg|_{\theta_1}^{\theta_2} = a\ln\frac{\tan\frac{\theta_2}{2}}{\tan\frac{\theta_1}{2}} \tag{2.13.5}$$

这就是罗氏平面上两点间距离的测度公式，为使其有明确的解释，如图2.35，设罗氏直线P_1P_2与x轴的交点为P_0和P_∞，由于这四点在一个圆上，若S是圆上另外一点，我们利用P_1,P_2,P_0,P_∞的非调和比

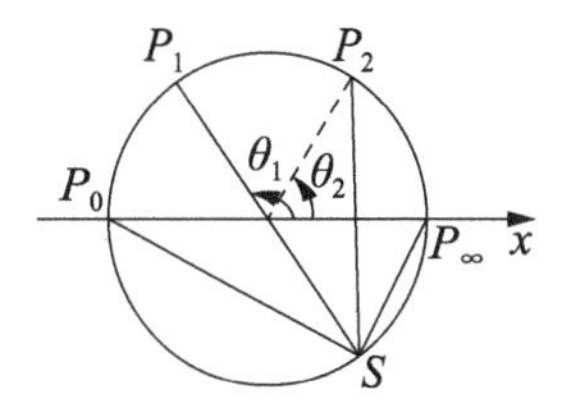

图2.35

$$(P_1P_2:P_0P_\infty) = \frac{(P_1P_2P_0)}{(P_1P_2P_\infty)} = \frac{P_1P_0}{P_2P_0}:\frac{P_1P_\infty}{P_2P_\infty}$$
$$= \frac{\sin\angle P_1SP_0}{\sin\angle P_2SP_0}:\frac{\sin\angle P_1SP_\infty}{\sin\angle P_2SP_\infty}$$
$$= \frac{\sin\left(\frac{\pi}{2}-\frac{\theta_1}{2}\right)}{\sin\left(\frac{\pi}{2}-\frac{\theta_2}{2}\right)}:\frac{\sin\frac{\theta_1}{2}}{\sin\frac{\theta_2}{2}}$$
$$= \frac{\tan\frac{\theta_2}{2}}{\tan\frac{\theta_1}{2}}$$

因此，罗氏距离
$$S(\widehat{P_1P_2}) = a\ln(P_1P_2:P_0P_\infty) \tag{2.13.6}$$

3. 罗氏平面上的无穷远点

在（2.13.6）中，若$P_1\to P_\infty$或$P_2\to P_0$时，$(P_1P_2;P_0P_\infty)\to\infty$，所以，罗氏直线与$x$轴的交点$P_0$和$P_\infty$是罗氏直线上的无穷远点。显然，任意一条罗氏直线上的无穷远点均在x轴上，因此x轴是罗氏平面上的无穷远直线。

4. 罗氏平面上的平行线

如果罗氏平面上的两条罗氏直线交于无穷远点，则称这两条罗氏直线平行。如图2.36，设l是罗氏平面上的一条直线，它交x轴于P_0，P_∞，P是l外一点，则过P和P_0有一条罗氏直线l_0，过P和P_∞有一条罗氏直线l_∞，据平

行线的定义，有

$$l_0 /\!/ l, l_\infty /\!/ l$$

因此，在罗氏平面上过直线 l 外一点 P，可以作两条直线 l_0 和 l_∞ 与 l 平行。这就是罗氏平行公理。

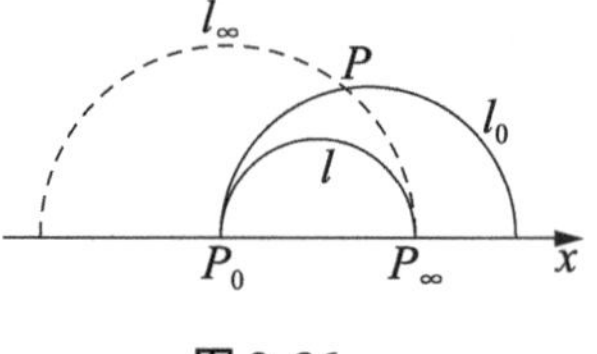

图 2.36

5. 罗氏平面上的运动

把定义了笛卡尔直角坐标 (x,y) 的平面看成复平面，平面上的点对应一个复数

$$z = x + yi$$

罗氏平面对应于 $y \geq 0$ 的上半复平面，在复平面上作线性变换

$$z^* = \frac{pz + q}{rz + s} \tag{2.13.7}$$

其中 p,q,r,s 是实数，且 $ps - rq > 0$，这是复平面上的保角变换，它使上半复平面 i 变成上半复平面 z。把点 $z = x + yi$ 变为点 $z^* = x^* + yi^*$。

下面讨论罗氏平面（伪球面）的第一基本形式

$$\mathrm{d}s^2 = \frac{a^2}{y^2}(\mathrm{d}x^2 + \mathrm{d}y^2)$$

在变换（2.13.7）下是不变式，即要证明

$$\mathrm{d}s^* = \mathrm{d}s^{*2}$$

若能证明该式成立，则在罗氏平面上两点 P、Q 间的距离等于在变换（2.13.7）下变为对应的两点 P^*、Q^* 间的距离。（2.13.7）就成为等距变换公式。因此，罗氏平面上两点间的距离在刚体运动下为不变量。

证明：设 $\bar{z}$ 和 $\bar{z}^*$ 分别是复数 z 和 z^* 的共轭复数，据（2.13.7）有

$$\bar{z}^* = \frac{p\bar{z} + q}{r\bar{z} + s} \tag{2.13.8}$$

根据复函数的微分法

$$\mathrm{d}z^* = \frac{p\mathrm{d}z(rz + s) - (pz + q)r\mathrm{d}z}{(rz + s)^2} = \frac{(ps - qr)\mathrm{d}z}{(rz + s)^2}$$

类似地
$$\mathrm{d}\bar{z}^* = \frac{(ps - qr)\mathrm{d}\bar{z}}{(r\bar{z} + s)^2},$$

所以
$$dz^* \cdot d\bar{z}^* = \frac{(ps - qr)^2 dz d\bar{z}}{(rz + s)^2 (r\bar{z} + s)^2} \tag{2.13.9}$$

但是 $y^* = \frac{1}{2i}(z^* - \bar{z}^*) = \frac{1}{2i}\left(\frac{pz + q}{rz + s} - \frac{p\bar{z} + q}{r\bar{z} + s}\right) = \frac{(ps - qr)}{(rz + s)(r\bar{z} + s)} y$　(2.13.10)

又因
$$dz = dx + idy, d\bar{z} = dx - idy$$

所以
$$dz \cdot d\bar{z} = dx^2 + dy^2 \tag{2.13.11}$$

同样
$$dz^* \cdot d\bar{z}^* = dx^{*2} + dy^{*2} \tag{2.13.12}$$

由（2.13.9）－（2.13.12）得

$$\frac{a^2}{y^{*2}}(dx^{*2} + dy^{*2}) = \frac{a^2}{y^{*2}} dz^* \cdot d\bar{z}^* = \frac{a^2}{y^2} dz d\bar{z} = \frac{a^2}{y^2}(dx^2 + dy^2)$$

因此 $ds^{*2} = ds^2$ 。

习题

1. 设由大圆弧围成的球面三角形的面积为 s ，三个内角为 A,B,C ，证明：
$$s = (A + B + C - \pi)a^2$$
其中 a 是球面的半径。

2. 设曲面上无限小的测地三角形 ABC 边长分别为 a,b,c ，边 $\overset{\frown}{AB}$ 所对的角为 c ，证明：三角形面积 s 与点 C 处的总曲率有如下的关系
$$c^2 = a^2 + b^2 - 2ab\cos\left(c - \frac{Ks}{3}\right)$$

3. 已给常曲率曲面：
$$ds^2 = du^2 + \frac{1}{K}\sin^2(\sqrt{K}u)dv^2 (K > 0)$$
$$ds^2 = du^2 - \frac{1}{K} sh^2(\sqrt{-K}u)dv^2 (K < 0)$$

证明：测地线可分别表示为
$$A\sin(\sqrt{K}u)\cos v + B\sin(\sqrt{K}u)\sin v + C\cos(\sqrt{K}u) = 0$$
$$A sh(\sqrt{-K}u)\cos v + B sh(\sqrt{-K}u)\sin v + C ch(\sqrt{-K}u) = 0$$

2.14　曲面上向量的平行移动

若一个向量落在曲面上一点的切平面上，则称该向量为曲面上的向量。例如，$\boldsymbol{r}_u,\boldsymbol{r}_v$ 和 $\boldsymbol{n}_u,\boldsymbol{n}_v$ 以及 $\boldsymbol{\alpha}$ 都是曲面上的向量。

在平面上向量平行移动的概念是大家熟知的，我们怎样实现曲面上向量的平行移动呢？按通常意义（指平面上向量的平移）下向量的平移方法，显然是不行的，因为那样做一般说来，不能保证曲面上的向量仍然保持曲面上的向量。本节的内容要扩充通常意义下向量平移的概念，使得包含原来的平移概念和保持平移原有的基本性质。

设曲面曲线 (C)：$u^i = u^i(t)$ 上每一点处，给定一个曲面上的向量 $\boldsymbol{a} = \boldsymbol{a}(t)$，即给定了沿 (C) 的一个曲面上的向量场 $\boldsymbol{a}(t)$。当 t 在允许值范围内变动时，得到的向量场均是曲面上的向量。设 (C) 上一点 $P(t_0)$ 处曲面上的向量 $\boldsymbol{a}(t_0)$，沿 (C) 变动到 $P'(t_0+\Delta t)$ 处曲面上的向量场 $\boldsymbol{a}(t_0+\Delta t)$。如果把 $\boldsymbol{a}(t_0+\Delta t)$ 平移（通常意义）到 $P(t_0)$ 处，使得 $\boldsymbol{a}(t_0)$ 与 $\boldsymbol{a}(t_0+\Delta t)$ 有共同的始点，并且把 $\boldsymbol{a}(t_0+\Delta t)$ 按曲面的法线方向投影到 $P(t_0)$ 的切平面上，所得到的向量正好是 $\boldsymbol{a}(t_0)$，则称曲面上向量的平行移动实现了。这种曲面上向量 $\boldsymbol{a}(t_0)$ 与 $\boldsymbol{a}(t_0+\Delta t)$ 之间的移动，叫作曲面上向量的勒维—其维塔（Levi－Civita）平行移动。(简称 $L-V$ 平移)。显然 $L-V$ 平移，使得曲面上的向量仍保持曲面上的向量，并且包含了通常意义下的平移概念（事实上，当曲面为平面，$\boldsymbol{a}(t)$ 为常向量时，$L-V$ 平移就是通常意义下的向量平移)。

设向量（指曲面上向量，以下同）$\boldsymbol{a}(t)$ 从 P 点平移（指 $L-V$ 平移）到邻近点 P' 时的改变量的主要部分为 $\mathrm{d}\boldsymbol{a}$，即

$$\boldsymbol{a}(t+\Delta t) = \boldsymbol{a} + \Delta\boldsymbol{a} \approx \boldsymbol{a} + \mathrm{d}\boldsymbol{a}$$

将 $\boldsymbol{a}+\mathrm{d}\boldsymbol{a}$ 平移（通常意义）到 P 点处（图2.37），$\boldsymbol{a}+\mathrm{d}\boldsymbol{a}$ 在曲面于 P 点的法线上的投影向量为

$$[\boldsymbol{n},(\boldsymbol{a}+\mathrm{d}\boldsymbol{a})]\boldsymbol{n} = (\boldsymbol{n}\cdot\mathrm{d}\boldsymbol{a})\boldsymbol{n}$$

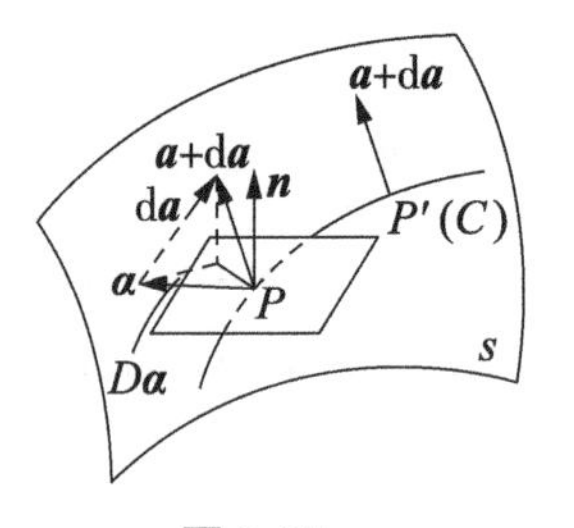

图 2.37

记 $\boldsymbol{a}+\mathrm{d}\boldsymbol{a}$ 在 P 点的切平面上的投影向量为 $(\boldsymbol{a}+\mathrm{d}\boldsymbol{a})_t$，则

$$(\boldsymbol{a}+\mathrm{d}\boldsymbol{a})_t=\boldsymbol{a}+\mathrm{d}\boldsymbol{a}-(\boldsymbol{n}\cdot\mathrm{d}\boldsymbol{a})\boldsymbol{n}$$

定义：在 P 点处，向量 $(\boldsymbol{a}+\mathrm{d}\boldsymbol{a})_t$ 与向量 $\boldsymbol{a}$ 的差，称为向量 $\boldsymbol{a}$ 从 P 点沿曲线（C）移动到 P' 点的绝对微分，用 $D\boldsymbol{a}$ 表示。也就是

$$D\boldsymbol{a}=\mathrm{d}\boldsymbol{a}-(\boldsymbol{n}\cdot\mathrm{d}\boldsymbol{a})\boldsymbol{n}$$

假若，向量 $\boldsymbol{a}+\mathrm{d}\boldsymbol{a}$ 是由向量 $\boldsymbol{a}$ 沿曲线（C）平移得到的，按照定义，有

$$(\boldsymbol{a}+\mathrm{d}\boldsymbol{a})_t=\boldsymbol{a}\Leftrightarrow D\boldsymbol{a}=\boldsymbol{0}$$

因此得到下面的

命题 1：曲面上向量平移的充要条件是向量 $\boldsymbol{a}$ 的绝对微分等于零。

我们还可以看到由 $D\boldsymbol{a}=\mathrm{d}\boldsymbol{a}-(\boldsymbol{n}\cdot\mathrm{d}\boldsymbol{a})\boldsymbol{n}=0$，推出

$$\mathrm{d}\boldsymbol{a}=(\boldsymbol{n}\cdot\mathrm{d}\boldsymbol{a})\boldsymbol{n}=0,\mathrm{d}\boldsymbol{a}\,/\!/\,\boldsymbol{n}\text{ 或 }\mathrm{d}\boldsymbol{a}\perp\boldsymbol{a}$$

命题 2：曲面上向量的平行移动的充要条件是曲面上向量 $\boldsymbol{a}(t)$ 平行于它的普通微分 $\mathrm{d}\boldsymbol{a}$（或 $\mathrm{d}\boldsymbol{a}\,/\!/\,\boldsymbol{n}$，或 $\mathrm{d}\boldsymbol{a}$ 在切平面上的投影为零）。

注意：(1) 平面上变向量 $\boldsymbol{a}(t)$ 的普通微分与绝对微分的意义是一样的，即 $\mathrm{d}\boldsymbol{a}=D\boldsymbol{a}$。

(2) 曲面上向量的平移与路径有关，这与平面上向量的平移不同。

在曲线（C）的 P 点处建立坐标系 $[P;\boldsymbol{r}_1,\boldsymbol{r}_2]$，设 $\boldsymbol{a}$ 在此坐标系下的坐标为 $(a^1(t),a^2(t))$，即

$$\boldsymbol{a}(t)=a^1\boldsymbol{r}_1+a^2\boldsymbol{r}_2=a^i\boldsymbol{r}_i$$

于是

$$\begin{aligned}\mathrm{d}\boldsymbol{a}&=\mathrm{d}a^i\boldsymbol{r}_i+a^i\mathrm{d}\boldsymbol{r}_i\\&=\mathrm{d}a^i\boldsymbol{r}_i+a^i\boldsymbol{r}_{ij}\mathrm{d}u^j\\&=\mathrm{d}a^i\boldsymbol{r}_i+a^i(\Gamma_{ij}^{\lambda}\boldsymbol{r}_\lambda+b_{ij}\boldsymbol{n})\mathrm{d}u^j\\&=(\mathrm{d}a^\lambda+a^i\Gamma_{ij}^{\lambda}\mathrm{d}u^j)\boldsymbol{r}_\lambda+a^ib_{ij}\mathrm{d}u^j\boldsymbol{n}\end{aligned}$$

由绝对微分的定义得

$$D\boldsymbol{a}=(\mathrm{d}a^\lambda+a^i\Gamma_{ij}^{\lambda}\mathrm{d}u^j)\boldsymbol{r}_\lambda$$

命 $D\boldsymbol{a}=\boldsymbol{0}$，得曲面上向量 $\boldsymbol{a}(t)$ 沿曲线（C）平行移动的分析条件：

$$\mathrm{d}a^\lambda+a^i\Gamma_{ij}^{\lambda}\mathrm{d}u^j=0(i,j,\lambda=1,2)$$

即 $\boldsymbol{a}(t)$ 沿（C）平移时，它的坐标 $a^i(t)$ 满足下列微分方程：

$$\begin{cases}\dfrac{\mathrm{d}a^1}{\mathrm{d}t}+a^i\Gamma_{ij}^1\dfrac{\mathrm{d}u^j}{\mathrm{d}t}=0\\[2mm]\dfrac{\mathrm{d}a^2}{\mathrm{d}t}+a^i\Gamma_{ij}^2\dfrac{\mathrm{d}u^j}{\mathrm{d}t}=0\end{cases}\tag{2.14.1}$$

注意：$\boldsymbol{a}(t)$ 从初始位置 $\boldsymbol{a}_0=\boldsymbol{a}(t)|_{t=0}$ 沿曲线（C）平行移动时，它的坐标（$a^1(t),a^2(t)$）满足(2.14.1)，据微分方程组解的存在唯一性定理，在初始条件：

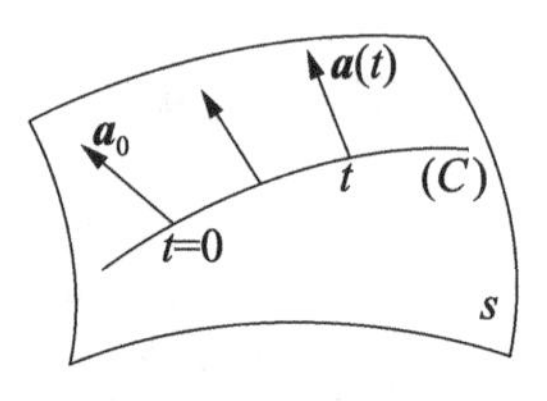

图 2.38

$$a_0^1=a^1(t)|_{t=0},a_0^2=a^2(t)|_{t=0}$$

下，$\boldsymbol{a}(t)$ 沿（C）的平行移动，总可以唯一地实现（图 2.38）。

下面研究曲面上向量平行移动与通常意义下的向量平行移动一些相仿的性质。

命题 3：曲面上向量的平行移动保持向量的长度以及向量之间的夹角不变。

证明：由于曲面上向量的平行移动是由向量的绝对微分决定的，而向量的绝对微分是内蕴量（由 $D\boldsymbol{a}=(\mathrm{d}a^\lambda+a^i\Gamma_{ij}^\lambda\mathrm{d}u^i)\boldsymbol{r}_\lambda$ 可以看出），所以曲面上向量的平行移动能保持曲面上的一些内蕴性质：向量的长度及两向量之间的夹角不变。

曲面上向量进行平行移动的作图法。

例：球面上的向量 $\boldsymbol{a}(t)$ 沿它上面的一个小圆（C）进行平移时的直观表示如图 2.39：

锥面 A 是球面沿曲线（C）诸点的切平面所组成的平面族的包络面，将其展成平面 π 时，曲面上的向量 $\boldsymbol{a}(t)$ 沿曲线（C）的平移正好是 $\boldsymbol{a}(t)$ 在平面 π 上沿曲线（C）的通常意义下的平移；反之，就得到球面上向量 $\boldsymbol{a}(t)$ 沿曲线（C）的平移作图法。

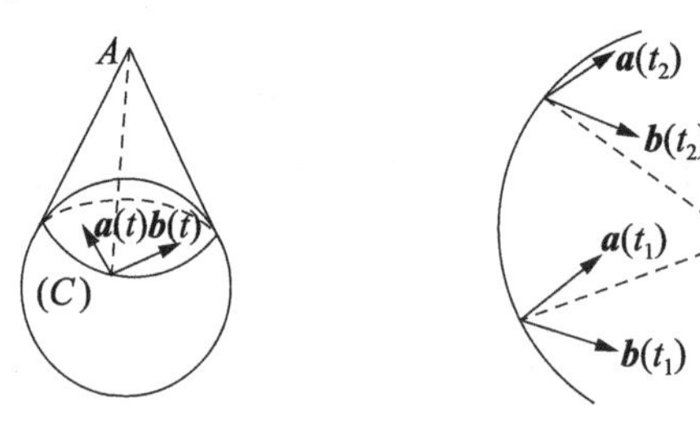

图 2.39

最后，我们从曲面上向量的平行移动的观点来看测地线。

假定曲面曲线（C）的方程为 $u = u^i(s)$（$i = 1,2$），s 是自然参数。

并设沿（C）进行平移的曲面上向量恰为（C）的单位切向量 $\boldsymbol{\alpha}(s)$，于是

$$\frac{\mathrm{d}u^1}{\mathrm{d}s} = a^1, \frac{\mathrm{d}u^2}{\mathrm{d}s} = a^2$$

代入方程（2.14.1）

$$\frac{\mathrm{d}}{\mathrm{d}s}\left(\frac{\mathrm{d}u^\lambda}{\mathrm{d}s}\right) + \Gamma_{ij}^\lambda \frac{\mathrm{d}u^i}{\mathrm{d}s}\frac{\mathrm{d}u^j}{\mathrm{d}s} = 0 (i,j,\lambda = 1,2)$$

即

$$\frac{\mathrm{d}^2 u^\lambda}{\mathrm{d}s^2} + \Gamma_{ij}^\lambda \frac{\mathrm{d}u^i}{\mathrm{d}s}\frac{\mathrm{d}u^j}{\mathrm{d}s} = 0 \tag{2.14.2}$$

（2.14.2）正是测地线的方程，反过来也成立，因此得到

命题 4：曲线（C）为测地线的充要条件是它的切向量在 $L-V$ 平行移动的意义下沿曲线（C）是平行的。

由该命题，我们可得到测地线的一个等价定义："若曲面上一条曲线的切向量 $\boldsymbol{\alpha} = \boldsymbol{\alpha}(s)$ 绝对微分等于零，则此曲线称为测地线。"利用命题4，测地线的这个性质跟普通空间中（或平面上）的直线的性质是相仿的。因为直线有固定的方向，也就是在直线上任何一点沿直线的向量总跟这条直线是同方向的。只要把这个向量与给定的测地线在平移过程中，保持交于一个定角就可以得到。显然，一个长度一定的向量在平面上沿一条直线并保持与它交于一个定角进行平移，就是通常意义下的向量平行移动。

用平行移动或绝对微分的概念来研究曲面上的测地线已成为现代微分几何理论中的一种方法。

第 3 章　活动标架法

本章介绍研究微分几何的最新工具——恰当（E. Cartan）的活动标架法。

3.1　外微分形式

恰当在研究中应用了外微分形式的数学方法。我们先介绍这种方法。

3.1.1　1－形式

在 E^3 中，我们把点 $P(x,y,z)$ 的径矢 $\boldsymbol{r}$ 的微分

$$\mathrm{d}\boldsymbol{r} = (\mathrm{d}x,\mathrm{d}y,\mathrm{d}z)$$

称为该点的切向量。若 P 点位于曲线（C）：

$$\boldsymbol{r}(t) = (x(t),y(t),z(t)) \quad t \in [a,b]$$

上，$\mathrm{d}\boldsymbol{r}(t)$ 是（C）于 P 点切线上的向量；若 P 点位于曲面 s：

$$\boldsymbol{r}(u,v) = (x(u,v),y(u,v),z(u,v)) \quad (u,v) \in D$$

上，$\mathrm{d}\boldsymbol{r}(t)$ 是 s 于 P 点的切平面上的向量。

定义：切向量 $\mathrm{d}\boldsymbol{r}$ 坐标的线性表示式

$$\omega_1 = A\mathrm{d}x + B\mathrm{d}y + C\mathrm{d}z$$

称为 E^3 中的 1－形式，亦称 Pfaff 形式。其中 A,B,C 是 (x,y,z) 的 C^∞ －函数。

3.1.2　外乘的外微分

我们在切向量 $\mathrm{d}\boldsymbol{r}$ 的坐标之间引进一种外乘法“ ∧ ”如下：

$$\mathrm{d}x_i \wedge \mathrm{d}x_j = -\mathrm{d}x_j \wedge \mathrm{d}x_i \quad (i,j = 1,2,3)$$

其中 $\mathrm{d}x_1 = \mathrm{d}x, \mathrm{d}x_2 = \mathrm{d}y, \mathrm{d}x_3 = \mathrm{d}z$，并满足结合律和分配律：

$$A\mathrm{d}x \wedge B\mathrm{d}y = AB\mathrm{d}x \wedge \mathrm{d}y$$

$$(\mathrm{d}x \wedge \mathrm{d}y) \wedge \mathrm{d}z = \mathrm{d}x \wedge (\mathrm{d}y \wedge \mathrm{d}z) = \mathrm{d}x \wedge \mathrm{d}y \wedge \mathrm{d}z$$

$$\mathrm{d}x \wedge (\mathrm{d}y + \mathrm{d}z) = \mathrm{d}x \wedge \mathrm{d}y + \mathrm{d}x \wedge \mathrm{d}z$$

$$(\mathrm{d}x + \mathrm{d}y) \wedge \mathrm{d}z = \mathrm{d}x \wedge \mathrm{d}z + \mathrm{d}y \wedge \mathrm{d}z$$

由定义可知

$$\mathrm{d}x_i \wedge \mathrm{d}x_i = 0 \quad (i = 1,2,3)$$

也就是　$\mathrm{d}x \wedge \mathrm{d}x = 0 \quad \mathrm{d}y \wedge \mathrm{d}y = 0 \quad \mathrm{d}z \wedge \mathrm{d}z = 0$

我们再把 $\mathrm{d}\boldsymbol{r}$ 坐标的外乘法，扩充到 1－形式的外乘。设

$$\omega = A_1\mathrm{d}x + B_1\mathrm{d}y + C_1\mathrm{d}z$$

$$\theta = A_2\mathrm{d}x + B_2\mathrm{d}y + C_2\mathrm{d}z$$

是任意两个 1－形式，则有

$$\begin{aligned}\omega \wedge \theta &= (A_1\mathrm{d}x + B_1\mathrm{d}y + C_1\mathrm{d}z) \wedge (A_2\mathrm{d}x + B_2\mathrm{d}y + C_2\mathrm{d}z)\\ &= A_1A_2\mathrm{d}x \wedge \mathrm{d}x + A_1B_2\mathrm{d}x \wedge \mathrm{d}y + A_1C_2\mathrm{d}x \wedge \mathrm{d}z\\ &+ A_2B_1\mathrm{d}y \wedge \mathrm{d}x + B_1B_2\mathrm{d}y \wedge \mathrm{d}y + B_1C_2\mathrm{d}y \wedge \mathrm{d}z\\ &+ A_2C_1\mathrm{d}z \wedge \mathrm{d}x + B_2C_1\mathrm{d}z \wedge \mathrm{d}y + C_1C_2\mathrm{d}z \wedge \mathrm{d}z\\ &= (A_1B_2 - A_2B_1)\mathrm{d}x \wedge \mathrm{d}y + (B_1C_2 - B_2C_1)\mathrm{d}y \wedge \mathrm{d}z\\ &+ (C_1A_2 - C_2A_1)\mathrm{d}z \wedge \mathrm{d}x\end{aligned}$$

定义：我们把 $\mathrm{d}x \wedge \mathrm{d}y, \mathrm{d}y \wedge \mathrm{d}z, \mathrm{d}z \wedge \mathrm{d}x$ 的线性表示式

$$\omega_2 = P\mathrm{d}x \wedge \mathrm{d}y + Q\mathrm{d}y \wedge \mathrm{d}z + R\mathrm{d}z \wedge \mathrm{d}x$$

称为 E^3 的 2－形式。类似地，

$$\omega_3 = f\mathrm{d}x \wedge \mathrm{d}y \wedge \mathrm{d}z$$

称为 E^3 的 3－形式。其中 P,Q,R,f 均为 (x,y,z) 的 C^∞ —类函数。它们中的每一个亦称为 E^3 中的 0－形式

$$\omega_0 = f(x,y,z)$$

如果分别记 E^3 中的 $\omega_0, \omega_1, \omega_2, \omega_3$ 之集为 V_0, V_1, V_2, V_3，我们规定 E^3 中的外微分“d”是一种映射，使得

$$\mathrm{d}: V_r \to V_{r+1}$$

$$\omega_r \to \omega_{r+1} \quad (r = 0,1,2,3)$$

其中，$\omega_4 \equiv 0, V_4 = \{0\}$。具体地说

$$\mathrm{d}\omega_0 = \mathrm{d}f = \frac{\partial f}{\partial x}\mathrm{d}x + \frac{\partial f}{\partial y}\mathrm{d}y + \frac{\partial f}{\partial z}\mathrm{d}z$$

$$
\begin{aligned}
\mathrm{d}\omega_1 &= \mathrm{d}A \wedge \mathrm{d}x + \mathrm{d}B \wedge \mathrm{d}y + \mathrm{d}C \wedge \mathrm{d}z \\
&= \left(\frac{\partial A}{\partial x}\mathrm{d}x + \frac{\partial A}{\partial y}\mathrm{d}y + \frac{\partial A}{\partial z}\mathrm{d}z\right) \wedge \mathrm{d}x + \left(\frac{\partial B}{\partial x}\mathrm{d}x + \frac{\partial B}{\partial y}\mathrm{d}y + \frac{\partial B}{\partial z}\mathrm{d}z\right) \wedge \mathrm{d}y + \\
&\quad \left(\frac{\partial C}{\partial x}\mathrm{d}x + \frac{\partial C}{\partial y}\mathrm{d}y + \frac{\partial C}{\partial z}\mathrm{d}z\right) \wedge \mathrm{d}z \\
&= \left(\frac{\partial B}{\partial x} - \frac{\partial A}{\partial y}\right)\mathrm{d}x \wedge \mathrm{d}y + \left(\frac{\partial C}{\partial y} - \frac{\partial B}{\partial z}\right)\mathrm{d}y \wedge \mathrm{d}z + \left(\frac{\partial A}{\partial z} - \frac{\partial C}{\partial x}\right)\mathrm{d}z \wedge \mathrm{d}x
\end{aligned}
$$

$$
\begin{aligned}
\mathrm{d}\omega_2 &= \mathrm{d}P \wedge \mathrm{d}x \wedge \mathrm{d}y + \mathrm{d}Q \wedge \mathrm{d}y \wedge \mathrm{d}z + \mathrm{d}R \wedge \mathrm{d}z \wedge \mathrm{d}x \\
&= \left(\frac{\partial P}{\partial x}\mathrm{d}x + \frac{\partial P}{\partial y}\mathrm{d}y + \frac{\partial P}{\partial z}\mathrm{d}z\right) \wedge \mathrm{d}x \wedge \mathrm{d}y + \left(\frac{\partial Q}{\partial x}\mathrm{d}x + \frac{\partial Q}{\partial y}\mathrm{d}y + \frac{\partial Q}{\partial z}\mathrm{d}z\right) \\
&\quad \wedge \mathrm{d}y \wedge \mathrm{d}z + \left(\frac{\partial R}{\partial x}\mathrm{d}x + \frac{\partial R}{\partial y}\mathrm{d}y + \frac{\partial R}{\partial z}\mathrm{d}z\right) \wedge \mathrm{d}z \wedge \mathrm{d}x \\
&= \left(\frac{\partial P}{\partial z} + \frac{\partial Q}{\partial x} + \frac{\partial R}{\partial y}\right)\mathrm{d}x \wedge \mathrm{d}y \wedge \mathrm{d}z
\end{aligned}
$$

$$
\begin{aligned}
\mathrm{d}\omega_3 &= \mathrm{d}f \wedge \mathrm{d}x \wedge \mathrm{d}y \wedge \mathrm{d}z \\
&= \left(\frac{\partial f}{\partial x}\mathrm{d}x + \frac{\partial f}{\partial y}\mathrm{d}y + \frac{\partial f}{\partial z}\mathrm{d}z\right) \wedge \mathrm{d}x \wedge \mathrm{d}y \wedge \mathrm{d}z \\
&= 0
\end{aligned}
$$

注意：从 $\mathrm{d}\omega_0 = \mathrm{d}f$ 看出 C^∞ —函数的外微分“d”就是微分学中普通的微分。

3.1.3 1－形式和外微分的性质

命题1（Cartan 引理）：对于 E^3 中的两个1－形式 ω,θ，如果 $\omega \wedge \theta = 0$，则存在 C^∞ —函数 f，使得 $\omega = f\theta$。

证明：设 $\omega = A_1\mathrm{d}x + B_1\mathrm{d}y + C_1\mathrm{d}z$，

$$\theta = A_2\mathrm{d}x + B_2\mathrm{d}y + C_2\mathrm{d}z \text{（} A_2,B_2,C_2 \text{ 至少有一个不为零）}$$

由题设

$$
\begin{aligned}
\omega \wedge \theta = &(A_1B_2 - A_2B_1)\mathrm{d}x \wedge \mathrm{d}y + (B_1C_2 - B_2C_1)\mathrm{d}y \wedge \mathrm{d}z + \\
&(C_1A_2 - A_1C_2)\mathrm{d}z \wedge \mathrm{d}x = 0
\end{aligned}
$$

因为 $\mathrm{d}x \wedge \mathrm{d}y$，$\mathrm{d}y \wedge \mathrm{d}z$，$\mathrm{d}z \wedge \mathrm{d}x$ 线性无关（沿用线性代数学中的概念，不再定义 E^3 中外微分形式的线性无关与线性相关），所以

$$A_1B_2 - A_2B_1 = 0,\quad B_1C_2 - B_2C_1 = 0,\quad C_1A_2 - C_2A_1 = 0$$

即
$$\frac{A_1}{A_2}=\frac{B_1}{B_2}=\frac{C_1}{C_2}=f$$
因此
$$\omega=f\theta$$

命题 2（Poincare 引理）：设 $\omega_p\in E^3(p=0,1,2,3)$ 则 $\mathrm{dd}\omega_p=0$。

证明：只验证 $p=0$ 的情形，其余的留给读者。

设
$$\omega_0=f(x,y,z)\in C^\infty$$
则
$$\mathrm{dd}\omega_0=\mathrm{d}\left(\frac{\partial f}{\partial x}\mathrm{d}x+\frac{\partial f}{\partial y}\mathrm{d}y+\frac{\partial f}{\partial z}\mathrm{d}z\right)=\left(\frac{\partial^2 f}{\partial x^2}\mathrm{d}x+\frac{\partial^2 f}{\partial x\partial y}\mathrm{d}y+\frac{\partial^2 f}{\partial x\partial z}\mathrm{d}z\right)\wedge\mathrm{d}x+$$
$$\left(\frac{\partial^2 f}{\partial y\partial x}\mathrm{d}x+\frac{\partial^2 f}{\partial y^2}\mathrm{d}y+\frac{\partial^2 f}{\partial y\partial z}\mathrm{d}z\right)\wedge\mathrm{d}y+\left(\frac{\partial^2 f}{\partial z\partial x}\mathrm{d}x+\frac{\partial^2 f}{\partial z\partial y}\mathrm{d}y+\frac{\partial^2 f}{\partial z^2}\mathrm{d}z\right)\wedge\mathrm{d}z$$
$$=\left(\frac{\partial^2 f}{\partial y\partial x}-\frac{\partial^2 f}{\partial x\partial y}\right)\mathrm{d}x\wedge\mathrm{d}y+\left(\frac{\partial^2 f}{\partial z\partial y}-\frac{\partial^2 f}{\partial y\partial z}\right)\mathrm{d}y\wedge\mathrm{d}z+$$
$$\left(\frac{\partial^2 f}{\partial z\partial x}-\frac{\partial^2 f}{\partial x\partial z}\right)\mathrm{d}z\wedge\mathrm{d}x$$
$$=0$$

命题 3：p,q 是自然数，且 $p+q<3$，则
$$\mathrm{d}(\omega_p\wedge\omega_q)=\mathrm{d}\omega_p\wedge\omega_q+(-1)^p\omega_p\wedge\mathrm{d}\omega_q$$
特别地，$p=0$ 的情形：
$$\mathrm{d}(f\omega_q)=\mathrm{d}f\wedge\omega_q+f\mathrm{d}\omega_q$$

证明：我们只验证 $q=1$ 的情形。事实上
$$\begin{aligned}\mathrm{d}(f\omega_1)&=\mathrm{d}[f(A\mathrm{d}x+B\mathrm{d}y+C\mathrm{d}z)]\\&=\mathrm{d}(fA)\wedge\mathrm{d}x+\mathrm{d}(fB)\wedge\mathrm{d}y+\mathrm{d}(fC)\wedge\mathrm{d}z\\&=(\mathrm{d}f\cdot A+f\cdot\mathrm{d}A)\wedge\mathrm{d}x+(\mathrm{d}f\cdot B+f\cdot\mathrm{d}B)\wedge\mathrm{d}y+\\&\quad(\mathrm{d}f\cdot C+f\cdot\mathrm{d}C)\wedge\mathrm{d}z\\&=A\frac{\partial f}{\partial y}\mathrm{d}y\wedge\mathrm{d}x+A\frac{\partial f}{\partial z}\mathrm{d}z\wedge\mathrm{d}x+f\frac{\partial A}{\partial y}\mathrm{d}y\wedge\mathrm{d}x+f\frac{\partial A}{\partial z}\mathrm{d}z\wedge\mathrm{d}x\\&\quad+B\frac{\partial f}{\partial x}\mathrm{d}x\wedge\mathrm{d}y+B\frac{\partial f}{\partial z}\mathrm{d}z\wedge\mathrm{d}y+f\frac{\partial B}{\partial x}\mathrm{d}x\wedge\mathrm{d}y+f\frac{\partial B}{\partial z}\mathrm{d}z\wedge\mathrm{d}y\\&\quad+C\frac{\partial f}{\partial x}\mathrm{d}x\wedge\mathrm{d}z+C\frac{\partial f}{\partial y}\mathrm{d}y\wedge\mathrm{d}z+f\frac{\partial C}{\partial x}\mathrm{d}x\wedge\mathrm{d}z+f\frac{\partial C}{\partial y}\mathrm{d}y\wedge\mathrm{d}z\\&=\left(\frac{\partial f}{\partial x}\mathrm{d}x+\frac{\partial f}{\partial y}\mathrm{d}y+\frac{\partial f}{\partial z}\mathrm{d}z\right)\wedge(A\mathrm{d}x+B\mathrm{d}y+C\mathrm{d}z)\end{aligned}$$

$$+f\cdot \mathrm{d}(A\mathrm{d}x+B\mathrm{d}y+C\mathrm{d}z)$$
$$=\mathrm{d}f\wedge\omega_1+f\mathrm{d}\omega_1$$

3.1.4 发甫（Pfaff）方程的可积条件

方程 $\omega_1=A(x,y,z)\mathrm{d}x+B(x,y,z)\mathrm{d}y+C(x,y,z)\mathrm{d}z=0$ 称为发甫（pfaff）方程。

根据一阶偏微分方程理论，方程 $\omega_1=0$ 满足下列完全可积条件：

$$(*)\ A\left(\frac{\partial C}{\partial y}-\frac{\partial B}{\partial z}\right)+B\left(\frac{\partial A}{\partial z}-\frac{\partial C}{\partial x}\right)+C\left(\frac{\partial B}{\partial x}-\frac{\partial A}{\partial y}\right)=0$$

则存在曲面 s：

$$f(x,y,z)=\text{常数}$$

使得 $\mathrm{d}f=0$ 与方程 $\omega=0$ 是等价的。即

$$\mathrm{d}f=\lambda(x,y,z)\omega$$

曲线 s 称为方程 $\omega=0$ 的积分曲面。显然，过 E^3 中一点 $P_0(x_0,y_0,z_0)$ 只存在唯一积分曲面

$$f(x,y,z)=f(x_0,y_0,z_0)$$

下面我们把方程 $\omega_1=0$ 的完全可积条件（$*$）改写成外微分形式。

由于

$$\mathrm{d}\omega_1=\left(\frac{\partial B}{\partial x}-\frac{\partial A}{\partial y}\right)\mathrm{d}x\wedge\mathrm{d}y+\left(\frac{\partial C}{\partial y}-\frac{\partial B}{\partial z}\right)\mathrm{d}y\wedge\mathrm{d}z+\left(\frac{\partial A}{\partial z}-\frac{\partial C}{\partial x}\right)\mathrm{d}z\wedge\mathrm{d}x$$

设 $C\neq 0$，则

$$\mathrm{d}z=\frac{\omega_1-A\mathrm{d}x-B\mathrm{d}y}{C}$$

代入上式，得

$$\mathrm{d}\omega_1=\left(\frac{\partial C}{\partial y}-\frac{\partial B}{\partial z}\right)\mathrm{d}y\wedge\left(\frac{\omega_1-A\mathrm{d}x-B\mathrm{d}y}{C}\right)+\left(\frac{\partial A}{\partial z}-\frac{\partial C}{\partial x}\right)\left(\frac{\omega_1-A\mathrm{d}x-B\mathrm{d}y}{C}\right)\wedge\mathrm{d}x$$
$$+\left(\frac{\partial B}{\partial x}-\frac{\partial A}{\partial y}\right)\mathrm{d}x\wedge\mathrm{d}y$$
$$=\left[\frac{1}{C}\left(\frac{\partial C}{\partial x}-\frac{\partial A}{\partial z}\right)\mathrm{d}x+\frac{1}{C}\left(\frac{\partial C}{\partial y}-\frac{\partial B}{\partial z}\right)\mathrm{d}y\right]\wedge\omega_1$$
$$+\frac{1}{C}\left[A\left(\frac{\partial C}{\partial y}-\frac{\partial B}{\partial z}\right)+B\left(\frac{\partial A}{\partial z}-\frac{\partial C}{\partial x}\right)+C\left(\frac{\partial B}{\partial x}-\frac{\partial A}{\partial y}\right)\right]\mathrm{d}x\wedge\mathrm{d}y$$

设 $\theta_1 = \frac{1}{C}\left(\frac{\partial C}{\partial x} - \frac{\partial A}{\partial z}\right)dx + \frac{1}{C}\left(\frac{\partial C}{\partial y} - \frac{\partial B}{\partial z}\right)dy$ 为另一个发甫形式，将 θ 和（ * ）式代入上式得到

$$d\omega_1 = \theta_1 \wedge d\omega_1$$

因此，发甫方程 $\omega_1 = 0$ 的可积条件（ * ）等价于存在一个发甫形式 θ_1 ，使得 $d\omega_1 = \theta_1 \wedge \omega_1$ 。这个等价条件叫作发甫方程 $\omega_1 = 0$ 的弗罗皮尼斯（Frobenius）条件。

3.2　活动标架法

3.2.1　合同变换

3.2.1.1　合同变换的性质

在 E^3 中，我们把保持两点间距离不变的（点）变换称为合同变换。它具有以下性质：

1. 合同变换把直线变为直线。

给定合同变换 T ，若 P,Q,R 是一直线上的三点，且它们在变换 T 下的象点为 P',Q',R' ，即

$$T(P) = P',T(Q) = Q',T(R) = R'$$

由于 $|PQ| + |QR| = |PR|$ 和合同变换保持两点间距离不变，所以关系式 $|P'Q'| + |Q'R'| = |P'R'|$ 必成立，因此 P',Q',R' 也在一条直线上。

2. 合同变换下，角度的大小保持不变。

设 $T(A) = A',T(B) = B',T(C) = C'$ ，而 A,B,C 不共线，显然 A',B',C' 也不共线，且 $AB = A'B',BC = B'C',CA = C'A'$ ，因此 $\Delta ABC \cong \Delta A'B'C'$ 。

即 $$(\boldsymbol{AB}\hat{,}\boldsymbol{AC}) = (\boldsymbol{A'B'}\hat{,}\boldsymbol{A'C'})\text{。}$$

由上述两个结论推出：合同变换把多边形变为全等（合同）的多边形，把自然坐标系变为直角坐标系。这就是把保持两点间距离不变的变换 T 称为合同变换和正交变换的理由。

3.2.1.2　合同变换的公式

如图3.1，在笛卡尔直角坐标系 $[o;\underline{e}_i](i=1,2,3)$ 下 P 与 P' 的坐标分别为 (x^i) 与 (x'^i) ，于是

$$\boldsymbol{OP}=x^i\underline{e}_i,\boldsymbol{OP'}=x'^i\underline{e}_i(i=1,2,3)$$

设合同变换 T ，使得

$$T(P)=P',T(O)=O',T(\underline{e}_i)=\underline{e}'_i$$

由 T 的意义，得 $\boldsymbol{OP}=\boldsymbol{O'P'}$ 。也就是 P' 在 $[O;e'_i]$ 下的坐标为 (x^i) ，

于是 $\boldsymbol{O'P'}=x^i\underline{e}_i$

图3.1

再假设 O' 在 $[O;\underline{e}_i]$ 下的坐标为 (b^i) ，即

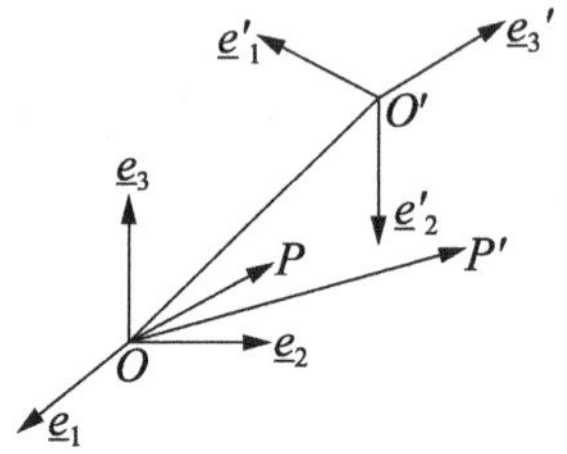

$$\boldsymbol{OO'}=b^i\underline{e}_i$$

$\underline{e}'_i$ 在 $[O;\underline{e}_i]$ 下的坐标为 (a_i^j) ，即

$$\underline{e}'_i=a_i^j\underline{e}_j$$

因此

$$\begin{aligned}\boldsymbol{OP'}&=\boldsymbol{OO'}+\boldsymbol{O'P'}\\&=b^i\underline{e}_i+x^i\underline{e}'_i\\&=b^i\underline{e}_i+x^ia_i^j\underline{e}_j\\&=(x^ka_k^i+b^i)\underline{e}_i\end{aligned}$$

又因为 $\boldsymbol{OP'}=x'_i\underline{e}_i$ ，所以得到合同变换下点与其象点的坐标之间的变换公式：

$$x'_i=a_k^i\pi^k+b^i(i,k=1,2,3)$$

也就是

$$\begin{aligned}x'^1&=a_1^1x^1+a_2^1x^2+a_3^1x^3+b^1\\x'^2&=a_1^2x^1+a_2^2x^2+a_3^2x^3+b^2\quad(*)\\x'^3&=a_1^3x^1+a_2^3x^2+a_3^3x^3+b^3\end{aligned}$$

应当注意：(1) 公式（ * ）依赖于坐标 a_k^i 和 b^i ，也就是说变换 T 完全由它如何作用在坐标系 $[O;\underline{e}_i]$ 的基向量 $\underline{e}_i$ 和原点 O 上唯一确定，换言之变换 T 唯一确定了把坐标系 $[O;\underline{e}_i]$ 变成坐标系 $[O;\underline{e}'_i]$ 。

(2) 变换 T 是 E^3 自身到自身的（点）变换，从线性代数的观点出发，公式（ * ）意味着把 E^3 的一组标准正交基 $(\underline{e}_i)$ 变成另一组标准正交基 $(\underline{e}'_i)$ ，因此变换 T 也是代数学中所涉及的正交变换，于是（ * ）的系数矩阵 a_k^i 是正

交矩阵，必满足

$$(a_k^i)(a_k^i)' = \mathrm{I}$$

即 $$a_k^i a_j^k = \delta_j^i \text{ 或 } a_i^k a_k^j = \delta_i^j$$

并且 $$\Delta = \det(a_k^i) = \pm 1$$

3.2.2　合同变换群

E^3 中所有合同变换 $T_0, T_1, T_2, \cdots, T_n, \cdots$ 组成的集合 G，我们规定 G 中元素的结合关系是变换 T 的乘积“·”由于

(1) G 对于“·”是封闭的，这是因为合同变换之积仍是合同变换。

(2) 结合律成立：$(T_1 \cdot T_2) \cdot T_3 = T_1 \cdot (T_2 \cdot T_3)$

(3) G 中存在单位元：恒同变换 T_0：$T_0 \cdot T = T \cdot T_0 = T_0$

(4) G 中存在逆元。即变换 T 的逆变换 T^{-1}，有 $T \cdot T^{-1} = T^{-1} \cdot T = T_0$

因此，G 构成群，并称为合同变换群或正交变换群。

我们把前面讲到的坐标系 $[O;\underline{e}_i]$ 改称为标架。在 E^3 中，坐标原点及基向量 $\underline{e}_i$ 变动的标架称为活动标架。若所有标架 $[O;\underline{e}_i]$，$[O';\underline{e}'_i]$…… 组成的集合记为 G'，则 G 与 G' 是一一对应的。事实上，由变换 T 的公式（$*$）推导过程知道，在标架 $[O;\underline{e}_i]$ 下变换 T 使得 P 点变为 P' 点等价于变换 T 使得标架 $[O;\underline{e}_i]$ 变为标架 $[O';\underline{e}'_i]$，而 P 点相对于标架 $[O;\underline{e}_i]$ 和 P' 点相对于标架 $[O';\underline{e}'_i]$ 的位置不变。换言之，在变换 T 的作用下，标架不动而点发生变动与点不动（相对于标架的位置）而标架发生变动是一回事，它们均由变换公式（$*$）来表达。若我们着眼于后者，那对于 G 中每一个变换必在 G' 中有一个确定的标架与之对应，反之亦然。因此 G 与 G' 的元是一一对应的，这种对应（映射）法则记为 α。

我们进一步证明 G 与 G' 是同构的。

设 G' 中元的结合关系为“$*$”，结合方式如下给定：若

$$\alpha : G \to G'$$

$$T_1 \to [O';\underline{e}'_i]$$

$$T_2 \to [O'';\underline{e}''_i]$$

则 $$T_1 \cdot T_2 \to [O';\underline{e}'_i] * [O'';\underline{e}''_i]$$

也就是变换 $T_1 \cdot T_2 \in G$ 对应 G' 中的标架是由 $[O';\underline{e}'_i]$ 与 $[O'';\underline{e}''_i]$ 结合而成的，

于是

$$\alpha(T_1 \cdot T_2) = \alpha(T_1) * \alpha(T_2)$$

因此 $G \cong G'$ 。

我们知道，同构是一种等价关系。我们经常把互为同构的两个集合看作（抽象地）恒同的，把 G' 看成 G 。

3.2.3 活动标架法

我们记标架 $[O';\underset{-}{e}_i']$ 原点的径矢为 $\boldsymbol{r}$ ，即在标架 $[O;\underset{-}{e}_i]$ 下，$\boldsymbol{r} = OO'$ ，把标架 $[o';\underset{-}{e}_i']$ 改写为 $[\boldsymbol{r};\underset{-}{e}_i']$ 表示 E^3 中的活动标架。更为了简便，将基向量 $\underset{-}{e}_i'$ 写为 $\underset{-}{e}_i$ ，$[\boldsymbol{r};\underset{-}{e}_i']$ 写为 $[\boldsymbol{r};\underset{-}{e}_i]$ 。

设活动标架 $[\underset{-}{r};\underset{-}{e}_i]$ 光滑地依赖 P 个参数在 E^3 中变动，即向量 $\underset{-}{r},\underset{-}{e}_i(i=1,2,3)$ 是 P 个参数 $u^1,u^2,\cdots,u^p$ 的 C^∞ —函数。

$$\underset{-}{r} = \underset{-}{r}(u^1,u^2,\cdots,u^p)$$
$$\underset{-}{e}_i = \underset{-}{e}_i(u^1,u^2,\cdots,u^p)$$

$[\underset{-}{r};\underset{-}{e}_i]$ 称为 P 参数的活动标架。

下面证明 $P \leqslant 6$ ，这是因为

$\underset{-}{r}$ 矢端点的确定需要三个参数（坐标）；

$\underset{-}{e}_1$ 矢端点的确定需要两个参数（坐标），由于 $|\underset{-}{e}_1| = 1$ ；

$\underset{-}{e}_2$ 矢端点的确定需要一个参数（坐标），由于 $|\underset{-}{e}_2| = 1,\underset{-}{e}_1 \cdot \underset{-}{e}_2 = 0$ ；

$\underset{-}{e}_3$ 矢端点的确定不需要参数（坐标），由于 $\underset{-}{e}_1 \times \underset{-}{e}_2 = \underset{-}{e}_3$ 。

可以证明，全体 $P(P=1,2,\cdots,6)$ 参数的活动标架构成 G 的 P 维子群 G_1，$G_2,\cdots,G_6$ 。例如：

3.2.3.1 单参数活动标架 G_1

给出一条空间曲线 $(C):\underset{-}{r} = \underset{-}{r}(s)$ 　 s 是弧长

曲线上每一点 $r(s)$ ，对应一 Frenet 标架 $[\underset{-}{r};\underset{-}{e}_i(s)]$ ，其中

$$\underset{-}{e}_1(s) = \frac{\mathrm{d}r}{\mathrm{d}s} \quad \underset{-}{e}_2(s) = \frac{\dfrac{\mathrm{d}\underset{-}{e}_1}{\mathrm{d}s}}{\left|\dfrac{\mathrm{d}\underset{-}{e}_1}{\mathrm{d}s}\right|} \quad \underset{-}{e}_3 = \underset{-}{e}_1 \times \underset{-}{e}_2$$

则 $[\underset{-}{r}(s);\underset{-}{e}_i(s)]$ 构成单参数活动标架。因此，光滑地沿空间 (C) 变动的活动

标架 $[\underline{r}(s);\underline{e}_i(s)]$ 是合同变换群 G 的一维子群 G_1 。

3.2.3.2 双参数活动标架

给出一个曲面 $s:\underline{r}=\underline{r}(u^1,u^2)$ ，对于其上每一点 $\underline{r}(u^1,u^2)$

命 $\underline{e}_1=\dfrac{\underline{r}_1}{|\underline{r}_1|}\quad \underline{e}_2=\dfrac{\underline{r}_2}{|\underline{r}_2|}\quad \underline{e}_3=n(u^1,u^2)=\dfrac{\underline{r}_1\times\underline{r}_2}{|\underline{r}_1\times\underline{r}_2|}$

在曲面的正交网下，标架 $[\underline{r}(u^1,u^2);\underline{e}_i(u^1,u^2)]$ 构成双参数的活动标架。因此，光滑地在曲面 s 上变动的标架 $[\underline{r}(u^1,u^2);\underline{e}_i(u^1,u^2)]$ 是合同变换群 G 的二维子群 G_2 。

从上面两个例子可以看出 E^3 中的图形（曲线、曲面）与活动标架（单参、双参）对应起来。恰当（E. Cartan）把克莱茵（F. Klein）通过变换群来研究几何的思想运用到微分几何研究中去，提出了活动标架法。他的思想是通过活动标架这座桥梁把微分几何中所研究的图形嵌入空间合同变换中去，也就是把图形看成 G 的子群 G_1 ，G_2 ，然后 G 的性质自然地传递到它的子群上，从而得到我们所要研究的图形的性质。

3.2.4 活动标架的微分和结构方程

对于活动标架 $[\underline{r}(u^1,u^2,\cdots,u^6);\underline{e}_i(u^1,u^2,\cdots,u^6)]$ 最重要的是它的微分（无穷小位移）和它的结构方程。

把活动标架的 $\underline{r},\underline{e}_i$ 微分一次

$$\begin{cases}d\underline{r}=\omega^i(u,du)\,\underline{e}_i\\ d\underline{e}_i=\omega_i^j(u,du)\,\underline{e}_j\end{cases}\quad(i=1,2,3)$$

其中 $\omega^i(u,du)$ 和 ω_i^j 是系数为 $(u^1,u^2,\cdots,u^6)$ 的 C^∞ —函数的 $du^1,du^2,\cdots,du^6$ 的发甫形式，它们称为活动标架 $[\underline{r};\underline{e}_i]$ 的相对分量，这些相对分量刻画了活动标架的无穷小位移。

发甫形式 $\omega_i^j(i,j=1,2,3)$ 不都是独立的，由于

$$\underline{e}_i\cdot\underline{e}_j=\delta_{ij}=\begin{cases}1 & i=j\\ 0 & i\neq j\end{cases}$$

所以，$d\underline{e}_i\cdot\underline{e}_j+\underline{e}_i\cdot d\underline{e}_j=0$

$$\omega_i^k\cdot\underline{e}_k\cdot\underline{e}_j+\underline{e}_i\cdot(\omega_j^k\cdot\underline{e}_k)=0$$

$$\omega_i^k \delta_{kj} + \omega_j^k \delta_{ik} = 0$$

当等式左边两项中，分别 $k = j, k = i$ 时，有

$$\omega_i^j + \omega_j^i = 0$$

因此矩阵 (ω_i^j) 是反称矩阵，这表明相对分量 $\omega_i^j (i,j = 1,2,3)$ 中只有 3 个是独立的。也就是说，活动标架的无穷小位移的 12 个相对分量中只有 6 个是独立的。它们是 $\omega^1, \omega^2, \omega^3; \omega_1^2, \omega_1^3, \omega_2^3$。

例：求双参数活动标架的相对分量。

考虑双参数活动标架 $[\underline{r}(u^1, u^2); \underline{e}_i(u^1, u^2)]$，其中

$$\underline{r} = \underline{r}(u^1, u^2)$$

是曲面 s 的方程，其上已选取正交坐标网 $(F = 0)$

$$\underline{e}_1 = \frac{\underline{r}_1}{|\underline{r}_1|} = \frac{\underline{r}_1}{\sqrt{E}} \quad \underline{e}_2 = \frac{\underline{r}_2}{|\underline{r}_2|} = \frac{\underline{r}_2}{\sqrt{G}} \quad \underline{e}_3 = \underline{n}$$

其中 E, F, G 是曲面 s 的第一基本量。

$$\mathrm{d}\underline{r} = \underline{r}_1 \mathrm{d}u^1 + \underline{r}_2 \mathrm{d}u^2 = (\sqrt{E}\mathrm{d}u^1)\underline{e}_1 + (\sqrt{G}\mathrm{d}u^2)\underline{e}_2$$

因而 $\omega^1 = \sqrt{E}\mathrm{d}u^1 \quad \omega^2 = \sqrt{G}\mathrm{d}u^2 \quad \omega^3 = 0$

注意 $\omega^1, \omega^2, \omega^3$ 是曲面 s 的内蕴量。

$$\mathrm{d}\underline{e}_1 = \mathrm{d}\left(\frac{\underline{r}_1}{\sqrt{E}}\right) = \underline{r}_{11}\mathrm{d}u^1 + \underline{r}_{12}\frac{\mathrm{d}u^2}{\sqrt{E}} - \frac{(E_1 \mathrm{d}u^1 + E_2 \mathrm{d}u^2)\underline{r}_1}{2E^{\frac{3}{2}}}$$

$$= \frac{1}{\sqrt{E}}[(\Gamma_{11}^1 \underline{r}_1 + \Gamma_{11}^2 \underline{r}_2 + L\underline{n})\mathrm{d}u^1 + (\Gamma_{12}^1 \underline{r}_1 + \Gamma_{12}^2 \underline{r}_2 + M\underline{n})\mathrm{d}u^2]$$

$$- \frac{1}{2E}(E_1 \mathrm{d}u^1 + E_2 \mathrm{d}u^2) \cdot \frac{\underline{r}_1}{\sqrt{E}}$$

$$= \left(\Gamma_{11}^1 \mathrm{d}u^1 + \Gamma_{12}^2 \mathrm{d}u_2 - \frac{E_1 \mathrm{d}u^1 + E_2 \mathrm{d}u^2}{2E}\right)\frac{\underline{r}_1}{\sqrt{E}} + (\Gamma_{11}^2 \mathrm{d}u^1 + \Gamma_{12}^2 \mathrm{d}u^2)$$

$$\frac{\underline{r}_2}{\sqrt{E}} + \frac{1}{\sqrt{E}}(L\mathrm{d}u^1 + M\mathrm{d}u^2)\underline{n}$$

$$= \left(\Gamma_{11}^1 \mathrm{d}u^1 + \Gamma_{12}^2 \mathrm{d}u^2 - \frac{E_1 \mathrm{d}u^1 + E_2 \mathrm{d}u^2}{2E}\right)\underline{e}_1 + \sqrt{\frac{G}{E}}(\Gamma_{11}^2 \mathrm{d}u^1 + \Gamma_{12}^2 \mathrm{d}u^2)\underline{e}_2$$

$$+ \frac{1}{\sqrt{E}}(L\mathrm{d}u^1 + M\mathrm{d}u^2)\underline{e}_3$$

同理

$$\begin{aligned} \mathrm{d}\underline{e}_2 &= \mathrm{d}(\underline{r}_2/\sqrt{E}) \\ &= \sqrt{\frac{E}{G}}(\Gamma_{12}^1\mathrm{d}u^1 + \Gamma_{12}^2\mathrm{d}u^2)\,\underline{e}_1 + \left(\Gamma_{12}^2\mathrm{d}u^2 + \Gamma_{22}^2\mathrm{d}u^2 - \frac{G_1\mathrm{d}u^1 + G_2\mathrm{d}u^2}{2G}\right)\underline{e}_2 \\ &\quad + \frac{1}{\sqrt{G}}(M\mathrm{d}u^1 + N\mathrm{d}u^2)\,\underline{e}_3 \end{aligned}$$

但是对于正交坐标网来说

$$\Gamma_{11}^1 = \frac{E_1}{2E} \quad \Gamma_{11}^2 = \frac{-E_2}{2G} \quad \Gamma_{12}^1 = \frac{E_1}{2E}$$

$$\Gamma_{12}^2 = \frac{G_1}{2G} \quad \Gamma_{22}^1 = \frac{-G_1}{2E} \quad \Gamma_{22}^2 = \frac{G_2}{2G}$$

所以

$$\omega_1^1 = 0 \quad \omega_2^2 = 0 \quad \omega_1^2 = -\omega_2^1 = -\frac{1}{2\sqrt{EG}}(E_2\mathrm{d}u^2 - G_1\mathrm{d}u^2)$$

$$\omega_1^3 = \frac{1}{\sqrt{E}}(L\mathrm{d}u^1 + M\mathrm{d}u^2) \quad \omega_2^3 = \frac{1}{\sqrt{G}}(M\mathrm{d}u^1 + N\mathrm{d}u^2)$$

不必计算 $\mathrm{d}e_3$，根据 (ω_i^j) 是反对称方阵可知

$$\omega_3^1 = -\omega_1^3 = -\frac{1}{\sqrt{E}}(L\mathrm{d}u^1 + M\mathrm{d}u^2)$$

$$\omega_3^2 = -\omega_2^3 = -\frac{1}{\sqrt{G}}(M\mathrm{d}u^1 + N\mathrm{d}u^2)$$

把活动标架的位置向量的微分再微分一次，根据命题 2（Poincare 引理）有

$$\mathrm{dd}\underline{r} = 0 \quad \mathrm{dd}\underline{e}_i = 0 \quad (i = 1,2,3)$$

再根据命题 3

$$\begin{aligned} \mathrm{dd}\underline{r} &= \mathrm{d}(\omega^i\underline{e}_i) = (\mathrm{d}\omega^i)\,\underline{e}_i - \omega^i \wedge \mathrm{d}\underline{e}_i \\ &= \mathrm{d}\omega^i\underline{e}_i - \omega^i \wedge \omega_i^j\underline{e}_j \\ &= (\mathrm{d}\omega^j - \omega^i \wedge \omega_i^j)\,\underline{e}_j \\ &= 0 \end{aligned}$$

因而

$$\mathrm{d}\omega^j - \omega^i \wedge \omega_i^j = 0 \tag{3.1.1}$$

$$\begin{aligned} \mathrm{dd}\underline{e}_i &= \mathrm{d}(\omega_i^j\,\underline{e}_j) = \mathrm{d}\omega_i^j \cdot \underline{e}_j - \omega_i^j \wedge \mathrm{d}\underline{e}_j \\ &= \mathrm{d}\omega_i^j\underline{e}_j - \omega_i^j \wedge \omega_j^k\underline{e}_k \\ &= (\mathrm{d}\omega_i^k - \omega_i^j \wedge \omega_j^k)\,\underline{e}_k \\ &= 0 \end{aligned}$$

所以
$$d\omega_i^k - \omega_i^j \wedge \omega_j^k = 0 \tag{3.1.2}$$
(3.1.1)(3.1.2)两式表明了活动标架的相对分量应满足的条件，这些条件称为活动标架 $[\underline{r};\underline{e}_i]$ 的结构方程。

$$\begin{cases} d\omega^j = \omega^i \wedge \omega_i^j & (i,j,k = 1,2,3) \\ d\omega_i^j = \omega_i^k \wedge \omega_k^j \end{cases}$$

下面我们讨论双参数活动标架的结构方程。前面三个结构方程
$$d\omega^j = \omega^i \wedge \omega_i^j \quad (j = 1,2,3)$$
可以用来计算 $\omega_1^2,\omega_2^3,\omega_3^1$。例如，$\omega^3 = 0$。所以
$$d\omega^3 = \omega^1 \wedge \omega_1^3 + \omega^2 \wedge \omega_2^3 = 0$$
根据恰当引理，存在函数 $a(u^1,u^2),b(u^1,u^2),c(u^1,u^2)$ 使得
$$\omega_1^3 = a\omega^1 + b\omega^2$$
$$\omega_2^3 = b\omega^1 + c\omega^2$$
以后我们将说明系数 a,b,c 的几何意义。

再设
$$\omega_1^2 = g_1(u^1,u^2)du^1 + g_2(u^1,u^2)du^2$$
因为 $\omega^1 = \sqrt{E}du^1 \quad \omega^2 = -\sqrt{E}du^2$，所以
$$\omega_1^2 = \frac{g_1}{\sqrt{E}}\omega^1 + \frac{g_2}{\sqrt{G}}\omega^2$$
$$d\omega^1 = \omega^2 \wedge \omega_2^1 = \omega^2 \wedge \left[-\left(\frac{g_1}{\sqrt{E}}\omega^1 + \frac{g_2}{\sqrt{G}}\omega^2\right)\right] = \frac{g_1}{\sqrt{E}}\omega^1 \wedge \omega^2$$
$$d\omega^2 = \omega^1 \wedge \omega_1^2 = \omega^1 \wedge \left(\frac{g_1}{\sqrt{E}}\omega^1 + \frac{g_2}{\sqrt{G}}\omega^2\right) = \frac{g_2}{\sqrt{G}}\omega^1 \wedge \omega^2$$
所以
$$\frac{g_1}{\sqrt{E}} = \frac{d\omega^1}{\omega^1 \wedge \omega^2}, \frac{g_2}{\sqrt{G}} = \frac{d\omega^2}{\omega^1 \wedge \omega^2}$$
因此①$\omega_1^2 = \left(\frac{d\omega^1}{\omega^1 \wedge \omega^2}\right)\omega^1 + \left(\frac{d\omega^2}{\omega^1 \wedge \omega^2}\right)\omega_2$

---

① $d\omega^1$ 和 $d\omega^2$ 是二次形式，因此可表示成 $d\omega^1 = f(u^1, u^2)\ \omega^1 \wedge \omega^2$，$d\omega^2 = g(u^1, u^2)\ \omega^1 \wedge \omega^2$，所以 $\frac{d\omega^1}{\omega^1 \wedge \omega^2} = f(u^1, u^2)$，$\frac{d\omega^2}{\omega^1 \wedge \omega^2} = g(u^1, u^2)$。

注意：由于 ω^1,ω^2 是内蕴量，所以 ω_1^2 是内蕴量。

再讨论后六个（只有三个独立）结构方程

$$\mathrm{d}\omega_i^j = \omega_i^k \wedge \omega_k^j \quad (i,j,k = 1,2,3)$$

已经知道，它等价于

$$\mathrm{d}(\mathrm{d}\underline{e}_i) = 0 \quad (i = 1,2,3)$$

因为
$$\mathrm{d}\underline{e}_i = \frac{\partial \underline{e}_i}{\partial u^1}\mathrm{d}u^1 + \frac{\partial \underline{e}_i}{\partial u^2}\mathrm{d}u^2 \quad (i = 1,2,3)$$

所以　　$\mathrm{d}(\mathrm{d}\underline{e}_i) = 0 \quad (i = 1,2,3)$ 等价于

$$\frac{\partial^2 \underline{e}_i}{\partial u^2 \partial u^1} = \frac{\partial^2 \underline{e}_i}{\partial u^1 \partial u^2} \quad (i = 1,2,3)$$

当 $i = 3$ 时，$\underline{e}_3 = \underline{n}$，上式变成

$$\frac{\partial \underline{n}_1}{\partial u^2} = \frac{\partial \underline{n}_2}{\partial u^1}$$

这就是科达齐—迈因纳尔迪方程，上式等价于 $\mathrm{dd}\underline{e}_3 = 0$，可是后者又等价于结构方程

$$\mathrm{d}\omega_3^1 = \omega_3^2 \wedge \omega_2^1 \quad \mathrm{d}\omega_3^2 = \omega_3^1 \wedge \omega_1^2$$

因此这两个结构方程就是曲面论中的科达齐—迈因纳尔迪方程。

至于另一个结构方程

$$\mathrm{d}\omega_1^2 = \omega_1^3 \wedge \omega_3^2$$

以后我们将指出，它扮演了高斯方程的角色，也就是说，用它可以证明：曲面的高斯曲率只与第一基本形式有关。

3.2.5　活动标架的基本定理

基本定理：给出六个 P 参数 $u^1,u^2,\cdots,u^p(p \leqslant 6)$ 的发甫形式

$$\omega^1(u,\mathrm{d}u) \quad \omega^2(u,\mathrm{d}u) \quad \omega^3(u,\mathrm{d}u)$$

$$\omega_1^2(u,\mathrm{d}u) \quad \omega_1^3(u,\mathrm{d}u) \quad \omega_2^3(u,\mathrm{d}u)$$

如果它们满足结构方程

$$\mathrm{d}\omega^i = \omega^j \wedge \omega_j^i \quad (i = 1,2,3)$$

$$\mathrm{d}\omega_i^j = \omega_i^k \wedge \omega_k^j \quad (i,j = 1,2,3)$$

其中
$$\omega_i^j + \omega_j^i = 0 \quad (i,j = 1,2,3)$$

则存在 P 参数活动标架 $[\underline{r}(u^1,u^2,\cdots,u^p);\underline{e}_i(u^1,u^2,\cdots,u^p)](i=1,2,3)$

它们的相对分量就是给定的发甫形式 ω^i 和 ω_i^j，并且满足同一结构方程的不同的 P 参数活动标架之间只差一空间位置。

在下一节仅当 $p=2$ 时的情形证明这个定理。

3.3 用活动标架法研究曲面

在上一节中我们已经提到 E. Cartan 活动标架法的中心思想是把所要研究的空间图形嵌入合同变换群 G 中去，要达到目的，办法是设法找到一族活动标架，使这个图形与这族活动标架一一对应起来，如果做到了这一点，剩下的问题就是计算这族活动标架的相对分量，以及相对分量应满足的结构方程。从而得到图形的性质。

现在我们用活动标架法研究 E^3 中的曲面 $(s):r(u,v)$，分以下步骤：

第一步：寻找一个双参数活动标架

$$[\underline{r}(u,v);\underline{e}_i(u,v)]\quad(i=1,2,3)$$

使得曲面 (s) 上的点与双参数活动标架一一对应起来。为此，我们在曲面 (s) 上选择正交标架网，然后取 $\underline{r}(u,v)$ 就是曲面上点的径矢，并且选 $\underline{e}_1$ 和 $\underline{e}_2$ 分别是坐标曲线的单位切向量，再取 $\underline{e}_3$ 为曲面的单位法向量 $\underline{n}$，即

$$\underline{e}_1=\frac{\underline{r}_u}{|\underline{r}_u|}=\frac{\underline{r}_u}{\sqrt{E}}\quad \underline{e}_2=\frac{\underline{r}_v}{|\underline{r}_v|}=\frac{\underline{r}_v}{\sqrt{G}}\quad \underline{e}_3=\underline{e}_1\times\underline{e}_2=\frac{\underline{r}_u\times\underline{r}_v}{\sqrt{EG}}=\underline{n}$$

第二步：计算上述双参数活动标架的相对分量。为此，我们对活动标架 $[\underline{r};\underline{e}_i]$ 进行微分

$$\begin{cases}\mathrm{d}\underline{r}=\omega^1\underline{e}_1+\omega^2\underline{e}_2\quad \omega^3=0\\ \mathrm{d}\underline{e}_1=\omega_1^2\underline{e}_2+\omega_1^3\underline{e}_3\\ \mathrm{d}\underline{e}_2=\omega_2^1\underline{e}_1+\omega_2^3\underline{e}_3\\ \mathrm{d}\underline{e}_3=\omega_3^1\underline{e}_1+\omega_3^2\underline{e}_2\end{cases}\tag{3.3.1}$$

其中 $\omega_i^j+\omega_j^i=0$。事实上，上面的第二、三式是曲面 (s) 对于正交网的高斯方程，第四式是魏因加尔吞方程。

第三步：计算相对分量应满足的结构方程，为此对（3.3.1）再微分一次，得到

$$\begin{aligned}&d\omega^1=\omega^2\wedge\omega_2^1,d\omega^2=\omega^1\wedge\omega_1^2,d\omega^3=\omega^1\wedge\omega_1^3+\omega^2\wedge\omega_2^3=0\\&d\omega_1^2=\omega_1^3\wedge\omega_3^2,d\omega_2^3=\omega_2^1\wedge\omega_1^3,d\omega_3^1=\omega_3^2\wedge\omega_2^1\end{aligned}\tag{3.3.2}$$

其中第四个式子是曲面 (s) 对于正交坐标网的高斯方程，最后两个式子是科达齐—迈因纳尔迪方程。

3.3.1　曲面论的基本定理

定理：给出六个双参数发甫形式

$$\omega^1(u,v;du,dv)\quad \omega^2(u,v;du,dv)\quad \omega^3(u,v;du,dv)$$
$$\omega_1^2(u,v;du,dv)\quad \omega_1^3(u,v;du,dv)\quad \omega_2^3(u,v;du,dv)$$

如果它们满足结构方程（3.3.2），并且 $\omega_i^j+\omega_j^i=0\quad(i,j=1,2,3)$，则差一空间合同确定一个双参数活动标架

$$[\underline{r}(u,v);\underline{e}_1(u,v),\underline{e}_2(u,v),\underline{e}_3(u,v)]$$

它的相对分量就是给出的发甫形式。活动标架的原点 $\underline{r}(u,v)$ 的轨迹是一曲面，$\underline{e}_1(u,v)$ 和 $\underline{e}_2(u,v)$ 正好是曲面的坐标网的单位切向量，$\underline{e}_3(u,v)$ 是曲面的单位法向量。

证明：用给定的发甫形式构造以 $\underline{r}$ 和 $\underline{e}_i(i=1,2,3)$ 为未知函数的发甫方程组

$$\begin{cases}\Pi=d\underline{r}-\omega^1(u,v,du,dv)\,\underline{e}_1-\omega^2(u,v,du,dv)\,\underline{e}_2-\omega^3(u,v,du,dv)\,\underline{e}_3=0\\ \Pi_i=d\underline{e}_i-\omega_i^1(u,v,du,dv)\,\underline{e}_1-\omega_i^2(u,v,du,dv)\,\underline{e}_2-\omega_i^3(u,v,du,dv)\,\underline{e}_3=0\end{cases}$$

要判断这个发甫方程组是否完全可积，必须计算相应的发甫形式是否满足弗罗皮尼斯条件，把方程组的左边外微分一次：

$$\begin{aligned}d\Pi&=dd\,\underline{r}-d\omega^i\,\underline{e}_i+\omega^i\,\underline{e}_i\\&=-d\omega^i\underline{e}_i+\omega^i\wedge(\Pi_i+\omega_i^j e_j)\\&=(-d\omega^i+\omega^j\wedge\omega_j^i)\,\underline{e}_i+\omega^i\wedge(\Pi_i+\omega_i^j\underline{e}_j)\end{aligned}$$

$$\begin{aligned}d\Pi_i&=dd\,\underline{e}_i-d\omega_i^j\,\underline{e}_j+\omega_i^j\wedge d\,\underline{e}_j\\&=-d\omega_i^j\underline{e}_j+\omega_i^j\wedge[\Pi_j+\omega_j^k\underline{e}_k]\\&=(-d\omega_i^j+\omega_i^k\wedge\omega_k^j)\,\underline{e}_j+\omega_i^j\wedge\Pi_j\end{aligned}$$

所以发甫形式 Π 和$\prod_i$（$i=1$，2，3）的弗罗皮尼斯条件正好是定理中给出的条件

$$\begin{cases}\mathrm{d}\omega^i = \omega^j \wedge \omega_j^i & (i = 1,2,3)\\ \mathrm{d}\omega_i^j = \omega_i^k \wedge \omega_k^j & (i,j = 1,2,3)\end{cases}$$

因此发甫形式 Π 和$\prod_i$（$i=1$，2，3）满足弗罗皮尼斯条件，所以发甫方程组 $\Pi = 0$ 和$\prod_i = 0$（$i=1$，2，3）完全可积，给出初始条件

$$u = u_0, v = v_0 \text{时}, \underline{r} = \underline{r}_0, \underline{e}_i = (\underline{e}_i)_0$$

存在唯一一组双参数活动标架

$$\underline{r} = \underline{r}(u,v), \underline{e}_i = \underline{e}_i(u,v) \quad (i = 1,2,3)$$

其中条件 $\omega_i^j + \omega_j^i = 0$ 保证 $\underline{e}_1, \underline{e}_2, \underline{e}_3$ 是两两正交的单位向量，注意，不同的初始条件意味着不同的初始标架，它们之间差一个空间合同变换，因此不同的初始条件所确定的不同的解之间只差一个空间合同。活动标架的原点 $\underline{r}(u,v)$ 的轨迹是一曲面，$\underline{e}_1$ 和 $\underline{e}_2$ 正好是曲面的坐标网的单位切向量，$\underline{e}_3$ 是曲面的单位法向量。

3.3.2 曲面的第一和第二基本形式

曲面 (s)：$\underline{r} = \underline{r}(u,v)$ 的第一基本形式是

$$\mathrm{I} = \mathrm{d}\underline{r} \cdot \mathrm{d}\underline{r} = (\omega^1 \underline{e}_1 + \omega^2 \underline{e}_2) \cdot (\omega^1 \underline{e}_1 + \omega^2 \underline{e}_2) = (\omega^1)^2 + (\omega^2)^2$$

前面我们已经指出

$$\omega^1 = \sqrt{E}\mathrm{d}u \quad \omega^2 = \sqrt{G}\mathrm{d}v$$

曲面 (s) 的只与 ω^1 和 ω^2 有关的量为曲面的内蕴量。例如曲面的面积元素

$$\mathrm{d}A = \sqrt{EG}\mathrm{d}u \wedge \mathrm{d}v = \omega^1 \wedge \omega^2$$

此外还有 $\omega_1^2 = \left(\dfrac{\mathrm{d}\omega^1}{\omega^1 \wedge \omega^2}\right)\omega^1 + \left(\dfrac{\mathrm{d}\omega^2}{\omega^1 \wedge \omega^2}\right)\omega^2$

曲面 (s) 的第二基本形式是

$$\begin{aligned}\mathrm{II} &= -\mathrm{d}\underline{r} \cdot \mathrm{d}\underline{n} = -\mathrm{d}\underline{r} \cdot \mathrm{d}\underline{e}_3\\ &= -(\omega^1 \underline{e}_1 + \omega^2 \underline{e}_2) \cdot (\omega_3^1 \underline{e}_1 + \omega_3^2 \underline{e}_2)\\ &= -\omega^1 \cdot \omega_3^1 - \omega^2 \cdot \omega_3^2\\ &= \omega^1 \cdot \omega_1^3 + \omega^2 \cdot \omega_2^3\end{aligned}$$

注意：$\omega^1 \cdot \omega_1^3, \omega^2 \cdot \omega_2^3$ 还有前面的 $(\omega^1)^2$ 和 $(\omega^2)^2$ 都是表示普通乘法，不是外乘。

因为 $d\omega^3 = \omega^1 \wedge \omega_1^3 + \omega^2 \wedge \omega_2^3 = 0$

由恰当引理

$$\omega_1^3 = a\omega^1 + b\omega^2 \quad \omega_2^3 = b\omega^1 + c\omega^2$$

所以

$$\mathrm{II} = a(\omega^1)^2 + 2b\omega^1\omega^2 + c(\omega^2)^2$$

即 $\mathrm{II} = aE\mathrm{d}u^2 + 2b\sqrt{EG}\,\mathrm{d}u\mathrm{d}v + cG\mathrm{d}v^2$

这说明 $a = \dfrac{L}{E} \quad b = \dfrac{M}{\sqrt{EG}} \quad c = \dfrac{N}{G}$

3.3.3　曲面上的曲线　法曲率　测地曲率和测地挠率

我们先规定指标

$$i,j,k = 1,2,3 \quad \alpha,\beta,\gamma = 1,2$$

如图 3.2 所示，考虑曲面 (s)，仍取正交坐标网 (u^1,u^2)，(s) 上的曲线 (C)：

$$u^\alpha = u^\alpha(s)$$

s 是 (C) 的弧长参数，设 (C) 的切方向 $\underset{\sim}{\alpha}$ 与 $\underset{\sim}{e}_1$ 的夹角为 θ，在切平面上作一向量 $\underset{\sim}{\varepsilon}$，使得 $(\underset{\sim}{\alpha},\underset{\sim}{\varepsilon},\underset{\sim}{e}_3)$ 构成右手系，则有

$$\underset{\sim}{\alpha} = \underset{\sim}{e}_1\cos\theta + \underset{\sim}{e}_2\sin\theta \quad \underset{\sim}{\varepsilon} = -\underset{\sim}{e}_1\sin\theta + \underset{\sim}{e}_2\cos\theta$$

命 $\underset{\sim}{\beta}$ 和 $\underset{\sim}{\gamma}$ 分别为曲线 (C) 的主法向量和副法向量，φ 为 $\underset{\sim}{\beta}$ 和 $\underset{\sim}{e}^3$ 夹角，则有

$$\underset{\sim}{\beta} = \underset{\sim}{\varepsilon}\sin\varphi + \underset{\sim}{e}_3\cos\varphi \quad \gamma = -\underset{\sim}{\varepsilon}\cos\varphi + \underset{\sim}{e}_3\sin\varphi$$

再根据曲线 (C) 的 Frenet 公式

$$\begin{cases} \dfrac{\mathrm{d}\underset{\sim}{\alpha}}{\mathrm{d}s} = k\underset{\sim}{\beta} \\ \dfrac{\mathrm{d}\underset{\sim}{\beta}}{\mathrm{d}s} = -k\underset{\sim}{\alpha} + \tau\underset{\sim}{\gamma} \\ \dfrac{\mathrm{d}\underset{\sim}{\gamma}}{\mathrm{d}s} = -\tau\underset{\sim}{\beta} \end{cases}$$

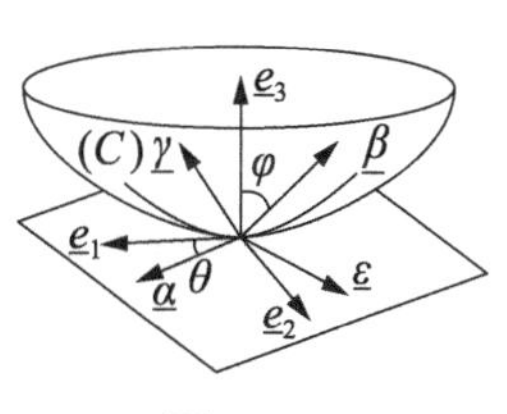

图 3.2

则有 $\mathrm{d}\underset{\sim}{\alpha} = k\mathrm{d}s\underset{\sim}{\beta} = (\mathrm{d}\theta + \omega_1^2)\underset{\sim}{\varepsilon} + (\omega_1^3\cos\theta + \omega_2^3\sin\theta)\underset{\sim}{e}_3$

曲线 (C) 的测地曲率是

$$k_g = k\underset{\sim}{\beta} \cdot \underset{\sim}{\varepsilon} = \frac{\mathrm{d}\theta + \omega_1^2}{\mathrm{d}s}$$

因为ω_1^2和$\mathrm{d}s$只与曲面的第一基本形式有关，所以k_g是属于曲面的内蕴量。

再考虑曲面的沿（C）的切方向上的法曲率

$$k_n = k\cos\varphi = k\underline{\beta}\cdot\underline{e}_3 = \frac{(\omega_1^3\cos\theta + \omega_2^3\sin\theta)}{\mathrm{d}s}$$

$$\underline{\alpha} = \frac{\mathrm{d}\gamma}{\mathrm{d}s} = \cos\theta\,\underline{e}_1 + \sin\theta\,\underline{e}_2$$

$$\mathrm{d}\gamma = \cos\theta\mathrm{d}s\,\underline{e}_1 + \sin\theta\mathrm{d}s\,\underline{e}_2$$

$$\omega^1 = \cos\theta\mathrm{d}s \quad \omega^2 = \sin\theta\mathrm{d}s$$

所以 $$k_n = \frac{(\omega_1^3\omega^1 + \omega_2^3\omega^2)}{\mathrm{d}s} = \frac{\omega^1\cdot\omega_1^3 + \omega^2\cdot\omega_2^3}{\mathrm{d}s^2}$$

则得到$k_n = \dfrac{\mathrm{II}}{\mathrm{I}}$

最后，我们说明一下测地挠率的概念。定义曲线（C）的测地挠率

$$\tau_g = -\frac{\mathrm{d}\,\underline{e}_3}{\mathrm{d}s}\cdot\underline{\varepsilon}$$

所以 $$\tau_g\mathrm{d}s = -\underline{\varepsilon}\cdot\mathrm{d}\,\underline{e}_3 = -\underline{\varepsilon}\cdot\mathrm{d}(\underline{\beta}\cos\varphi + \underline{\gamma}\sin\varphi)$$

再根据曲线（C）的 Frenet 公式

$$\begin{aligned}
\tau_g &= -\underline{\varepsilon}\cdot\frac{\mathrm{d}}{\mathrm{d}s}(\underline{\beta}\cos\varphi + \underline{\gamma}\sin\varphi)\\
&= -\underline{\varepsilon}\cdot\left(\frac{\mathrm{d}\beta}{\mathrm{d}s}\cos\varphi - \underline{\beta}\sin\varphi\frac{\mathrm{d}\varphi}{\mathrm{d}s} + \frac{\mathrm{d}\gamma}{\mathrm{d}s}\sin\varphi + \underline{\gamma}\cos\varphi\frac{\mathrm{d}\varphi}{\mathrm{d}s}\right)\\
&= -\varepsilon\cdot\left(-k\cos\varphi\,\underline{\alpha} + \tau\cos\varphi\,\underline{\gamma} - \sin\varphi\frac{\mathrm{d}\varphi}{\mathrm{d}s}\underline{\beta} - \tau\sin\varphi\,\underline{\beta} + \cos\varphi\frac{\mathrm{d}\varphi}{\mathrm{d}s}\gamma\right)\\
&= \tau\cos^2\varphi + \sin^2\varphi\frac{\mathrm{d}\varphi}{\mathrm{d}s} + \tau\sin^2\varphi + \cos^2\varphi\frac{\mathrm{d}\varphi}{\mathrm{d}s}\\
&= \tau + \frac{\mathrm{d}\varphi}{\mathrm{d}s}
\end{aligned}$$

因而$\tau_g = \tau + \dfrac{\mathrm{d}\varphi}{\mathrm{d}s}$

对于$\varphi =$常数的情形（例如，当（C）是渐近曲线时$\mathrm{II} = 0, \varphi = \dfrac{\pi}{2}$），则$\tau_g = \tau$。

因而

$$\mathrm{d}\underline{e}_3 = \omega_3^1\underline{e}_1 + \omega_3^2\underline{e}_2 \qquad \underline{\varepsilon} = -\underline{e}_1\sin\theta + \underline{e}_2\cos\theta$$

$$\begin{aligned}\tau_g\mathrm{d}s^2 &= -(\underline{\varepsilon}\cdot\mathrm{d}\underline{e}_3)\mathrm{d}s\\ &= (\underline{e}_1\sin\theta - \underline{e}_2\cos\theta)\cdot(\omega_3^1\underline{e}_1 + \omega_3^2\underline{e}_2)\mathrm{d}s\\ &= (\omega^2\underline{e}_1 - \omega^1\underline{e}_2)(\omega_3^1\underline{e}_1 + \omega_3^2\underline{e}_2)\\ &= \omega^2\omega_3^1 - \omega^1\omega_3^2\end{aligned}$$

恰当把

$$\mathrm{III} = \omega^2\omega_3^1 - \omega^1\omega_3^2$$

称为曲面的第三形式。

$\mathrm{III} = 0 \Rightarrow \tau_g = 0 \Rightarrow \underline{\varepsilon} \perp \mathrm{d}\underline{e}_3 \Rightarrow \mathrm{d}\underline{e}_3 /\!/ \underline{\alpha} \Rightarrow$ 曲线 (C) 是曲率线，于是得到曲面上曲率网的方程为

$$\mathrm{III} = \omega^2\omega_3^1 - \omega^1\omega_3^2 = 0$$

3.3.4　曲面的主曲率　欧拉公式　高斯曲率和平均曲率

在上一小节我们已经证明

$$k_n = \frac{\mathrm{II}}{\mathrm{I}} = \frac{a(\omega^1)^2 + 2b\omega^1\omega^2 + c(\omega^2)^2}{(\omega^1)^2 + (\omega^2)^2}$$

曲面的主曲率是 k_n 的极值，容易证明它们应满足条件：

$$\frac{a\omega^1 + b\omega^2}{\omega^1} = \frac{b\omega^1 + c\omega^2}{\omega^2} = k$$

所以

$$(a-k)(c-k) - b^2 = 0$$

于是得到曲面的平均曲率和高斯曲率的公式

$$H = \frac{1}{2}(k_1 + k_2) = \frac{a+c}{2}$$

$$K = k_1k_2 = ac - b^2$$

注意： $\mathrm{d}\omega_1^2 = \omega_1^3 \wedge \omega_3^2 = (a\omega^1 + b\omega^2) \wedge (-b\omega^1 - c\omega^2) = (b^2 - ac)\omega^1 \wedge \omega^2$

所以 $K = ac - b^2 = \dfrac{-\mathrm{d}\omega_1^2}{\omega^1 \wedge \omega^2}$

可见高斯曲率 K 是内蕴量。

现在考虑以下情形：

1. $\underline{e}_1$ 和 $\underline{e}_2$ 是主方向，这时

$$b = \frac{M}{\sqrt{EG}} = 0 \quad a = k_1 \quad c = k_2 \quad \omega_1^3 = k_1\omega^1 \quad \omega_2^3 = k_2\omega^2$$

所以曲面的第二、第三形式变成

$$\mathrm{II} = k_1(\omega^1)^2 + k_2(\omega^2)^2 \quad \mathrm{III} = (k_2 - k_1)\omega^1\omega^2$$

命 θ 是曲面上曲线 (C) 的切方向与某一主方向的夹角，前面已证明

$$\omega^1 = \cos\theta \mathrm{d}s \quad \omega^2 = \sin\theta \mathrm{d}s$$

所以
$$k_n = \frac{\mathrm{II}}{\mathrm{I}} = k_1\cos^2\theta + k_2\sin^2\theta$$

这就是欧拉公式。此外还有

$$k_g\mathrm{d}s = \mathrm{d}\theta + \omega_1^2 \quad \tau_g = (k_2 - k_1)\sin\theta\cos\theta$$

2. 曲线 (C) 的切方向正好是 $\underline{e}_1$，这时 $\theta = 0$

$$\omega^1 = \mathrm{d}s \quad \omega^2 = 0 \quad k_n = \frac{\mathrm{II}}{\mathrm{I}} = a \quad k_g\mathrm{d}s = \omega_1^2 \quad \tau_g = \frac{\mathrm{III}}{\mathrm{I}} = b$$

3. 设曲线 (C) 是渐近曲线，则满足条件 $\mathrm{II} = 0$，这时 $\tau_g = \tau$，取 (C) 的切方向为 $\underline{e}_1$，则有 $a = 0$

$$K = k_1k_2 = ac - b^2 = -b^2 = -\tau_g^2 = -\tau^2$$

所以
$$\tau = \pm\sqrt{-K}$$

这就是恩内佩尔（Enneper）定理。

3.3.5 曲面上的平行移动

定义： 设 $v(u^1, u^2)$ 是曲面 (s) 上的向量场，命 $D\underline{v} = \mathrm{d}\underline{v}$ 在 (s) 的切平面上的投影，则 $D\underline{v}$ 称为 $\underline{v}$ 的绝对微分。

设 $\underline{v} = v^\beta \underline{e}_\beta$

现在来计算 $D\underline{v}$。因为 $\mathrm{d}\underline{e}_\alpha = \omega_\alpha^j \underline{e}_j \quad (\alpha = 1,2)$

所以 $D\underline{e}_\alpha = \omega_\alpha^\beta \underline{e}_\beta \quad \mathrm{d}\underline{v} = \mathrm{d}v^\beta \underline{e}_\beta + v^\alpha \mathrm{d}\underline{e}_\alpha$

因而 $D\underline{v} = \sum\limits_\beta (\mathrm{d}v^\beta + v^\alpha\omega_\alpha^\beta)$

命 $D\underline{v} = Dv^\beta \underline{e}_\beta$

则有 $Dv^\beta = \mathrm{d}v^\beta + v^\alpha\omega_\alpha^\beta$

给出曲面 (s) 上一条曲线 (C)：$u^\alpha = u^\alpha(s) \quad (\alpha = 1,2)$

其中 s 是弧长参数。

定义： 曲面上沿曲线（C）的向量场 $\underline{v}[u^{\alpha}(s)]$，如果

$$\frac{Dv}{ds}=0 \text{ 或 } \frac{dv^{\beta}}{ds}+v^{\alpha}\frac{\omega_{\alpha}^{\beta}}{ds}=0 \quad (\beta=1,2)$$

即
$$\frac{dv^{1}}{ds}+v^{2}\frac{\omega_{2}^{1}}{ds}=0 \quad \frac{dv^{2}}{ds}+v^{1}\frac{\omega_{1}^{2}}{ds}=0$$

就称 $v[u^{\alpha}(s)]$ 沿曲线（C）是平行的，若设

$$\omega_{\alpha}^{\beta}=\Gamma_{\alpha\gamma}^{\beta}du^{\gamma}$$

则得到平行向量场 $\underline{v}=v^{\beta}\underline{e}_{\beta}$ 应满足的微分方程

$$\frac{dv^{\beta}}{ds}+v^{\alpha}\Gamma_{\alpha\gamma}^{\beta}\frac{du^{\gamma}}{ds}=0 \quad (\beta=1,2)$$

如果在（C）的一点 $u^{\alpha}=u^{\alpha}(s_0)$ 处给出曲面的一个切向量 $\underline{v}_0=v_0^{\beta}\underline{e}_{\beta}$，则上述方程组对于初始条件 $s=s_0$ 时 $v^{\beta}=v_0^{\beta}$ 存在唯一解

$$v^{\beta}=v^{\beta}(s)$$

沿曲线（C）的向量场 $\underline{v}=v^{\beta}\underline{e}_{\beta}$ 平行于给定的向量 $\underline{v}_0$，这就称为向量 $\underline{v}_0$ 沿曲线（C）的平行移动。

命题1： 沿曲面上一条曲线平行移动时，保持向量的内积不变。

证明： 给出两个沿曲线（C）的平行的向量场，在曲面上取正交网（u^1，u^2），则

$$\underline{u}=u^1\underline{e}_1+u^2\underline{e}_2 \quad \underline{v}=v^1\underline{e}_1+v^2\underline{e}_2$$

$$\frac{du^{1}}{ds}+u^{2}\frac{\omega_{2}^{1}}{ds}=0 \quad \frac{dv^{1}}{ds}+v^{2}\frac{\omega_{2}^{1}}{ds}=0$$

$$\frac{du^{2}}{ds}+u^{1}\frac{\omega_{1}^{2}}{ds}=0 \quad \frac{dv^{2}}{ds}+v^{1}\frac{\omega_{1}^{2}}{ds}=0$$

所以

$$\frac{d}{ds}(\underline{u}\cdot\underline{v})=\frac{d}{ds}(u^1v^1+u^2v^2)=\frac{du^1}{ds}\cdot v^1+u^1\cdot\frac{dv^1}{ds}+\frac{du^2}{ds}\cdot v^2+u^2\cdot\frac{dv^2}{ds}$$

$$=(u^2v^1+v^1v^2-u^1v^2-u^2v^1)\frac{\omega_1^2}{ds}=0$$

推论： 沿曲面上一曲线平行移动时，保持向量的长度不变，也保持两方向的夹角不变。

由于沿曲线的平行移动保持长度不变，可以只考虑单位向量场

$$v^{\beta} = (\cos\theta, \sin\theta)$$

其中 θ 是 $\underset{\sim}{v}$ 与 $\underset{\sim}{e}_1$ 的夹角，这时平行条件就简化为

$$\mathrm{d}\theta + \omega_1^2 = 0$$

特别地，如果平行移动与路径无关，则上面的双参数的发甫方程式是完全可积的，即弗罗皮尼斯条件成立，这时 $\mathrm{d}\omega_1^2 = 0$ ，所以

$$K = \frac{-\mathrm{d}\omega_1^2}{\omega^1 \wedge \omega^2} = 0$$

于是得到

命题 2：如果曲面的平行移动与路径无关，则这曲面一定是可展曲面。

我们已经知道，曲面上测地曲率为零的曲线为测地线，设 $\tilde{\theta}$ 为此曲线的切向量 $\underset{\sim}{\alpha}$ 与 $\underset{\sim}{e}_1$ 的夹角，因为 $k_g \mathrm{d}s = \mathrm{d}\tilde{\theta} + \omega_1^2$ ，则测地线的方程是

$$\mathrm{d}\tilde{\theta} + \omega_1^2 = 0$$

于是得到

命题 3：测地线是它的测地线沿它自身平行的曲线，即测地线是自平行曲线。

再设向量场 $\underset{\sim}{v}$ 沿测地线平行，则

$$\mathrm{d}\theta + \omega_1^2 = 0 \quad \mathrm{d}\tilde{\theta} + \omega_1^2 = 0$$

其中 θ 是 $\underset{\sim}{v}$ 与 $\underset{\sim}{e}_1$ 的夹角，$\tilde{\theta}$ 是测地线与 $\underset{\sim}{e}_1$ 的夹角，所以

$$\mathrm{d}(\theta - \tilde{\theta}) = 0 \text{ 或 } \theta - \tilde{\theta} = \text{常数}$$

因为 $\theta - \tilde{\theta}$ 是 $\underset{\sim}{v}$ 与测地线的切方向的夹角，因此得到

命题 4：当向量 $\underset{\sim}{v}$ 沿测地线平移时，它与测地线的夹角保持不变。

这个命题给出一向量沿测地线平行移动的做法。

3.3.6 高斯—波涅公式

我们已经知道测地曲率公式是

$$k_g \mathrm{d}s = \mathrm{d}\theta + \omega_1^2$$

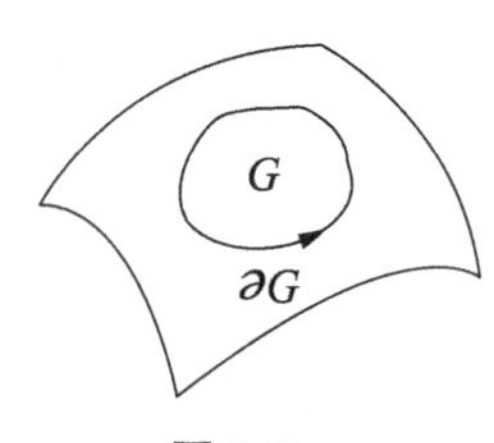

图 3.3

如图 3.3 所示，命 G 是曲面上一个单连通域，假定它的边缘 ∂G 是一条光滑的闭曲线，再规定 ∂G 的正方向如下：使得我们按正方向沿曲线运动时，区域 G 总是在

左边，把上式沿 ∂G 积分得到

$$\int_{\partial G} k_g \mathrm{d}s = \int_{\partial G} \mathrm{d}\theta + \int_{\partial G} \omega_1^2 \tag{3.3.3}$$

可以看出

$$\int_{\partial G} \mathrm{d}\theta = 2\pi$$

并且根据斯托克斯公式

$$\int_{\partial G} \omega_1^2 = \int_G \mathrm{d}\omega_1^2 = -\int_G K\omega^1 \wedge \omega^2$$

代入（3.3.3）式得到

$$\int_G K\omega^1 \wedge \omega^2 + \int_{\partial G} k_g \mathrm{d}s = 2\pi$$

这就是曲面论中著名的高斯—波涅公式。

如果区域 G 的边缘 ∂G 是测地线，则 $k_g = 0$，于是有

$$\int_G K\mathrm{d}A = 2\pi$$

对于一个闭曲面 M 来说，用一条光滑的闭曲线（C）把它分成两个部分 G_1 和 G_2。根据高斯—波涅公式有

$$\int_{G_1} K\mathrm{d}A + \int_{\partial G_1} k_g \mathrm{d}s = 2\pi$$

$$\int_{G_2} K\mathrm{d}A + \int_{\partial G_2} k_g \mathrm{d}s = 2\pi$$

由于 ∂G 与 ∂G_2 的定向相反，把上两式相加后得到

$$\int_M K\mathrm{d}A = 4\pi$$

如图3.4所示，如果 ∂G 是分段光滑的，设它在非光滑点处的内角分别为 $\alpha_1, \alpha_2, \cdots, \alpha_i$，则

$$\int_{\partial G} \mathrm{d}\theta = 2\pi - \sum_i (\pi - \alpha_i)$$

因此，高斯—波涅公式应改成

$$\int_G K\mathrm{d}A + \int k_g \mathrm{d}s + \sum_i (\pi - \alpha_i) = 2\pi$$

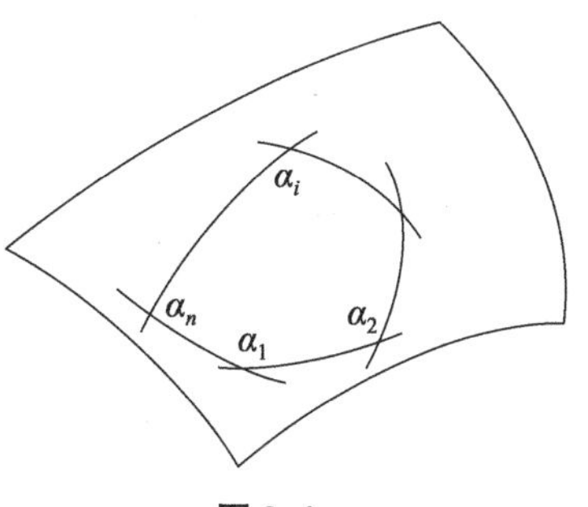

图3.4

设 G 是曲面 M 上由测地线构成的 n 边形（称为测地多边形）因为 $k_g = 0$，则有

$$\int_G K\mathrm{d}A = 2\pi - \sum_{i=1}^{n}(\pi - \alpha_i)$$

特别地，如果 G 是曲面 M 上的测地三角形，则有

$$\int_G K\mathrm{d}A = (\alpha_1 + \alpha_2 + \alpha_3) - \pi$$

实例：在半径为 r 的球面上，$K = \frac{1}{r^2} > 0$，所以

$$\int_G K\mathrm{d}A = \frac{1}{r^2}\int_G \mathrm{d}A = \frac{1}{r^2} \times (\text{球面三角形的面积})$$

于是从高斯—波涅公式得到球面三角形的面积是

$$A = r^2\int_G K\mathrm{d}A = r^2(\alpha_1 + \alpha_2 + \alpha_3 - \pi)$$

这说明伪球面或罗氏球面上的测地三角形的内角和小于 π。

3.3.7 闭曲面的欧拉示性数

在前面我们已经证明了（无孔的）闭曲面 M 的高斯—波涅公式

$$\int_M K\mathrm{d}A = 4\pi$$

现在我们要把它推广到任意闭曲面上去。

设 M 是 E^3 中的闭曲面，用测地线把它剖分成测地多边形所包围的区域 $M_1, M_2, \cdots, M_F$，这时，可以把 M 看成一个弯曲多面体。设此多面体的顶点数为 V，棱数为 E，面数为 F，则 M 的欧拉示性数定义为

$$\aleph(M) = V - E + F$$

定理：设 M 是 E^3 中的闭曲面，则

$$\int_M K\mathrm{d}A = 2\pi\aleph(M)$$

证明：设 $M_i(i = 1, 2, \cdots, F)$ 是用测地线把 M 所剖分成的域，则

$$\int_M K\mathrm{d}A = \sum_{i=1}^{F}\int_{M_i} K\mathrm{d}A$$

根据高斯—波涅公式

$$\int_{M_i} K\mathrm{d}A + \int_{\partial M_i} k_g \mathrm{d}s = \int_{\partial M_i} \mathrm{d}\theta$$

其中 ∂M_i 是测地线弧构成的多边形，所以

$$\int_{\partial M_i} k_g \mathrm{d}s = 0$$

设 ∂M_i 的内角是 α_{ij}，则

$$\int_{\partial M_i} \mathrm{d}\theta = 2\pi - \sum_j (\pi - \alpha_{ij})$$

所以

$$\int_M K\mathrm{d}A = \sum_{i=1}^{F} [2\pi - \sum_j (\pi - \alpha_{ij})] = 2\pi F - \sum_{i=1}^{F}\sum_j \pi + \sum_{i=1}^{F}\sum_j \alpha_{ij}$$

注意： $\sum_j \pi = (M_i \text{ 的顶点数}) \cdot \pi = (M_i \text{ 的棱数}) \cdot \pi$

所以
$$\sum_{i=1}^{F}\sum_j \pi = 2\pi E$$

此外
$$\sum_{i=1}^{F}\sum_j \alpha_{ij} = 2\pi V$$

则有
$$\int_M K\mathrm{d}A = 2\pi F - 2\pi E + 2\pi V = 2\pi \aleph(M)$$

习题

1. 求单参数活动标架的相对分量。
2. 用活动标架法研究空间曲线。
3. 设曲面的第一基本形式是

$$\mathrm{d}s^2 = E\mathrm{d}u^2 + G\mathrm{d}v^2$$

具体计算相对分量 ω_1^2，并求高斯曲率 K，特别地，如果

$$\mathrm{d}s^2 = \frac{\mathrm{d}u^2 + \mathrm{d}v^2}{[1 - (u^2 + v^2)]^2} \text{ 或 } \mathrm{d}s^2 = \frac{\mathrm{d}u^2 + \mathrm{d}v^2}{v^2}$$

求证 $K = -1$

4. 设曲面的第一基本形式是

$$\mathrm{d}s^2 = [U(u) + V(v)](\mathrm{d}u^2 + \mathrm{d}v^2)$$

计算相对分量 $\omega^1, \omega^2, \omega_1^2$ 和高斯曲率 K。

5. 设曲面的第一基本形式是

$$\mathrm{d}s^2 = \frac{\mathrm{d}u^2 - 4v\mathrm{d}u\mathrm{d}v + 4u\mathrm{d}v^2}{4(u - v^2)} \quad (u > v^2)$$

计算相对分量 $\omega^1,\omega^2,\omega_1^2$ 和高斯曲率 K 。

6. 在曲面域中，设其高斯曲率为负或零，试用高斯—波涅公式证明不能有两条测地线交于两点 P,Q（图3.5）。

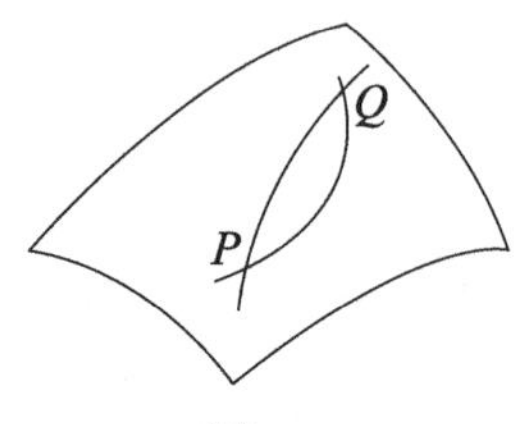

图3.5

7. 如图3.6所示，设曲面域 A 为四边形，在顶点 P_1,P_2,P_3,P_4 的内角设为 L_1,L_2,L_3,L_4 ，试证：

$$\int_A K\omega^1 \wedge \omega^2 + \int_{\partial A} k_g \mathrm{d}s = L_1 + L_2 + L_3 + L_4 - 2\pi$$

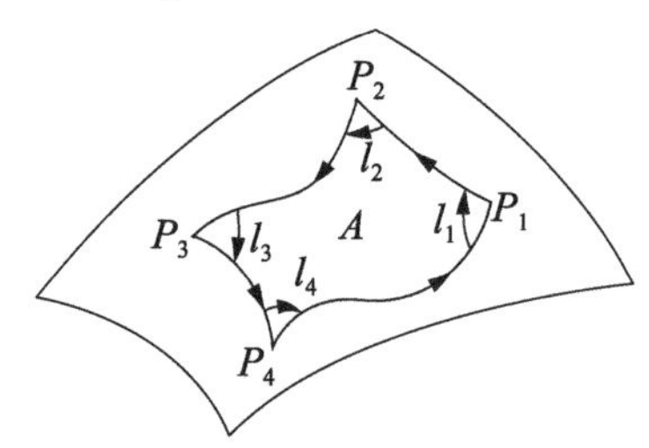

图3.6

8. 设定向的闭曲面 s 被剖分成几个四边形，而且各顶点正好集聚四个四边形（图3.7），试证这时有

$$\int_s K\omega^1 \wedge \omega^2 = 0$$

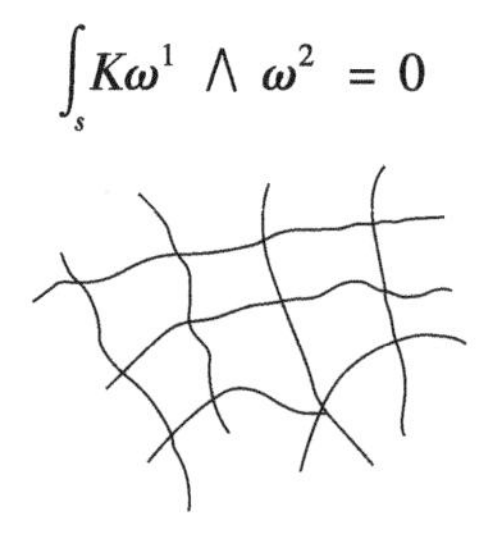

图3.7

9. 对于定向的闭曲面 s 上定义的一次微分形式 φ ，试证

$$\int_s \mathrm{d}\varphi = 0$$

第 4 章　曲线和曲面的整体性质

在第 1—2 章中，我们介绍了曲线和曲面的局部性质。当然曲线的弧长，曲面的面积应当属于图形的整体性质；不过在那里涉及整体性质是为讨论局部性质做准备的。

在本章我们将讨论曲线和曲面的整体性质。研究图形整体性质较之局部性质要困难些，采用的方法也相对地缺乏一贯性。(这些我们联想到微分法和积分法的差异)。

4.1　平面曲线

给出平面曲线 (C)

$$\underline{\boldsymbol{r}} = \underline{\boldsymbol{r}}(t) \quad t \in [a,b]$$

若它满足相应的条件，我们分别称曲线 (C) 是：

光滑的——对于每一个 $t \in [a,b]$，导矢 $\underline{\boldsymbol{r}}'(t)$ 存在，且 $\underline{\boldsymbol{r}}'(t) \neq 0$。光滑曲线亦称正则曲线或正规曲线。

简单的——矢函数 $\underline{\boldsymbol{r}} = \underline{\boldsymbol{r}}(t)$ 是一一的。即如果 $t_1 \neq t_2 (t_1, t_2 \in [a,b])$，则 $\underline{\boldsymbol{r}}(t_1) \neq \underline{\boldsymbol{r}}(t_2)$。简单曲线亦称单纯曲线。

闭的——矢函数 $\underline{\boldsymbol{r}} = \underline{\boldsymbol{r}}(t)$ 是周期函数。即存在实数 ω，使得 $\boldsymbol{r}(t) = \underline{\boldsymbol{r}}(t+\omega)$。若 ω 是等式 $\underline{\boldsymbol{r}}(t) = \underline{\boldsymbol{r}}(t+\omega)$ 成立的最小正数，则称 ω 是曲线 (C) 的周期。可以证明，若曲线 (C) 取自然参数 s。设 L 是它的周期，则 $\underline{\boldsymbol{r}}(s) = \underline{\boldsymbol{r}}(s+L)$，并 L 为曲线 (C) 的周长。

凸的——曲线 (C) 是光滑的，且曲线上的每一点都位于它切线的同一侧。

我们要研究平面曲线的一些重要性质，无特别声明都假定曲线是光滑的。

4.1.1 等圆问题

定理1：在平面上具有定长 L 的一切简单闭曲线中，设它围成的面积为 A，则

$$L^2 \geq 4\pi A$$

且等号成立的条件是：当且仅当曲线（C）是圆。

推论：在平面上具有定长的简单闭曲线中，圆所包围的面积最大。

下面给出 Schmid（1939）的证明方法。

如图4.1所示，作曲线（C）的两条平行切线 l_1, l_2。使（C）介于 l_1, l_2 之间，切点分别为 $A(s_1), B(s_2)$。然后作圆 O 与 l_1, l_2 都相切，使它与（C）不相交。以 O 为原点建立直角坐标系，使 y 轴平行于 l_1, l_2。设（C）的自然参数表示为

$$\underset{\sim}{\boldsymbol{r}}(s) = (x(s), y(s))$$

显然 $\dot{\underset{\sim}{\boldsymbol{r}}}(s) = (\dot{x}(s), \dot{y}(s))$，$|\dot{\underset{\sim}{\boldsymbol{r}}}(s)| = \sqrt{\dot{x}^2 + \dot{y}^2} = 1$，$\dot{x}^2(s) + \dot{y}^2(s) = 1$

再设圆 O 的一般参数表示为

$$\bar{\underset{\sim}{\boldsymbol{r}}}(s) = (x(s), \omega(s))$$

则 $\omega(s) = \begin{cases} -\sqrt{r^2 - x^2} & 0 \leqslant s \leqslant s_2 \\ \sqrt{r^2 - x^2} & s_2 \leqslant s \leqslant L \end{cases}$

其中 r 是圆 O 的半径。这样在（C）与圆 O 点之间建立了一对一的关系。

由微分学知道，（C）所围成的面积

$$A = \int_{(C)} x\mathrm{d}y = \int_0^L x\dot{y}\mathrm{d}s ① \tag{4.1.1}$$

圆 O 所围成的面积：

---

① 格林公式

$$\iint_G \left(\frac{\partial Q}{\partial x} - \frac{\partial P}{\partial y}\right)\mathrm{d}x\mathrm{d}y = \int_{\partial G} P\mathrm{d}x + Q\mathrm{d}y$$

当 $P = 0, Q = x$ 时，$\iint_G \mathrm{d}x\mathrm{d}y = \int_{\partial G} x\mathrm{d}y$

当 $P = -y, Q = 0$ 时，$\iint_G \mathrm{d}x\mathrm{d}y = \int_{\partial G} -y\mathrm{d}x$

$$\pi r^2 = -\int_{\odot o} \omega \mathrm{d}x = -\int_0^L \omega x' \mathrm{d}s \tag{4.1.2}$$

(4.1.1) + (4.1.2) 得

$$\begin{aligned} A + \pi r^2 &= \int_0^L (xy' - \omega x')\mathrm{d}s \leqslant \int_0^L |xy' - \omega x'| \mathrm{d}s \\ &= \int_0^L |\langle (x, -\omega), (y', x') \rangle| \mathrm{d}s \\ &\leqslant \int_0^L |(x, -\omega)| |(y', x')| \mathrm{d}s \text{①} \\ &= \int_0^L r \mathrm{d}s \\ &= rL \end{aligned}$$

又由于两个正数的几何平均数小于或等于它们的算术平均数，因此

$$\sqrt{A \cdot \pi r^2} \leqslant \frac{A + \pi r^2}{2} \leqslant \frac{L}{2}$$

也就是 $L^2 \leqslant 4\pi A$

于是我们证明了等周不等式。下面证明等号成立的条件。

如果 $L^2 \leqslant 4\pi A$，则上述证明过程中所有等号成立，于是

$$|\langle (x, -\omega), (y', x') \rangle| = |(x, -\omega)| |(y', x')| = r$$

这说明向量 $(x, -\omega)$ 与单位向量 (y', x') 是平行的，有

$$(x, -\omega) = r(x', y')$$

因此得

$$x = ry' \tag{4.1.3}$$

再作 (C) 的两条平行切线 l_3, l_4，且与 l_1, l_2 垂直。作圆 $\widetilde{O}$，使得 l_3, l_4 是它的切线，且与 (C) 不相交。重复上面的证明，有类似的结果

$$\tilde{x} = r\tilde{y}' \text{②}$$

坐标系 xOy 与 $\tilde{x}\widetilde{O}\tilde{y}$ 之间的坐标变换式是

$$\tilde{x} = y - m, \tilde{y} = -x + n \Rightarrow \tilde{y}' = -x'$$

---

① 两个非零向量 $\boldsymbol{a}, \boldsymbol{b}$ 有

$$|(\boldsymbol{a} \cdot \boldsymbol{b})| \leqslant |\boldsymbol{a}| |\boldsymbol{b}|$$

② 对曲线 (C)，若 $L^2 = 4\pi A \Rightarrow A + \pi r^2 = rL$。由于 L 是定值，由前面一个等式知 A 是定值，于是由后一个式子推得 r 是定值。

其中 m,n 是常数。于是

$$y-m=\tilde{x}=r\tilde{y}' \tag{4.1.4}$$

$(4.1.3)^2+(4.1.4)^2$ 并利用 $\tilde{y}'=-x'$ 得

$$x^2+(y-m)^2=r^2y_2'+r^2(-x')^2=r^2$$

这说明曲线 (C) 是在坐标系 xOy 下以 (O,m) 为圆心，半径为 r 的圆。定理证毕。

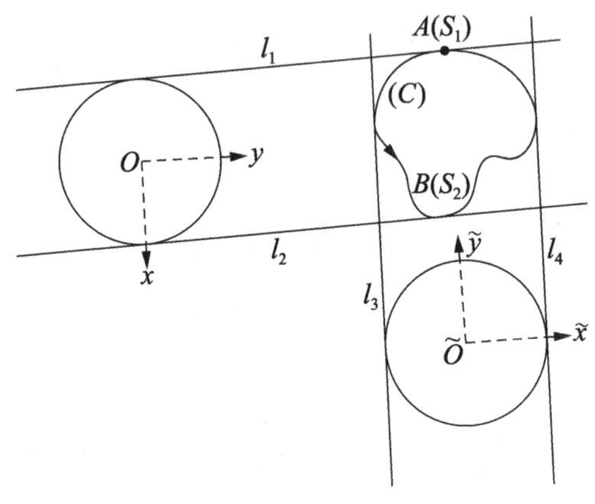

图 4.1

4.1.2 切线的旋转指标定理

对于平面闭曲线 (C)：

$$\underline{r}=(x(s),y(s))\quad s\in[0,L]$$

s 是曲线的自然参数，L 为曲线的周长。

设 (C) 是 C^2 类的，它们的向量

$$\underline{\boldsymbol{\alpha}}(s)=(x(s),y(s))$$

具有单位长。因此 $\underline{\boldsymbol{\alpha}}=\underline{\boldsymbol{\alpha}}(s)$ 矢端曲线是单位圆 (s)（称为 (C) 的切线象）。这种 $(C)\to(s)$ 的映射，称为切映射。显然对平面闭曲线来说切映射是满射，但不一定是单射。

设 $\theta(s)$ 表示从 x 轴正向到 s 点的切向量 $\underline{\boldsymbol{\alpha}}(s)$ 之间的夹角，并确定它是连续可微的［不然的话，可造一个函数 $\bar{\theta}(s)=\theta(s)(\mathrm{mod}2\pi)$ 是连续可微的］。因为 $\underline{\boldsymbol{\alpha}}(0)=\underline{\boldsymbol{\alpha}}(L)$，故 $\theta(L)-\theta(0)$ 必为 2π 的整数倍，而曲线 (C) 的切向量在单位圆 (s) 上绕了若干圈（逆时针旋转时，圈数为正；顺时针旋转时，圈

数为负，如图 4.2 所示）。

定义：平面闭曲线（C）的切向量$\underline{\boldsymbol{\alpha}}$（$s$）的矢端点于切映射下的象点在单位圆（$s$）上所绕的圈数 n_c 称为（C）的旋转指标。

由上述定义可以看出：

$$n_c = \frac{\theta(L) - \theta(0)}{2\pi} = \frac{1}{2\pi}\int_0^L \mathrm{d}\theta(s)$$

再由平面曲线的相对曲率的意义

$$k_r = \frac{\mathrm{d}\theta(s)}{\mathrm{d}s}$$

得

$$n_c = \frac{1}{2\pi}\int_0^L k_r \mathrm{d}s$$

定义：积分 $\int_0^L k_r \mathrm{d}s$ 称为曲线（C）的相对总曲率，记为 $\hat{k}_r$，即

$$\hat{k}_r = \int_0^L k_r \mathrm{d}s$$

于是

$$n_c = \frac{\hat{k}_r}{2\pi}$$

或

$$\hat{k}_r = 2\pi n_c$$

也就是说，平面闭曲线的相对总曲率等于它旋转指标的 2π 倍。[①]

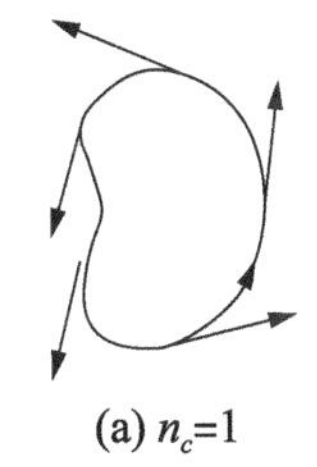

(a) n_c=1

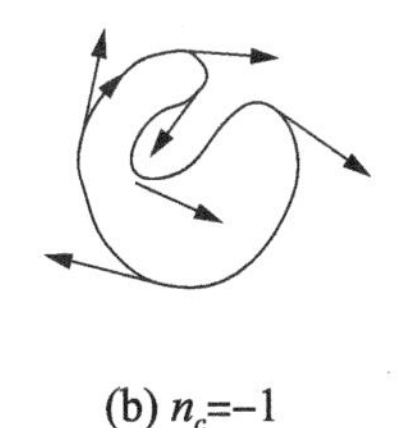

(b) n_c=−1

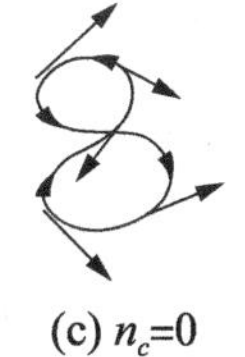

(c) n_c=0

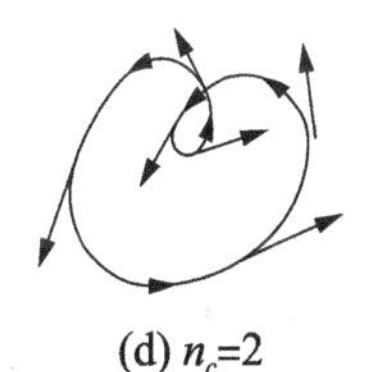

(d) n_c=2

图 4.2

从图 4.2（a）（b）看到，简单闭曲线的旋转指标是 ±1（当曲线方向相

---

① 可以证明，当（C）的方向是按逆时针方向描绘时，它的相对总曲率 $\hat{k}_r$ 等于它的切线象在（s）上描出的弧段的代数长。事实上，

$$\int_0^L |\underline{\alpha}(s)| \mathrm{d}s = \int_0^L |k_r \underline{n}| \mathrm{d}s = \int_0^L |k_r| \mathrm{d}s = \hat{k}_r$$

反时，n_c 取相反数)。如果闭曲线不是简单的，即有自交点时，它的旋转指标就不是 ±1，一般的有下述切线旋转指标定理：

定理2：简单闭曲线 (C) 的旋转指标：$n_c = \pm 1$。

证明：在 (C) 上总可以找到一点 o，使得整个曲线位于 o 点处切线的同一侧，再取直角坐标系 xOy，使 x 轴得正向为 (C) 在 o 点的切方向，再设曲线位于上半平面，且它的方向是逆时针的。

如图4.3所示，在 (C) 上任取两点 P,Q，对应的参数为 u,v，且 $0 \leqslant u \leqslant v \leqslant L$。如果 P,Q 是两个不同的点，作向量 $\boldsymbol{PQ}$；如果 $P \equiv Q$，则作 (C) 在该点的切向量 $\underline{\alpha}(u)$，于是在 (u,v) 平面的区域

$$\Delta = \{(u,v), 0 \leqslant u \leqslant v \leqslant L\}$$

上，可以作出如下连续可微的单位向量函数 $\underline{\boldsymbol{a}}(u,v)$ 为

$$\underline{\boldsymbol{a}}(u,v) = \begin{cases} \dfrac{\boldsymbol{PQ}}{|\boldsymbol{PQ}|} = \dfrac{\underline{\boldsymbol{r}}(u) - \underline{\boldsymbol{r}}(v)}{|\underline{\boldsymbol{r}}(u) - \underline{\boldsymbol{r}}(v)|} & \text{当 } 0 \leqslant u < v \leqslant L \text{ 时} \\ \underline{\alpha}(u) & \text{当 } u = v \text{ 时} \\ -\underline{\alpha}(0) & \text{当 } u = 0, v = L \text{ 时} \end{cases}$$

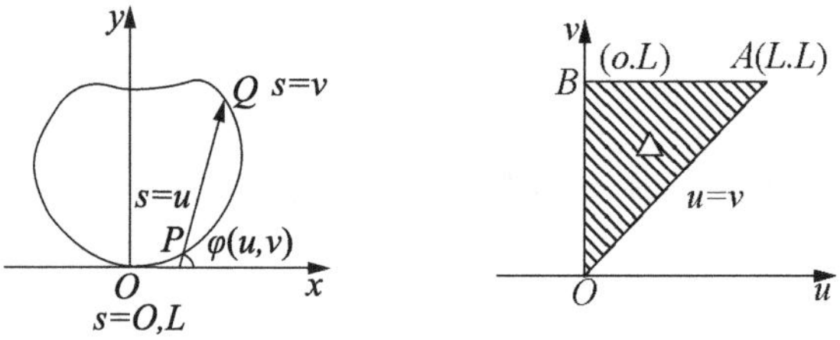

图4.3

命 $\varphi(u,v) = (\boldsymbol{Ox}, \underline{\boldsymbol{a}}(u,v))$　$(0 \leqslant \varphi \leqslant 2\pi)$，则 $\varphi(u,v)$ 为定义在 Δ 上的连续可微函数。因为 $\underline{\boldsymbol{a}}(u,u)$ 是 (C) 在 $s = u$ 处的切向量 $\underline{\boldsymbol{\alpha}}(u)$，所以

$$\varphi(u,u) = \theta(u)$$

因此 $2\pi n_c = \theta(L) - \theta(0) = \int_0^L \mathrm{d}\theta = \int_{\overline{OA}} \mathrm{d}\varphi$

由 $\varphi(u,v)$ 的连续可微性知道

$$\frac{\partial}{\partial v}\left(\frac{\partial \varphi}{\partial u}\right) = \frac{\partial}{\partial u}\left(\frac{\partial \varphi}{\partial v}\right)$$

对 Δ 应用 Green 公式，就得到

$$\int_{\overline{OA}+\overline{AB}+\overline{BO}} \mathrm{d}\varphi = \int_{\overline{OA}+\overline{AB}+\overline{BO}} \left(\frac{\partial \varphi}{\partial u}\mathrm{d}u + \frac{\partial \varphi}{\partial v}\mathrm{d}v\right)$$

$$= \iint_{\Delta} \left[\frac{\partial}{\partial u}\left(\frac{\partial \varphi}{\partial v}\right) - \frac{\partial}{\partial v}\left(\frac{\partial \varphi}{\partial u}\right)\right]\mathrm{d}u\mathrm{d}v = 0$$

因为

$$\int_{\overline{OA}+\overline{AB}+\overline{BO}} \mathrm{d}\varphi = \int_{\overline{OA}} \mathrm{d}\varphi - \int_{\overline{OB}} \mathrm{d}\varphi - \int_{\overline{BA}} \mathrm{d}\varphi$$

所以 $2\pi n_c = \int_{\overline{OA}} \mathrm{d}\varphi = \int_{\overline{BA}} \mathrm{d}\varphi + \int_{\overline{OB}} \mathrm{d}\varphi$

先来计算 $\int_{\overline{OB}} \mathrm{d}\varphi$

因为沿着 $\overline{OB}$，$u = 0$，v 从 0 至 L，所以

$$\int_{\overline{OB}} \mathrm{d}\varphi = \int_{v=0}^{v=L} \mathrm{d}\varphi(0,v)$$

但 $\varphi(0,v)$ 表示 x 轴正向到 $\boldsymbol{OQ}$ 的夹角，当 v 由 0 至 L 时相当于 Q 从 O 点沿曲线方向旋转一周，因为曲线在上半平面，$\boldsymbol{OQ}$ 不可能指向下半平面，它从 $\underline{\boldsymbol{a}}(O,O) = \underline{\boldsymbol{\alpha}}(O)$ 旋转到 $\underline{\boldsymbol{a}}(O,L) = -\underline{\boldsymbol{\alpha}}(O)$（图 4.4）。于是

$$\int_{\overline{OB}} \mathrm{d}\varphi = \int_{v=0}^{v=L} \mathrm{d}\varphi(0,v) = \pi$$

同理

$$\int_{\overline{BA}} \mathrm{d}\varphi = \int_{u=0}^{u=L} \mathrm{d}\varphi(u,\underline{L})$$

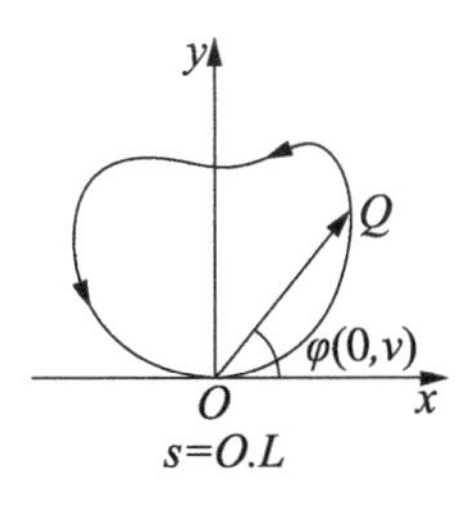

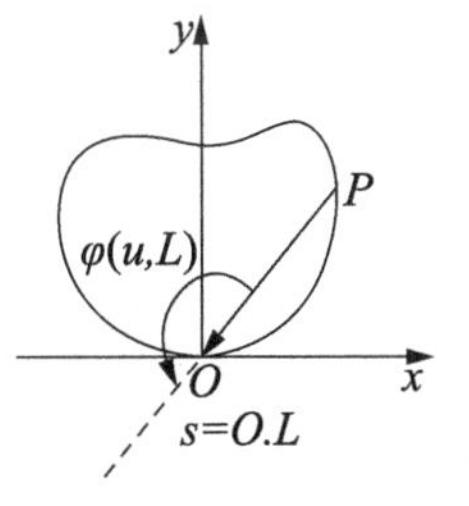

图 4.4

当 P 点从 O 点沿曲线旋转一周时，$\boldsymbol{PO}$ 总是指向下半平面。它从 $\underline{\boldsymbol{a}}(O,L) = -\underline{\boldsymbol{\alpha}}(O)$ 旋转到 $\underline{\boldsymbol{a}}(L,L) = \underline{\boldsymbol{\alpha}}(L) = \underline{\boldsymbol{\alpha}}(O)$，于是 $\varphi(0,v)$ 的变化从 π 至 2π，即

$$\int_{\overline{BA}} \mathrm{d}\varphi = \int_{u=0}^{u=L} \mathrm{d}\varphi(u,L) = \pi$$

因此 $$2\pi n_c = \int_{\overline{BA}} \mathrm{d}\varphi + \int_{\overline{OB}} \mathrm{d}\varphi = \pi + \pi = 2\pi$$

即 $$n_c = 1$$

如果曲线 (C) 位于下半平面，则会得到 $n_c = -1$ 。定理证毕。

推论：简单闭曲线（光滑的）的切向量绕曲线旋转一周的旋转角为 2π 。即

$$\int_0^L \mathrm{d}\theta(s) = 2\pi$$

这个结果在研究曲线的局部性质时已用过，这里给出了它的严格证明。

上述定理对分段光滑闭曲线也有类似的结果。

定理3：设分段光滑闭曲线 (C) 是由若干段光滑曲线 $C_1, C_2, \cdots, C_n$ 所组成的，在角点 $A_1, A_2, \cdots, A_n$ 处曲线 (C) 的外角分别为 $\theta_1, \theta_2, \cdots, \theta_n$（图 4.5），则

$$\sum_{i=1}^{n} \int_{C_i} \mathrm{d}\theta + \sum_{i=1}^{n} \theta_i = 2\pi$$

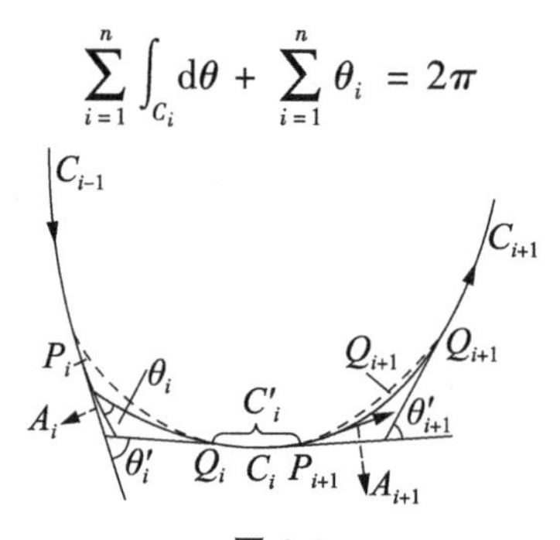

图 4.5

证明：设 (C) 的方向是逆时针的，在每一交点 A_i 的近旁取点 $P_i \in C_{i-1}$（当 $i = 1$ 时，取 $P_1 \in C_n$），点 $Q_i \in C_i$ 。作一条在 P_i, Q_i 点与 (C) 相切的光滑曲线 $\widehat{P_iQ_i}$ ，并用它代替 $\widehat{P_iA_i} + \widehat{A_iQ_i}$ ，且简记 $\widehat{Q_iP_{i+1}}$ 部分（当 $i = n$ 时，记 $\widehat{Q_mP_1}$ 为 C'_n）为 C'_i 。于是分段光滑曲线 (C) 被光滑曲线

$$(C'): \widehat{P_1Q_1} + C'_1 + \widehat{P_2Q_2} + C'_2 + \cdots + \widehat{P_nQ_n} + C'_n$$

所代替。由定理 2，(C') 的切向量绕 (C') 一周转角为 2π ，即切向量沿 $\widehat{P_1Q_1}$ 的转角 + 沿 C'_1 的转角 + ⋯ + 沿 $\widehat{P_nQ_m}$ 的转角 + 沿 C'_n 的转角 = 2π

设 P_i 点的切向量与 Q_i 的切向量所成的外角为 Q'_i，于是 (C') 的切向量沿 $\widehat{P_iQ_i}$ 的转角为 θ'_i。因此

θ_1' + 切向量沿 C_1' 的转角 + ⋯ + θ_n' + 切向量沿 C_n' 的转角 = 2π

当点 P_i，$Q_i \to A_i$ 时，显然有 $\theta_i' \to \theta_i$。切向量沿 C_i' 的转角 → 切向量沿 C_i 的转角，所以上式取极限后得到：

θ_1 + 切向量沿 C_1 的转角 + ⋯ + θ_n + 切向量沿 C_n 的转角 = 2π

因为切向量沿 C_i 的转角为 $\int_{C_i} \mathrm{d}\theta$。所以上式即为

$$\sum_{i=1}^{n} \int_{C_i} \mathrm{d}\theta + \sum_{i=1}^{n} \theta_i = 2\pi$$

4.1.3　凸曲线

我们已经知道，平面闭凸曲线位于它每一条切线的同一侧。因此闭凸曲线必定是简单的。下面我们利用闭凸曲线的相对曲率 $k_r(s)$ 来表述它的重要性质。

引理1：若闭凸曲线 (C) 在 A,B 两点的切线重合，则 (C) 含有直线段 AB 作为它的组成部分。

证明：如图4.6所示，设 (C) 在 A,B 两点的公共切线为 l。在 AB 上任取一点 G，下面证明 G 在 (C) 上即可。

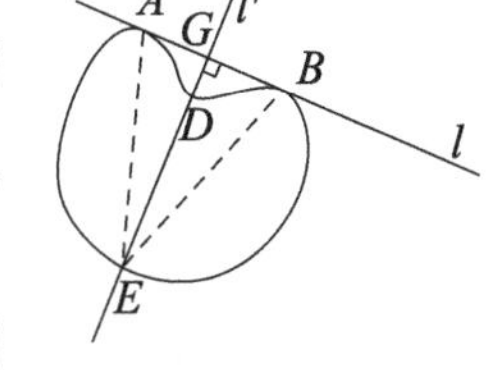

图4.6

假若 G 不是 (C) 上的点，我们过 G 作 l 的垂线 l'，它与 (C) 至少交于两点 D,E，显然 D,E 位于 l 的同一侧（由 (C) 的凸性保证）。设 D 为其中距 G 较近的一个，则 D 居于 ΔABE 的内部。这样，若作 (C) 在 D 点的切线 g，于是在 g 的两侧都有 (C) 上的点，这与 (C) 的凸性矛盾，因此只有 D 与 G 重合。也就是 G 是 (C) 上的点。

这个引理可分析表达为下面的

引理2：设闭凸曲线 (C)：$\underline{\boldsymbol{r}} = \underline{\boldsymbol{r}}(s)$　$(0 \leqslant s \leqslant L)$

s 是自然参数，L 是 (C) 的周长；$\theta(s)$ 是 (C) 的切向量 $\underline{\alpha}(s)$ 的旋转角函数。若 $\theta(s_1) = \theta(s_2)$，$(0 \leqslant s_1 < s_2 \leqslant L)$，则 $\theta(s)$ = 常数 $(s \in [s_1, s_2])$。

证明：设 $\theta(s_1) = \theta(s_2) = \theta_0$，且参数 s_1, s_2 所对应的曲线 (C) 上两点 A，B。在这两点的切向量均为

$$\underline{\boldsymbol{\alpha}}_0 = \cos\theta_0 \, \underline{i} + \sin\theta_0 \, \underline{j}$$

（不过，注意有相同的切向量，不一定有相同的切线）。据切线旋转指标定理

知道，曲线 (C) 的切映射是满射，因此在 (C) 上必至少存在一点 P ，使得在该点的切向量是

$$-\boldsymbol{\alpha}_0 = \cos(\pi + \theta_0)\, \underline{i} + \sin(\pi + \theta_0)\, \underline{j}$$

这样，(C) 在 A,B,P 三点的切线平行。于是这三条切线中至少有两条重合（否则，其中必有一条夹在另外的两条的中间，而这条切线的两侧都有 (C) 上的点，与 (C) 的凸性矛盾）。先设 A,B 两点具有公共的切线，然后说明只有这种可能。

据引理 1 ，直线段 AB 是 (C) 的组成部分，因而在 AB 上所有的点

$$\theta(s) = 常数\ (s \in [s_1, s_2])$$

即 (C) 在 A,B 两点的 θ 值相等。可是前面已假设 A,B 两点的旋转角

$$\theta(s_1) = \theta(s_2) = \theta_0$$

$$P\ 点的\quad \theta(s) = \theta_0 + \pi$$

所以以上的假设是正确的。这就证明了引理 2。

推论 1：对于闭凸曲线 (C) ，若 $\theta(s_1) = \theta(s_2)$， $0 \leqslant s_1 < s_2 \leqslant L$ ，则相对曲率

$$k_r(s) = 0 \quad s \in [s_1, s_2]$$

推论 2：闭凸曲线的切线旋转角函数 $\theta(s)$ 是单调的（不一定严格）。

证明：假若 $\theta(s)$ 不单调，则必有

$$\theta(s_1) = \theta(s_2) \neq \theta(s_3), s_1 < s_3 < s_2$$

但据引理 2，在 $[s_1, s_2]$ 上，$\theta(s) = 常数$。这就导致矛盾。

定理 4：平面上简单闭曲线是凸的充要条件是适当地选择曲线的正向，使 $k_r(s) \geq 0$ 。

证明：因为

$$k_r(s) = \frac{\mathrm{d}\theta(s)}{\mathrm{d}s}$$

所以，$k_r(s) \geq 0$ 等价于 $\theta(s)$ 单调增加（不一定严格）。

(1) 必要性：推论 2 已有结论。

(2) 充分性：设 $k_r(s) \geq 0$ ，即 $\theta(s)$ 是单调增加的，采用反证法。如图 4.7 所示，如果曲线 (C) 不是凸的，则存在 (C) 上一点 A ，在 A 点切线的两侧都有 (C) 上的点。由于 (C) 是闭的，则 l 的两侧分别存在 (C) 上与 l 距离最

远的点 B 和 D(C) 上对 l 有向距离的极值点)。这时 (C) 在 B,D 点的切线 l_1,l_2 必平行于 l 。这样在 A,B,D 三点中必存在两点 s_1,s_2 处的单位切向量相等，即

$$\underline{\boldsymbol{\alpha}}(s_2)=\underline{\boldsymbol{\alpha}}(s_1)\quad s_1<s_2$$

并且 $\theta(s_2)=\theta(s_1)+2k\pi$ (k 是整数)。由于 (C) 是简单闭曲线，根据旋转指标定理, k 只能取 0 或 ± 1 。

1）如果 $k=0$ ，则 $\theta(s_2)=\theta(s_1)\Rightarrow\theta(s)=$ 常数 $s\in[s_1,s_2]$

2）如果 $k=\pm 1$ ，则, $\theta(s_2)-\theta(s_1)=\pm 2\pi$ 但 $\theta(s)$ 在 $[0,\ L]$ 上的变化不超过 2π (图4.8)。

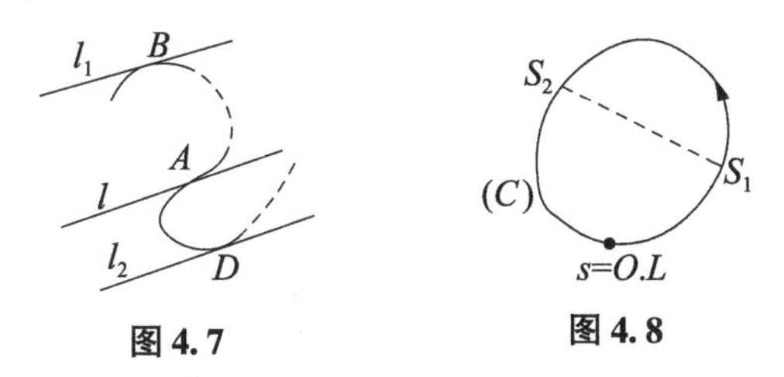

图4.7　　图4.8

因此, $\theta(s_1)-\theta(0)=0\quad\theta(L)-\theta(s_2)=0$

或 $\theta(0)-\theta(s_1)=0\quad\theta(s_2)-\theta(L)=0$

以上两种情形，都说明 s_1,s_2 两点把闭曲线 (C) 分成两段，而其中必有一段是直线段（1）在图的上一段；（2）在图的下一段。因此曲线 (C) 在 s_1,s_2 两点的切线与这直线段重合，这与假设中 l_1,l_2,l 是 (C) 的三条不同的切线相矛盾。所以 (C) 是凸的。

注意：(1) $k_r(s)\geq 0$ 与 $k_r(s)\leqslant 0$ 的差别只是在于 (C) 按逆时针或顺时针方向描绘的。

(2) 定理中“简单的”这一条件不能忽视。例中图4.9中有自交的曲线，虽然函数 $\theta(s)$ 是单调的，但它不是凸的。

下面我们来介绍著名的四顶点定理。

所谓闭凸曲线上的顶点，指的是 $k(s)=0$ 的点。例如椭圆

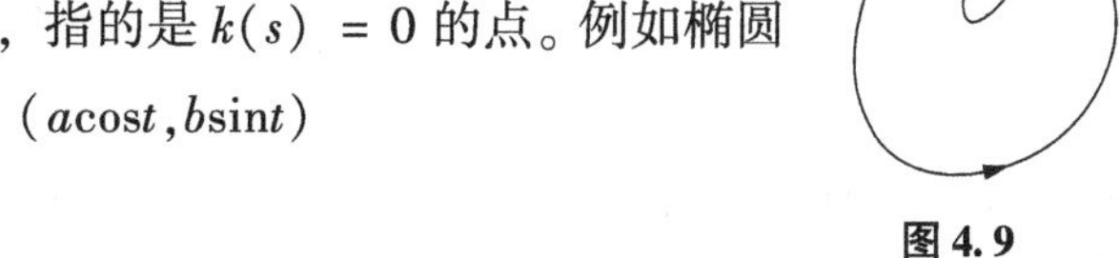

$$\underline{\boldsymbol{r}}(t)=(a\cos t,b\sin t)$$

上有四个顶点：

图4.9

$$t=0,\frac{\pi}{2},\pi,\frac{3\pi}{2}$$

定理5：一条闭凸曲线上至少有四个顶点。

证明：如图4.10，设闭凸曲线（C）不是圆，$k_r(s) \neq$ 常数。因而 $k_r(s)$ 一定可有整体极大值和极小值，设这两个极值点为 $P_1(s_1), P_2(s_2)$。显然 $k(s_1) = k(s_2) = 0$，即 P_1, P_2 是（C）的两个顶点。P_1, P_2 把（C）分成（C_1），（C_2）两个开弧段。下面我们将证明，如果（C）只有 P_1, P_2 两个顶点，将引出矛盾。

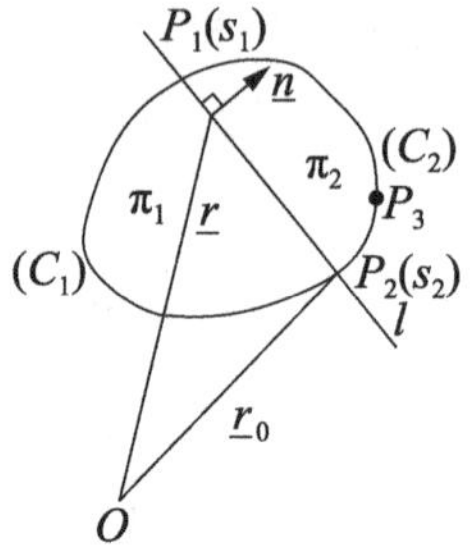

图 4.10

设连结 P_1, P_2 两点的直线 l 的方程为

$$\underline{\boldsymbol{n}} \cdot \underline{\boldsymbol{r}} - p = 0$$

（其中 $\underline{\boldsymbol{n}}$ 是 l 的法线矢，p 为常数，$\underline{\boldsymbol{r}}$ 为 l 上任意点的径矢。）l 把（C）所在的平面分成两个部分 π_1 和 π_2。对于 π_1 上任意点的径矢 $\underline{\boldsymbol{r}}$，$\underline{\boldsymbol{R}} - \underline{\boldsymbol{r}}_0$ 与 $\underline{\boldsymbol{n}}$ 成锐角（$\underline{\boldsymbol{n}}$ 为常矢），于是

$$\underline{\boldsymbol{n}} \cdot \underline{\boldsymbol{r}} - p > 0$$

类似地，在 Π_2 上

$$\underline{\boldsymbol{n}} \cdot \underline{\boldsymbol{r}} - p < 0$$

由假设，在开弧段（C_1），（C_2）上，均无 $k_r(s) = 0$ 的点，因此 $k(s)$ 在（C_1），（C_2）上均不变号。不妨设在（C_1）上 $k_r(s) > 0$，在（C_2）上 $k_r(s) < 0$。于是不论在哪一段上，总有

$$k_r(s)(\underline{\boldsymbol{n}} \cdot \underline{\boldsymbol{r}}(s) - p) > 0$$

沿曲线（C）积分一周后得到

$$\begin{aligned}
0 < \oint_{(C)} k_r(s)(\underline{\boldsymbol{n}} \cdot \underline{\boldsymbol{r}} - p)\mathrm{d}s &= \oint_{(C)} (\underline{\boldsymbol{n}} \cdot \underline{\boldsymbol{r}} - p)\mathrm{d}k_r(s) \\
&= k_r(\underline{\boldsymbol{n}} \cdot \underline{\boldsymbol{r}}(s) - p)\Big|_0^L - \oint_{(C)} k_r \underline{\boldsymbol{n}} \cdot \underline{\dot{\boldsymbol{r}}}\mathrm{d}s \\
&= -\oint_{(C)} k_r \underline{\boldsymbol{n}} \cdot \underline{\boldsymbol{\alpha}}\mathrm{d}s = \oint_{(C)} \underline{\boldsymbol{n}} \cdot \mathrm{d}\underline{\boldsymbol{\beta}}(s) \\
&= \underline{\boldsymbol{n}} \cdot \underline{\boldsymbol{\beta}}(s)\Big|_0^L = \underline{\boldsymbol{n}} \cdot (\underline{\boldsymbol{\beta}}(L) - \underline{\boldsymbol{\beta}}(0)) \\
&= 0
\end{aligned}$$

这就得出矛盾。所以曲线（C）不可能仅有两个顶点 P_1, P_2，至少还存在一个顶点 P_3。我们进一步说明（C）上也不可能只有三个顶点。实际上，若设 P_3 在（C_2）上。因在弧段 $\overset{\frown}{P_2P_3}$ 及 $\overset{\frown}{P_3P_1}$ 上都有 $k_r(s) < 0$，这与经过顶点 P_3 时 $k_r(s) < 0$ 应该变符号相矛盾。因此在（C_2）上至少还存在另一个顶点 P_4。于是我们

证明了闭凸曲线上至少有四个顶点。

这个定理首先由 Mukhopadhyaya（1909）和 Kneser（1912）证明。我们这里的证法是根据 G. Herglotz 给 W. Blasehke 的一封信（1930）。

4.1.4 卵形线

设闭凸曲线 $(C): \underline{r} = \underline{r}(s) \quad (0 \leqslant s \leqslant L)$

若整个闭凸曲线 (C) 上 $k_r \neq 0$，则称 (C) 为卵形线。它具有下列性质：

（1）卵形线上不含有直线段，且平面上一条直线和它至多有两个交点。

（2）卵形线的切映射是单满的。

（3）如图4.11所示，选取卵形线的正向，使 $k_r(s) = \dfrac{\mathrm{d}\theta}{\mathrm{d}s} > 0$，并假定选取了坐标系，使 $s = 0$ 时，$\theta = 0$，则 $\theta(s)$ 是定义在区间 $[0,L]$ 上的严格单调函数，它的值域为 $[0,2\pi]$。

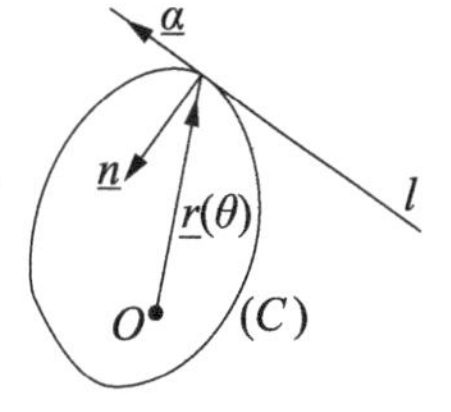

图4.11

由上述性质，卵形线的切向量

$$\underline{\boldsymbol{\alpha}} = \cos\theta\,\underline{\boldsymbol{i}} + \sin\theta\,\underline{\boldsymbol{j}}$$

和它的旋转角 θ 是一一对应的，因此卵形线上的点 $\underline{\boldsymbol{r}}(s)$ 与 θ 也是一一对应的，于是卵形线 (C) 的方程可以表示为

$$\underline{\boldsymbol{r}} = \underline{\boldsymbol{r}}(\theta) \quad (\theta \in [0,2\pi])$$

设 $\underline{\boldsymbol{n}}(\theta)$ 是 (C) 的 $\underline{\boldsymbol{r}}(\theta)$ 处的单位法向量

$$\underline{\boldsymbol{n}}(\theta) = \cos\left(\theta + \frac{\pi}{2}\right)\underline{\boldsymbol{i}} + \sin\left(\theta + \frac{\pi}{2}\right)\underline{\boldsymbol{j}}$$

命 $\varphi = \left(\theta + \dfrac{\pi}{2}\right)$，于是

$$\underline{\boldsymbol{n}}(\varphi) = \cos\varphi\,\underline{\boldsymbol{i}} + \sin\varphi\,\underline{\boldsymbol{j}}$$

这时，(C) 的方程又可表示为

$$\underline{\boldsymbol{r}} = \underline{\boldsymbol{r}}(\varphi) \quad \left(\varphi \in \left[\frac{\pi}{2}, 2\pi + \frac{\pi}{2}\right]\right)$$

同时有

$$\underline{\boldsymbol{\alpha}}(\varphi) = \cos\left(\varphi - \frac{\pi}{2}\right)\underline{\boldsymbol{i}} + \sin\left(\varphi - \frac{\pi}{2}\right)\underline{\boldsymbol{j}} = \sin\varphi\,\underline{\boldsymbol{i}} - \cos\varphi\,\underline{\boldsymbol{j}}$$

再设 $\underline{\boldsymbol{\rho}} = \xi\underline{\boldsymbol{i}} + \eta\underline{\boldsymbol{j}}$ 是 (C) 上 $\underline{\boldsymbol{r}}(\varphi)$ 点处切线 l 上任意一点的径矢，则 l 的方程为

$$(\boldsymbol{\rho}-\boldsymbol{r}(\varphi))\cdot\boldsymbol{n}(\varphi)=0$$

或为 $\xi\cos\varphi+\eta\sin\varphi+p(\varphi)=0$。

其中 $p(\varphi)=-\boldsymbol{r}(\varphi)\cdot\boldsymbol{n}(\varphi)$，它的绝对值是 (C) 上一点 $\boldsymbol{r}(\varphi)$ 的径矢在法线上的投影长。若给定卵形线 (C) 和坐标原点 O，函数 $p(\varphi)$ 唯一地确定，我们称 $p(\varphi)$ 为 (C) 相对于 O 的支撑函数。

若给定坐标原点和支撑函数 $p(\varphi)$，则卵形线 (C) 也唯一确定。事实上，命

$$F(\xi,\eta,\varphi)=\xi\cos\varphi+\eta\sin\varphi+p(\varphi)$$

于是

$$F_{\varphi}(\xi,\eta,\varphi)=-\xi\sin\varphi+\eta\cos\varphi+p'(\varphi)$$

由 $F=F_{\varphi}=0$，可以解出直线族 $\xi\cos\varphi+\eta\sin\varphi+p(\varphi)=0$（单参数 φ）的包络线，即卵形线的参数方程为

$$\begin{cases}\xi=-p\cos\varphi+p'\sin\varphi\\ \eta=-p\sin\varphi-p'\cos\varphi\end{cases}$$

下面由支撑函数 $p(\varphi)$ 来计算卵形线的相对曲率 k_r，从

$$\boldsymbol{n}(\varphi)=\cos\varphi\,\boldsymbol{i}+\sin\varphi\,\boldsymbol{j}$$

得 $\boldsymbol{n}'(\varphi)=-\sin\varphi\boldsymbol{i}+\cos\varphi\boldsymbol{j}=-\alpha(\varphi)$，$\boldsymbol{n}''(\varphi)=-\cos\varphi\boldsymbol{i}-\sin\varphi\boldsymbol{j}=-\boldsymbol{n}(\varphi)$

于是

$$p'(\varphi)=-\boldsymbol{r}'(\varphi)\cdot\boldsymbol{n}(\varphi)-\boldsymbol{r}(\varphi)\cdot\boldsymbol{n}'(\varphi)=-\boldsymbol{r}(\varphi)\cdot\boldsymbol{n}(\varphi)$$

$$p''(\varphi)=-\boldsymbol{r}'(\varphi)\cdot\boldsymbol{n}'(\varphi)-\boldsymbol{r}(\varphi)\cdot\boldsymbol{n}''(\varphi)=\boldsymbol{r}'(\varphi)\cdot\boldsymbol{\alpha}(\varphi)+\boldsymbol{r}(\varphi)\cdot\boldsymbol{n}(\varphi)$$

所以

$$p(\varphi)+p''(\varphi)=\boldsymbol{r}'(\varphi)\cdot\boldsymbol{\alpha}(\varphi)$$

又因为

$$\boldsymbol{r}=\boldsymbol{r}'\frac{\mathrm{d}\theta}{\mathrm{d}s}=\boldsymbol{r}'k_r(s),\boldsymbol{r}'=\frac{\boldsymbol{r}}{k_r(s)}=\frac{\boldsymbol{\alpha}(s)}{k_r(s)}$$

代入上式得到计算相对曲率的公式

$$k_r=\frac{1}{p(\varphi)+p''(\varphi)}$$

利用支撑函数，可以计算卵形线的周长 L 和它包围的区域 A。

$$L=\oint_{(C)}\mathrm{d}s=\oint_{(C)}\frac{\mathrm{d}s}{\mathrm{d}\theta}\mathrm{d}\theta=\int_0^{2\pi}\frac{\mathrm{d}\theta}{k_r(s)}$$

$$=\int_0^{2\pi}(p+p'')\mathrm{d}\theta$$

$$=\int_0^{2\pi}(p+p'')\mathrm{d}\varphi$$

但
$$\int_0^{2\pi} p''\mathrm{d}\varphi = p'\big|_0^{2\pi} = -\underline{\boldsymbol{r}}(\varphi)\cdot\underline{\boldsymbol{n}}(\varphi)\big|_0^{2\pi} = 0$$

所以
$$L = \int_0^{2\pi} p''(\varphi)\mathrm{d}\varphi$$

又
$$A = \frac{1}{2}\oint_{(C)}(\xi\mathrm{d}\eta - \eta\mathrm{d}\xi)$$

再由前面的式子得：

$$\xi\mathrm{d}\eta - \eta\mathrm{d}\xi = p(p + p'')\mathrm{d}\varphi$$

因此 $A = \dfrac{1}{2}\int_0^{2\pi} p(p + p'')\mathrm{d}\varphi$

通过分部积分，也可得

$$A = \frac{1}{2}\int_0^{2\pi}(p^2 - p'^2)\mathrm{d}\varphi$$

4.1.5　定宽曲线

如图4.12所示，设卵形线（C）：$\underline{\boldsymbol{r}} = \underline{\boldsymbol{r}}(s)\quad s\in[0,L]$ 其上一点 P 的切线矢 $\underline{\boldsymbol{\alpha}}(s)$。据卵形线的性质（1），在（$C$）上必存在一点 $\bar{P}$，使得 $\bar{P}$ 处的切线矢为 $-\underline{\boldsymbol{\alpha}}(s)$。我们称 P 与 $\bar{P}$ 互为（C）上的对点。显然，互为对点的两点处的切线是平行的。设此两切线间的距离为 $\omega(s)$，$\omega(s)$ 称为卵形线（C）在 P 点的宽度或幅度。

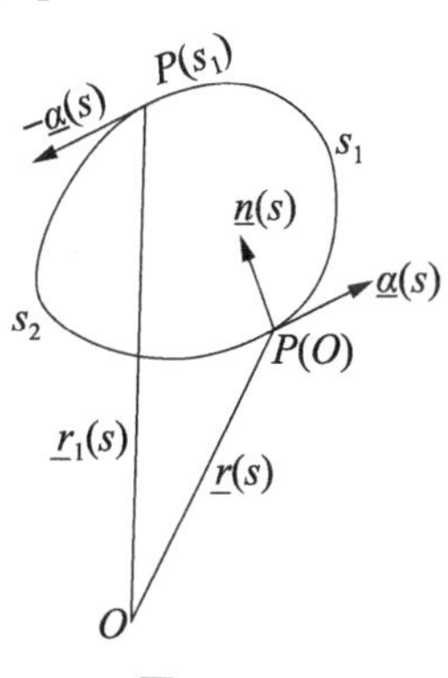

图4.12

假若

$$\omega(s) = 常数\ (s\in[0,L])$$

则称卵形线（C）是定宽曲线。

定理6：定宽曲线的周长 $L = \pi\omega$

证明：我们把（C）看成由 P 点描绘的，P 点的径矢

$$\underline{\boldsymbol{r}} = \underline{\boldsymbol{r}}(s)\ (s\text{是自然参数})$$

假定 P 点对应的参数 $s = 0$，$\bar{P}$ 对应的参数 $s = s_1$。因此 $\overset{\frown}{P\bar{P}}$ 的长度等于 s_1，即

$$\int_0^{s_1}\mathrm{d}s = s_1$$

再者，将卵形线（C）看成由 $\bar{P}$ 点描绘的，它的径矢

$$\underline{\boldsymbol{r}}_1 = \underline{\boldsymbol{r}}_1(s)\ (s\text{是自然参数})$$

假定 $\bar{P}$ 点对应的参数 $\bar{s}=0$，P 对应的参数 $\bar{s}=s_2$，因此 $\widehat{P\bar{P}}$ 的长度等于 s_2。于是 (C) 的周长

$$L=s_1+s_2$$

在局部标架 $[\underline{\boldsymbol{r}};\underline{\boldsymbol{\alpha}},\underline{\boldsymbol{n}}]$ 下向量 $\boldsymbol{P\bar{P}}$

$$\boldsymbol{P\bar{P}}=\underline{\boldsymbol{r}}_1-\underline{\boldsymbol{r}}=a\,\underline{\boldsymbol{\alpha}}+b\,\underline{\boldsymbol{n}}=a\,\underline{\boldsymbol{\alpha}}+\omega\,\underline{\boldsymbol{n}}$$

(注意：$\boldsymbol{P\bar{P}}$ 在 $\underline{\boldsymbol{n}}$ 上的投影等于 (C) 在 P 点的宽度)。因为 $\bar{P}$ 点是 P 点的对点，所以

$$\frac{\mathrm{d}\underline{\boldsymbol{r}}_1}{\mathrm{d}\bar{s}}=-\underline{\boldsymbol{\alpha}}(s)$$

而 $\frac{\mathrm{d}\underline{\boldsymbol{r}}_1}{\mathrm{d}\bar{s}}=\frac{\mathrm{d}\underline{\boldsymbol{r}}_1}{\mathrm{d}s}\cdot\frac{\mathrm{d}s}{\mathrm{d}\bar{s}}=\frac{\mathrm{d}}{\mathrm{d}s}(\underline{\boldsymbol{r}}+a\underline{\boldsymbol{\alpha}}+\omega\underline{\boldsymbol{n}})\frac{\mathrm{d}s}{\mathrm{d}\bar{s}}=(\underline{\boldsymbol{\alpha}}+\dot{a}\underline{\boldsymbol{\alpha}}+ak_r\underline{\boldsymbol{n}}+\dot{\omega}\underline{\boldsymbol{n}}-\omega k_r\underline{\boldsymbol{n}})\frac{\mathrm{d}s}{\mathrm{d}\bar{s}}$

比较以上两式的系数得

$$-1=(1+\dot{a}-\omega k_r)\frac{\mathrm{d}s}{\mathrm{d}\bar{s}}$$

$$0=(ak_r+\dot{\omega})\frac{\mathrm{d}s}{\mathrm{d}\bar{s}}$$

因为 $\frac{\mathrm{d}s}{\mathrm{d}\bar{s}}\neq 0$，所以

$$ak_r+\dot{\omega}=0$$

利用（C）是定宽曲线的条件，$u=$ 参数，推出 $\dot{\omega}=0$，因此，$ak_r=0$。而 $k_r\neq 0$，所以 $a=0$。因此 $-1=(1-\omega k_r)\frac{\mathrm{d}s}{\mathrm{d}\bar{s}}$

$$\mathrm{d}s+\mathrm{d}\bar{s}=\omega k_r\mathrm{d}s$$

积分之 $\int_0^{s_1}\mathrm{d}s+\int_{s=0}^{s=s_1}\mathrm{d}\bar{s}=\int_0^{s_1}\omega k_r\mathrm{d}s$

注意到 $\int_0^{s_1}\mathrm{d}s=s_1$，$\int_{s=0}^{s=s_1}\mathrm{d}\bar{s}$ 是从 $\bar{P}$ 点到 P 点的弧长 s_2

所以

$$L=s_1+s_2=\int_0^{s_1}\omega k_r\mathrm{d}s=\omega\int_0^{s_1}k_r\mathrm{d}s=\omega\int_0^{\pi}\frac{\mathrm{d}\theta}{\mathrm{d}s}\mathrm{d}s=\omega\int_0^{\pi}\mathrm{d}\theta=\omega\pi$$

即 $L=\omega\pi$。

显然，圆是定宽曲线。

按下面的方法可以得到一种简单的定宽曲线。

如图4.13所示，取一个等边三角形，以它的每个顶点为中心作圆弧，使其经过其余两个顶点，则这三段圆弧构成闭曲线（C_0），称为勒格（Reuleaux）三角形，但它不是卵形线。因为它的三角形的顶点处没有切线（不光滑），更不存在相对曲率 k_r。我们以（C_0）上的点为心，以任意正数 a 为半径作圆，这一族圆的包络线在（C_0）的外部的一支（C），叫作（C_0）的平行线。容易证明，这样得到的（C_0）的平行线（C）是定宽曲线。

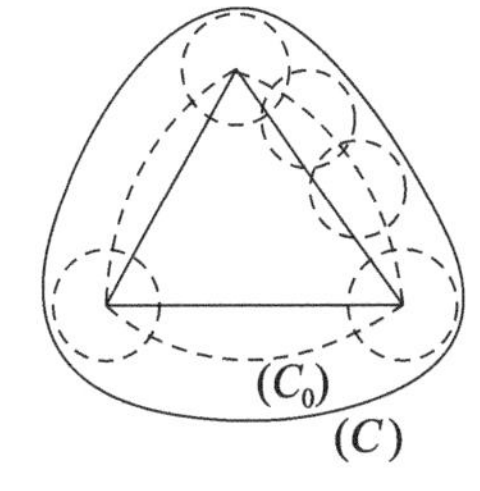

图 4.13

4.1.6　克罗夫顿公式

如图4.14所示，设平面曲线（C），它的长度为 L。对该平面上任意一条直线 l，记 $n(l)$ 为直线 l 与曲线（C）的交点数。在直角坐标系 xOy 下，直线 l 的法线方程为

$$x\cos\theta + y\sin\theta - p = 0$$

其中 $p \geq 0$，$0 \leq \theta < 2\pi$。因此每条直线可用平面上一点 (θ,p) 来表示，这样交点数 $n(l)$ 就可视为一个二元函数 $n(\theta,p)$，我们介绍计算曲线弧长的克罗夫顿（Crofton）公式：

$$\iint_D n(\theta,p)\,\mathrm{d}\theta\mathrm{d}p = 2L$$

其中 D 为所有与曲线（C）相交的直线 l 所相应的点 (θ,p) 形成的区域。该公式的意义是：曲线（C）的弧长通过所有与（C）相交的直线 l 所相应的点集 D 的面积来测度的。不过要注意与（C）重复相交的直线要重复计算。

我们先以曲线（C）的一种特殊情况，给公式以直观的解释，然后证明公式的一般性。

设曲线（C）位于 x 轴的区域 $\left[-\frac{L}{2},\frac{L}{2}\right]$ 上。

所有与（C）相交的直线相应的点 (θ,p) 形成的区域 D 的范围如图4.15所示：

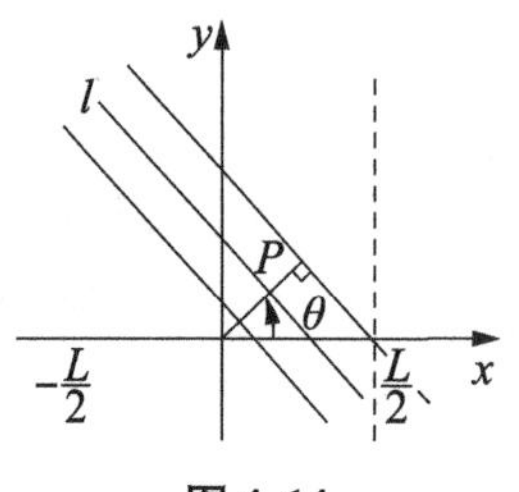

图 4.14

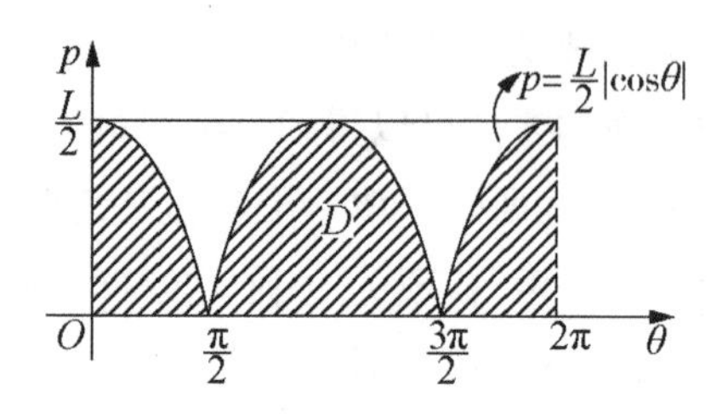

图 4.15

$$0 \leqslant p \leqslant \frac{L}{2}|\cos\theta| \quad 0 \leqslant \theta \leqslant 2\pi$$

并且 $n(\theta,p) = 1$。所以

$$\iint\limits_D n(\theta,p)\mathrm{d}\theta\mathrm{d}p = \iint\limits_D \mathrm{d}\theta\mathrm{d}p = 4\int_0^{\frac{\pi}{2}} \frac{L}{2}|\cos\theta|\,\mathrm{d}\theta = 4\cdot\frac{L}{2} = 2L$$

公式的证明：

如图 4.16，设平面曲线 (C)：$\underset{\sim}{r} = \underset{\sim}{r}(s) \quad s \in [0,L]$

P 为直线 l 与 (C) 的交点，该点的径矢为 $\boldsymbol{OP} = \underset{\sim}{r}(s)$，$\psi$ 为 l 和 (C) 在 P 点的交角 $(0 \leqslant \psi < \pi)$。这样可以利用 s 与 ψ 来表示直线 l (在一定范围内①)。

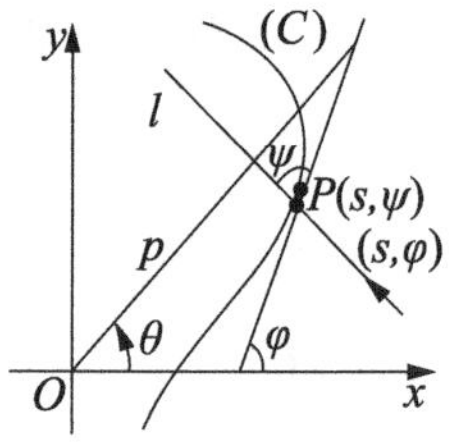

图 4.16

设 φ 为 (C) 在 P 点的切线同 x 轴的交角，则 θ,ψ,φ 的关系是

$$\theta = \frac{\pi}{2} - (\pi - \psi - \varphi) = \psi + \varphi - \frac{\pi}{2} \tag{4.1.5}$$

由于 $\underset{\sim}{r}(s) = x\underset{\sim}{i} + y\underset{\sim}{j}$ 在直线 l 上，因此

$$x(s)\cos\theta + y(s)\sin\theta - p = 0 \tag{4.1.6}$$

对 (4.1.5) (4.1.6) 两式取全微分。并注意 $\frac{\mathrm{d}\varphi}{\mathrm{d}s} = k_r$ 和 $\dot{x}(s) = \cos\varphi$，$\dot{y}(s) = \sin\varphi$

得到
$$\mathrm{d}\theta = \mathrm{d}\psi + \mathrm{d}\varphi = \mathrm{d}\psi + k_r\mathrm{d}s \tag{4.1.7}$$

$$\mathrm{d}x\cos\theta - x\sin\theta\mathrm{d}\theta + \mathrm{d}y\sin\theta + y\cos\theta\mathrm{d}\theta - \mathrm{d}p = 0$$

$$\dot{x}\mathrm{d}s\cos\left(\varphi + \psi - \frac{\pi}{2}\right) + \dot{y}\mathrm{d}s\sin\left(\varphi + \psi - \frac{\pi}{2}\right) + (-x\sin\theta + y\cos\theta)\mathrm{d}\theta - \mathrm{d}p = 0$$

① 由于 l 与 (C) 可能交于不止一点，一条直线 l 可能对应不止一个 s 值和一个 ψ 值。

即 $[\cos\varphi\sin(\varphi+\psi)-\sin\varphi\cos(\varphi+\psi)\mathrm{d}s]+(-x\sin\theta+y\cos\theta)\mathrm{d}\theta-\mathrm{d}p=0$

$$\sin\psi\mathrm{d}s+(-x\sin\theta+y\cos\theta)\mathrm{d}\theta-\mathrm{d}p=0 \tag{4.1.8}$$

取（4.1.7）式与 $\mathrm{d}s$ 的外积得

$$\mathrm{d}s\wedge\mathrm{d}\theta=\mathrm{d}s\wedge\mathrm{d}\psi-\mathrm{d}s\wedge k_r\mathrm{d}s=\mathrm{d}s\wedge\mathrm{d}\psi$$

再取（4.1.8）式与 $\mathrm{d}\theta$ 的外积得

$$\mathrm{d}p\wedge\mathrm{d}\theta=\sin\psi\mathrm{d}s\wedge\mathrm{d}\theta=\sin\psi\mathrm{d}s\wedge\mathrm{d}\psi \tag{4.1.9}$$

现在对一切和 (C) 相交的直线，取（4.1.9）式右边的积分得

$$\int_0^L\mathrm{d}s\int_0^\pi\sin\psi\mathrm{d}\psi=2L$$

右边积分时，这条直线重复计划了 n 次，因此右边的积分是

$$\iint_D n(\theta,p)\mathrm{d}p\wedge\mathrm{d}\theta\quad(l\cap(C)\neq\phi)$$

由于外积 $\mathrm{d}p\wedge\mathrm{d}\theta$ 是对 $\mathrm{d}p,\mathrm{d}\theta$ 分别表示成 s 与 ψ 的发甫形式时而言的。若对 p,θ 自身 $\mathrm{d}p\wedge\mathrm{d}\theta=\mathrm{d}p\mathrm{d}\theta$，于是

$$\iint_D n(p,\theta)\mathrm{d}p\wedge\mathrm{d}\theta=\iint_D n(p,\theta)\mathrm{d}p\mathrm{d}\theta$$

因此 $\iint_D n(p,\theta)\mathrm{d}p\mathrm{d}\theta=2L$

推论：当 (C) 是闭凸曲线时，$n(p,\theta)=2$，则

$$\iint_D n(p,\theta)\mathrm{d}p\wedge\mathrm{d}\theta=2\iint_D\mathrm{d}p\mathrm{d}\theta=2D=2L$$

也就是说，“与一条闭凸曲线相交的直线集的测度，等于 D 的面积的二倍”，或“和闭凸曲线集相应的点集 $D(p,\theta)$ 的面积就数值而言，等于闭凸曲线的周长”。

4.2 空间曲线的整体性质

4.2.1 球面的克罗夫顿（Crofton）公式

如图4.17，设单位球面 s 上一个定向大圆所在的平面的单位法向量 $\boldsymbol{W}$（选取 $\boldsymbol{W}$ 的方向与大圆的定向成右手定则），我们用 $\boldsymbol{W}^\perp$ 表示这个大圆，用 $\boldsymbol{W}$

表示 W 的终点，它是球面上的点，称 W 为 $W^{\perp}$ 的极点。因此给出球面上一个定向大圆 $W^{\perp}$，在球面上唯一的对应着一个极点 W；反之亦然。也就是

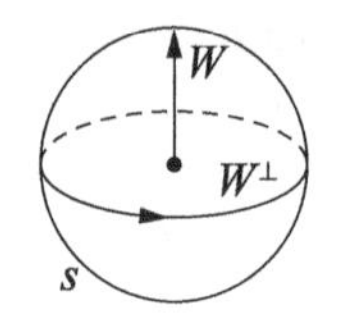

图 4.17

$$W^{\perp} \leftrightarrow W$$

下面给出单位球面 s 上定向大圆 $W^{\perp}$ 集的测度。

定义： 单位球面 s 上定向大圆 $W^{\perp}$ 集的测度，等于与它对应的极点所构成的 s 的子集的面积。不过要注意相重的大圆和它对应的要重复计算。

设点 $W \in s$，$W \to W^{\perp}$，(C) 是 s 上一条光滑曲线。用 $n_C(W)$ 表示曲线 (C) 与大圆 $W^{\perp}$ 的交点数（相重的点要重复计算）。与平面的 Crofton 公式相仿，s 上一条曲线的长度可以通过球面上的直线——大圆，与它的交点数 $n_C(W)$ 来计算。

我们可以证明下述结论成立。

设 (C) 是单位球面 s 上长度为 L 的光滑曲线，则 s 上与 (C) 相交的定向大圆 $W^{\perp}$ 集的测度为 $4L$。换言之，s 上与 (C) 相交的定向大圆 $W^{\perp}$ 集对应的极点所构成的 s 的子集的面积，在数值上等于曲线 (C) 长度的四倍。这个结论表述成球面上的 Crofton 公式：

$$\iint_U n_C(W)\,\mathrm{d}W = 4L$$

其中 $U = \{W \in s|_{W^{\perp} \cap (C) \neq \phi}\}$，$n_C(W)$ 表示曲线 (C) 与大圆 $W^{\perp}$ 的交点数，$\mathrm{d}W$ 是 s 上区域 U 的面积元素，L 为 (C) 的长度。

在证明公式之前，就球面曲线 (C) 的特殊情况，给公式以直观的解释。

假设 (C) 是球面上一段大圆弧，且位于球面的赤道上。它的长 L 正好是它所对球心的张角。首先要找出与 (C) 相交的 $W^{\perp}$ 所对应的极点 W 确定的 s 上的区域 U。因为除了赤道外，其他大圆与 (C) 至多有一个交点，所以对于 U 中的点 W，有 $n_C(W) = 1$（当 W 为北极或南极时 $n_C(W) \neq 1$，但这不影响积分的数值）。

首先弄清楚与 (C) 的一端点 A 相交的大圆的全体。

如图 4.18，因为过 A 的大圆所在的平面，是过 OA 轴的平面。所以它们的极点全体是与 OA 垂直的大圆 Γ，因此长度为 L 的大圆弧 (C) 相应的区域 U 是以 ON 为轴，把 Γ 转角 L 时所扫过的区域，它是两个具有相同的面积的月牙

形。由于每个月牙形的面积为

$$\frac{4\pi L}{2\pi} = 2L$$

所以 U 的面积为 $4L$ 。

即

$$\iint_U n_C(W)\,\mathrm{d}W = \iint_U \mathrm{d}W = 4L$$

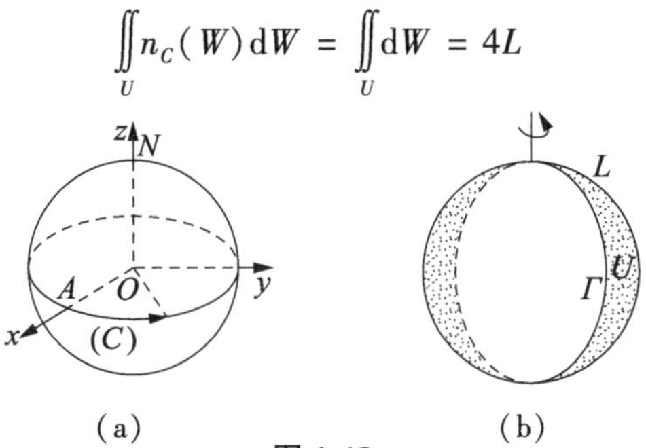

图 4. 18

公式的证明：

如图 4. 19，设 s 上的曲线 (C) 的方程为：$\underline{\boldsymbol{r}} = \underline{\boldsymbol{r}}(s) \quad s \in [0, L]$

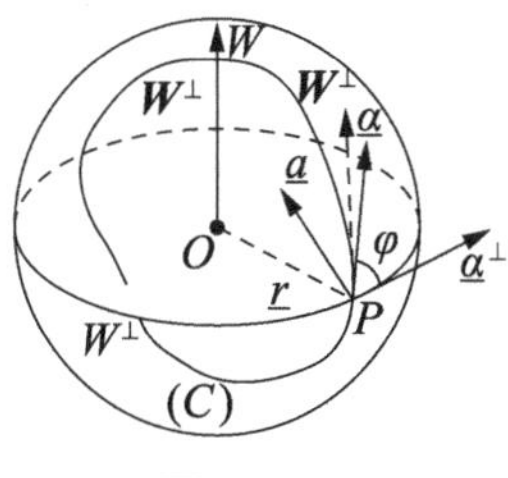

图 4. 19

它的任意点 P 的切向量

$$\underline{\boldsymbol{\alpha}}(s) = \frac{\mathrm{d}\underline{\boldsymbol{r}}(s)}{\mathrm{d}s}$$

命向量 $\underline{\boldsymbol{a}}(s) = \underline{\boldsymbol{r}}(s) \times \underline{\boldsymbol{\alpha}}(s)$

显然，$\underline{\boldsymbol{r}}(s)$，$\underline{\boldsymbol{\alpha}}(s)$ 和 $\underline{\boldsymbol{a}}(s)$ 是单位的两两正交的成右手系，与 P 点构成 (C) 上的局部标架，于是有类似于 Frenet 公式的

$$\begin{cases} \dfrac{\mathrm{d}\underline{\boldsymbol{r}}}{\mathrm{d}s} = \underline{\boldsymbol{\alpha}} \\[2ex] \dfrac{\mathrm{d}\underline{\boldsymbol{\alpha}}}{\mathrm{d}s} = -\underline{\boldsymbol{r}} + \lambda\,\underline{\boldsymbol{a}} \\[2ex] \dfrac{\mathrm{d}\underline{\boldsymbol{a}}}{\mathrm{d}s} = -\lambda\,\underline{\boldsymbol{\alpha}} \end{cases}$$

再设与 (C) 相交于 P 点的所有大圆 $W^{\perp}$ 在该点的单位切向量为 $\underline{\boldsymbol{\alpha}}^{\perp}$ ，于是与 $W^{\perp}$ 相应的单位向量 $\boldsymbol{W}^{\perp}$ 垂直于 $\underline{\boldsymbol{r}}(s)$ 和 $\underline{\boldsymbol{\alpha}}^{\perp}$ ，同时

$$W^{\perp} = \cos\left(\frac{\pi}{2} - \varphi\right)\underline{\boldsymbol{\alpha}}(s) + \cos\varphi\,\underline{\boldsymbol{a}}(s) = \sin\varphi\,\underline{\boldsymbol{\alpha}}(s) + \cos\varphi\,\underline{\boldsymbol{a}}(s)$$ ①

其中 $\varphi = (\boldsymbol{\alpha}^{\perp} \hat{,} \boldsymbol{\alpha})$，$\varphi \in [0,2\pi]$。显然 $(\boldsymbol{W}^{\perp} \hat{,} \boldsymbol{\alpha}) = \varphi$。

该式表明了 $\boldsymbol{W}^{\perp}$ 是 s,φ 的二元矢函数。即对于（C）的不同点 s 和与（C）交于同一点与它交成不同角 φ 的大圆 $W^{\perp}$ 对应的 $\boldsymbol{W}^{\perp}$ 也不同。又因为 $W^{\perp} \to \boldsymbol{W}^{\perp} \to W$，所以极点 W 也是 s,φ 的二元函数

$$W = W(s,\varphi) \quad \begin{matrix} s \in [0,L] \\ \varphi \in [0,2\pi] \end{matrix}$$

于是由 W 形成的面积 U 上的积分

$$\begin{aligned} \iint_U n_C(W)\mathrm{d}W &= \int_0^{2\pi}\int_0^L \left|\frac{\partial \boldsymbol{W}}{\partial s} \times \frac{\partial \boldsymbol{W}}{\partial \varphi}\right| ② \mathrm{d}s\mathrm{d}\varphi \\ &= \int_0^{2\pi}\int_0^L |\sin\varphi|\mathrm{d}s\mathrm{d}\varphi \\ &= L\int_0^{2\pi} |\sin\varphi|\mathrm{d}\varphi \\ &= 4L\int_0^{\frac{\pi}{2}} \sin\varphi\mathrm{d}\varphi \\ &= 4L \end{aligned}$$

这里应注意，在上述积分的过程中 $W^{\perp}$ 与（C）的交点数都已重复计算了。

$$\frac{\partial \boldsymbol{W}^{\perp}}{\partial s} = \sin\varphi\ (-r + \lambda a)\ - \lambda\cos\varphi\alpha$$

4.2.2 芬切耳定理

假设简单的空间闭曲线（C）是定向的，对其上的每一点的单位切向量 $\underline{\alpha}(s)$，将它的始点换到坐标原点，则这些单位向量的端点在单位球面 s 上画

---

① 向量 $\underline{\boldsymbol{a}}$，$\underline{\boldsymbol{\alpha}}$，$\underline{\boldsymbol{\alpha}}^{\perp}$ 位于与 $\underline{\boldsymbol{r}}$ 垂直的同一平面内（过 P 点），又因为 $\underline{\boldsymbol{a}} \perp \underline{\boldsymbol{\alpha}}$，$\boldsymbol{W}^{\perp} \perp \underline{\boldsymbol{\alpha}}^{\perp}$。

② $\dfrac{\partial \boldsymbol{W}^{\perp}}{\partial s} = \sin\varphi(-\underline{\boldsymbol{r}} + \lambda\underline{\boldsymbol{a}}) - \lambda\cos\varphi\underline{\boldsymbol{\alpha}}$

$\dfrac{\partial \boldsymbol{W}^{\perp}}{\partial \varphi} = \cos\varphi\boldsymbol{\alpha} - \sin\varphi\boldsymbol{a}$

$\dfrac{\partial \boldsymbol{W}^{\perp}}{\partial s} \times \dfrac{\partial \boldsymbol{W}^{\perp}}{\partial \varphi} = -\sin\varphi\cos\varphi\boldsymbol{a} - \sin^2\varphi\boldsymbol{\alpha}$

因此 $\mathrm{d}W = \left|\dfrac{\partial \boldsymbol{W}^{\perp}}{\partial s} \times \dfrac{\partial \boldsymbol{W}^{\perp}}{\partial \varphi}\right|\mathrm{d}s\mathrm{d}\varphi = |\sin\varphi|\mathrm{d}s\mathrm{d}\varphi$。

出一条球面闭曲线 Γ（图4.20）。这就确定了从（C）到 s 的映射，称为（C）的切映射。曲线 Γ 叫作（C）的切线象。

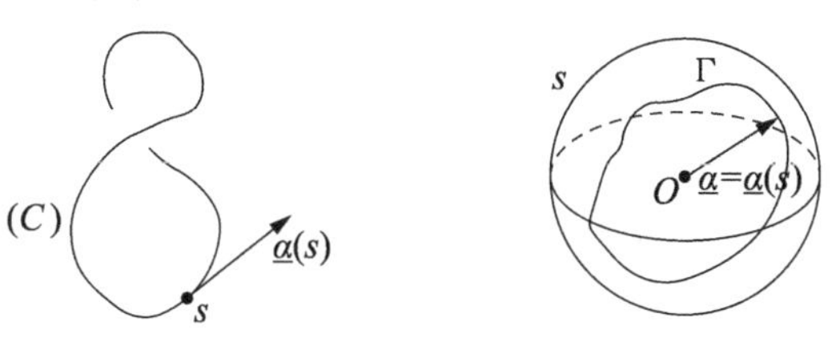

图 4.20

定义：一条取自然参数的空间曲线（C）：$\underline{\boldsymbol{r}} = \underline{\boldsymbol{r}}(s)$　（$s \in [0,L]$）的总曲率是

$$\hat{K} = \int_0^L k(s)\,\mathrm{d}s$$

其中 $k(s)$ 是（C）在 s 点的曲率。

由空间曲线的曲率定义 $k(s) = |\dot{\underline{\boldsymbol{\alpha}}}(s)|$，得

$$\Gamma \text{ 的长度} = \int_0^L |\dot{\underline{\boldsymbol{\alpha}}}(s)|\,\mathrm{d}s = \int_0^L k(s)\,\mathrm{d}s = \hat{K}$$

也就是说，曲线（C）的总曲率等于其切映射下切线象的长度。

定理7［芬切耳（Fenchel）定理］：

对于一条简单正规的空间闭曲线（C）：$\underline{\boldsymbol{r}} = \underline{\boldsymbol{r}}(s)$　$s \in [0,L]$

它们的总曲率 $\hat{K}$

$$\hat{K} = \int_0^L k(s)\,\mathrm{d}s \geq 2\pi$$

其中等号当且仅当（C）是平面凸曲线时成立。L 是（C）的长度。

我们先证明下述

引理：对于简单的空间闭曲线，至少存在一条切线与给定的方向正交。

证明：取固定方向 $\boldsymbol{l}$ 为坐标系的 z 轴方向，设曲线（C）：

$$\underline{\boldsymbol{r}}_1 = (x(s), y(s), z(s)) \quad s \in [0,L]$$

则 $\boldsymbol{\alpha} = (\dot{x}(s), \dot{y}(s), \dot{z}(s))$

据微分中值定理，存在 $s_0 \in [0,L]$，使得

$$z(L) - z(0) = (L-0)\dot{z}(s_0)$$

因为（C）是闭的 $z(L) = z(0)$。

所以 $z(s_0)=0$。

因此在 s_0 处有

$$\boldsymbol{\alpha}(s_0)=(\dot{x}(s_0),\dot{y}(s_0),0)$$

也就是 $\boldsymbol{\alpha}(s_0)\perp \boldsymbol{oz}//l$

推论：对简单的空间闭曲线（C），任给两个方向 $\boldsymbol{l}_1,\boldsymbol{l}_2$，至少存在一个向量 $\boldsymbol{\alpha}(s_0)$，使得

$$(\widehat{\boldsymbol{\alpha}_0,l_1})+(\widehat{\boldsymbol{\alpha}_0,l_2})=\pi$$

证明：根据上述引理，曲线（C）至少存在一个方向 $\boldsymbol{\alpha}(s_0)$，使得与方向 $\boldsymbol{l}=\boldsymbol{l}_1+\boldsymbol{l}_2$ 正交，即

$$\boldsymbol{\alpha}_0\cdot(\boldsymbol{l}_1+\boldsymbol{l}_2)=0,\boldsymbol{\alpha}_0\cdot\boldsymbol{l}_1+\boldsymbol{\alpha}_0\cdot\boldsymbol{l}_2=0$$

一般性，设 $\boldsymbol{l}_1,\boldsymbol{l}_2$ 均是单位向量，由上式可得

$$\cos(\widehat{\boldsymbol{\alpha}_0,\boldsymbol{l}_1})+\cos(\widehat{\boldsymbol{\alpha}_0,\boldsymbol{l}_2})=0$$

$$2\cos\frac{(\widehat{\boldsymbol{\alpha}_0,\boldsymbol{l}_1})+(\widehat{\boldsymbol{\alpha}_0,\boldsymbol{l}_2})}{2}\cos\frac{(\widehat{\boldsymbol{\alpha}_0,\boldsymbol{l}_1})-(\widehat{\boldsymbol{\alpha}_0,\boldsymbol{l}_2})}{2}=0$$

由于两个方向的夹角总是小于 π，所以 $\frac{(\widehat{\boldsymbol{\alpha}_0,\boldsymbol{l}_1})-(\widehat{\boldsymbol{\alpha}_0,\boldsymbol{l}_2})}{2}<\frac{\pi}{2}$

推得 $$\cos\frac{(\widehat{\boldsymbol{\alpha}_0,\boldsymbol{l}_1})-(\widehat{\boldsymbol{\alpha}_0,\boldsymbol{l}_2})}{2}\neq 0,$$

因而 $$\cos\frac{(\widehat{\boldsymbol{\alpha}_0,\boldsymbol{l}_1})+(\widehat{\boldsymbol{\alpha}_0,\boldsymbol{l}_2})}{2}=0$$

于是有 $(\widehat{\boldsymbol{\alpha}_0,\boldsymbol{l}_1})+(\widehat{\boldsymbol{\alpha}_0,\boldsymbol{l}_2})=\pi$。

芬切耳定理的证明：

(1) 如图 4.21，设简单正规空间闭曲线（C）：$\boldsymbol{r}=\boldsymbol{r}(s)\quad s\in[0,L]$ 其上一点 A 的径矢为 $\boldsymbol{r}(0)=\boldsymbol{r}(L)$，它的切向量 $\boldsymbol{\alpha}(0)$。由于（C）是闭的，总存在（C）上一点 B，它的径矢为 $\boldsymbol{r}(s_1)$，切向量 $\boldsymbol{\alpha}(s_1)$，使得

$$\int_0^{s_1}k(s)\mathrm{d}s=\int_{s_1}^{L}k(s)\mathrm{d}s$$

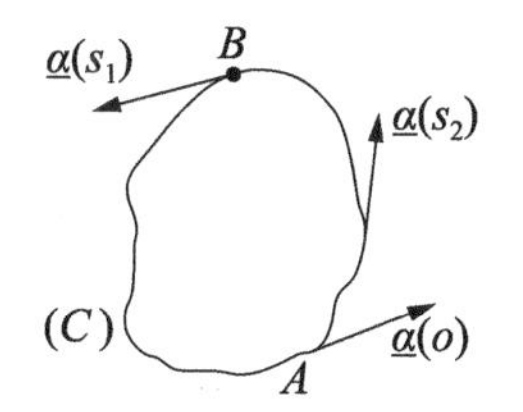

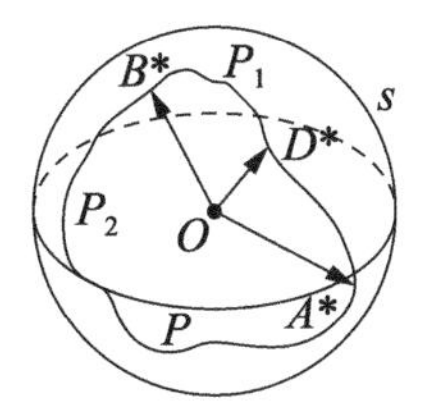

图 4.21

据引理的推论，存在（C）上一点 $D(\underline{\boldsymbol{r}}(s_2))$，使得 D 点处的切向量 $\underline{\alpha}(s_2)$ 满足条件：

$$(\underline{\boldsymbol{\alpha}}(s_2)\overset{\wedge}{,}\underline{\boldsymbol{\alpha}}(0)) + (\underline{\boldsymbol{\alpha}}(s_2)\overset{\wedge}{,}\underline{\boldsymbol{\alpha}}(s_1)) = \pi$$

如果 $0 < s_2 \leqslant s_1$，考虑（C）上弧段 $\overset{\frown}{ADB}$ 的切线象 Γ_1，$\overset{\frown}{A^*D^*B^*}$ 的长度

$$\int_0^{s_1} k(s)\,\mathrm{d}s = \int_0^{s_2} k(s)\,\mathrm{d}s + \int_{s_2}^{s_1} k(s)\,\mathrm{d}s$$

由于单位球面上的大圆弧是短程线，因而

$\int_0^{s_2} k(s)\,\mathrm{d}s = \overset{\frown}{A^*D^*}$ 的长度 $\geq A^*D^*$ 的大圆弧长度 $= \angle A^*OD^* = (\underline{\alpha}(s_0)\overset{\wedge}{,}\alpha(0))$

同理
$$\int_{s_2}^{s_1} k(s)\,\mathrm{d}s \geq (\underline{\alpha}(s_2)\overset{\wedge}{,}\underline{\alpha}(s_1))$$

因此
$$\int_0^{s_1} k(s)\,\mathrm{d}s \geq (\underline{\boldsymbol{\alpha}}(s_2)\overset{\wedge}{,}\underline{\boldsymbol{\alpha}}(0)) + (\underline{\boldsymbol{\alpha}}(s_2)\overset{\wedge}{,}\underline{\boldsymbol{\alpha}}(s_1)) = \pi$$

类似地，可得（C）上与 $\overset{\frown}{ADB}$ 相对的另一段的切线象 Γ_2 的长度

$$\int_{s_1}^{L} k(s)\,\mathrm{d}s \geq \pi$$

所以（C）的切线象 $\Gamma = \Gamma_1 + \Gamma_2$ 的长度 $\geq 2\pi$，也就是

$$\hat{K} = \int_0^L k(s)\,\mathrm{d}s \geq 2\pi$$

（2）以下证明等号成立的条件。

如果
$$\int_0^L k(s)\,\mathrm{d}s = 2\pi$$

则（C）的切线象都是大圆，推得（C）是平面曲线。又因为 $k(s) = |\alpha(s)| > 0$，所以（C）是凸曲线。

这样我们就证明了芬切耳定理。

芬切耳定理对于逐段正规的闭曲线也成立。我们把

$$\hat{K} = \int_0^L k(s)\,\mathrm{d}s + \sum_i \theta_i$$

定义为这样一条曲线的总曲率，其中 θ_i 表示曲线在各顶点的外角，换句话说，在这种情形下切线象是由几条弧组成，各段弧对应于曲线（C）的一段光滑曲线，而且我们用最短大圆弧连接相邻顶点，这样得到的球面曲线的长度是曲线（C）的总曲率 $\hat{K}$。

可以证明，对于一条分段正规的闭曲线也有

$$\int_0^L k(s)\,\mathrm{d}s + \sum_i \theta_i \geq 2\pi$$ [12]

4.2.3 法里（Fary）—米尔诺尔（Milnor）定理

定义：对一条空间闭曲线（C），如果存在一个一一连续映射 $D \to E_3$，（其中 D 是实平面中的圆），使得（C）正好是 D 的边界在此映射下的象，则称（C）是一条不打结的曲线，否则称（C）是打结曲线（图 4.22）。

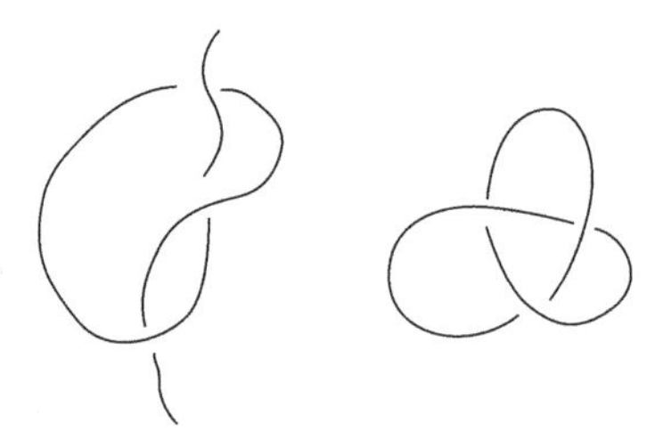

图 4.22

定理 8（法里—米尔诺尔定理）：设（C）是一条打结的简单正规的闭曲线，则它的总曲率

$$\hat{K} = \int_{(C)} k_r(s)\,\mathrm{d}s \geq 4\pi$$

证明（用反证法）：假定 $\int_{(C)} k_r(s)\,\mathrm{d}s < 4\pi$，则（$C$）的切线象 Γ 的长度 $L^* = \int_{(C)} k(s)\,\mathrm{d}s < 4\pi$，对 Γ 应用球面的 Crofton 公式有 $\iint_s n_C(W)\,\mathrm{d}W = 4L^* < 16\pi$。其中 $n_C(W)$ 是以 W 为极的大圆 $W^\perp$ 与 Γ 的交点数，所以至少存在一个向量 $\boldsymbol{W}_0$，使 $n_C(W) < 4$，否则对所有 $\boldsymbol{W}$，有 $n_C(W) \geq 4$，于是推出矛盾：

$4 \cdot 4\pi \leqslant \int n_C(W) \mathrm{d}W < 16\pi$ 。

作函数$f(s) = \underline{\boldsymbol{r}}(s) \cdot \boldsymbol{W}_0$

它是$r(s)$在$\boldsymbol{W}_0$方向上的射影长度。我们称$f(s)$为高度函数。因为$f'(s) = \underline{\alpha}(s) \cdot \boldsymbol{W}_0$，所以$f'(s) = 0$推出$\underline{\boldsymbol{\alpha}}(s)$与$\boldsymbol{W}_0$垂直，也就是$s$点的切线象在以$\boldsymbol{W}_0$为极的大圆$\boldsymbol{W}_0^{\perp}$上。再由$n_C(W_0) < 4$知道，使$f'(s) = 0$的点至多有三个。

因为$f(s)$是定义在闭区间$[0,L]$上，故有最大值和最小值。设$f(s_1) = H_1$为最小值，$f(s_2) = H_2$为最大值，在(C)的s_1, s_2处它们都是高度函数的极值点，使$f'(s_1) = f'(s_2) = 0$。如果还存在一点s_3，使得$f'(s_3) = 0$，那么它只能是逗留点而不能成为极值点（否则还会有一个极值点s_4，这与$n_C(W_0) < 4$矛盾）。这样就决定了在(C)上，高度函数的极值只能有两个（图4.23）。

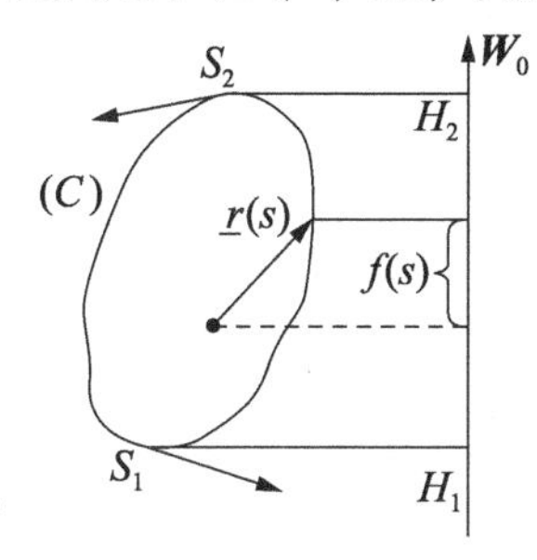

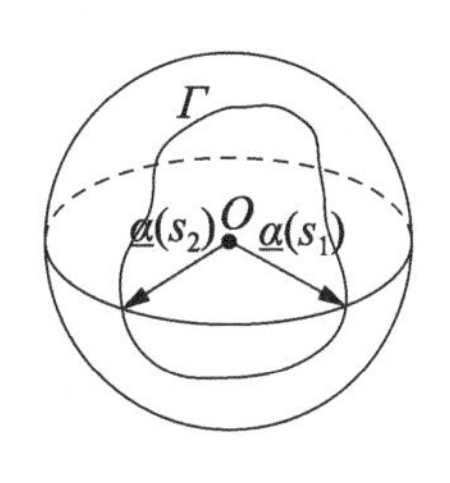

图4.23

如图4.24，对介于H_1和H_2之间的每一个h，可作一个弯度为h的截面$\pi: \boldsymbol{W}_0 \cdot \underline{\boldsymbol{r}} = h$，现在我们来说明，这个截面$\pi$只与$(C)$相交于两点，则至少有两个交点是清楚的。因为从最高点按曲线的定向走到最低点时至少要与π交于一点P_1；另一方面，从最低点再顺着曲线的方向走到最高点时，又至少与π交于一点P_2。如果(C)上还有一点P在π上（P位于从P_1到P_2的弧段上），由

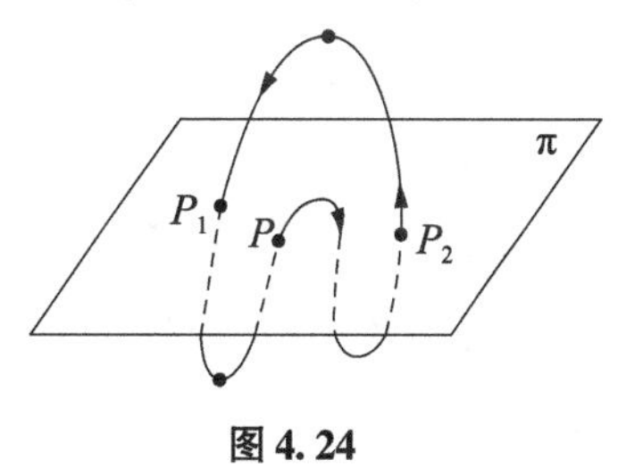

图4.24

$$f(P_1) = f(P)$$

和微分中值定理知道，在(C)的开弧段$\overset{\frown}{P_1P}$上必有一个极值点，同样由$f(P) = f(P_2)$知道在(C)的开弧段$\overset{\frown}{PP_2}$上也必有一个极值点，再加上(C)上就有三个极值点，这是不能的。所以π上有且仅有(C)上的两个点P_1，P_2。用线

段把 P_1，P_2 连接后，就可以看出 (C) 是一条不打结的曲线，与定理的假设矛盾。定理证毕。

该定理不过是芬切耳定理的推广。

4.3 曲面的整体性质

4.3.1 曲面的整体定义

在第二章我们曾给出过曲面的定义，那是曲面的局部定义，或者说，我们仅给出了曲面片的定义，它不能描述整体曲面。例如，存在那样的初等区域 D，使得 D 的同胚象为整个球面。

定义 1：设 M 是 E^3 中的一个点集，如何对于任何点 $P \in M$，必有 E^3 中 P 的一个邻域（开集）U，使得 $U \cap M$ 是 C^k 类的曲面片，则称 M 为 C^k 类曲面。

该定义表明，曲面是由许多曲面片覆盖而成的。而曲面片是 E^3 中的一个子集，因此我们也可以用下面的方式来定义曲面。

定义 2：曲面 M 是 E^3 中的一个子集，如果存在 E^2 中的一族开集 $\{U_\alpha\}_{\alpha \in A}$（$A$ 是指标集）和相应的映射：

$$f_\alpha : U_\alpha \to M_\alpha \in E^3$$

使得：

（1）每一个映射 $f_\alpha : U_\alpha \to M_\alpha = f(U_\alpha) \subset M$ 是 E^2 中的开集 U_α 到 M 的开集 M_α 上的同胚。

（2）$\{M_\alpha\}$ 构成 M 的开覆盖，即 $\bigcup\limits_\alpha M_\alpha = M$。

则 M 称为 E^3 中的一个曲面。$\{u^1, u^2\} \in U_\alpha$ 称为 M 的局部坐标系。M_α 称为 M 上的坐标域。

应当注意，在两块曲面片相重叠的地方，会遇到参数 u^1, u^2 相互变换的问题。我们记 f_α 的逆映射为 h_α。即

$$h_\alpha = f_\alpha^{-1} : M_\alpha \to U_\alpha$$

h_α 称为 M 上的坐标系数。而 (M_α, h_α) 称为 M 的一个坐标图。集合 $\{(M_\alpha, h_\alpha)_{\alpha \in A}\}$ 称为坐标图册（好像把地球上的每个区域按一定比例画成一幅

地图组成地图册）。用它可以描述整个曲面 M 。（正如我们可以用地图册描述地球表面一样）。

如图 4.25，设 $M_\alpha \cap M_\beta \neq \phi$ ，其中 $h_\beta : M_\beta \to U_\beta \quad (\beta \in A)$

对于 $M_\alpha \cap M_\beta$ 中的点有两种坐标 (u_α^1, u_α^2) 和 (u_β^1, u_β^2) ，它们之间存在着同胚映射

$$h_\beta \cdot h_\alpha^{-1} = h_\beta \cdot f_\alpha : h_\alpha(M_\alpha \cap M_\beta) \to h_\beta(M_\alpha \cap M_\beta)$$

这种映射可表示成

$$u_\beta^i = u_\beta^i(u_\alpha^1, u_\alpha^2) \quad (i = 1, 2)$$

这称为 $M_\alpha \cap M_\beta$ 中点的局部坐标变换公式。

定义 3：设 E^3 中曲面 M 的局部坐标变换公式中的函数 $u_\beta^i(u_\alpha^1, u_\alpha^2)$ 是 C^k 类的，则 M 称为 C^k 类的曲面。

以下我们讨论的曲面都假定它是 C^k 类的。

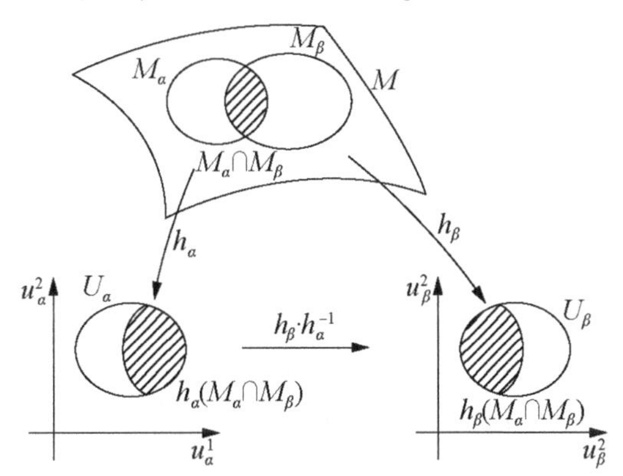

图 4.25

例：考虑 E^3 中的球面 $M: x^2 + y^2 + z^2 = r^2$

上的下列两开子集

$$M_1 : \left\{ (x, y, z) \in M : z < \frac{r}{2} \right\}$$

$$M_2 : \left\{ (x, y, z) \in M : z > -\frac{r}{2} \right\}$$

构成球面上开覆盖。即 $M = M_1 \cap M_2$ 。用球极投影定义坐标映射如图 4.26：

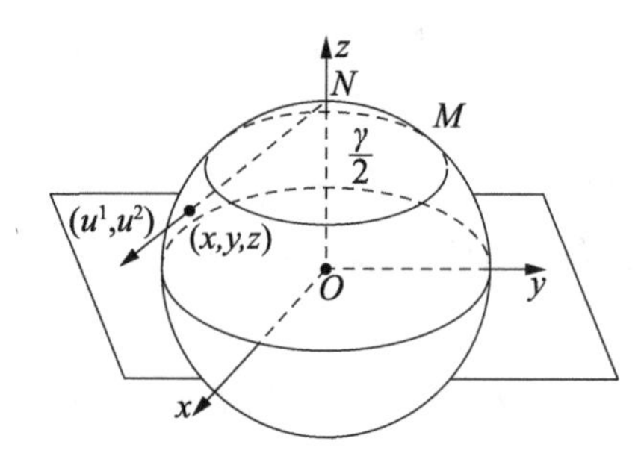

图 4.26

以北极 $N(0,0,r)$ 为投影中心，把 M_1 投影到 xOy 平面上，使点 $(x,y,z)\in M_1$，对应点 $(u^1,u^2)\in E^2$，于是

$$h_1:M_1\to E^2$$

也就是，

$$u_1^1=\frac{rx}{r-z},u_1^2=\frac{ry}{r-z}$$

解出 x、y、z 就得到坐标变换公式：

$$\begin{cases}x=\dfrac{2r^2u_1^1}{(u_1^1)^2+(u_1^2)^2+r^2}\\[2ex] y=\dfrac{2r^2u_1^2}{(u_1^1)^2+(u_1^2)^2+r^2}\\[2ex] z=\dfrac{r[(u_1^1)^2+(u_1^2)^2-r^2]}{(u_1^1)^2+(u_1^2)^2+r^2}\end{cases}$$

因为

$$(u_1^1)^2+(u_1^2)^2=\frac{r^2(x^2+y^2)}{(r-z)^2}=\frac{r^2(r^2-z^2)}{(r-z)^2}=\frac{r^2(x+z)}{r-z}<\frac{r^2\left(r+\frac{r}{2}\right)}{r-\frac{r}{2}}=3r^2$$

所以 $U_1=h_1(M_1)$ 是 E^2 中的开实圆：

$$(u_1^1)^2+(u_1^2)^2<3r^2$$

再从南极 $(0,0,-r)$ 为投影中心，则 M_2 投影到 E^2 上，使得 $(x,y,x)\in M_2$，对应点 $(u_2^1,u_2^2)\in E^2$，则得到坐标映射

$$h_2:M_2\to E^2$$

即
$$u_2^1=\frac{rx}{r+z},u_2^2=\frac{ry}{r+z}$$

解出 x,y,z 就得到坐标变换公式：

$$\begin{cases}x=\dfrac{2r^2u_2^1}{(u_2^1)^2+(u_2^2)^2+r^2}\\ y=\dfrac{2r^2u_2^2}{(u_2^1)^2+(u_2^2)^2+r^2}\\ z=\dfrac{r[r^2-(u_2^1)^2+(u_2^2)^2]}{(u_2^1)^2+(u_2^2)^2+r^2}\end{cases}$$

解得 $U_2=h_2(M_2)$ 是 E^2 中的开集

$$(u_2^1)^2+(u_2^2)^2<3r^2$$

为球带 $M_1\cap M_2$ 中的点，即 $\left\{(x,y,x):-\frac{r}{2}<z<\frac{r}{2}\right\}$，则有同胚映射

$$h_2\cdot h_1^{-1}:U_1\to U_2$$

对应的局部坐标变换公式：

$$u_2^1=\frac{ru_1^1}{(u_1^1)^2+(u_1^2)^2},u_2^2=\frac{ru_1^2}{(u_1^1)^2+(u_1^2)^2}$$

式中的函数是 C^∞ 类的，因此球面 M 是 C^∞ 类曲面。

定义 4：曲面 M 称为可定向的，如果它的局部变换公式的雅可比式 $\frac{\partial(u_2^1,u_2^2)}{\partial(u_1^1,u_1^2)}$ 恒大于零（或恒小于零）。

球面是可定向的，这是因为

$$\frac{\partial(u_2^1,u_2^2)}{\partial(u_1^1,u_1^2)}=\begin{vmatrix}\dfrac{r^2[(u_1^2)^2-(u_1^1)^2]}{[(u_1^1)^2+(u_1^2)^2]^2} & -\dfrac{2r^2u_1^1u_1^2}{[(u_1^1)^2+(u_1^2)^2]^2}\\ -\dfrac{2r^2u_1^1u_1^2}{[(u_1^1)^2+(u_1^2)^2]} & \dfrac{r^2[(u_1^1)^2-(u_1^2)^2]}{[(u_1^1)^2+(u_1^2)^2]}\end{vmatrix}$$

$$=\frac{-r^4}{[(u_1^1)^2+(u_1^2)^2]^2}<0$$

许多常见的曲面都是可定向的。例如球面、环面、正螺面等。但也有不可定向的曲面，最著名的例子是莫比乌斯带（Mobius）：如图 4.27 所示，我们把一张矩形的纸条 $ABCD$ 扭曲一次使 BC 和 DA 粘连起来，这时，AD 的中点 E 和 BC 的中点 F 重合于一点。E 点的法线沿 EF 跑一圈回到 E 点时法线改变了方向。

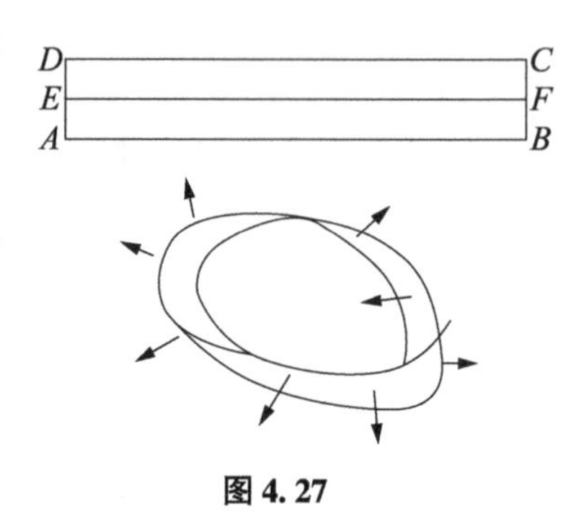

图 4.27

定义 5：曲面 M 称为紧致的，如果它有一坐标图册只包含有限个坐标域。

从紧致曲面的定义可以看出，紧致曲面是一种这样的曲面。它的任何一个开覆盖，都一定有有限开覆盖。即 $M=\bigcup\limits_{i=1}^{N} M_i$。这与点集的拓扑里所研究的“欧氏空间中的有界闭集一定是紧致集”是一致的。

4.3.2 阿达马（Hadamard）定理

在第二章中，我们讨论了曲面的球面表示，并且指出，若曲面上没有抛物点，则它上面的点和球面象上的点一一对应。那里讲的一一对应是局部的，在这里我们要证明：

定理 9（阿达马定理）：设 M 是 E^3 中的定向紧致曲面，它的高斯曲率 K 处处大于零，则曲面 M 的高斯映射 $\boldsymbol{n}$ 是一一的和在上的。

证明：(1) 先证在上的。如图 4.28，设曲面 M 的高斯映射

$$\boldsymbol{n}: M \to s \text{（单位球面）}$$

任给 $\boldsymbol{n}_0 \in s$，由于 M 是紧致的，必是有界的。因此总能找到垂直于 $\boldsymbol{n}_0$ 的两个平面 π 与 π' 使得 M 介于这两平行平面之间，不妨设 π 是方向 $\boldsymbol{n}_0$ 所指的一个。因为 M 是闭的，故总存在 M 上的点 P，使它距 π 最近，显然 M 在 P 点的切平面平行于 π（不然的话，过 P 平行于 π 的平面两侧都有 M 的点，则 P 距 π 不再是最近的点）。这时，点 P 的单位法向量 $\boldsymbol{n}\perp\pi$。因为 $\boldsymbol{n}_0\perp\pi$，所以 $\boldsymbol{n}_0=\boldsymbol{n}$，即 $\boldsymbol{n}(P)=\boldsymbol{n}_0$。这说明曲面

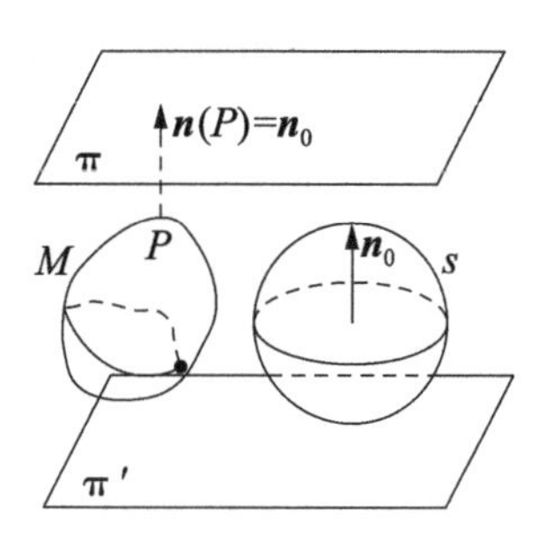

图 4.28

M 在 P 点的法向量 $\boldsymbol{n}$ 在高斯映射下的象是 $\boldsymbol{n}_0$ 。换言之，对于每一个 $\boldsymbol{n}_0 \in s$ ，总可找到它的原象 $\boldsymbol{n}(P)$ ，因此高斯映射是在上的。

(2) 再证一一的。我们知道高斯映射 $\boldsymbol{n}$ 的雅可比等于曲面 M 的面积元素与它的球面表示的面积元素之比，并由已知条件及高斯曲率 K 的意义有

$$\frac{|\underline{n}_u \times \underline{n}_v|\mathrm{d}u\mathrm{d}v}{|\underline{r}_u \times \underline{r}_v|\mathrm{d}u\mathrm{d}v} = \frac{LN - M^2}{EG - F^2} = K > 0$$

再根据逆函数定理，若雅可比不等于零，则存在局部逆映射，因此高斯映射在局部上是一一的。还需要证明它是整体一一的。用反证法。

设 $\boldsymbol{n}$ 不是一一的，则 M 上存在两个不同点 P 和 Q ，使 $\boldsymbol{n}(P) = \boldsymbol{n}(Q)$ 。因此存在 M 中 P 点的邻域 U 和 Q 点的邻域 V ，使得它们在 $\boldsymbol{n}$ 作用下的象集相同，即 $\boldsymbol{n}(U) = \boldsymbol{n}(V)$ ，于是 $\boldsymbol{n}(M - V) = s$ 。

由高斯映射的局部理论知道

$$\int_{M-V} K\mathrm{d}A = \int_{\boldsymbol{n}(M-V)} \mathrm{d}s = \int_s \mathrm{d}s = 4\pi$$

其中 $\mathrm{d}A$, $\mathrm{d}s$ 分别是 M 及 s 的面积元素。再据高斯—波涅公式

$$\int_M K\mathrm{d}A = 4\pi$$

所以

$$4\pi = \int_M K\mathrm{d}A = \int_{M-V} K\mathrm{d}A + \int_V K\mathrm{d}A = 4\pi + \int_V K\mathrm{d}A$$

于是推得 $\int_V K\mathrm{d}A = 0$ 。

但 $K > 0, V \neq \phi$ ，因此上述结论是不能成立的。定理证毕。

定义 6：如果对于 M 上每一点 P 都有 $K(P) > 0$ ，E^3 中的曲面 M 称为凸的。

例如，球面和椭球面是凸曲面。

定义 7：紧致的凸曲面称为卵形面。

显然，定理 9 可表述成：设 M 是 E^3 中可定向的卵形面，则它的高斯映射是一一的，在上的。

推论：卵形面一定位于它每一点切平面的同一侧。

反证法，如果存在一点 A ，它的切平面 π 两侧都有卵形面 M 上的点。由于 M 是闭曲面，则在 π 的两侧 M 上的点 B 和 C 使它们离 π 最远。可以证明 B,

C 两点的切平面平行于 A 点的切平面 π，它们的法线方向互相平行，且至少有两个平行。这样就破坏了高斯映射的一一性而与定理 9 矛盾。

应该注意，这个推论的逆命题不成立。

4.3.3 球面的整体表述

定义 8：主曲率 k_1,k_2 满足一个函数方程 $W(k_1,k_2)=0$ 的曲面称为魏因加尔吞（Weingarten）曲面，简称 W－曲面。

由方程 $W(k_1,k_2)=0$ 可知，

$$\frac{\partial W}{\partial k_1}\mathrm{d}k_1+\frac{\partial W}{\partial k_2}\mathrm{d}k_2=0,\frac{\mathrm{d}k_2}{\mathrm{d}k_1}=\frac{-\dfrac{\partial W}{\partial k_1}}{\dfrac{\partial W}{\partial k_2}}$$

因而 $\dfrac{\mathrm{d}k_2}{\mathrm{d}k_1}\leqslant 0$ 和 $\dfrac{\partial W}{\partial k_1}\cdot\dfrac{\partial W}{\partial k_2}\geq 0(*)$

等价，它们都是 k_2 与 k_1 的单调减函数的充要条件。

定义 9：满足条件（*）的 W－曲面，称为椭圆型 W－曲面。

显然，平均曲率 $H=\frac{1}{2}(k_1+k_2)=$常数和高斯曲率 $K=k_1\cdot k_2=$常数的曲面都是椭圆型 W－曲面。

定理 10：紧致的凸的椭圆型 W－曲面是球面。

我们先证明以下的引理。

引理 1：设紧致曲面 M 的每一点都是脐点，则 M 是一个球面。

证明：设 k_1,k_2 是曲面 M 的一点处的主曲率。由脐点的意义得 $k_1=k_2\Rightarrow k\geqslant 0$（对 M 上每一点）。因为 M 呈紧致的，它有有限覆盖 $\{M_i\}(i=1,2,\cdots,N)$，显然 M_i 上每一点的高斯曲率 $k_i\geqslant 0$。但是在 $M_i\cap M_j$ 上 $k_i=k_j$，因此 $k_1=k_2=\cdots=k_N=k\geqslant 0$，也就是在整个曲面 M 上高斯曲率 $k=$常数 $\geqslant 0$。再由 $M=UM_i$ 可知 M 由有限的平面块和球面块所覆盖，但平面块和球面块不能叠合在一起，半径不同的球面块也叠合不到一起，因此 M 仅由有限块半径相同的球面块叠合而成，所以 M 是球面。

引理 2（Hilbert）：设 x_0 不是曲面 M 的脐点，且在该点的主曲率 $k_1(x_0)>k_2(x_0)$，如果对于曲面上的两个主曲率 $k_1(x),k_2(x)$ 分别在 x_0 点取局部最大

值和最小值，则 $k(x_0) \leqslant 0$ 。

证明： 在曲面 M 的局部上（包含 x_0 在内）取曲率线网，则有

$$\omega_1^3 = k_1\omega^1 \quad \omega_2^3 = k_2\omega^2 \tag{4.3.1}$$

它们的外微分

$$\mathrm{d}\omega_1^3 = \mathrm{d}k_1 \wedge \omega^1 + k_1\mathrm{d}\omega^1$$

$$\mathrm{d}\omega_2^3 = \mathrm{d}k_2 \wedge \omega^2 + k_2\mathrm{d}\omega^2$$

根据曲面的结构方程得

$$\begin{aligned} \omega_1^2 \wedge \omega_2^3 &= \mathrm{d}k_1 \wedge \omega^1 + k_1\omega^2 \wedge \omega_2^1 \\ \omega_2^1 \wedge \omega_1^3 &= \mathrm{d}k_2 \wedge \omega^2 + k_2\omega^1 \wedge \omega_1^2 \end{aligned} \tag{4.3.2}$$

将（4.3.1）式代入（4.3.2）并利用（ω_i^j）的反称性得

$$\begin{aligned} \mathrm{d}k_1 \wedge \omega^1 + (k_1 - k_2)\omega_1^2 \wedge \omega^2 &= 0 \\ \mathrm{d}k_2 \wedge \omega^2 + (k_1 - k_2)\omega_1^2 \wedge \omega^1 &= 0 \end{aligned} \tag{4.3.3}$$

因为 ω^1,ω^2 线性无关，发甫形式 $\mathrm{d}k_1$ 和 $\mathrm{d}k_2$ 可以用 ω^1 和 ω^2 线性表示，命

$$\mathrm{d}k_i = k_{ij}\omega^j \quad (i,j = 1,2) \tag{4.3.4}$$

$$\mathrm{d}k_{ij} = k_{ij}l\omega^l \quad (i,j,l = 1,2) \tag{4.3.5}$$

因为 x_0 是 k_1,k_2 的局部极值点，所以

$$\mathrm{d}k_i(x_0) = 0 \Rightarrow k_{ij}(x_0) = 0$$

因为 $k_1(x_0)$ 是最大值 $\Rightarrow k_{1ii}(x_0) \leqslant 0$；$k_2(x_0)$ 是最大值 $\Rightarrow k_{2ii}(x_0) \geqslant 0$；据恰当引理

$$(k_1 - k_2)\omega_1^2 = A\omega^1 + B\omega^2 \tag{4.3.6}$$

将（4.3.4）（4.3.6）代入（4.3.3）得

$$\begin{cases} (k_{11}\omega^1 + k_{12}\omega^2) \wedge \omega^1 + (A\omega^1 + B\omega^2) \wedge \omega^2 = 0 \\ (k_{21}\omega^1 + k_{22}\omega^2) \wedge \omega^2 + (A\omega^1 + B\omega^2) \wedge \omega^1 = 0 \end{cases}$$

于是

$$\begin{cases} k_{12}\omega^2 \wedge \omega^1 + A\omega^1 \wedge \omega^2 = 0 \\ k_{21}\omega^1 \wedge \omega^2 + B\omega^2 \wedge \omega^1 = 0 \end{cases} \Rightarrow \begin{cases} A = k_{12} \\ B = k_{21} \end{cases}$$

微分一次

$$(\mathrm{d}k_1 - \mathrm{d}k_2) \wedge \omega_1^2 + (k_1 - k_2)\mathrm{d}\omega_1^2 = \mathrm{d}k_{12} \wedge \omega^1 + k_{12}\mathrm{d}\omega^1 + \mathrm{d}k_{12} \wedge \omega^2 + k_{12}\mathrm{d}\omega^2$$

再由 $\quad \mathrm{d}\omega_1^2 = -K\omega^1 \wedge \omega^2, \mathrm{d}\omega^1 = \omega_1^2 \wedge \omega^2, \mathrm{d}\omega^2 = \omega^1 \wedge \omega^2$

再利用（4.3.5）得

$$-K(k_1-k_2)\omega^1\wedge\omega^2=k_{122}\omega^2\wedge\omega^1+k_{211}\omega^1\wedge\omega^2+$$

$$\frac{k_{12}^2-k_{21}^2}{k_1-k_2}\omega^1\wedge\omega^2-(\mathrm{d}k_1-\mathrm{d}k_2)\wedge\omega_1^2$$

在 x_0 点计算上式的值，由于 $k_{ij}(x_0)=0,\mathrm{d}k_i(x_0)=0$，所以

$$-K(x_0)=\frac{k_{211}(x_0)-k_{122}(x_0)}{k_1(x_0)-k_2(x_0)}\geq 0$$

也就是 $K(x_0)\leqslant 0$，证毕。

定理10的证明：

因为 M 是W－曲面，不妨假定在 M 的某坐标域 M_α 上 $k_1(x)\geq k_2(x)$，并且在 M_α 上存在一点 x_0，使得 $k_1(x_0)$ 最大（由于 M 有界）。又因为 M 是椭圆型的，即 $k_2(x)$ 是 $k_1(x)$ 的单调函数，则 $k_2(x_0)$ 取最小值，也就是

$$k_1(x_0)\geq k_1(x)\geq k_2(x)\geq k_2(x_0)$$

如果 x_0 不是脐点，由引理2，$K(x_0)\leqslant 0$。这与假设 $K(x)>0$（曲面 M 是凸的）相矛盾，因此 x_0 一定是脐点，所以 $k_1(x_0)=k_2(x_0)$。由此推得

$$k_1(x)=k_2(x)$$

所以 M_α 上的点都是脐点。

以上讨论对于 M 的每一个坐标域（$M=\bigcup_{\alpha=1}^{N}M_\alpha$）——因为 M 是紧致的——都成立。所以 M 的每一点都是脐点。根据引理1，M 一定是球面。

定理10还可表述成“卵形的椭圆型W－曲面一定是球面”。

推论1： 紧致的凸的常平均曲率曲面是球面，或常平均曲率的卵形面是球面。

推论2： 紧致的凸的常高斯曲率曲面是球面，或常高斯曲率的卵形面是球面。

4.3.4 卵形面的刚性

所谓卵形面的刚性的意思是：设 $\varphi:M\to s$ 是卵形面 M 到曲面 $s=\varphi(M)$ 上的保长映射，则 s 必是卵形面。从直观上讲，意味着卵形面是不能被弯曲的，或者说，卵形面不可能经过保持它上面任何曲线弧长的连续变形以得到一个非卵形面。我们先做一些准备。

引理 1：给出两个正定二次型 $Ax^2+2Bxy+Cz^2$ 和 $A^1x^2+2B^1xy+C^1z^2$ ，如果

$$AC-B^2=A^1C^1-B^{12}$$

则

$$\begin{vmatrix} A-A^1 & B-B^1 \\ B-B^1 & C-C^1 \end{vmatrix} \leqslant 0$$

而且当且仅当 $A=A^1, B=B^1, C=C^1$ 时，等式成立。

证明：$Ax^2+2Bxy+Cz^2$ 是正定的，推出

$$Ax^2+2Bxy+Cz^2=A[(x+\frac{B}{A}y)^2+\frac{AC-B^2}{A^2}y^2]>0$$

因此 $A>0, AC-B^2>0, C>0$ 。经过非异线性变换

$$\begin{cases} x=a_1x^*+b_1y^* \\ y=a_2x^*+b_2y^* \end{cases} \quad (4.3.7)\left(\begin{vmatrix} a_1 & b_1 \\ a_2 & b_2 \end{vmatrix} \neq 0\right)$$

则正定二次型变成正定二次型

$$A^*(x^*)^2+2B^*x^*y^*+C^*(z^*)^2$$

因此 $A^*>0, B^*>0, C^*>0$ 并且

$$\begin{vmatrix} A^* & B^* \\ B^* & C^* \end{vmatrix}=\begin{vmatrix} a_1 & b_1 \\ a_2 & b_2 \end{vmatrix}^2 \cdot \begin{vmatrix} A & B \\ B & C \end{vmatrix} \tag{4.3.8}$$

同样，正定二次型 $A^1x^2+2B^1xy+C^1y^2$ 经过非奇线性变换（4.3.7）也变成正定二次型

$$A^{1*}(x^*)^2+2B^{1*}x^*y^*+C^{1*}(z^*)^2$$

并且 $A^{1*}>0, A^{1*}C^{1*}-(B^{1*})^2>0, C^{1*}>0$

$$\begin{vmatrix} A^{1*} & B^{1*} \\ B^{1*} & C^{1*} \end{vmatrix}=\begin{vmatrix} a_1 & a_2 \\ a_2 & b_2 \end{vmatrix}^2 \cdot \begin{vmatrix} A^1 & B^1 \\ B^1 & C^1 \end{vmatrix} \tag{4.3.9}$$

因为 $AC-B^2=A^1C^1-B^{12}$ ，所以由（4.3.8）（4.3.9）得

$$A^*C^*-(B^*)^2=A^{1*}C^{1*}-(B^{1*})^2$$

以上说明，经过变量的非线性变换后，命题的所有已知条件都不变，因此我们可以通过非异线性变换来简化问题。不难找到一个适当的非异线性变换，使得 $B^*=B^{1*}$ 。同时有 $A^*C^*=A^{1*}C^{1*}$，这时，

$$\begin{vmatrix} A^* - A^{1*} & B^* - B^{1*} \\ B^* - B^{1*} & C^* - C^{1*} \end{vmatrix} = (A^* - A^{1*})(C^* - C^{1*})$$

$$= (A^* - A^{1*})\left(\frac{A^* \cdot C^*}{A^*} - C^{1*}\right)$$

$$= (A^* - A^{1*})\left(\frac{A^{1*} \cdot C^{1*}}{A^*} - C^{1*}\right)$$

$$= -\frac{C^{1*}}{A^*}(A^* - A^{1*}) \leqslant 0$$

此外，如果上式等于0，则除了 $B^* = B^{1*}$，我们还有

$$A^* = A^{1*}, C^* = C^{1*}$$

引理2（Minkowski 积分公式）：设 M 是 E^3 中的紧致曲面，H 和 K 分别是它的平均曲率和高斯曲率，函数 p 是原点 O 到曲面 M 上的点的切平面的距离，则有下列积分公式

$$\int_M \mathrm{d}A + \int_M pH\mathrm{d}A = 0, \int_M H\mathrm{d}A + \int_M pK\mathrm{d}A = 0$$

证明：设 $\underline{r}$ 是曲面 M 上任意一点 P 的径矢，M 的局部表示

$$\underline{r} = \underline{r}(u^1, u^2)$$

选曲面为正交网，P 点的活动标架 $\{\underline{r}; \underline{e}_1, \underline{e}_2, \underline{e}_3\}$，其中

$$\underline{e}_1 = \frac{\underline{r}u^1}{|\underline{r}u^1|}, \underline{e}_2 = \frac{\underline{r}u^2}{|\underline{r}u^2|}, \underline{e}_3 = \underline{e}_1 \times \underline{e}_2$$

即 $\underline{e}_1$ 和 $\underline{e}_2$ 分别是 M 坐标曲线的单位切向量，$\underline{e}_3$ 是 M 的单位法向量，于是

$$p = \underline{r} \cdot \underline{e}_3 = (\underline{r}, \underline{e}_1, \underline{e}_2)$$

考虑混合积 $(\underline{r}, \underline{e}_3, \mathrm{d}\underline{r})$，它是与曲面的局部坐标系选择无关的发甫形式，取它的外微分

$$\mathrm{d}(\underline{r}, \underline{e}_3, \mathrm{d}\underline{r}) = (\mathrm{d}\underline{r}, \underline{e}_3, \mathrm{d}\underline{r})^* + (\underline{r}, \mathrm{d}\underline{e}_3, \mathrm{d}\underline{r})$$

据曲面的结构方程

$$\mathrm{d}\underline{r} = \omega^1 \underline{e}_1 + \omega^2 \underline{e}_2 \quad \mathrm{d}\underline{e}_3 = \omega_3^1 \underline{e}_1 + \omega_3^2 \underline{e}_2$$

$$\omega_1^3 = a\omega^1 + b\omega^2 \quad \omega_2^3 = b\omega^1 + c\omega^2$$

并注意 $\omega_1^3 = k_1\omega^1 \quad \omega_2^3 = k_2\omega^2 \quad \mathrm{d}A = \omega^1 \wedge \omega^2$（是曲面 M 的面积元素）。我们得到

$$\begin{aligned} \mathrm{d}(\underline{r},\underline{e}_3,\mathrm{d}\underline{r})^{①} &= -2(\underline{e}_1,\underline{e}_2,\underline{e}_3)\omega^1 \wedge \omega^2 + (\underline{r},\underline{e}_1,\underline{e}_2)(\omega_3^1 \wedge \omega^2 + \omega_3^2 \wedge \omega^1) \\ &= -2\mathrm{d}A - 2pH\mathrm{d}A \end{aligned}$$

两边积分并注意由 Stokes 公式得

$$\int_M \mathrm{d}(\underline{r},\underline{e}_3,\mathrm{d}\underline{r}) = \int_{\partial M} (\underline{r},\underline{e}_3,\mathrm{d}\underline{r}) = 0$$

即

$$\int_M \mathrm{d}A + \int_M pH\mathrm{d}A = 0$$

再考虑 $(\underline{r},\underline{e}_3,\mathrm{d}\underline{e}_3)$ 的外微分

$$\begin{aligned} \mathrm{d}(\underline{r},\underline{e}_3,\mathrm{d}\underline{e}_3) &= (\mathrm{d}\underline{r},\underline{e}_3,\mathrm{d}\underline{e}_3) + (\underline{r},\mathrm{d}\underline{e}_3,\mathrm{d}\underline{e}_3) \\ &= (\omega^2 \wedge \omega_3^1 - \omega^1 \wedge \omega_3^2)(\underline{e}_1,\underline{e}_2,\underline{e}_3) + 2(\omega_3^1 \wedge \omega_3^2)(\underline{r},\underline{e}_1,\underline{e}_2) \\ &= (a+c)\omega^1 \wedge \omega^2 + 2p(ac-b^2)\omega^1 \wedge \omega^2 \\ &= 2H\mathrm{d}A + 2pK\mathrm{d}A \end{aligned}$$

把上式两边在整个曲面上积分，根据 Stokes 公式得

$$\int_M H\mathrm{d}A + \int_M pK\mathrm{d}A = 0$$

定理 11（Cohn - Vossen 定理）两个卵形面之间如果存在一个保长映射，则这个映射必定是 E^3 中的移动。

证明：设两个卵形面 M 和 M' 之间存在保长映射

$$f: M \to M'$$

再设 M 和 M' 的第一和第二基本形式为 Ⅰ, Ⅱ 和 Ⅰ′, Ⅱ′。由于 f 是保长的，所以 Ⅰ = Ⅰ′。根据曲面的基本定理，只需证明 Ⅱ = Ⅱ′。

假定两个曲面具有相同的参数 u,v，使得有相同参数的两点在映射 f 下互相对应，并且在不失一般性之下，还假定一曲面上 u - 曲线和 v - 曲线相互正交；在另一曲面上，由 Ⅰ = Ⅰ′ 成立着同一事实。在曲面 M 上配上活动标架 $\{\underline{r};\underline{e}_1,\underline{e}_2,\underline{e}_3\}$ 使得 $\underline{r}(u,v)$ 是 (u,v) 点的径矢，而

$$\underline{e}_1 = \frac{\underline{r}_u}{|\underline{r}_u|}, \underline{e}_2 = \frac{\underline{r}_v}{|\underline{r}_v|}, \underline{e}_3 = \underline{e}_1 \times \underline{e}_2$$

分别是坐标曲线的单位切向量和法向量；在曲面 M' 上有同样的活动标架

---

① $(\mathrm{d}\underline{r},\ \underline{e}_3,\ \mathrm{d}\underline{r}) \neq 0$ 这是因为“d”是外微分。

$\{\underline{r}';\underline{e}'_1,\underline{e}'_2,\underline{e}'_3\}$。因为在$f$下对应点 Ⅰ = Ⅰ′，所以

$$(\omega_1)^2+(\omega_2)^2=(\omega_1^1)^2+(\omega_2^1)^2$$

于是
$$\omega_1=\pm\omega_1^1,\omega_2=\pm\omega_2^1$$

适当变更标架，可使

$$\omega_1=\omega_1^1,\omega_2=\omega_2^1$$

同时有

$$\omega_1^2=\frac{\mathrm{d}\omega_1}{\omega_1\wedge\omega_2}\omega_1+\frac{\mathrm{d}\omega_2}{\omega_1\wedge\omega_2}\omega_2=\omega_1^{2\prime}$$

因为

$$\mathrm{II}=a(\omega_1)^2+2b\omega_1\omega_2+c(\omega_2)^2,\ \mathrm{II}'=a'(\omega_1^1)^2+2b'\omega_1^1\omega_2^1+c'(\omega_2^1)^2$$

所以要证 Ⅱ = Ⅱ′，只要证$a=a',b=b',c=c'$即可。

但是

$$\omega_1^3=a\omega_1+b\omega_2\quad \omega'_{31}=a'\omega_1+b'\omega_2$$

$$\omega_2^3=b\omega_1+c\omega_2\quad \omega'_{32}=b'\omega_1+c'\omega_2$$

又只需证$\omega_1^3=\omega'_{31},\omega_2^3=\omega'_{32}$。

为此我们计算

$$\begin{aligned}\mathrm{d}(\underline{r},\mathrm{d}\underline{e}'_3,\underline{e}_3)&=\mathrm{d}(\underline{r},\omega_1^{3\prime}\underline{e}_1+\omega_2^{3\prime}\underline{e}_2,\underline{e}_3)\\&=(\mathrm{d}\underline{r},\omega_1^{3\prime}\underline{e}_1+\omega_2^{3\prime}\underline{e}_2,\underline{e}_3)+(\underline{r},\mathrm{d}(\omega_1^{3\prime}\underline{e}_1+\omega_2^{3\prime}\underline{e}_2),\underline{e}_3)\\&\quad+(\underline{r},\omega_1^{3\prime}\underline{e}_1+\omega_2^{3\prime}\underline{e}_2,\mathrm{d}\underline{e}_3)\\&=\omega_1\wedge\omega_2^{3\prime}-\omega_2\wedge\omega_1^{3\prime}+p(\omega_1^{3\prime}\wedge\omega_2^3-\omega_2^{3\prime}\wedge\omega_1^3)\\&=2H'\omega_1\wedge\omega_2+pJ\omega_1\wedge\omega_2\\&=2H'\mathrm{d}A+pJ\mathrm{d}A\end{aligned}$$

其中$p=\underline{r}\cdot\underline{e}_3,J=ac'+a'c-2bb'=2K-\begin{vmatrix}a-a' & b-b'\\ b-b' & c-c'\end{vmatrix}$

把上式两边在整个曲面上积分，并据 Stokes 公式得

$$2\iint_M H'\mathrm{d}A+\iint_M p\left(2K-\begin{vmatrix}a-a' & b-b'\\ b-b' & c-c'\end{vmatrix}\right)\mathrm{d}A=0$$

根据引理2

$$\iint_M H\mathrm{d}A+\iint_M pK\mathrm{d}A=0$$

所以

$$2\iint_M H'\mathrm{d}A - 2\iint_M H\mathrm{d}A = \iint_M p\begin{vmatrix} a-a' & b-b' \\ b-b' & c-c' \end{vmatrix}\mathrm{d}A(*)$$

注意到

$$\mathrm{I} = \mathrm{I}' \Rightarrow K = K'$$

而 $K = ac - b^2$，因此

$$ac - b^2 = K = K' = a'c' - b^{2\prime}$$

由于 $\mathrm{II}, \mathrm{II}'$ 都是正定的二次形，即

$$\mathrm{II} = a(\omega_1)^2 + 2b\omega_1\omega_2 + c(\omega_2)^2 > 0,$$

$$\mathrm{II}' = a'(\omega_1^1)^2 + 2b'\omega_1^1\omega_2^1 + c'(\omega_2^1)^2 > 0,$$

根据引理1得

$$\begin{vmatrix} a-a' & b-b' \\ b-b' & c-c' \end{vmatrix} \leqslant 0$$

移动曲面的位置，作原点 O 在它的内部，则 $p > 0$。因此积分（$*$）的右边 $\leqslant 0$，即

$$2\iint_M H'\mathrm{d}A - 2\iint_M H\mathrm{d}A \leqslant 0, \iint_M H'\mathrm{d}A \leqslant \iint_M H\mathrm{d}A$$

由于 M 与 M' 之间的关系是对称的，所以也必有

$$\iint_M H'\mathrm{d}A \geq \iint_M H\mathrm{d}A$$

推得

$$\iint_M H'\mathrm{d}A = \iint_M H\mathrm{d}A, \iint_M H'\mathrm{d}A - \iint_M H\mathrm{d}A = 0$$

将这个结果代入（$*$）式得

$$\iint_M p\begin{vmatrix} a-a' & b-b' \\ b-b' & c-c' \end{vmatrix}\mathrm{d}A = 0$$

因为 $p > 0$，所以 $\begin{vmatrix} a-a' & b-b' \\ b-b' & c-c' \end{vmatrix} = 0$。

再据引理1，等号成立的条件，有 $a = a', b = b', c = c'$。证毕。

给出一个卵形面 M，考虑高斯映射

$$\boldsymbol{n}: M \to s$$

据 Hadamard 定理，$\boldsymbol{n}$ 是一一的和在上的。因此存在逆映射

$$\boldsymbol{n}^{-1}: s \to M$$

于是 M 的高斯曲率 K 可以看成单位球面 s 上的函数

$$K = K[\boldsymbol{n}^{-1}(\xi)] \quad (\xi \in s)$$

定理 12：给出两个卵形面 M 和 M'，如果

$$K[\boldsymbol{n}^{-1}(\xi)] = K'[\boldsymbol{n}'_{-1}(\xi)] \quad (\forall \xi \in s)$$

则 M 和 M' 只差一个空间位移。

证明：球面 s 上任一点 ξ 分别对应 M 和 M' 上的点 $\boldsymbol{n}^{-1}(\xi)$ 和 $\boldsymbol{n}'_{-1}(\xi)$，在 s，M 和 M' 上取相应的局部坐标，使得 ξ，$\boldsymbol{n}^{-1}(\xi)$ 和 $\boldsymbol{n}'_{-1}(\xi)$ 三点的坐标都是 (u^1, u^2)。在 M 上选取活动标架，设对应的 Maurer - Cartan 形式是 $\omega_1, \omega_2, \omega_1^2, \omega_1^3, \omega_2^3$，通过映射 $\boldsymbol{n}$ 把这些发甫形式诱导成 s 上的发甫形式，仍记成 $\omega_1, \omega_2, \omega_1^2, \omega_1^3, \omega_2^3$。同样的，再在 M' 选取活动标架，映射 $\boldsymbol{n}'$ 把 M' 上的 Maurer - Cartan 形式诱导成 s 上的发甫形式 $\omega'_1, \omega'_2, \omega'_{21}, \omega'_{31}, \omega'_{32}$。因为

$$\mathrm{d}\boldsymbol{e}_3 = \omega_1^3 \boldsymbol{e}_1 + \omega_2^3 \boldsymbol{e}_2 = \omega'_{31}\boldsymbol{e}'_1 + \omega'_{32}\boldsymbol{e}'_2$$

旋转 M' 上的活动标架，使得 $\boldsymbol{e}_1 /\!/ \boldsymbol{e}'_1, \boldsymbol{e}_2 /\!/ \boldsymbol{e}'_2$，则有

$$\omega_1^3 = \omega'_{31}, \omega_2^3 = \omega'_{32}$$

现在我们希望证明

$$\omega_1 = \omega'_1, \omega_2 = \omega'_2$$

倘若证得了这一点，则映射 $\boldsymbol{n}'_{-1} \circ \boldsymbol{n}: M \to M'$ 或 $\boldsymbol{n}^{-1} \circ \boldsymbol{n}'_{-1}: M' \to M$ 保证第一形式不变，根据 Cohn - Vossen 定理，它一定是空间的移动。据结构方程

$$\omega_1^3 \wedge \omega_2^3 = K\omega_1 \wedge \omega_2$$

因 $K > 0$，所以 ω_1^3 和 ω_2^3 与 ω_1, ω_2 一样是 s 上的线性无关的发甫形式，因此可以设

$$\omega_1 = A\omega_1^3 + B\omega_2^3 \quad \omega_2 = B\omega_1^3 + C\omega_2^3$$

$$\omega'_1 = A'\omega_1^3 + B'\omega_2^3 \quad \omega'_2 = B'\omega_1^3 + C'\omega_2^3$$

$$AC - B^2 = A'C' - B'_2 = \frac{1}{K}$$

现在要证明 $A = A', B = B', C = C'$。为此计算 $(\boldsymbol{r}, \boldsymbol{r}', \mathrm{d}\boldsymbol{r}')$ 的外微分

$$\mathrm{d}(\boldsymbol{r}, \boldsymbol{r}', \mathrm{d}\boldsymbol{r}') = (\mathrm{d}\boldsymbol{r}, \boldsymbol{r}', \mathrm{d}\boldsymbol{r}') + (\boldsymbol{r}, \mathrm{d}\boldsymbol{r}', \mathrm{d}\boldsymbol{r}')$$

$$= (\omega_1 \underline{\boldsymbol{e}_1} + \omega_2 \underline{\boldsymbol{e}_2}, \underline{\boldsymbol{r}'}, \omega'_1\underline{\boldsymbol{e}'_1} + \omega'_2\underline{\boldsymbol{e}'_2}) + (\underline{\boldsymbol{r}}, \omega'_1\underline{\boldsymbol{e}_1} + \omega'_2\underline{\boldsymbol{e}_2}, \omega'_1\underline{\boldsymbol{e}_1} + \omega'_2\underline{\boldsymbol{e}_2})$$

$$= p'(-\omega_1 \wedge \omega'_2 + \omega_2 \wedge \omega'_1) + 2p\omega'_1 \wedge \omega'_2$$

其中 $$p=(\underline{r},\underline{e}_1,\underline{e}_2),p'=(\underline{r}',\underline{e}_1',\underline{e}_2')。$$

$$\begin{aligned}-\omega_1\wedge\omega_2'+\omega_2\wedge\omega_1'&=-(A\omega_1^3+B\omega_2^3)\wedge(B'\omega_1^3+C'\omega_2^3)\\&\quad+(B\omega_1^3+C\omega_2^3)\wedge(A'\omega_1^3+B'\omega_2^3)\\&=(-AC'+BB'+BB'-A'C)\omega_1^3\wedge\omega_2^3\\&=\begin{vmatrix}A-A' & B-B'\\ B-B' & C-C'\end{vmatrix}\omega_1^3\wedge\omega_2^3-\frac{2}{K}\omega_1^3\wedge\omega_2^3\end{aligned}$$

$$\begin{aligned}\omega_1'\wedge\omega_2'&=(A'\omega_1^3+B'\omega_2^3)\wedge(B'\omega_1^3+C'\omega_2^3)\\&=(A'C'-B_2')\omega_1^3\wedge\omega_2^3=\frac{1}{K}\omega_1^3\wedge\omega_2^3\end{aligned}$$

$$\mathrm{d}(\underline{r},\underline{r}',\mathrm{d}\underline{r}')=[p'\begin{vmatrix}A-A' & B-B'\\ B-B' & C-C'\end{vmatrix}+\frac{2}{K}(p-p')]\omega_1^3\wedge\omega_2^3$$

上式在单位球面上积分，根据 Stokes 公式

$$\int_s [p'\begin{vmatrix}A-A' & B-B'\\ B-B' & C-C'\end{vmatrix}+\frac{2}{K}(p-p')]\omega_1^3\wedge\omega_2^3=0$$

对调曲面 M 和 M' 的位置，又有

$$\int_s [p'\begin{vmatrix}A-A' & B-B'\\ B-B' & C-C'\end{vmatrix}+\frac{2}{K}(p'-p)]\omega_1^3\wedge\omega_2^3=0$$

移动 M 和 M' 的位置，使得原点 O 同时在 M 和 M' 的内部，则 $p>0,p'>0$，根据引理1，又有

$$\begin{vmatrix}A-A' & B-B'\\ B-B' & C-C'\end{vmatrix}\leqslant 0$$

因此只可能有

$$\begin{vmatrix}A-A' & B-B'\\ B-B' & C-C'\end{vmatrix}=0$$

据引理1得 $A=A',B=B',C=C'$。定理证毕。

4.3.5　向量场

平面区域 U 的向量场是由矢函数

$$\boldsymbol{W}(x,y)=(a(x,y),b(x,y))$$

定义的。这里 $a(x,y),b(x,y)$ 均假定为可微分函数。

由微分学知道，对于一个向量场 $\boldsymbol{W}$ 及 U 中一点 (x_0,y_0)，必存在一条积分曲线（或称为轨线）：

$$x = \phi(x_0,y_0,t),y = \psi(x_0,y_0,t)$$

处处以 $\boldsymbol{W}(x,y)$ 为曲线的切向量。它们是以 $t = 0,x = x_0,y = y_0$ 为初始条件，求解

$$\frac{\mathrm{d}x}{\mathrm{d}t} = a(x,y),\frac{\mathrm{d}y}{\mathrm{d}t} = b(x,y)$$

得出的。

例 1：设向量场

$$a(x,y) = x,b(x,y) = y$$

求解 $\frac{\mathrm{d}x}{\mathrm{d}t} = x,\frac{\mathrm{d}y}{\mathrm{d}t} = y$ 得：

$$\ln x = t + \ln C_1,\ln y = t + \ln C_2$$

（C_1,C_2 是积分常数）这是以 t 为参数的曲线族方程。若给出初始条件：$t = 0$ 时 $x = x_0,y = y_0$，即 $t = 0$ 时 $x_0 = C_1,y_0 = C_2$。于是，过 (x_0,y_0) 点的积分曲线为

$$x = x_0e^t,y = y_0e^t$$

故向量场 $\boldsymbol{W}(x,y) = (x,y)$ 是汇集于 $(0,0)$ 点的直线。

例 2：设向量场

$$a(x,y) = y,b(x,y) = -x$$

解方程 $\frac{\mathrm{d}x}{\mathrm{d}t} = y,\frac{\mathrm{d}y}{\mathrm{d}t} = -x$

两式相除得 $\frac{\mathrm{d}y}{\mathrm{d}x} = -\frac{x}{y},y\mathrm{d}y = -x\mathrm{d}x$

积分之 $x^2 + y^2 = C^2$。

这是以 O 为中心的同心圆。

定义 1：满足 $a(x,y) = 0,b(x,y) = 0$ 的点 (x,y)，称为平面上向量场的奇点。也就是，向量场在奇点处的向量是零向量。若 (x_0,y_0) 是奇点，则过该奇点的轨线为 $x = x_0,y = y_0$，它退化为一点。上述例子中的向量场都只有一个奇点 $(0,0)$。

定义2：曲面 M 上的向量场 $\boldsymbol{W}(p)$ 定义为

$$\boldsymbol{W}(p) = a(u,v)\,\underline{\boldsymbol{r}}_u(u,v) + b(u,v)\,\underline{\boldsymbol{r}}_v(u,v)$$

其中 $\underline{\boldsymbol{r}}_u(u,v)$，$\underline{\boldsymbol{r}}_v(u,v)$ 是 M 的一坐标域 M_α 上过 $p(u,v)$ 点的坐标域曲线的切向量；(u,v) 是 M_α 的坐标；$a(u,v)$，$b(u,v)$ 是依赖于 $p(u,v)$ 的可微函数。

若设 M_β 为 M 的另一坐标域（$M_\alpha \cap M_\beta \neq \phi$），于是 M 的向量场 $\boldsymbol{W}(p)$ 在 $M_\alpha \cap M_\beta$ 处成立。

$$\boldsymbol{W}(p) = a(u,v)\,\underline{\boldsymbol{r}}_u + b(u,v)\,\underline{\boldsymbol{r}}_v = \bar{a}(\bar{u},\bar{v})\,\underline{\boldsymbol{r}}_{\bar{u}} + \bar{b}(\bar{u},\bar{v})\,\underline{\boldsymbol{r}}_{\bar{v}}$$

其中 $\bar{a}$，$\bar{b}$，$\bar{u}$，$\bar{v}$，$\underline{\boldsymbol{r}}_{\bar{u}}$，$\underline{\boldsymbol{r}}_{\bar{v}}$ 有定义中相同的意义。然而有变换式

$$\underline{\boldsymbol{r}}_u = \underline{\boldsymbol{r}}_{\bar{u}}\frac{\partial \bar{u}(u,v)}{\partial u} + \underline{\boldsymbol{r}}_{\bar{v}}\frac{\partial \bar{v}(u,v)}{\partial u},\ \underline{\boldsymbol{r}}_v = \underline{\boldsymbol{r}}_{\bar{u}}\frac{\partial \bar{u}(u,v)}{\partial v} + \underline{\boldsymbol{r}}_{\bar{v}}\frac{\partial \bar{v}(u,v)}{\partial v}$$

由于 $\underline{\boldsymbol{r}}_u$，$\underline{\boldsymbol{r}}_v$ 线性无关，所以成立

$$\bar{a}(\bar{u},\bar{v}) = a(u,v)\frac{\partial \bar{u}}{\partial u} + b(u,v)\frac{\partial \bar{u}}{\partial v},\ \bar{b}(\bar{u},\bar{v}) = a(u,v)\frac{\partial \bar{v}}{\partial u} + b(u,v)\frac{\partial \bar{v}}{\partial v}$$

定义3：在曲面 M 上的一个坐标域中，微分方程

$$\frac{\partial u}{\partial t} = a(u,v),\ \frac{\partial v}{\partial t} = b(u,v)$$

为解，称为向量场 $\boldsymbol{W}(p)$ 的积分曲线（轨线）。

定义4：曲面 M 上的向量场 $\boldsymbol{W}(p)$ 中的向量成为零向量的点称为该向量场上的奇点。

例3：普迪环面 T^2 的参数表示为

$$\begin{cases} x = \left(a + b\cos\dfrac{s}{b}\right)\cos v \\ y = \left(a + b\cos\dfrac{s}{b}\right)\sin v \\ z = b\sin\dfrac{s}{b} \end{cases}$$

这里 s 是每一条经线上的弧长参数，那么 T^2 上的向量

$$\boldsymbol{W}(v,s) = \left(-\cos v\sin\frac{s}{b},\ -\sin v\sin\frac{s}{b},\ \cos\frac{s}{b}\right)$$

所决定的是可微的单位向量场。易知它的积分曲线是 T^2 上的经线。这是因为

$$\boldsymbol{W}(v,s) = \underline{r}_s$$

因此 $a(v,s)=0 \quad b(v,s)=1 \quad \frac{\mathrm{d}v}{\mathrm{d}t}=0 \quad \frac{\mathrm{d}s}{\mathrm{d}t}=1$

$$\Rightarrow \frac{\mathrm{d}v}{\mathrm{d}s}=0$$

例4：如图4.29，把球面 s^2 去掉两极 N,S，每一条从 N 到 S 的经线的切向量的全体定义在 $s^2-(\{N\}\cup\{S\})$ 上的向量场 $\boldsymbol{V}(p)$。为了得到定义在整个球面上的向量场 $\boldsymbol{W}(p)$，我们可用同一个参数 $t(-1<t<1)$，将每一条从 N 到 S 的经线加以参数化，并在同一条纬线上的点取相同的 t 值，然后定义

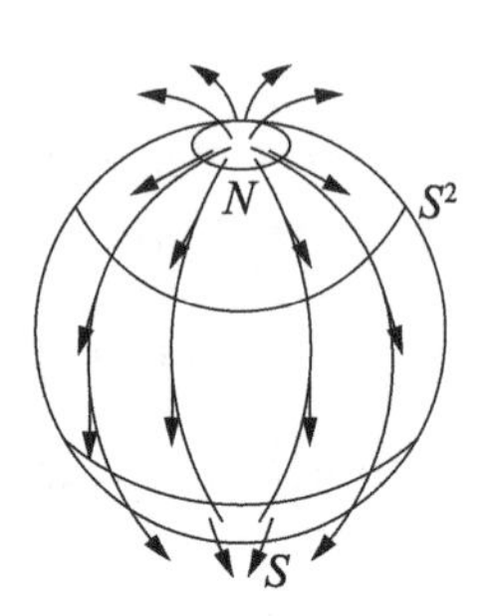

图4.29

$$\boldsymbol{W}(p)=(1-t^2)\boldsymbol{V}(p) \quad p\in s^2-(\{N\}\cup\{S\})$$

$$\boldsymbol{W}(N)=\boldsymbol{W}(S)=\boldsymbol{0}$$

向量场 $\boldsymbol{W}(p)$ 是 s^2 上的向量场，点 N，S 是该向量场的两个奇点。

定义5：设 $p_0\in M$ 为向量场 $\boldsymbol{W}(p)$ 的奇点，如果存在 p_0 点的一个邻域，使在其中除 p_0 点外，再没有其他奇点，那么称 p_0 为孤立奇点。

我们只考虑平面域定向曲面上的向量场的孤立奇点。如下结论成立：“在紧致曲面上，如果一个向量场只有孤立奇点，那么奇点的个数必定是有限的”。

结论的证明是极其简单的。因为，如果是无限的话，由曲面的紧致性，它们必有极限点，极限点也是奇点。因此与奇点的孤立性矛盾。

现在我们来定义向量场孤立奇点的指标，先从平面上的情形开始。

设 $(0,0)$ 是向量场的孤立奇点，U 是 $(0,0)$ 的一个邻域，使得在 $(x,y)\in U$ 时，向量场无其他奇点。我们在 $(0,0)$ 点附近画一个取正向的闭环路 C，C 上的每一点有一个向量 $\boldsymbol{W}(p)$ 属于已给的向量场。另取一点 O'，把 $\boldsymbol{W}(p)$ 的单位向量 $L(p)$ 用 $\overline{O'P'}$ 来表示，当 P 绕点 O 走一圈时，P' 在单位圆上所转的圈数称为向量场奇点 $(0,0)$ 的指标，记作 I。以后我们将证明 I 与闭环路 C 的选择无关。

图4.30的几个向量场都是以 $(0,0)$ 为奇点。图中的曲线是该向量场的积分曲线。不难算出这些向量场在奇点 $(0,0)$ 处的指标 I。

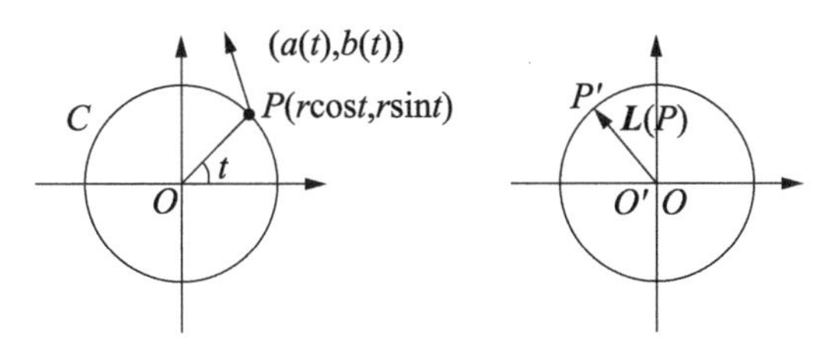

图 4.30

图 4.31 中的几个向量场都是以（0，0）为奇点，图中的曲线是该向量场的积分曲线。不难算出这些向量场在奇点（0，0）处的指标 I 。

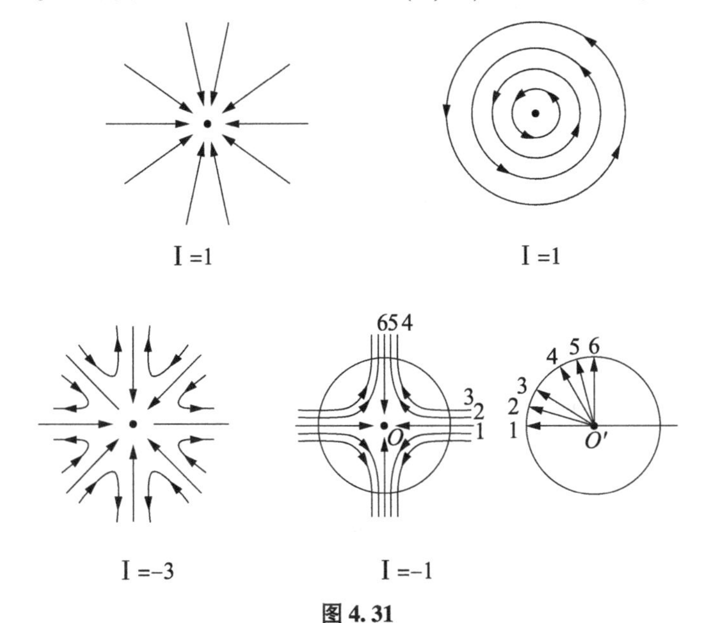

图 4.31

设 C 是围绕奇点 (0,0) 的一个简单闭环路，它的方程为

$$\begin{cases} u = u(t) & 0 \leqslant t \leqslant L \\ v = v(t) \end{cases}$$

而向量场 $\boldsymbol{W}$ 在其上的向量为 $(a(t), b(t))$ ，这里

$$a(t) = a(u(t), v(t)), b(t) = b(u(t), v(t))$$

与 $(a(t), b(t))$ 相应的向量 $\boldsymbol{L}$ 为

$$\boldsymbol{L}\left(\frac{a}{\sqrt{a^2 + b^2}}, \frac{b}{\sqrt{a^2 + b^2}}\right)$$

$\boldsymbol{L}$ 与 x 轴正向的夹角为 φ 。与曲线论里讨论切线旋转指标定理时相仿，可

选取 φ 为 t 的可微函数。因为 $\tan\varphi = \frac{b}{a}(a \neq 0)$ 所以

$$\frac{\mathrm{d}\varphi}{\mathrm{d}t} = \frac{\mathrm{d}}{\mathrm{d}t}\left(\tan^{-1}\frac{b}{a}\right) = \frac{ab' - ba'}{a^2 + b^2}$$

若 $a = 0$ 则 $b \neq 0$，由 $\cot\varphi = \frac{b}{a}$ 得出

$$\frac{\mathrm{d}\varphi}{\mathrm{d}t} = \frac{ab' - ba'}{a^2 + b^2}$$

P 点绕 C 转一圈，$\boldsymbol{L}(p)$ 也转回原处，φ 的变化是

$$\varphi(L) - \varphi(0) = \oint_C \frac{\mathrm{d}\varphi}{\mathrm{d}t}\mathrm{d}t = \oint_C \frac{ab' - ba'}{a^2 + b^2}\mathrm{d}t$$

为 2π 的整数倍，因此 $\boldsymbol{L}(p)$ 所转的圈数

$$\mathrm{I} = \frac{1}{2\pi}(\varphi(L) - \varphi(0)) = \frac{1}{2\pi}\oint_C \frac{ab' - ba'}{a^2 + b^2}\mathrm{d}t$$

必为整数。这是平面上向量场奇点 $(0,0)$ 的指标表达式。

现在讨论定向曲面 M 上向量场的孤立奇点的指标。

设 P 是 M 上向量场 $\boldsymbol{\omega}$ 的孤立奇点，在 P 点的一坐标域 M_α 上选取单位正交标架 $\{\underset{\sim}{e}_1, \underset{\sim}{e}_2, \underset{\sim}{n}\}$，其中

$$\underset{\sim}{e}_1 = \frac{\underset{\sim}{r}_u}{|\underset{\sim}{r}_u|}, \underset{\sim}{e}_2 = \frac{\underset{\sim}{r}_v}{|\underset{\sim}{r}_v|}, \underset{\sim}{n} = \underset{\sim}{e}_1 \times \underset{\sim}{e}_2$$

$\underset{\sim}{n}$ 的指向为 M 的正侧。向量场的向量可表示为

$$\boldsymbol{L}(u,v) = a(u,v)\,\underset{\sim}{e}_1 + b(u,v)\,\underset{\sim}{e}_2$$

这里 $\boldsymbol{L}(u,v)$ 是 $\boldsymbol{\omega}(u,v)$ 的单位法向量。在 P 点适当小的邻域内作一简单闭曲线 C，其参数为 $0 \leqslant t \leqslant L$，使它在 U 中围成包含 P 在内的小邻域。并且在曲线内部，除 P 点外无向量场奇点。曲线上也无向量场的奇点，又参数 t 的增加方向和曲面的定向相应，即依法线正向而定，观察者依 t 的增加方向前进时，D 常在观察者的左侧。沿曲线 C，向量 $\boldsymbol{L}$ 与 $\underset{\sim}{e}_1$ 的夹角为 φ，与曲线论讨论切线旋转指标相仿，可取 φ 为 t 的可微函数。沿曲线 C，函数 a,b 表示为 $a(t),b(t)$，由于

$$\tan\varphi = \frac{b}{a} \text{ 或 } \cot\varphi = \frac{a}{b}$$

两者必有一成立，所以和以前的讨论一样，可定义

$$\mathrm{I} = \frac{1}{2\pi}(\varphi(L) - \varphi(0)) = \frac{1}{2\pi}\oint_C \frac{ab' - ba'}{a^2 + b^2}\mathrm{d}t$$

这就是 $\boldsymbol{W}$ 本身绕 C 一圈后所转的圈数。

显然，不论是平面上还是曲面上的向量场，绕简单闭环路 C 的孤立奇点的指标，有统一的计算式。当 C 为分段光滑的曲线时，这个计算式是适用的。这时上述积分视为每段积分之和，而在每一点 $\varphi(t), a(t), b(t)$ 都是可微函数。

现在说明：孤立奇点的指标与简单闭环路 C 的选取无关。如图 4.32，设 P 坐标域 M_α 在坐标映射 h 下的象为 U，点 P 的象为 $h(C)$ 和 $h(D)$，于是

$$\begin{aligned}\mathrm{I} &= \frac{1}{2\pi}\oint_C \frac{ab' - ba'}{a^2 + b^2}\mathrm{d}t \\ &= \frac{1}{2\pi}\oint_{h(C)} \frac{a(b_u\mathrm{d}u + b_v\mathrm{d}v) - b(a_u\mathrm{d}u + a_v\mathrm{d}v)}{a^2 + b^2} \\ &= \frac{1}{2\pi}\oint_{h(C)} \frac{ab_u - ba_u}{a^2 + b^2}\mathrm{d}t + \frac{ab_v - ba_v}{a^2 + b^2}\mathrm{d}v\end{aligned}$$

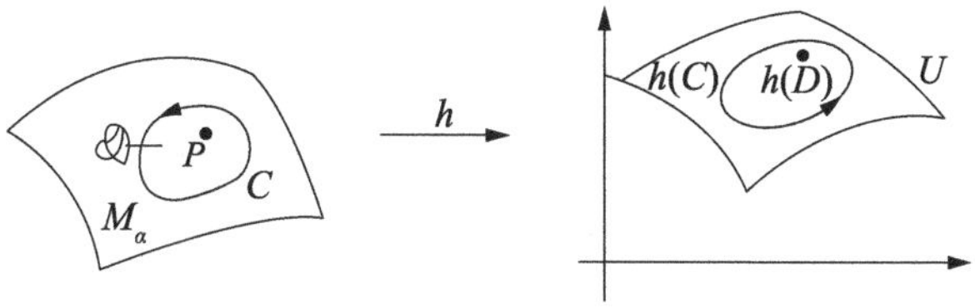

图 4.32

因为（除了在奇点 P 处上式分母为零外）通过计算可知

$$\left(\frac{ab_u - ba_u}{a^2 + b^2}\right)_v = \left(\frac{ab_v - ba_v}{a^2 + b^2}\right)_u$$

所以由平面上的格林公式得到，曲线积分 Ⅰ 与绕 P 点的单纯闭环路 C 选取方式无关。特别当环路 C 内不含有奇点时

$$\mathrm{I} = \iint_{h(D)} \left[\left(\frac{ab_u - ba_u}{a^2 + b^2}\right)_v - \left(\frac{ab_v - ba_v}{a^2 + b^2}\right)_u\right]\mathrm{d}u\mathrm{d}v = 0$$

下面再验证 Ⅰ 与坐标系选取无关。

如图 4.33，取一个沿曲线 C 的平行向量场 $\boldsymbol{v}$，并用它来测量向量场 $\boldsymbol{\omega}$ 的变化状况。设 $\boldsymbol{\omega}$ 与 $\underline{e}_1$ 的夹角为 φ，$\boldsymbol{v}$ 与 $\underline{e}_1$ 的夹角为 ψ，这些均可取为沿 C 的分段可微函数。由奇点指标的定义，绕 C 一周后，角差（角的变化）$\Delta_C\varphi$ 为，

$$\Delta_C \varphi = 2\pi \mathrm{I}$$

由向量的平行移动理论知道，平行向量场绕边界一周后的角差

$$\Delta_C \varphi = \iint_D K \mathrm{d}\sigma$$

因此有

$$\Delta_C(\varphi - \psi) = 2\pi \mathrm{I} - \iint_D K \mathrm{d}\sigma$$

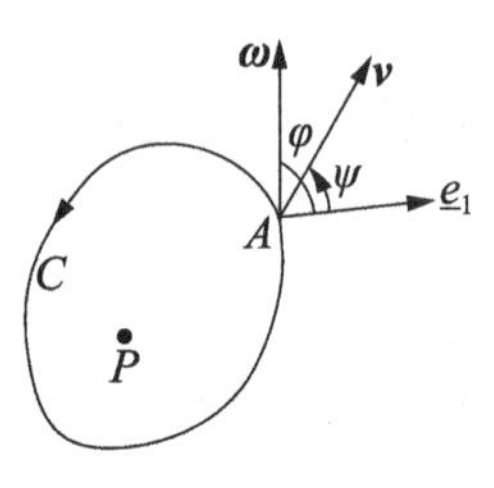

图 4.33

因为 $\varphi - \psi$ 是向量场 $\boldsymbol{\omega}$ 与平行向量场 $\boldsymbol{v}$ 之间的夹角，是与坐标系 $\underline{e}_1$ 无关的，所以由上式可见，奇点的指标 I 也与坐标系的选择无关。同时看出，角差 $\Delta_C(\varphi - \psi)$ 与平行向量场 $\boldsymbol{v}$ 的选择无关。如果另选一向量场 $\boldsymbol{v}'$，相应的角差 $\Delta_C(\psi - \psi') = 0$，则有

$$\Delta_C(\varphi - \psi) = \Delta_C(\varphi - \psi')$$

其实，上式对任何曲线 C（不一定是闭曲线）也成立。这是因为，平行移动使向量的交角不变，即 $\Delta_C(\psi' - \psi) = 0$，于是

$$\Delta_C(\varphi - \psi) = \Delta_C(\varphi - \psi') = \Delta_C(\psi - \psi') = 0$$

对于曲面上不同的向量场，它们的奇点可能不相同，就是奇点相同，它们的指标也可能不同。但是，对于紧致曲面（定向）M 存在着下列 Poincare 的向量场指标定理，它说明了向量场奇点的指标之和并不依赖于向量场的选择，而是一个拓扑不变量。

定理 13：对于紧致定向曲面 M 上的任何只有孤立奇点的向量场 $\boldsymbol{\omega}$，它在所有奇点处的指标之和等于曲面的 Euler－Poincare 示性数 $\aleph$，即

$$\sum_i \mathrm{I}_i = \aleph$$

证明：因为 $\boldsymbol{\omega}$ 的孤立奇点只能有有限个，所以定理中的和式是有意义的。

将曲面 M 三角剖分得相当小，使得每个三角形都位于一个坐标域之中，且使每个三角形至少包含一个孤立奇点作为它的内点。于是对每个三角形，式

$$\Delta_C(\varphi - \psi) = 2\pi \mathrm{I} - \iint_D K \mathrm{d}\sigma$$

都成立。不包含奇点时也成立。这时 $\mathrm{I} = 0$。把这些式子相加，再考虑到每个三角形的边界都正反方向各经过一次，角差相互抵消，于是有

$$0 = 2\pi \sum_i I_i - \iint_M K\mathrm{d}\sigma$$

再利用高斯—波涅公式得

$$\iint_M K\mathrm{d}\sigma = 2\pi \aleph$$

因此 $\sum_i I_i = \aleph$ 。定理证毕。

推论：定向紧致曲面如果不与环面同胚，那么其上的向量场必有奇点。

特别地，球面上的向量场必有奇点。如果它们都是孤立奇点，则其指标之和为2，于是，当我们把地球表面上各地的风速看成一个向量场时，该向量场必有奇点，也就是地球表面上必然存在风速为零的地点。

球面上无奇点的向量场的例子如图4.34所示，这个向量场可用下面的方法得到：先在一个子午线圆的每点上取圆的单位切向量，然后绕旋转轴将该圆旋转一周，就得到整个环面上的一个无奇点的向量场。

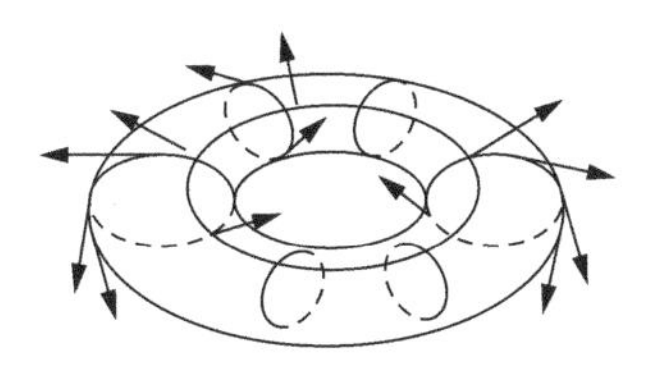

图4.34

下　篇

第5章　国内几何学家研究工作简介

第 5 章　国内几何学家研究工作简介

5.1　Gauss-Bonnet 公式

微分几何的主要内容是研究如何描述空间中一般曲线和曲面的形状，以及寻求确定曲线、曲面的形状及其大小的完全不变量系统。对微分几何学做出过杰出贡献的数学家有 Euler（1707—1783）和 Monge（1746—1818），但是他们的工作主要限于如何描写和刻画曲面的形状。比如，Euler 法线曲面在任意一点处的法曲率 $k_n = \frac{\mathrm{II}}{\mathrm{I}}$ 是切方向的函数，它在两个彼此正交的切方向上分别取到它的最大值和最小值，称为曲面在该点的主曲率。曲面在任意一点沿任意一个切方向的法曲率能够用主曲率表示出来，该公式现在称为 Euler 公式。

对微分几何做出划时代贡献的是 Gauss（1777—1855），他在 1827 年发表的《关于一般曲面的研究》中发现曲面的第一基本形式和第二基本形式不是彼此独立的，他所导出的曲面的第一基本形式和第二基本形式之间的关系式现在称为曲面的高斯方程。根据高斯方程得知：曲面在任意一点的两个主曲率的乘积仅与曲面的第一基本形式有关，而与曲面的第二基本形式无关。现在，人们把曲面在任意一点的两个主曲率的乘积称为曲面在该点的高斯曲率。而著名的高斯—波涅（Gauss-Bonnet）公式，则描述了内角和与高斯曲率的关系。

著名几何学家虞言林 1963 年毕业于北京大学数学力学系代数拓扑专门化，1963—1967 年在中国科学院数学研究所攻读研究生，师从吴文俊教授学习微分拓扑与代数拓扑，1967 年起在中科院工作，1986 年批准为博士生导师。2000 年调入苏州大学数学系任教。主要研究高斯—波涅公式与 Atigah-

Singer 指标定理，后一专题的研究总结在由上海科技出版社出版的《指标定理与热方程方法》一书中。

其中张伟平也在证明高斯—波涅公式方面做出了贡献，1985 年张伟平从复旦大学数学系毕业，随后在中国科学院数学研究所跟随虞言林教授攻读硕士学位。虞言林教授是当时中国首先开始从事 Atigah-Singer 指标定理有关的研究的人。张伟平主要从事 Atigah-Singer 指标定理与示性类的研究，取得了一系列重要的研究成果。其中，与比斯姆特（Bismut）合作的关于解析挠率和拓扑挠率之间关系的系列研究，成为后来这一研究方向的一篇经典文献和进一步研究的出发点；与田有亮合作的关于辛几何中著名的 Guillemin-Sternberg 几何量子化猜测的研究，发表在顶尖数学杂志《数学发明》（*Inventiones Mathematicae*）上；独立提出了关于 Kervaire 半示性数的一个一般意义下的计数公式；与戴先哲合作将 Atigah-Patodi-Singer 的著名的谱流概念推广到算子簇情形，引进了“高维谱流”的概念，并研究了高维谱流对带边流形的算子簇指标理论的应用。

定理 1（高斯—波涅公式）[2]：假定曲线 C 是有向曲面 S 上的一条由 n 段光滑曲线组成的分段光滑简单闭曲线，它所包围的区域 D 是曲面 S 的一个单连通区域，则

$$\oint_C k_g \mathrm{d}s + \iint_D K \mathrm{d}\sigma = 2\pi - \sum_{i=1}^{n} \alpha_i,$$

其中 k_g 是曲线 C 的测地曲率，K 是曲面 S 的高斯曲率，α_i 表示曲线 C 在角点 $s = s_i$ 的外角。

证明：我们分若干步骤来证明这个定理。首先假定曲线 C 是连续可微的简单封闭曲线，它所包围的区域 D 是落在曲面 S 的一个坐标域 $(U;(u,v))$ 内的单连通区域，并且 (u,v) 是曲面 S 的正交参数系，于是，曲面的第一基本形式是

$$\mathrm{I} = E(\mathrm{d}u)^2 + G(\mathrm{d}v)^2 \tag{5.1.1}$$

设曲线 C 的参数方程是 $u = u(s), v = v(s)$，s 是弧长参数。用 $\theta(s)$ 表示曲线 C 与 u - 曲线在 s 处所夹的方向角，则由 Liouville 定理，曲线 C 的测地曲率

$$k_g = \frac{\mathrm{d}\theta(s)}{\mathrm{d}s} - \frac{1}{2\sqrt{G}} \frac{\partial \log E}{\partial v} \cos\theta + \frac{1}{2\sqrt{E}} \frac{\partial \log G}{\partial u} \sin\theta$$

将上式沿曲线 C 积分得到

$$
\begin{aligned}
\oint_C k_g \mathrm{d}s &= \oint_C \mathrm{d}\theta + \oint_c \left(-\frac{1}{2\sqrt{G}} \frac{\partial \log E}{\partial v} \cos\theta + \frac{1}{2\sqrt{E}} \frac{\partial \log G}{\partial u} \sin\theta \right) \mathrm{d}s \\
&= \oint_C \mathrm{d}\theta + \oint_C \left(-\frac{\sqrt{E}}{2\sqrt{G}} \frac{\partial \log E}{\partial v} \mathrm{d}u + \frac{\sqrt{G}}{2\sqrt{E}} \frac{\partial \log G}{\partial u} \mathrm{d}v \right) \qquad (5.1.2) \\
&= \oint_C \mathrm{d}\theta + \oint_C \left(-\frac{(\sqrt{E})_v}{\sqrt{G}} \mathrm{d}u + \frac{(\sqrt{G})_u}{2\sqrt{E}} \mathrm{d}v \right)
\end{aligned}
$$

上式的第二个等号中用了公式

$$
\cos\theta = \sqrt{E}\frac{\mathrm{d}u}{\mathrm{d}s}, \quad \sin\theta = \sqrt{G}\frac{\mathrm{d}v}{\mathrm{d}s}
$$

根据 Green 公式，(5.1.2) 末端第二个积分是

$$
\begin{aligned}
&\oint_C \left(-\frac{(\sqrt{E})_v}{\sqrt{G}} \mathrm{d}u + \frac{(\sqrt{G})_u}{2\sqrt{E}} \mathrm{d}v \right) \\
&= \iint_D \left(\left(\frac{(\sqrt{E})_v}{\sqrt{G}} \right)_v + \left(\frac{(\sqrt{G})_u}{2\sqrt{E}} \right)_u \right) \mathrm{d}u\mathrm{d}v \qquad (5.1.3) \\
&= -\iint_D K \mathrm{d}\sigma
\end{aligned}
$$

因为 θ 是由连续可微的曲线 C 与 u - 曲线所构成的方向角，因此能够从方向角 θ 内取出其连续分支 $\theta(s)$ ，它是 s 的可微函数。由此可见，积分 $\oint_C \mathrm{d}\theta$ 是 θ 的一个连续分支 $\theta(s)$ 在起、终点的值之差 $\theta(L) - \theta(0)$ 也就是连续可微的曲线 C 的方向角的总变差。但是，曲线 C 在 $s = 0$ 和 $s = L$ 处的切向量是同一个，故曲线 C 的方向角的总变差 $\theta(L) - \theta(0)$ 必定是 2π 的整数倍。此外，方向角是根据曲面 S 的第一类基本量 E,G 计算出来的，当曲面 S 的第一类基本量 E，G 做连续变化时，方向角 θ 必然做连续变化，于是积分 $\oint_C \mathrm{d}\theta$ 的值也做连续变化，因而这个整数值必定保持不变。现在已知 $E > 0, G > 0$ ，因此 E,G 可以保持在正值的情况下连续地变为 1，实际上只要取 $E_t = 1 + t(E - 1), E_t = 1 + t(G - 1)$, $0 \leqslant t \leqslant 1$（需要指出的是，当 E_t, G_t 在 t 于区间 $[0,1]$ 变动时，区域 U,D 以及曲线 C 都原地不动）。很明显，$E_t > 0, G_t > 0$ 。这样，当 $t = 0$ 时该曲面成为一张平面，C 是该平面上的一条简单封闭曲线；而在 $t = 1$ 时则回

到原来的曲面 S 的情形，但是对于 $\mathrm{I} = E_t\,(\mathrm{d}u)^2 + G_t\,(\mathrm{d}v)^2$ 计算积分 $\oint_C \mathrm{d}\theta$，无论是在 $t = 0$ 时计算，还是在 $t = 1$ 时计算，其结果都是一样的。而在平面情形，C 的正向是使区域 D 始终在行进者的左侧，故由旋转指标定理得到

$$\oint_C \mathrm{d}\theta = 2\pi \tag{5.1.4}$$

综合（5.1.2）（5.1.3）（5.1.4）三式得到

$$\oint_C k_g \mathrm{d}s + \iint_D K \mathrm{d}\sigma = 2\pi \tag{5.1.5}$$

如果 C 是由 n 段光滑曲线组成的分段光滑简单封闭曲线，它在各角点的外角是 $\alpha_i, 1 \leqslant i \leqslant n$ 则由旋转指标定理得知

$$\oint_C \mathrm{d}\theta + \sum_{i=1}^{n} \alpha_i = 2\pi \tag{5.1.6}$$

其中积分 $\oint_C \mathrm{d}\theta$ 是指 $\mathrm{d}\theta$ 沿每一段连续可微曲线的积分（该段曲线的方向角的总变差）之和，但是（5.1.2）和（5.1.3）式仍然成立，故得

$$\oint_C k_g \mathrm{d}s + \iint_D K \mathrm{d}\sigma = 2\pi - \sum_{i=1}^{n} \alpha_i \tag{5.1.7}$$

如果曲线 C 所围的区域 D 不能包含在曲面 S 的一个坐标域内，则总是可以用分段光滑曲线将区域 D 分割成一些单连通的小区域，使得每个小区域都落在曲面 S 的某个坐标域内，并且它的边界是分段光滑的简单封闭曲线，因此（5.1.7）式对于每一块这样的单连通小区域是成立的。现在假定使（5.1.7）式成立的两小块单连通区域有公共的边界，则由这两个区域本身各自在公共边界上诱导的正定向是彼此相反的，所以在两个等式（5.1.7）相加时，测地曲率 k_g 沿公共边界的积分是彼此抵消的，而高斯曲率在这两个区域上的积分之和等于高斯曲率在这两个区域合并后的区域上的积分。

下面是虞言林在高斯—波涅公式证明中的主要方法：

5.1.1　光滑边界黎曼流形的高斯—波涅公式[4]

设 M 是 $2p$ 维紧致定向光滑黎曼流形，其边界 ∂M 是一个光滑的 $2p-1$ 维黎曼子流形，它的定向由下式给出：

$$\partial M \text{ 的定向} \times \text{内向线方向} = M \text{ 的定向}$$

如果我们取 η 为 ∂M 上单位内法向量场，上式可写成

$$\text{orient}(\partial M)\times\text{orient}(\eta)=\text{orient}(M)$$

设 $\mathring{M}$ 是 M 的一个开子集，$\nabla^{(\mu)},\mu=0,1$，是 $\mathring{M}$ 上的任意两个弱黎曼联络。(所谓 ∇ 是弱黎曼联络，就是满足下列等式：

$$\mathrm{d}\langle x,y\rangle=\langle\nabla x,y\rangle+\langle x,\nabla y\rangle,$$

其中 x,y 是 $\mathring{M}$ 上任意向量场，$\langle,\rangle$ 表内积.) $m\in\mathring{M}$，在 m 点附近取一个么正标架场 $(e_1,\cdots,e_{2p})$，它的定向与 M 的相同（为简便起见，以后谈到么正标架场时，它的定向不再明说了）。令

$$\nabla_x^{(\mu)}\underline{e}_i=\omega_{ij}^{(\mu)}(x)\underline{e}_i,\omega^{(\mu)}=\text{矩阵}(\omega_{ij}^{(\mu)});$$

$$(\nabla_x^{(\mu)}\nabla_y^{(\mu)}-\nabla_y^{(\mu)}\nabla_x^{(\mu)}-\nabla_{[x,y]}^{(\mu)})\underline{e}_i=\Omega_{ji}^{(\mu)}(x,y)e_j,\Omega^{(\mu)}=(\Omega_{ji}^{(\mu)});$$

其中 x,y 是 m 附近任意两个向量场，上式中拉丁指标重复表示求和。易见

$$\omega_{ij}^{(\mu)}=-\omega_{ji}^{(\mu)},$$

$$\Omega_{ij}^{(\mu)}=-\Omega_{ji}^{(\mu)},$$

$$\Omega_{ij}^{(\mu)}=\mathrm{d}\omega_{ij}^{(\mu)}+\omega_{is}^{(\mu)}\wedge\omega_{sj}^{(\mu)},$$

简记

$$\Omega^{(\mu)}=\mathrm{d}\omega^{(\mu)}+\omega^{(\mu)}\wedge\omega^{(\mu)},$$

令

$$E\underbrace{(\Omega^{(\mu)},\cdots,\Omega^{(\mu)})}_{p\text{项}}=\sum_{i_1,\cdots,i_{2p}}\frac{1}{2^{2p}\cdot\pi^p\cdot p!}\varepsilon_{i_1,\cdots,i_{2p}}\Omega_{i_1,i_2}^{(\mu)}\cdots\Omega_{i_{2p-1},i_{2p}}^{(\mu)},$$

其中

$$\varepsilon_{i_1,\cdots,i_{2p}}=\begin{cases}1, & (i_1,\cdots,i_{2p})\text{ 是}(1,2,\cdots,2p)\text{ 的偶排列；}\\-1, & (i_1,\cdots,i_{2p})\text{ 是}(1,2,\cdots,2p)\text{ 的奇排列；}\\0 & \text{其他}\end{cases}$$

令

$$\alpha=\omega^{(1)}-\omega^{(0)};$$

$$\omega_t=\omega^{(0)}+t\alpha,0\leqslant t\leqslant 1;$$

$$\Omega_t=\mathrm{d}\omega_t+\omega_t\wedge\omega_t;$$

$$E\underbrace{(\alpha,\Omega_t,\cdots,\Omega_t)}_{p-1\text{项}}=\sum_{i_1,\cdots,i_{2p}}\frac{1}{2^{2p}\cdot\pi^p\cdot p!}\varepsilon_{i_1,\cdots,i_{2p}}\alpha_{i_1}\alpha_{i_2}(\Omega_t)_{i_3,i_4}\cdots(\Omega_t)_{i_{2p-1},i_{2p}};$$

$$F(\nabla^{(1)},\nabla^{(0)})=p\int_0^1 E(\alpha,\Omega_t,\cdots,\Omega_t)\,dt$$

5.1.2　黎曼多面体的高斯—波涅公式[4]

在 M 上造一个只有孤立奇点的单位切向量场 η，使得 $\eta|_{\partial M}=-\xi$，于是

$$-\int_M E(\Omega_\nabla,\cdots,\Omega_\nabla)=-\chi(M)+\int_{\partial M}\pi(\nabla,\eta),$$

$$\begin{aligned}\int_{\partial M}\pi(\nabla,\eta)&=\int_{\partial M}\eta^*\pi_{ch}=\int_{\eta.*(\partial M)}\pi_{ch}=\int_{(-\xi)*(\partial M)}\pi_{ch}\\&=\int_{f\xi*(0\times A)}\pi_{ch}=(\int_{f\xi*(1\times A)}-\int_{f\xi*(I\times\partial A)}-\int_{f\xi*\partial(I\times A)})\pi_{ch}\\&=\int_A\pi_{ch}-\int_{f\xi*\partial(I\times A)}\pi_{ch}=\int_A\pi_{ch}-\int_{f\xi*(I\times A)}d\pi_{ch}\\&=\int_A\pi_{ch}+\int_{P*f\xi*(I\times A)}E(\Omega_\nabla,\cdots,\Omega_\nabla)\end{aligned}$$

由于 $P_*f\xi^*(I\times A)\subset\partial M$, 故有

定理 2：设 M 是 $2p$ 维紧致黎曼多面体，则

$$\chi(M)=\int_A\pi_{ch}+\int_M E(\Omega,\cdots,\Omega)$$

其中 π_{ch} 是陈外微分式, A 是对偶角集。

定理 3：设 M 是 $2p+1$ 维紧致定向黎曼多面体，则

$$\chi(M)=\int_A\pi_{ch}$$

其中 $\chi(M)$ 是 M 的欧拉数, π_{ch} 是陈外微分式, A 是 M 的对偶角集。

5.1.3　计算 $\int_A\pi_{ch}$[4]

当 $n=2p$ 或 $2p+1$ 时，我们有

$$\pi_{ch}=\sum_{i_1,\cdots,i_n}\sum_{m=0}^{[\frac{n-2}{2}]}c(n,m)\varepsilon_{i_1\cdots i_n}u_{i_1}\theta_{i_2}\cdots\theta_{i_{n-2m}}\Omega_{i_{n-2m+1}i_{n-2m+2}}\cdots\Omega_{i_{n-1}i_n},$$

$$c(n,m)=\frac{1}{2^{m+n-[\frac{n}{2}]}\cdot\pi^{[\frac{n}{2}]}\cdot m!\cdot(n-2m-1)!!}$$

设 $M_\lambda^r\subset\partial M$, 取 M_λ^r 附近的 M^n 的局部么正标架场 $\{e_1,\cdots,e_r,e_{r+1},\cdots,e_n\}$ 使得 $e_1,\cdots,e_r$ 是 M_λ^r 的切向量。令 $h:A_{M_\lambda^r}\to S(M)$ 是嵌入，令

$$u_{i_1\cdots i_q}=\begin{cases}u_{i_1}\mathrm{d}u_{i_2}\cdots\mathrm{d}u_{i_q}, q>1;\\ u_{i_1}, q=1\end{cases}$$

$x\in A_{M_\lambda^r}$，则 $P(x)\in A_{M_\lambda^r}$。令 $\sigma^{n-r-1}(x)$ 是 $S_{P(x),\lambda}^{n-r-1}$ 上的定向面积元。令 $\Lambda_{ij}(x)=\langle\nabla_{e_j}\underline{e}_i,-x\rangle$，$\mathrm{d}M_\lambda^r$ 表 M_λ^r 的定向体积元。

$$h^*\pi_{ch}=h^*\sum_{i_1,\cdots,i_n}\sum_{m=0}^{[\frac{n-2}{2}]}\sum_{q=1}^{n-m}c(n,m)\binom{n-2m-1}{q-1}\varepsilon_{i_1\cdots i_n}u_{i_1\cdots i_q}$$

$$\cdot(u_s\omega_{i_{q+1}s})\cdots(u_s\omega_{i_{n-2m}s})\Omega_{i_{n-2m+1}t_{n-2m+2}}\cdots\Omega_{i_{n-1}t_n}$$

$$=h^*\sum_{i_1,\cdots,i_n}\sum_{m=0}^{[\frac{r}{2}]}c(n,m)\binom{n-2m-1}{n-r-1}\varepsilon_{i_1\cdots i_n}u_{i_1\cdots i_{n-r}}$$

$$\cdot(u_s\omega_{i_{q+1}s})\cdots(u_s\omega_{i_{n-2m}s})\Omega_{i_{n-2m+1}i_{n-2m+2}}\cdots\Omega_{i_{n-1}i_n}$$

$$=\sum_{i_1,\cdots,i_r}\sum_{m=0}^{[\frac{r}{2}]}c(n,m)\binom{n-2m-1}{n-r-1}(n-r-1)!h^*\times$$

$$\{\varepsilon_{i_1\cdots i_r}(u_s\omega_{i_1s})\cdots(u_s\omega_{i_{r-2m}s})\Omega_{i_{r-2m+1}}{}_{i_{r-2m+2}}\cdots\Omega_{i_{r-1}i_r}\}\sigma^{n-r-1}$$

$$=\sum_{\substack{i_1,\cdots,i_r\\ j_1,\cdots,j_r}}\sum_{m=0}^{[\frac{r}{2}]}c(n,m)\binom{n-2m-1}{n-r-1}(n-r-1)!\cdot\frac{1}{2^m}\varepsilon_{i_1\cdots i_r}\varepsilon_{j_1\cdots j_r}\Lambda_{i_1j_1}$$

$$\cdots\Lambda_{i_{r-2m}j_{r-2m}}\Omega_{i_{r-2m+1}i_{r-2m+2}}(e_{j_{r-2m+1}},e_{j_{r-2m+2}})$$

$$\cdots\Omega_{i_{r-1}i_r}(e_{i_{r-1}},e_{i_r})\cdot\mathrm{d}M_\lambda^r\cdot\sigma^{n-r-1}$$

$$c(n,m)\binom{n-2m-1}{n-r-1}(n-r-1)!\cdot\frac{1}{2^m}$$

$$=\frac{\Gamma\left(\frac{n}{2}\right)}{2^{m+1}\cdot m!\cdot(r-2m)!\cdot\pi^{n/2}\cdot(n-2)(n-4)\cdots(n-2m)}$$

于是我们有

定理 4 (Allendoerfer – Weil)[4]：设 M 是 n 维紧致定向黎曼多面体，$\partial M=\bigcup\limits_{r,\lambda}M_\lambda^r$，则

$$\chi(M)=\sum_{r=0}^{n-1}\sum_{\lambda}\int_{A_{M_\lambda^r}}\psi(r,\lambda)+\int_M\bar{E}(\Omega)$$

其中 $\chi(M)$ 是 M 的 Euler 数，

$$\bar{E}(\Omega) = \begin{cases} E\underbrace{(\Omega,\cdots,\Omega)}_{p\text{项}}, n = 2p, \\ 0, \quad n = 2p+1, \end{cases}$$

$$\psi(r,\lambda) = \sum_{\substack{i_1,\cdots,i_r \\ j_1,\cdots,j_r}} \sum_{m=0}^{[\frac{r}{2}]} \frac{1}{2^{2m+1}\pi^{n/2} m!(r-2m)!(n-2)(n-4)\cdots(n-2m)}$$

$$\varepsilon_{i_1\cdots i_r} \cdot \varepsilon_{j_1\cdots j_r} \Lambda_{i_1 j_1}$$

$$\cdots \Lambda_{i_{r-2m} j_{r-2m}} \Omega_{i_{r-2m+1} i_{r-2m+2}} (e_{j_{r-2m+1}}, e_{j_{r-2m+2}}) \cdots \Omega_{i_{r-1} i_r}(e_{i_{r-1}}, e_{i_r}) \cdot \mathrm{d}M_\lambda^r \cdot \sigma^{n-r-1}$$

$x \in A_{M_\lambda^r}, \mathrm{d}A_{M_\lambda^r}, \sigma^{n-r-1}(x)$ 分别是 M_λ^r，$S_{P(x),\lambda}^{n-r-1}$ 的定向体积元，$\Lambda_{ij}(x) = \langle \nabla_{e_j} e_i, -x \rangle$

下面是张伟平在高斯—波涅公式证明中的主要方法：

命题 1[5]：海侵公式
$$\frac{\mathrm{d}U_t}{\mathrm{d}t} = -(-1)^{n(n+1)/2}\mathrm{d}\int_B (xe^{-A}) \tag{5.1.8}$$

其中
$$A = \frac{t^2 |x|^2}{2} + t\nabla x - p^* F \tag{5.1.9}$$

证明：由（5.1.9）式得到

$$\frac{\mathrm{d}A}{\mathrm{d}t} = t|x|^2 + \nabla x = (\nabla + i_x)x \tag{5.1.10}$$

因为（$\nabla + ti_x$）$A = 0$，我们得到

$$\frac{\mathrm{d}}{\mathrm{d}t}e^{-A_t} = -\frac{\mathrm{d}A}{\mathrm{d}t}e^{-A_t} = -(\nabla + ti_x)(xe^{-A_t}) \tag{5.1.11}$$

所以

$$\begin{aligned} \frac{\mathrm{d}U_t}{\mathrm{d}t} &= -(-1)^{n(n+1)/2}\int_B (\nabla + ti_x)(xe^{-A_t}) \\ &= -(-1)^{n(n+1)/2}\mathrm{d}\int_B (xe^{-A_t}) \end{aligned} \tag{5.1.12}$$

现在我们主要关心一种特殊情形，即 E 是 M 的切丛 TM。我们假设 ∇^{TM} 是 Levi – Civita 联络在 TM 上的度量，同时假设 n 是 M 的维数。

设 $v \in \Gamma(TM)$ 是 M 上的向量，然后验证式子 $v^* U$ 是 M 上的次数为 n 的近外微分形式，由下面式子给出：

$$v^* U = (-1)^{n/2}\int_B \exp\left(-\left(\frac{|v|^2}{2} + \nabla^{TM} v - F\right)\right) \tag{5.1.13}$$

尤其，如果令 $v = 0$，得到欧拉形式

$$(-1)^{n/2}Pf(F) = (-1)^{n/2}\int_B \exp(F) \tag{5.1.14}$$

下面我们证明高斯—波涅—陈公式。

定理 5[5]：下面等式成立

$$\chi(M) = \left(\frac{-1}{2\pi}\right)^{n/2}\int_M Pf(F) \tag{5.1.15}$$

证明：由 Poincare-Hopf 公式，我们只需证明下面的公式，其中 $v \in \Gamma(TM)$ 是有孤立零点的向量。

$$\sum_{x\in M, v(x)=0} \mathrm{ind}_v(x) = \left(\frac{-1}{2\pi}\right)^{n/2}\int_M Pf(F) \tag{5.1.16}$$

为了证明（5.1.16）式，由（5.1.13）（5.1.14）和海侵公式（5.1.8），则对任何 $t > 0$ 和 $v \in \Gamma(TM)$，有

$$(-1)^{n/2}\int_M Pf(F) = (-1)^{n/2}\int_M\int_B \exp\left(-\left(\frac{t^2|v|^2}{2} + t\nabla_v^{TM} - F\right)\right) \tag{5.1.17}$$

不失一般性，假设 v 是非退化零的，且在（5.1.17）等号右端取 $t \to +\infty$。

设 $x \in M$ 是 v 的一个（非退化的）零向量，然后就可以找到一个围绕着 x 的足够小的 u_x 和合适的系数 $y = (y^1, \cdots, y^n)$，使得 u_x 上的 $v(y)$ 可以写成

$$v(y) = A(y) \tag{5.1.18}$$

则 x 上的非退化条件可以写成 $\det(A) \neq 0$。因此，有

$$\mathrm{ind}_v(x) = \mathrm{sgn}(\det(A)) \tag{5.1.19}$$

所以，不失一般性，我们假设 u_x 上的度量 g^{TM} 有形式 $dy \otimes dy$，并且 u_x 的所有零向量是互不相交的。

由以上简化假设，我们可以重写（5.1.17）为

$$(-1)^{n/2}\int_M Pf(F) = (-1)^{n/2}\int_{M\setminus U_{x\in M,v(x)=0}u_x}\int_B \exp\left(-\left(\frac{t^2|v|^2}{2} + t\nabla_v^{TM} - F\right)\right)$$

$$+ (-1)^{n/2}\sum_{x\in M, \nu(x)=0}\int_{u_x}\int_B \exp\left(-\left(\frac{t^2|v|^2}{2} + t\nabla_v^{TM} - F\right)\right) \to 0. \tag{5.1.20}$$

现在因为 $|v| > 0$ 在紧的 $M\setminus U_{x\in M,\nu(x)=0}$ 有下界，很容易可以得到当 $t \to +\infty$ 时，有

$$\int_{M\setminus U_{x\in M,v(x)=0}u_x}\int_B \exp\left(-\left(\frac{t^2|v|^2}{2} + t\nabla_v^{TM} - F\right)\right) \to 0 \tag{5.1.21}$$

另一方面，对任何 v 的零向量 x ，可以直接证明，当 $t \to +\infty$ 时，

$$(-1)^{n/2}\int_{u_x}\int_B \exp\left(-\left(\frac{t^2 |v|^2}{2} + t\mathrm{d}v\right)\right)$$

$$= (-1)^{n/2}\int_{u_x}\int_B \exp\left(-\left(\frac{t^2 |Ay|^2}{2} + t\mathrm{d}(Ay)\right)\right)$$

$$= t^n \det(A)\int_{u_x} \exp\left(-\left(\frac{t^2 |Ay|^2}{2}\right)\right)\mathrm{d}y^1 \wedge \cdots \wedge \mathrm{d}y^n$$

$$\to \operatorname{sgn}(\det(A))\int_{\mathfrak{I}} \exp\left(-\left(\frac{|Ay|^2}{2}\right)\right) |\det(A)| \, \mathrm{d}y^1 \wedge \cdots \wedge \mathrm{d}y^n$$

$$= (2\pi)^{n/2} \operatorname{ind}_v(x) \tag{5.1.22}$$

由（5.1.17）、（5.1.20）－（5.1.22），高斯—波涅—陈定理的证明就完成了。

5.2　极小曲面

2019 年 3 月 21 日美国女数学家卡伦·于伦贝克因极小曲面方面的研究获得阿贝尔奖，阿贝尔委员会主席汉斯·蒙特－卡斯在一份声明中说，于伦贝克获奖缘于“她在几何分析和规范场论领域的奠基性工作，极大地改变数学研究背景……她的理论革新我们对最小曲面的认识，如肥皂泡形成的曲面，以及对适用于更大范围、更高维度的最小化问题的理解”．此节我们专门介绍极小曲面.

5.2.1　极小曲面的基本性质

设 E^3 是三维欧氏空间，M 是 E^3 中定向的曲面，x 是 M 上任意一点，由 M 的定向就唯一确定 M 的一个单位法向量 $\boldsymbol{e}_3$ ，x 点的一个活动标架 xe_1, e_2, e_3 是三个互相垂直的单位向量 $\boldsymbol{e}_1, \boldsymbol{e}_2, \boldsymbol{e}_3$ 构成的一个右手标架，且 $\boldsymbol{e}_3$ 就是上述单位法向量．显然只要知道 $\boldsymbol{e}_1$ ，那么 $\boldsymbol{e}_2 = \boldsymbol{e}_3 \times \boldsymbol{e}_1$ ，因此全体活动标架就与 M 的全体 $\boldsymbol{e}_1$ 成一一对应。令 M 的全体单位切向量组成空间 P ，令 $P \to M$ 是将切向量对应它的起点，P 是圆丛，是三维空间。M 的主要分析性质全在 P 中，令

$$\mathrm{d}x = \omega_1 e_1 + \omega_2 e_2, \mathrm{d}e_2 = \sum_{\beta} \omega_{\alpha\beta} e_\beta$$

有 $\omega_{\alpha\beta}+\omega_{\beta\alpha}=0$ 在 P 中有五个一次微分式 $\omega_1,\omega_2,\omega_{12},\omega_{13},\omega_{23}$，它们描述曲面 M 的局部性质。曲面的第一、第二基本型分别是：

$$\mathrm{I}=(\mathrm{d}x,\mathrm{d}x)=\omega_1^2+\omega_2^2,\ \mathrm{II}=-(\mathrm{d}x,\mathrm{d}e_3)=a\omega_1^2+2b\omega_1\omega_2+c\omega_2^2,$$

其中 $\omega_{13}=a\omega_1+b\omega_2,\omega_{23}=b\omega_1+c\omega_2$

Ⅰ 描写曲面 M 上的几何，Ⅱ 描写曲面 M 在 E^3 中的形状。近代微分几何乃至近代数学的目标是研究整体的性质，为搞清整体性质须先研究局部性质。

上篇已证明 ω_{12} 仅与 Ⅰ 有关，ω_{12} 给出 Levi－Civita 平行等。

P 中的诸微分式适合结构方程，即五个一次微分式的外微分由它们的二次外积生成

$$\mathrm{d}\omega_1=\omega_{12}\wedge\omega_2,$$
$$\mathrm{d}\omega_2=\omega_1\wedge\omega_{12},$$
$$\mathrm{d}\omega_{12}=-K\omega_1\wedge\omega_2,$$
$$\mathrm{d}\omega_{13}=\omega_{12}\wedge\omega_{23},$$
$$\mathrm{d}\omega_{23}=\omega_{12}\wedge\omega_{13},$$

这是空间运动群看成李群时诸 Maurer－Cartan 式之间的基本关系。上式中 K 是高斯曲率。

由
$$\mathrm{d}\omega_1=\omega_{12}\wedge\omega_2$$
$$\mathrm{d}\omega_2=\omega_1\wedge\omega_{12}$$

可以得到弧长的第一变分 δL，第二变分 $\delta^2 L$。许多重要的几何性质都是从第二变分得到的，可以说近一二十年大部分微分几何方法是从第二变分得到整体性质。上述两个式子也可以得到 Crofton 定理，即给定曲面上一弧，它建立测地线与弧交点次数积分与弧长的关系。这个定理可以用在很多问题上，如半纯复变函数的值分布论中第一基本定理就是 Crofton 定理。

从 $\mathrm{d}\omega_{12}=-K\omega_1\wedge\omega_2$，可以得到高斯—波涅公式，这是在整个数学中很重要的公式。下面来看应用。

5.2.1.1　Hadamard 定理

设 M 是 E^3 中定向闭曲面，其各点（凸）$K>0$，则高斯映射 $g:M\to S^2$ 是 1－1 的，其中 S^2 是 E^3 中单位球面。

证明：由 $K>0$，得到 g 是覆盖映射，由于 S^2 是单连通的，故 g 是 1－1 的。这里用高斯—波涅公式证明。

高斯—波涅公式：$\frac{1}{2\pi}\int_M K\mathrm{d}A = \chi(M)$ 。

其中χ是 Euler 数，$\mathrm{d}A$ 是 M 的面积元。由于 $K > 0$ ，得$\chi(M) > 0$ ，对于定向曲面来说，它的 Euler 数只可能是 2,0，- 2，- 4,…… 所以此时只能有 $\chi(M) = 2$ ，因此高斯—波涅公式变为：

$$\int_M K\mathrm{d}A = 4\pi$$

又因为 K 是 g 的 Jacobian，$K > 0$ ，故 g 是局部 1 - 1 的，所以 g 是开映射，又从 M 是紧致的可知 g 是闭映射，从而 $g(M) = S^2$ 。

假设 Hadamard 定理不对，那么就有 $p,q \in M, p \neq q, g(p) = g(q)$ 。于是由 g 是开的，便有 q 点的邻域 U ，$g(M - U) = S^2$ 。从而由 $K > 0$ ，知

$$\int_{M-U} K\mathrm{d}A \geq \int_{g(M-U)} \mathrm{d}A = \int_{S^2} \mathrm{d}A = 4\pi$$

于是

$$4\pi = \int_M K\mathrm{d}A = \int_U K\mathrm{d}A + \int_{M-U} K\mathrm{d}A \geq \int_U K\mathrm{d}A + 4\pi$$

从而推出矛盾，这就证明了 Hadamard 定理。

5.2.1.2　极小曲面的应用

一个极小曲面，它的平均曲率 $H = \frac{1}{2}(a + c) = 0$ ，其意义在于，用结构方程计算面积的第一变分 $\mathrm{d}(\omega_1 \wedge \omega_2)$ ，讨论固定曲线为边界的曲面，其面积最小者必满足 H = 0 ，下面利用高斯映射建立极小曲面论与复变函数的关系。

如曲面 M 有定向，有黎曼度量，那就决定 M 上一个自然的复结构。所谓复结构指 M 是一个黎曼面，其中一点有复坐标 z ，两坐标之间差一个全纯函数，现在在曲面造共形构造（自然的复结构）：

$$\mathrm{I} = \omega_1^2 + \omega_2^2 = (\omega_1 + i\omega_2)(\omega_1 - i\omega_2) ,$$

这是复系数微分形式，有

定理 1[11]：存在局部（复）坐标 z ，使

$$\omega_1 + i\omega_2 = \lambda \mathrm{d}z$$

该定理由 Korn Lichtenstein 得到。

定理 2[11]：M 是极小曲面 ⇔ Gauss 映射是反全纯映射。

证明：因为 S^2 的 Riemann 度量是

$$\mathrm{III} = (\mathrm{d}e_3, \mathrm{d}e_3) = \omega_{13}^2 + \omega_{23}^2 = (\omega_{13} + i\omega_{23})(\omega_{13} - i\omega_{23})$$

由 $\omega_{13} + i\omega_{23}$ 定出 S^2 的复构造，于是 g 反全纯 $\Leftrightarrow \omega_{13} + i\omega_{23}$ 拉到 M 上是 $\omega_1 - i\omega_2$ 的倍数。又因为

$$\begin{aligned}\omega_{13} + i\omega_{23} &= a\omega_1 + b\omega_2 + i(b\omega_1 + c\omega_2) \\ &= 2H\omega_1 + (ib - c)(\omega_1 - i\omega_2)\end{aligned}$$

所以 $H = 0 \Leftrightarrow \omega_{13} + i\omega_{23} = (ib - c)(\omega_1 - i\omega_2)$ 。我们这里讨论的 $\omega_1 - i\omega_2$ 定出原先复结构的共轭复结构。

5.2.2 极小曲面中的若干问题

5.2.2.1 极小曲面的曲率特征

1. E^n 中极小曲面的曲率特征

给定一个二维黎曼流形 $(M, \mathrm{d}s^2)$ ，问在什么条件下，M 可以等距浸入 E^n 中作为极小曲面？

最初研究这个问题的是 Ricci，他对 $n = 3$ 给出了一个充要条件，就是熟知的 Ricci 条件。对于一般的 n ，现在已经知道不少必要条件，如 Calabi，Barbosa - Do Carmo。如果不事先给定 n ，Calabi 得到的条件也是充分的。但就最一般的情况而言（即固定 n ），问题还远没有解决。

先看 Ricci 定理。

定理 3[11]：设 M 是单连通黎曼面，$\mathrm{d}s^2$ 是 M 上光滑度量，高斯曲率 $K < 0$ ，则存在等距极小浸入 $X: M \to E^3$ 的充要条件为下列三个条件中任意一个成立：

(1) 度量 $\mathrm{d}\bar{s}^2 = \sqrt{-K}\mathrm{d}s^2$ 的高斯曲率 $\bar{K} = 0$ ；

(2) 度量 $\mathrm{d}\bar{\bar{s}}^2 = -K\mathrm{d}s^2$ 的高斯曲率 $\bar{\bar{K}} = 1$ ；

(3) $$\Delta \log(-K) = 4K$$

证明：曲面上两个度量 $\mathrm{d}s^2$ 和 $\mathrm{d}\hat{s}^2 = \mathrm{d}s^2/f^2$ 的高斯曲率 K 和 $\hat{K}$ 之间有如下关系：

$$\hat{K} = (K - \Delta \log f)/f^2$$

由此可以看出条件（1）和（2）明显等价于（3）。下面就对条件（3）来证明定理。

设 $X: M \to E^3$ 是极小浸入，诱导度量就是 $\mathrm{d}s^2$ 。由子流形理论知道，存在

M 上 1－形式 $\omega_1,\omega_2,\omega_{12},\omega_{13},\omega_{23}$ 满足方程：

（1）度量 $ds^2 = (\omega_1)^2 + (\omega_2)^2$；

（2）结构方程 $d\omega_1 = \omega_{12} \wedge \omega_2, d\omega_2 = \omega_1 \wedge \omega_{12}$；

（3）Gauss 方程 $d\omega_{12} = -\omega_{13} \wedge \omega_{23}$；

（4）Codazzi 方程 $d\omega_{13} = \omega_{12} \wedge \omega_{23}, d\omega_{23} = \omega_{13} \wedge \omega_{12}$；

而且可设

$$\omega_{13} = a\omega_1 + b\omega_2, \quad \omega_{23} = b\omega_1 + c\omega_2$$

在 M 上取等温参数 (u,v)，记 $z = u + iv$，这时度量可表示成

$$ds^2 = \lambda^2 |dz|^2, \lambda > 0$$

取 $\omega_1 = \lambda du, \omega_2 = \lambda dv$

引入记号

$$\omega = \omega_1 + i\omega_2 = \lambda dz, \rho = \omega_{12}, \varphi = \omega_{13} + i\omega_{23}$$

方程（2）、（3）、（4）变为

（5）$d\omega = -i\rho \wedge \omega$

（6）$d\rho = -\frac{i}{2}\varphi \wedge \bar{\varphi}$

（7）$d\varphi = -i\rho \wedge \varphi$

由 φ 的定义可知

$$\varphi = H\omega + G\bar{\omega}$$

其中 $H = \frac{1}{2}(a+c)$ 是平均曲率，$G = \frac{1}{2}(a-c) + ib$ 是一个复值函数。代入方程（6）得

$$dG + 2iG\rho \equiv 0 (\bmod d\bar{z})$$

再由结构方程（5）得

$$d\lambda - i\lambda\rho \equiv 0 (\bmod d\bar{z})$$

于是 $d(G\lambda^2) \equiv 0 (\bmod d\bar{z})$

这说明函数 $G^* = \left(\frac{1}{2}(a-c) - ib\right)\lambda^2$ 是解析函数，其模长 $|G^*| = \sqrt{-K}\lambda^2$。由 $\Delta \log|G^*| = 0$ 即得

$$\Delta \log(-K) = 4K$$

反过来，假设给定了度量 ds^2，在等温参数 (u,v) 下度量可写成 $ds^2 =$

$\lambda^2 dzd\bar{z}, z = u + iv$，取 $\omega_1 = \lambda du, \omega_2 = \lambda dv, \omega_{12}$ 为黎曼联络，则方程（1）、(2）自然满足。由条件 $\Delta\log(-K) = 4K$ 和上面的讨论不难定义 G，取 $\varphi = Gdz$ 得到微分形式 ω_{13} 和 ω_{23}，它们分别是 φ 的实部和虚部，这相当于得到一个第二基本形式，容易验证它们满足可积条件（3）、（4），从而由曲面论的基本定理，度量 ds^2 可在 E^3 的曲面上实现。φ 的定义保证了积分曲面是极小曲面。

注1： 条件（1）是 Ricci 最初给出的形式，称为 Ricci 条件。

注2： ds^2 可在 E^3 的极小曲面上实现，$K \leqslant 0$ 且零点孤立是显然的必要条件。

定理3中 $K < 0$ 的条件是证明充分性所必需的。Lawson 指出，如果度量是实解析的，K 只有孤立零点时定理仍然成立，如果不是，K 只有单个零点也不行，反例见 Lawson 的 *The global behavior of minimal surfaces in* S^n。

对于一般的 n，经典的 Ricci 条件有两个方向推广，分别对应到定理3中的条件（3）和（2）。

2. Calabi 条件

在不事先固定余维的情况下，Calabi 得到了一组充要条件。

设 M 是单连通二维黎曼流形，$X: M \to E^n$ 是等距极小浸入，$X(M)$ 在 E^n 中满。由极小曲面理论知，X 在 M 上诱导了复结构，在此复结构下，X 是共形极小浸入。M 上取共形坐标 $z = u + iv$（等温坐标），则 X 是 (u,v) 的调和函数。因为 M 单连通，可取 X 的共轭调和函数 Y，定义

$$f = \frac{1}{\sqrt{2}}(X + iY): M^2 \to C^n$$

显然有

(1) f 是等距浸入；

(2) f 是 z 的解析函数，从而 $f(M)$ 是 C^n 中全纯函曲线。

这样，每个极小曲面 $X: M \to E^n$ 都对应了一个全纯曲线 $f: M \to C^n$。Calabi 的想法就是通过 f 来得到 (M, ds^2) 的曲率特征。

记

$$\varphi = \frac{\partial f}{\partial z} = \frac{1}{2}\left(\frac{\partial x}{\partial u} - i\frac{\partial x}{\partial v}\right)$$

不难验证

(3) φ 是解析的；

(4) $\varphi^2 = 0$；

(5) $F = \langle \varphi, \varphi \rangle > 0, ds^2 = 2F|dz|^2$。

定义

$$F_1 = F = \langle \varphi, \varphi \rangle$$

$$F_k = \left| \left(\frac{\partial^p}{\partial z^p} \frac{\partial^q}{\partial \bar{z}^q} \right)_{p,q=0}^{k-1} \right|, k > 1$$

F_k 是一组只与度量 ds^2 有关的量，简单的计算导出

$$F_k = \langle \varphi \wedge \varphi_1 \wedge \cdots \wedge \varphi_{k-1}, \varphi \wedge \varphi_1 \wedge \cdots \wedge \varphi_{k-1} \rangle, k > 1$$

其中 φ_i 表示 φ 对 z 的 i 阶导数。

由此看出，每个 F_k 都是 M 上实解析函数，而且，如果 $f(M)$ 在 $C^m \subset C^n$ 中满，则

$$\begin{cases} F_k > 0, F_k \text{ 的零点孤立}, 1 < k < m \\ F_{m+1} = 0 \end{cases}$$

这就得到了一组必要条件。Calabi 证明上面的条件也是充分的，即

定理4[11]：设 $ds^2 = 2F|dz|^2$ 是单连通黎曼面 M 上的实解析度量，则 (M, ds^2) 可以等距浸入某个 E^n 中，特别地，ds^2 是由 M 到 C^m 的线性满的全纯浸入所诱导，当且仅当 F_k 满足

$$\begin{cases} F_k > 0, F_k \text{ 的零点孤立}, 1 < k < m \\ F_{m+1} = 0 \end{cases}$$

注1：利用 Lagrange 恒等式可导出 F_k 满足的递推关系式

$$F_0 = 1, F_1 = F, F_{j+1} = \frac{F_j^2}{F_{j-1}} \frac{\partial}{\partial z} \frac{\partial}{\partial z} \log F_j, j > 1$$

如果令

$$K_0 = 0, K_1 = -K, K_j = \frac{1}{4F} \frac{\partial}{\partial z} \frac{\partial}{\partial z} \log F_j, j > 1$$

得到一组几何化的量 K_j，它们满足下面的关系

$$K_{j+1} = \frac{1}{2} \Delta \log K_j + 2K_j - K_{j-1} + K_1$$

显然，K_j 与坐标的选取无关。Calabi 条件用 K_j 表示就是

$$\begin{cases} K_j > 0, K_j \text{ 的零点孤立}, 1 < j < m \\ K_{m+1} = 0 \end{cases}$$

注2：经典的 Ricci 条件相当于 $K_2 = K_1$，代入递推关系得 $K_3 = 0$，于是由定理4，存在满的等距全纯浸入 $f:M \to C^3$ Lawson 的 *Lectures on Minimal Submanifolds* 证明 f 的实部乘上适当的常数就定义了 M 到 E^3 的等距浸入，这给出了定理3的另一个证明。

注3：利用注1中的条件，Bryant 证明：对 E^3 中极小曲面，如果 K = 常数 c，则 $K \equiv 0$。

因为，这时由递推关系得到的 K_j 等于 c 的整数倍。如果 $c \neq 0$，就不存在 $m > 0, K_{m+1} \equiv 0$。

注4：如果固定 n，本节开头提出的问题似乎还没有解决。

3. $K < 2$

这是 Barbosa - Do Carmo 得到的一个必要条件。具体地说，就是下面的定理

定理5[11]：设 $X:M \to E^n (n \geq 3)$ 是极小浸入，则诱导度量 ds^2 满足

(1) 高斯曲率 $K \leqslant 0$；

(2) $K < 0$ 的区域上，度量 $d\hat{s}^2 = -K ds^2$ 的高斯曲率 $\hat{K} \leqslant 2$。

定理的证明可以通过直接计算得到。

在 M 上取共形坐标 $z = u + iv$，记

$$\varphi = \frac{\partial x}{\partial u} - i\frac{\partial x}{\partial v} = (\varphi_1, \varphi_2, \cdots, \varphi_n)$$

则显然有

(1) $\varphi_1, \varphi_2, \cdots, \varphi_n$ 都是解析函数;

(2) $\varphi_1\varphi_1 + \varphi_2\varphi_2 + \cdots + \varphi_n\varphi_n = 0$；

(3) $\varphi_1^2 + \varphi_2^2 + \cdots + \varphi_n^2 = 0$；

(4) $ds^2 = \lambda^2 dz\, \overline{dz}, \lambda^2 = \sum_{i=1}^{n} |\varphi_i|^2$；

(5) 高斯曲率 $K = -\frac{4}{\lambda^2}\frac{\partial}{\partial z}\frac{\partial}{\partial \bar{z}}\log\lambda$

由（5）得

$$K = -4\frac{\sum_{i<j} |\varphi_i\varphi_j' - \varphi_j\varphi_i'|^2}{(\sum_{i=1}^{n} |\varphi_i|^2)^2}$$

于是，ds^2 可以表示为

$$d\hat{s}^2 = -2\frac{\sum\limits_{i<j}|\varphi_i\varphi_j' - \varphi_j\varphi_i'|^2}{\left(\sum\limits_{i=1}^{n}|\varphi_i|^2\right)^2}|dz|^2 \tag{5.2.1}$$

计算得到

$$\hat{K} = 2 - \frac{|(\varphi\wedge\varphi')\wedge(\varphi\wedge\varphi')'||\varphi|^4}{|\varphi\wedge\varphi'|^6}$$

所以 $\hat{K}\leqslant 2$ 。

证明定理的另一个途径是考虑广义高斯映射 $g:M^2\to Cp^{n-1}$ ，习惯上把 g 定义为 $g(z)=[\bar{\varphi}]\cdot g$ 是反全纯的。在 Cp^{n-1} 中取标准的 Fubini－Study 度量

$$d\sigma^2 = 2\frac{\sum\limits_{i<j}|z_i dz_j - z_j dz_i|^2}{\left(\sum\limits_{i=1}^{n}|z_i|^2\right)^2}|dz|^2 \tag{5.2.2}$$

它的截曲率为2。

比较（5.2.1）和（5.2.2）不难看出，g 在 M 上诱导的度量正好就是 $d\hat{s}^2$ 。由于 $g(M)$ 是 Cp^{n-1} 中反全纯曲线，它在任一点处的高斯曲率都不大于 Cp^{n-1} 在该点对应的截面曲率2，所以 $\hat{K}\leqslant 2$ 。

这里得到的必要条件 $\hat{K}\leqslant 2$ 与余维无关。定理3说，$n=3$ 时 $\hat{K}\equiv 1$ 。在 $n>3$ 时，上界2是可以达到的。例如，考虑 C^2 中全纯曲线 $X:C\to C^2$

$$X(z) = (z^2, z), z = u + iv$$

得到极小浸入 $X(u,v):R^2\to R^4$

$$X(u,v) = (u^2 - v^2, 2uv, u, v)$$

它对应的高斯映射 $g(z)=[2z,2iz,1,-t]\in Gp^3$，$g(C)$ 是 Cp^3 中的一条复直线，所以 $\hat{K}=2$ 。

Hoffman－Osserman 进一步考察了 E^n 中 $\hat{K}=$ 常数的极小曲面，得到下面的定理

定理6[11]：设 $X:M\to R^n$ 是极小浸入，$X(M)$ 在 R^n 中满，$K=$ 常数，则有

(1) $\hat{K}=1\Leftrightarrow X(M)$ 在 E^6 中，并且局部等距到 E^3 中极小曲面；

(2) $\hat{K}=2\Leftrightarrow X(M)$ 在 E^4 中，并且相对于 E^4 中某一个正交复结构 $X(M)$ 是 C^2 中全纯曲线；

$n=4$ 时，$\hat{K}$ 只能为 1 或 2。

定理第三部分的原型是 Calabi 的一个定理。此定理说，如果（反）全纯曲线 $f:M\to Cp^n$ 有常高斯曲率 K，则 K 只能是 $\frac{2}{k},1\leqslant k\leqslant n$。这样 $n=4$ 时就只有三种可能，即：1，2 或 2/3。这里是说，$K=\frac{2}{3}$ 不可能，因为这时 $f(M)$ 不落在 $Q^2\subset Cp^3$ 中。

问题 设 $\hat{K}=$ 常数，对一般的 n，$\hat{K}$ 可以取哪些值？

5.2.2.2　S^n 中极小曲面

对于球面 S^n 中的极小子流形，下面的 Takahashi 定理是最基本的。

定理 7[11]：设 $X:M\to E^{n+1}$ 是黎曼流形 M 到 E^{n+1} 的等距浸入，则 $\Delta X=-\lambda X(\lambda>0)$，当且仅当 $X(M)$ 是 $S^n(r)\subset E^{n+1}(r=\sqrt{n}/\lambda)$ 中极小子流形。

这个定理给出了极小浸入与 Laplace 算子的特征值，特征函数之间的关系。它表明，黎曼流形到球面的等距极小浸入可以通过 M 上特征函数来实现。我们先来看几个这方面的例子：

例 1（Boruvka 球）：设 $f:E^3\to R$ 是一个 m 次齐次调和多项式 $(m\geq 2)$，f 在单位球面 $S^2(1)$ 上的限制记作 F，可知，在 $S^2(1)$ 上等式

$$\Delta f=\Delta_M F-2\frac{\partial f}{\partial r}+\frac{\partial^2 f}{\partial r^2}\text{成立}$$

$\frac{\partial f}{\partial r}$ 和 $\frac{\partial^2 f}{\partial r^2}$ 表示 f 对球面法向的偏导数。

由于 f 是 m 次齐次多项式，对 $X\in E^3$，显然有

$$f(X)=r^m F\left(\frac{X}{r}\right),\frac{\partial f}{\partial r}=mr^{m-1}F\left(\frac{X}{r}\right),\frac{\partial^2 f}{\partial r^2}=m(m-1)F\left(\frac{X}{r}\right)$$

代入上式就得到

$$\Delta_M F=-m(m-1)F$$

这说明 $\lambda_m=m(m+1)$ 是 $S^2(1)$ 上 Laplace 算子的特征值。进一步，由 Weierstrass – Stone 定理知 $\lambda_m(m=1,2,\cdots)$ 是 $S^2(1)$ 上的全部特征值，对应于

每个特征值的特征空间 V_m 的维数为 $2m+1$ 。在 V_m 上定义内积 $\langle f,g\rangle$ 如下

$$\langle f,g\rangle = \frac{2m+1}{\mathrm{vol}(S^2(1))}\int_{S^2(1)} fg\mathrm{d}M,\quad f,g\in V_m$$

取 V_m 的一组由 m 齐次调和多项式组成的标准正交基 $\{X_1,X_2,\cdots,X_{2m+1}\}$ ，由此定义

$$X:S^2(1)\to E^{2m+1},X=(X_1,X_2,\cdots,X_{2m+1}),$$

可以证明这是一个同形浸入，如看成球 $S^2(r)(r=\sqrt{m(m+1)/2})$ 到 E^{2m+1} 的浸入，X 是等距的。由 X 的取法知

$$\Delta_{S^2(1)}X=-m(m+1)X$$

如以 $\Delta_{S^2(r)}$ 表示 $S^2(r)$ 上的 Laplace 算子，则

$$\Delta_{S^2(r)}X=-2X,$$

再利用 Takahashi 定理，X 定义了球 $S^2(r)(r=\sqrt{m(m+1)/2})$ 到 $S^{2m}(1)$ 的等距极小浸入，且浸入是满的。浸入的象称为 Boruvka 球。$m=2$ 时又称为 Veronese曲面。

例 2：平环取 m 对实数 $(r_k,\theta_k),1\leqslant k\leqslant m$ ，使它们满足下列条件

(1) $r_k>0$;

(2) $\theta_i\neq\theta_j,i\neq j$;

(3) $r_1^2+r_2^2+\cdots+r_m^2=1$;

(4) $(r_1e^{i\theta_1})^2+(r_2e^{i\theta_2})^2+\cdots+(r_me^{i\theta_m})^2=0$

对 $1\leqslant k\leqslant m$ ，定义函数

$$f^{2k-1}(x,y)=r_k\cos(x\cos\theta_k+y\cos\theta_k)$$

$$f^{2k}(x,y)=r_k\sin(x\cos\theta_k+y\cos\theta_k)$$

令 $f=\sqrt{2}(f^1,f^2,\cdots,f^{2m})$ ，则 f 定义了 E^2 到 E^{2m+2} 的光滑浸入，诱导度量 $\mathrm{d}s^2=\mathrm{d}f\cdot\mathrm{d}f=\mathrm{d}x^2+\mathrm{d}y^2$ ，所以 f 是等距浸入。不难验证，$\Delta f=-2f$ ，由 Takahashi定理，f 是 E^2 到 $S^{2m+1}(1)$ 的极小浸入，高斯曲率 $K=0$ ，特别地，$m=1$ 时取 $r_1=r_2=\frac{1}{\sqrt{2}},\theta_1=-\theta_2=\frac{\pi}{4}$ 就得到 Clifford 环面。关于这些例子的详细讨论可参考 Do Carmo – Wallach，Kenmotsu 的论文。在 Lawson，Barbosa，Bryant 的论文中有更多的例子。

现在讨论与高斯曲率有关的几个问题。

问题1：对 $S^n(1)$ 中高斯曲率为常数的极小曲面进行分类。

在$K>0$时最早由 Calabi 在紧致的条件下作了分类，他证明 M 只能是例1中描述的 Boruvka 球。后来，Wallach 在非紧的假设下证明 M 是 Boruvka 球的一部分。在 $K=0$ 时，Kenmostu 证明 M 是例2中某个极小曲面或其一部分。最后，对 $K<0$ 的情形，Bryant 证明，这样的曲面是不存在的，他们使用的方法从活动标架法到调和分析各不相同，在 Bryant 的论文中有统一的处理。

问题2：Udo Simon 猜测。

1980年，Udo Simon 提出如下猜测：设 M 是连通闭曲面，$X:M\to S^n(1)$ 是极小浸入，如果高斯曲率 K 满足 $2/m(m+1)<K<2/m(m-1), m\geq 2$ 为整数，则 K 必为常数，从而 $X(M)$ 是 Boruvka 球。

Udo Simon 做出这个猜测的理由可能是 Lawson 得到的一个刚性定理，这个定理相当于猜测中 $m=2$ 的情形．由熟知的 J. Simons 方程就可得到证明。后来，M. Kozlowski 和 Udo Simon 对 $m=3$ 给出一个证明，即如果 $\frac{1}{6}\leqslant K\leqslant\frac{1}{3}$，则 K 必为 $\frac{1}{6}$ 或 $\frac{1}{3}$。他们的证明是通过计算第二基本形的 Laplacian 算子来得到估计。已知的两种情况的证明，事实上已隐含于 Calabi 的文章中。猜测中所论的闭曲面就是拓扑球，关于球在 S^n 中的极小浸入有如下 Calabi 的定理。

定理8[11]：设 M 是拓扑球，$X:M\to S^n(1)$ 是极小浸入，$X(M)$ 在 $S^n(1)$ 中线性满，则

(1) $n=2m$ 为偶数；

(2) 如果 $K=2/m(m+1)$，从而 $X(M)$ 是 Boruvka 球。

由这个定理的证明过程还可以得到 $S^n(1)$ 中极小球的曲率特征。特别地，如果 $X(M)$ 在 $S^n(1)$ 中满，则其高斯曲率满足

$$\Delta\log(1-K)=2(3K-1)$$

由此不难证明猜测的前两种情况。

上面的定理还说明，猜测中加在曲率上的条件限制了 $X(M)$ 所处空间的维数 n，n 不大于 $2m$．在 $m=4$ 时，$X(M)$ 一定落在某个 $S^n(1)$ 中，如果在 $S^8(1)$ 中满，由定理8，$K\equiv\frac{1}{10}$。如果 $X(M)$ 在 S^4 (1) 中满，从上面的恒等式可以推出矛盾。所以只有一种情况需要考虑，即 $X(M)$ 在 $S^6(1)$ 中满。关

于这一情况的讨论可参见 Dillen 等 *Surfaces in Spheres and Submanifolds of the Nearly Kahler* 6 – *sphere*。

问题 3：S^n 中是否存在具负曲率的极小闭曲面?

这是丘成桐提出的问题，$n = 3$ 时由 J. Simon 方程知道，这样的闭曲面是不存在的，$n > 4$ 时仍未解决。

5.2.2.3　S^{n+1} 中极小超曲面

1. 等参超曲面

等参超曲面的概念最初由 E. Cartan 引入。

定义 1：设 $F: S^{n+1} \to R$ 是 S^{n+1} 上光滑函数，不是常数。满足条件

(1) $|\nabla F|^2 = \varphi(F)$

(2) $\Delta F = \psi(F)$

称 F 为 S^{n+1} 上等参函数，F 的等值面族 $M_t = \{x \in S^{n+1} \mid F(x) = t\}$ 称为 S^{n+1} 中等参超曲面族。

利用条件（1）容易证明，等参超曲面族是 S^{n+1} 中一个平行曲面族，即，如设 M 是 F 的一个等值面，以 X 记 M 在 S^{n+1} 中的位置向量，e_{n+1} 为单位法向量场，则 F 的任一等值面可以表示为

$$X_t = (\cos t)X + (\sin t)e_{n+1}(X)$$

由此可以得到

$$\Delta F = F_{tt} + F_t \sum_{i=1}^{n} \frac{-\sin t + \cos t \lambda_i}{\cos t + \sin t \lambda_i}$$

其中 λ_i 是 M 的 n 个主曲率。由条件 1)，2) 知道，F_t 和 F_{tt} 都只是 t 的函数，于是对某个光滑函数 V 有

$$V(t) = \sum_{i=1}^{n} \frac{-\sin t + \cos t \lambda_i}{\cos t + \sin t \lambda_i}$$

由此不难看出 $\lambda_i (1 \leqslant i \leqslant n)$ 都是常数，所以等参超曲面都是常主曲率超曲面，反过来也正确。

定理 9[11]（Nomizu）：S^{n+1} 中等参超曲面族是常主曲率超曲率面的平行曲面族。

有时，也把定理 9 作为等参超曲面的定义。

从 E. Cartan 到现在，已经知道许多等参超曲面的例子。

例3：齐性等参超曲面：1971—1972年，Hsiang-Lawson和Takagi-Takahashi对S^{n+1}中等参超曲面进行了分类。他们证明齐性等参超曲面是rank2的对称空间的迷向表示的轨道。由此给出了完整的分类表。E. Cartan最初给出的例子都含在这个分类表中。所有齐性等参超曲面相异主曲率的个数$g=1,2,3,4$或6。

例4：设$n+2$阶方阵$P_\alpha(0\leqslant\alpha\leqslant m_+)$满足

$$\begin{cases}P_\alpha^2=2\mathrm{I}\\P_\alpha P_\beta+P_\beta P_\alpha=0,\alpha\neq\beta\end{cases}$$

定义E^{n+2}上的齐次多项式F

$$F=\langle X,X\rangle^2-\sum\langle P_\alpha X,X\rangle^2,$$

则F是一个等参函数，它定义了S^{n+1}中一族等参超曲面，其相异主曲率个数$g=4$。

前述的所有例子中，曲面相异主曲率的个数g都只能为1,2,3,4或6。是否对每个整数g都存在有g个相异主曲率的等参超曲面呢？这也是E. Cartan提出的一个问题。Munzner在*Isoparametric Hyperflachen in Spharen*，Ⅰ *and* Ⅱ中回答了这个问题，他证明了

定理10[11]：设$X:M\to S^{n+1}$是等参超曲面，有g个相异主曲率$\lambda_1<\lambda_2<\cdots<\lambda_g$，重数分别为$m_1,m_2,\cdots,m_g$，则

(1) 按主曲率从小到大的次序，有$m_k=m_{k+2}$，即

$$m_1=m_3=\cdots=m_+,m_2=m_4=\cdots=m_-$$

且g为奇数时，$m_+=m_-$；

(2) M是E^{n+2}中g次齐次多项式F的等值面，F满足

$$|\nabla F|^2=g^2r^{2(g-1)},\Delta F=cr^{g-2}$$

其中$c=g^2(m_+-m_-)/2$；

(3) $g=1,2,3,4,6$

Munzner的工作使得对等参超曲面的分类成为可能。在$g=1,2$和3时已经由E. Cartan进行了分类，即

(1) $g=1,M$是全测地大圆（及其平行曲面）；

(2) $g=2,M=S^k(n/k)\times S^{n-k}(n/n-k)$为Clifford环面；

(3) $g=3$ 时，重数 m 全相等，m 只能是 1,2,4,8，而且都是齐性的。具体写出来就是：

$m=1$，　$M=SO(3)/Z_2 \oplus Z_2$；

$m=2$，　$M=SU(3)/T^2$；

$m=4$，　$M=SP(3)/SP(1)^3$；

$m=8$，　$M=F_4/Spin(8)$。

现在只余 $g=4$ 和 6 两种情形。对这两种情形的研究集中在对重数 m_+ 和 m_- 的限制上；

(4) $g=6$ 时，Abresch 证明 $m_+=m_-=1$ 或 2，各有一个齐性的例子。$m=1$ 时，Dorfmeister－Neher 进一步证明 M 一定是齐性的，从而唯一。因此遗留的问题是当 $g=6, m=2$ 时是否仅有齐性的等参超曲面；

(5) $g=4$ 的情形比较复杂。U. Abresch 证明重数 m_+ 和 m_- 有下面两种类型：

4A 型：$m_+ + m_- + 1 \equiv 0(\text{mod}2^k)$，其中 $2^k=\min(2^s \mid 2^s > m_-)$；

4B 型：$m_-=2^k, m_+ \equiv 0(\text{mod}2^{k+1})$，或 $m_-=2^k, 2(m_+ + 1)=3m_-$。

例 2 中的等参超曲面都是 $4A$ 型的，是否是全部还不知道。

对于 $4B$ 型，最近，唐梓洲证明，其中的 k 只能是 0,1,2 或 3。即 $m_-=1$，2,4,8。

$m_-=1,2$ 和 4 的情形都有齐性的例子，$m_-=8$ 的例子还没有。

最后再提一下，在 S^{n+1} 的每个等参超曲面族中都有一个极小超曲面，直接计算可以知道，如果其相异主曲率个数为 g，则其第二基本形的模长的平方 $S=(g-1)n$，标量曲率 $R=(n-g)n$。

2. 常标量曲率的极小超曲面

设 M 是 S^{n+1} 中紧致极小超曲面，以 S 记第二基本形模长的平方，则

$$S=(n-1)-R$$

标量曲率 R 为常数就等价于 S 为常数。

众所周知，如果 S 满足 $0 \leqslant S \leqslant n$，则 $S=0$ 或 n，$S=0$ 时 M 是 S^{n+1} 中全测地大圆。$S=n$ 时 M 为 Clifford 环面。因此，对于 S^{n+1} 中 S 为常数的紧致极小超曲面而言，S 不能是任意的。于是，Chern 问了下面的问题：

问题 1：S 是否离散？大于 n 的下一个 S 是什么？

问题 2：S 是否有只依赖于 n 的上界 $\beta(n)$？

彭家贵一直在研究极小曲面的问题，本节有部分也摘自彭家贵的论文。

5.3 黎曼流形中的超曲面

Gauss 在《关于一般曲面的研究》中的结果在深层次上说明，非欧空间与欧氏空间的实质区别在于空间具有不同的度量形式，从而具有不同的弯曲性质。欧氏空间是平直的（高斯曲率为零），非欧空间是负常弯曲的（高斯曲率是负常数）。Gauss 的这个惊人的发现开创了一个新时代：过去微分几何所研究的是欧氏空间中的曲线和曲面的弯曲性质，而现在赋予度量形式的空间本身就是微分几何的研究对象，人们把 Gauss 开创的只赋予度量形式的曲面论称为曲面的内蕴几何学。他的这个思想后来被 Riemann（1826—1866）进一步阐明。Riemann 认识到度量形式是加在流形上的一种结构，而同一个流形可以有众多不同的度量结构。现在人们把指定了一个度量结构的 n 维流形称为 n 维 Riemann 流形，Riemann 流形上的几何学称为黎曼几何学。到目前为止，Riemann 流形是数学中关于弯曲空间的一种最成功的表述。

在整个欧氏微分几何理论发展的过程中，对子流形的研究越来越活跃，超曲面作为一类重要的子流形，它的研究称为欧氏微分几何理论中的一个热点，对超曲面的几何性质的研究是微分几何理论的一个重要任务。20 世纪人们开始了对高维空间的微分几何的深入研究，尤其是对高维欧氏空间超曲面的研究。

高维欧氏空间中的超曲面论，通常是三维欧氏空间中曲面论的最直接和最自然的推广。对于高维空间的超曲面的情形，已有很多研究。1899 年，Riemann 证明了 R^3 中具有常高斯曲率的紧致曲面是球面。1950 年前后 Hopf 证明了欧氏空间 R^3 中亏格为零的紧致常平均曲率曲面一定是球面等。P. Berard、李海中和魏国新等对四维欧氏空间中的完备极小超曲面进行了深入研究。

李海中 1996 年，利用郑绍远—丘成桐引进的一个自伴算子，通过一些巧妙的估计，得到球空间中紧致具常数量曲率超曲面的刚性定理，结果发表在最有影响的国际权威数学期刊之一 Math. Ann. 上；1997 年与陈维桓教授合作，给出了三维空间形式中 Bonnet 曲面的分类，A. I. Bobenko，U. Eitner 2002 年的专著 *Lecture Notes in Math.*，Vol. 1753，收录了我们的结果；与王长平等教授合作建立了球空间中 Moebius 曲面理论，计算了球空间中 Willmore 子流形的第二变分，并证明 Willmore 环面的稳定性，得到球空间中 Moebius 子流形的一系列基本结果；Willmore 子流形的研究结果，包括构造（$n+p$）维球面中紧致 Willmore 子流形的基本例子，如：Willmore 环面，Einstein 极小子流形，发现球面中紧致 Willmore 子流形的 Simons 型积分不等式，并用来刻画 Willmore 环面和 Veronese 曲面等。特别最近几年关于 Willmore 子流形的几何与拓扑的系列研究结果取得突出成绩，开创了高维 Willmore 子流形的几何与拓扑研究方向，并应邀在美国哈佛大学数学系，德国柏林工业大学数学研究所，西班牙格林拉达大学，巴西圣保罗大学，日本佐贺大学，波兰 Banach 数学研究中心，巴西第13次国际微分几何会议等报告这方面的研究成果。

2012 年李海中教授与清华大学数学中心的安杰明（Ben Andrews）教授合作，解决了著名的 Pinkall - Sterling 猜想：三维球面中任意的嵌入环面一定是旋转对称的。更进一步地，他们给出了三维球面中嵌入环面的完全分类，其中令人惊奇的是当平均曲率为 0 或 $\frac{1}{\sqrt{3}}$ 时，唯一的嵌入环面只能是 Clifford（乘积类型）环面。平均曲率为 0 的曲面称为极小曲面，此种情形即为 S. Brendle 证明的 Lawson 猜想；而三维球面中平均曲率为 $\frac{1}{\sqrt{3}}$ 的嵌入环面的唯一性则是一个非常出乎意料的发现。该研究成果于 2015 年初发表在国际著名数学期刊 JDG 第 99 卷第 2 期上。在 2013 年 7 月台北举行的第六届世界华人数学家大会上，李海中教授受邀做一小时大会报告，报告了这一项研究成果。同时，近年来李海中教授在 JDG，Adv. Math，Calc. PDE，Trans. AMS，Asian J. Math，Math. Res. Letters，Math. Ann.，Math. Z.，AGAG 等国内外著名数学期刊发表学术论文 120 余篇。

5.3.1　预备知识

定义：设 U 是 R^n 中的一个开区域，从区域 $U=\{(u_1,u_2,\cdots,u_n)\}$ 到 R^{n+1} 的映射

$$r(u_1,u_2,\cdots,u_n) = (x^1(u_1,u_2,\cdots,u_n),x^2(u_1,u_2,\cdots,u_n),\cdots,x^{n+1}(u_1,u_2,\cdots,u_n))$$

满足

（1）每个分量都是无限阶可微的，

（2）向量组 $r_i = \dfrac{\partial r}{\partial u_i}$ 两两线性无关，即

$$r_1 \wedge r_2 \wedge \cdots \wedge r_n \neq 0$$

时，我们称 r 是 R^{n+1} 的超曲面，$(u_1,u_2,\cdots,u_n)$ 称为曲面的参数。

设 $n \geq 2,(M^{n+1},g_M)$ 为具有 Riemann 度量 g_M 的 $n+1$ 维完备 Riemann 流形，Σ_0 为 M 中一个光滑闭的（即紧致无边）超曲面。且由光滑浸入 X_0：$\Sigma^n \to X_0$（Σ^n）$\subset M$ 给出。记 $W=(h_i^j)$ 为超曲面 Σ_0 的 Weingarten 矩阵，其特征值 $k=(k_1,k_2,\cdots,k_n)$ 称为超曲面的主曲率。假设 $F(W)$ 是关于 Weingarten 矩阵 $W=(h_i^j)$ 的光滑对称函数，等价地，$F=f(k)$ 是关于超曲面主曲率的光滑对称函数。如果在超曲面 Σ_0 上处处满足 $F(W)>0$，则可考虑 Riemann 流形 M 中以 Σ_0 为初始值的逆曲率流，即满足

$$\begin{cases} \dfrac{\partial}{\partial t}X(x,t) = \dfrac{v(x,t)}{F(W(x,t))^{\alpha}} \\ X(\cdot,0) = X_0(\cdot) \end{cases} \tag{5.3.1}$$

的一族光滑浸入 $X:\Sigma^n \times [0,T) \to M$，其中 $\alpha>0$，v 为超曲面 $\Sigma_t = X(\Sigma^n,t)$ 的单位外法向量场。本节中假定函数 $f:R^n \to R_+$ 单调增加（即 $f^i = \partial f/\partial k_i > 0$）、一次齐次（即 $f(kk)=kf(k),\forall k\in R$）且满足规范化 $f(1,\cdots,1)=n$。

首先有如下关于逆曲率流（5.3.1）的解的短时间存在性和唯一性：

定理[3]：如果初始超曲面满足 $F>0$ 且 $f^i>0$，则存在 $T>0$ 使得逆曲率流（5.3.1）在时间区间 $[0,T)$ 上具有唯一的光滑解。

注：比较重要的曲率函数 $F(W)$ 包括平均曲率 $H=k_1+k_2+\cdots+k_n$、Gauss 曲率的 $1/n$ 次方 $n(K)^{1/n}=n(k_1,k_2,\cdots,k_n)^{1/n}$、$nE_k^{1/k}$ 和 nE_k/E_{k-1}，其中 E_k 为（规范化）k 阶平均曲率，

$$E_k = \binom{n}{k}^{-1} \sum_{1\leq i_1<\cdots<i_k\leq n} k_{i_1}\cdots k_{i_k}$$

显然，$E_1=H/n$ 和 $E_n=K$ 分别为（规范化）平均曲率和高斯曲率。当 $F=H$ 且 $\alpha=1$ 时，称（5.3.1）为逆平均曲率。

1973 年，Geroch 最先引入了逆平均曲率流，并证明了如果三维 Riemann 流形（M^3, g_M）的数量曲率 $R \geq 0$ 且逆平均曲率流的解超曲面 Σ_t 是连通的，则 Hawking 质量沿着逆平均曲率流单调递增。2001 年，Huisken 和 Ilmanen 引入了逆平均曲率流的弱解，并验证了在弱解意义下 Hawking 质量的单调性，从而证明了三维渐近平坦流形中的 Riemann Penrose 不等式。关于 Euclid 空间中逆曲率流光滑解的研究，则是由 Gerhardt 和 Urbas 于 1990 年左右分别独立完成。Guan 和 Li 发现了 Euclid 空间中星形 k – 凸超曲面的 Quermass 积分比在对应的逆曲率流下单调递减，从而利用 Gerhardt 和 Urbas 关于逆曲率流的光滑收敛性证明了经典的 Alexandrov – Fenchel 不等式对于 Euclid 空间中 k – 凸星形超曲面也成立。从文献可以看出，逆曲率流的弱解和光滑解在证明 Riemann 流形中超曲面上的几何不等式中将会有重要应用。因此，最近几年关于逆曲率流收敛性及其应用的研究是一个很热门的课题。

5.3.2　Euclid 空间中的逆曲率流

5.3.2.1　凸超曲面的逆曲率流

Urbas 于 1991 年研究了 Euclid 空间 R^{n+1} 中凸超曲面的逆曲率流。一个光滑超曲面 Σ 称为凸的，如果其主曲率 $k = (k_1, k_2, \cdots, k_n)$ 处处满足 $k_i > 0, \forall i = 1, 2, \cdots, n$。

定理 2[3]　假设 Σ_0 是 Euclid 空间中的光滑闭的凸超曲面，则对任意 $\alpha \in (0, 1]$ 和满足任意下述条件的函数 f：

(1) f 是凹函数且 f 在正锥 $\Gamma_+ = \{k \in R^n : k_i > 0, i = 1, \cdots, n\}$ 边界取值为零；

(2) f 是凹函数且如下定义的 f_* 也是凹函数：

$$f_*(x_1, \cdots, x_n) = f(x_1^{-1}, \cdots, x_n^{-1})^{-1}; \tag{5.3.2}$$

(3) f_* 是凹函数且 f_* 在正锥 Γ_+ 边界取值为零；

(4) f 无须任何二阶导数的条件，但维数 $n = 2$，

逆曲率流（5.3.1）具有长时间存在的解 $\Sigma_t, t \in [0, +\infty)$。随着时间的增加，超曲面 Σ_t 扩张至无穷远，并且在经过适当的伸缩变换后以指数速率光滑收敛至单位圆球。

上述定理 2（2）和（3）由 Urbas[7] 证明；定理 2（4）由 Li 等证明。定理

2 的证明中最关键的一步为曲率挤挤（pinching）估计，即估计流超曲面 Σ_t 的最大与最小主曲率比值。由于f为对称函数，不妨在 Σ_t 任意点都假定主曲率满足 $k_1 \leqslant k_2 \leqslant \cdots \leqslant k_n$，则在定理 2 条件下，存在只依赖于初始超曲面$\Sigma_0$、$n$ 和 α 的常数 $C > 0$ 使得流超曲面 Σ_t 的主曲率 $k = (k_1, k_2, \cdots, k_n)$ 处处满足 $k_n \leqslant Ck_1, t \in [0, T)$。

定理 2[3]：需要假定条件 $\alpha \in (0,1]$。在 $\alpha > 1$ 时，Gerhardt 在 2014 年研究了凸超曲面的逆曲率流并证明了定理 2（1）逆曲率流的收敛性。

定理 3[3]：假设 Σ_0 是 Euclid 空间中的光滑闭的凸超曲面，则对任意 $\alpha > 1$ 和任意凹的且在正锥 Γ_+ 边界取值为零的函数f，逆曲率流（5.3.1）具有有限时间存在的解 Σ_t，$t \in [0, T)$ 其中 $T < \infty$。随着时间 $t \to T$，超曲面 Σ_t 扩张至无穷远，并且在经过适当的伸缩变换后以指数速率光滑收敛至单位圆球。

在 Gerhardt 之前，Schnurer 和 Li 考虑了逆曲率流（5.3.1）在维数 $n = 2$、$F = nK^{1/2}$ 且 $\alpha \in (1,2]$ 的收敛性。最近，Kroner 和 Scheuer[14]考虑了 $\alpha > 1$ 时 f 为 Γ_+ 上的凹函数的情形，但需要加上初始超曲面 Σ_0 为充分挤挤的（pinched），即 $|A|^2 \leqslant c_0 H^2$。一般情形下，尚不清楚在 $\alpha > 1$ 时定理 2（1）—2（4）逆曲率流的性质。特别地，在 $\alpha > 1$ 且函数 $F = nE_k^{1/k} (k = 1, \cdots, n-1)$ 时，尚不清楚逆曲率流是否会收敛至球面。

5.3.2.2 星形超曲面的逆曲率流

逆曲率流比收缩曲率流更好的性质在于，它对非凸超曲面也有很好的性质。Gerhardt 和 Urbas 分别于 1990 年独立研究了 Euclid 空间中星形超曲面上的逆曲率流。Euclid 空间中的超曲面 Σ 若满足其支撑函数 $\chi = \langle X, v \rangle > 0$，则称 Σ 为星形超曲面。这等价于 Σ 可以表示成单位球面上光滑函数的图象，即 $\Sigma = \{(\theta, u(\theta)), \theta \in S^n\}, u \in C^\infty(S^n)$ 假设 $\Gamma \subset R^n$ 是一个包含正锥 Γ_+ 的开的对称凸锥，函数 $f \in C^\infty(\Gamma)$，如果超曲面 Σ 每一点的主曲率 $k \in \Gamma$，则称 Σ 为f-相容。星形超曲面上的逆曲率流有如下性质。

定理 4[3]　设 $\Gamma \subset R^n$ 是一个包含正锥 Γ_+ 的开的对称凸锥，函数 $f \in C^\infty(\Gamma)$ 是一个凹函数，且满足在 Γ 内 $f > 0$，在边界 $\partial\Gamma$ 上 f 取值为零。如果 Σ_0 是 Euclid 空间中的光滑、闭的、星形且f-相容的超曲面，则对任意 $\alpha \in (0,1]$，曲率流（5.3.1）具有长时间存在的解 $\Sigma_t, t \in [0, +\infty)$。随着时间的增加，超曲面 Σ_t 扩张至无穷远，并且在经过适当的伸缩变换后以指数速率光滑收敛至单位圆球。

定理4中 $\alpha=1$ 的情形由 Gerhardt 和 Urbas 分别独立完成；$\alpha\in(0,1)$ 的情形由 Gerhardt 完成。上述定理中一类特殊情形为 $\Gamma=\Gamma_k=\{k\in R^n:E_j(k)>0, j=1,\cdots,k\}, k=1,\cdots,n$。如果超曲面 Σ 的主曲率处处满足 $k\in\Gamma_k$，则 Σ 称为 k - 凸超曲面。容易看出，超曲面 Σ 是凸超曲面等价于 $k\in\Gamma_n$；超曲面 Σ 为平均凸超曲面等价于主曲率 $k\in\Gamma_1$。因此，由定理4可知，Euclid 空间中星形 k - 凸超曲面在满足 $f=nE_k^{1/k}$ 且 $\alpha\in(0,1]$ 时的逆曲率流下具有长时间解。随着时间 $t\to\infty$，超曲面 Σ_t 扩张至无穷远，并且在经过适当的伸缩变换后以指数速率光滑收敛至单位圆球。这个性质在后来被 Guan 和 Li 应用在证明 Euclid 空间中星形 k - 凸超曲面的 Alexandrov - Fenchel 不等式。

5.3.2.3　Euclid 空间中的逆曲率流的应用

逆曲率流的应用是逆曲率流研究最主要的目的。设超曲面 $\Sigma=\partial\Omega$ 是 R^{n+1} 中光滑有界区域 Ω 的边界。其 Quermass 积分 $V_{n+1-k}(\Omega)$ 可表示为如下的边界 $\Sigma=\partial\Omega$ 上的曲率积分：

$$V_{n+1-k}(\Omega)=\int_{\Sigma}E_{k-1}(k)\mathrm{d}\mu,\quad k=1,\cdots,n$$

并且 $V_{n+1-k}(\Omega)=(n+1)\mathrm{Vol}(\Omega), V_0(\Omega)=(n+1)\mathrm{Vol}(B)=\omega_n$，其中 B 记为 Euclid 空间中的单位球。若 Ω 是一个凸区域，经典的 Alexandrov - Fenchel 不等式具有如下形式：

$$\left(\frac{V_{n+1-k}(\Omega)}{V_{n+1-k}(B)}\right)\leqslant\left(\frac{V_{n-k}(\Omega)}{V_{n-k}(B)}\right)^{\frac{1}{n-k}},\quad 0\leqslant k\leqslant n \tag{5.3.3}$$

且等号取到当且仅当 Ω 是 Euclid 球。当 $k=0$ 时，上式即为 Euclid 空间中经典的等周不等式，可对任意有界区域成立（即不需要区域边界为凸这一条件）。

称区域 $\Omega\subset R^{n+1}$ 为 k - 凸的，如果其边界 $\Sigma=\partial\Omega$ 的主曲率 $k(x)\in\Gamma_k, \forall x\in\partial\Omega$；$\Omega$ 称为弱 k - 凸，如果 $k(x)\in\Gamma_k, \forall x\in\partial\Omega$。Guan 和 Li 在2009年应用如下的逆曲率流：

$$\frac{\partial}{\partial t}X=\frac{E_{k-1}}{nE_k}v \tag{5.3.4}$$

证明了不等式（2.2）对任意光滑的星形且弱 k - 凸区域 Ω 成立。

定理5[3]：不等式（5.3.3）对任意光滑的星形弱 k - 凸区域 Ω 成立且等

号取到当且仅当 Ω 是 Euclid 球，其中 $k = 1,\cdots,n$ 。

证明（证明概要）：首先，假设 Ω 是星形 k - 凸区域，由定理5.3.4 以 $\partial\Omega$ 为初值的逆曲率流（2.3）具有长时间光滑解 $\Sigma_t = \partial\Omega_t, t \in [0,\infty)$ ，且 Σ_t 也是星形 k - 凸超曲面。定义

$$Q(\Omega_t) = \frac{V_{n+1-k}^{\frac{1}{n+1-k}}(\Omega_t)}{V_{n-k}^{\frac{1}{n-k}}(\Omega_t)}$$

沿着 R^{n+1} 中任意的曲率流

$$\frac{\partial}{\partial t}X = -Fv \tag{5.3.5}$$

直接计算可得流超曲面 Σ_t 的 m 阶平均曲率 E_m 和体积元 $d\mu_t$ 满足发展方程

$$Q(\Omega_0) \leqslant Q(\Omega_t) = Q(\overline{\Omega_t}) \leqslant \lim_{t\to\infty} Q(\overline{\Omega_t}) = Q(B) \tag{5.3.6}$$

这等价于不等式（5.3.3）。由于 Newton - Maclaurin 不等式 $E_{k-1}E_{k+1} \leqslant E_k^2, \forall k \in \Gamma_k$ 取得等号当且仅当 $k = k(1,\cdots,1), k \in R$ ，因此，(5.3.6) 取得等号当且仅当 $\Omega_t(\forall t \in [0,\infty))$ 是全脐超曲面从而是 Euclid 球。

如果 Ω 是星形弱 k - 凸区域，则可选取一族星形 k - 凸区域 Ω_ε 来逼近 Ω 。由连续性可知不等式（5.3.3）对此 Ω 成立。为研究等号情形，可证明任意取到（5.3.3）等号的星形弱 k - 凸区域 Ω 一定是星形 k - 凸，从而由前一段证明可知 Ω 是 Euclid 球。

从上述证明过程中可见，应用逆曲率流证明几何不等式关键之处在于发现沿着逆曲率流的单调量 $Q(t)$ ，比较 $Q(t)$ 的初始值与极限值进而得到不等式。

5.3.3 球面中的逆曲率流及其应用

2013 年，Makowski 和 Scheuer 研究了球面中的逆曲率流，证明了如下定理：

定理 6[3]：设 $\Sigma_0 = X_0(S^n) \subset S^{n+1}$ 为球面中的凸超曲面，且曲率函数 $F = f(k)$ 满足

（1）对 $\alpha = 1, f$ 和 f_* 均为凹函数，或 f 为凹函数且 f 在正锥 Γ_+ 边界取值为零；

（2）对 $\alpha = 1, f$ 为凹函数且 f 在正锥 Γ_+ 边界取值为零，

则曲率流 (1.1) 的最大存在时间 $T<\infty$ ，且存在 $0<t_0<T$ 使得 $\Sigma_t(t_0\leqslant t<T)$ 都可以表示成某个赤道 $S(x_0)(x_0\in S^{n+1})$ 上的函数 $u(t,\cdot)$ 的图象。当 $t\rightarrow\infty$ 时，函数 $u(t,\cdot)$ 以 $C^{1,\beta}(0<\beta<1)$ 速率收敛至 $\pi/2$ ，并且有估计 $\int_{\Sigma_t}H^q\rightarrow 0,t\rightarrow T$ 。

对 $\alpha=1$ 的情形，Gerhardt 用对偶流的办法证明了如下的光滑收敛性：

定理7[3]：设 $\Sigma_0=X_0(S^n)\subset S^{n+1}$ 为球面中的凸超曲面，$\alpha=1$ 且曲率函数 f 和 f_* 均为凹函数，则曲率流 (1.1) 的最大存在时间 $T<\infty$ ，且存在 $0<t_0<T$ 使得 $\Sigma_t(t_0\leqslant t<T)$ 都可以表示成某个赤道 $S(x_0)(x_0\in S^{n+1})$ 上函数 $u(t,\cdot)$ 的图象。当 $t\rightarrow T$ 时，函数 $u(t,\cdot)$ 光滑收敛至 $\pi/2$ ，且 $u(t,\cdot)$ 在适当的伸缩变换后光滑收敛至1。

与前两节类似，球面中的逆曲率流同样可以用来证明 Alexandrov – Fenchel 型不等式。Makowski 和 Scheuer 首先用逆平均曲率流证明了如下不等式：

定理8[3]：设 $\Sigma\subset S^{n+1}$ 为球面中的凸超曲面，则

(1) 当 $n\geq 2$ 时，

$$\left(\frac{1}{\omega_n}\int_{\Sigma}E_1\mathrm{d}\mu\right)^2\geq\left(\frac{|\Sigma|}{\omega_n}\right)^{\frac{2(n-1)}{n}}-\left(\frac{|\Sigma|}{\omega_n}\right)^2$$

(2) 当 $n\geq 3$ 时，

$$\int_{\Sigma}E_2\mathrm{d}\mu\geq\omega_n^{\frac{2}{n}}|\Sigma|^{\frac{n-2}{n}}-|\Sigma|$$

(3) 设 k 为正整数且满足 $2k+1\leqslant n$ ，记 Ω 为 Σ 包围的凸区域，则 Ω 的 Quermass 积分 $W_{2k+1}(\Omega)$ 满足

$$W_{2k+1}(\Omega)\geq\frac{\omega_n}{n+1}\sum_{i=0}^{k}(-1)^i\frac{n-2k}{n-2k+2i}C_k^i\left(\frac{n+1}{\omega_n}W_1(\Omega)\right)^{\frac{n-2k+2i}{n}}$$

并且，上述三个不等式中等号取得当且仅当 Σ 是测地球。

定理9[3]：设 $\Sigma\subset S^{n+1}$ 为球面中凸超曲面，则对满足 $2k\leqslant n$ 的正整数 k ，超曲面 Σ 的高斯—波涅曲率 $L_k=C_n^{2k}(2k)!\sum_{i=0}^{k}C_k^iE_{2k-2i}$ 满足不等式 $\int_{\Sigma}L_k\mathrm{d}\mu\geq C_n^{2k}(2k)!\omega_n^{2k/n}|\Sigma|^{\frac{n-2k}{n}}$ 且等号成立当且仅当 Σ 是测地球。

关于球面中带权的曲率积分的不等式，目前尚没有最优的结论。

5.3.4 仿射球面

前面介绍了活动标架法在欧氏微分几何中的应用，当然在别的几何学(异于运动群的李群的几何学）活动标架法也有应用。现在介绍仿射几何，因为仿射群是很自然的一个群，它不同于运动群。

设 A^{n+1} 是仿射空间，坐标为 $x^1,\cdots,x^n,x^{n+1}$。不同坐标系间的变换是

$$x^\alpha = \sum a^\alpha_\beta x^\beta, \quad 1 \leqslant \alpha,\beta,\gamma,\cdots \leqslant n+1$$

其中 $\det(a^\alpha_\beta) = 1$ 在 A^{n+1} 中没有距离，角度概念，但是有体积、矢量、平行及 $n+1$ 个矢量的行列式等概念。

设有超曲面 $x:M \to A^{n+1}$（浸入），自然要问什么是它的仿射性质？即如何构造在仿射群作用下局部不变式呢？对于这种问题的解决，活动标架法是一个很好的工具。

标架 $Xe_1\cdots e_{n+1}$ 称为仿射标架，如果矢量行列式 $(e_1\cdots e_{n+1}) = 1$，于是有

$$dX = \sum_\alpha \omega^\alpha e_\alpha,$$

$$de_\alpha = \sum_\beta \omega^\beta_\alpha e_\beta.$$

及关于 $\omega^\alpha,\omega^\beta_\alpha$ 的结构方程。因为 $(e_1\cdots e_{n+1}) = 1$，故 $0 = d(e_1\cdots e_{n+1}) = (de_1\cdots e_{n+1}) + \cdots(e_1\cdots e_n, de_{n+1}) = \omega^1_1 + \cdots + \omega^{n+1}_{n+1}$

当取 $e_1\cdots e_n$ 在超曲面 M 的切空间中，那么 $\omega^{n+1} = 0$。由此

$$0 = d\omega^{k+1} = \sum_\beta \omega^\beta$$

$$\omega^{n+1}_\beta = \sum_i \omega^i \wedge \omega^{n+1}_i$$

其中 $$1 \leqslant i,j,k \leqslant n$$

于是由 Cartan 引理，

$$\omega^{n+1}_i = \sum_k h_{ik}\omega^k, \quad h_{ik} = h_{ki}$$

仿射球面（affine hypersurface）是一个重要的超曲面，指仿射空间中仿射法线交于一点或互相平行非退化的超曲面。一个局部严格凸的仿射球称为虚的或抛物型的仿射球面，若它的仿射法线互相平行。它称为一个真仿射球面，若它的仿射法线交于一点，称交点为它的仿射中心。真仿射球又依仿射中心位于曲面凹的一侧或凸的一侧，分别称为椭圆型的或双曲型的仿射球面。三维仿

射空间 A 中的椭球面、双叶双曲面和椭圆抛物面分别是椭圆型、双曲型和抛物型仿射球面的例子。

李安民证明了仿射完备的双曲型仿射球一定是欧氏完备的，完全分类了主曲率有下界、完备类空的常数高斯曲率凸超曲面，彻底解决了用 r 阶仿射平均曲率刻画椭球的古老问题。与人合作证明了关于仿射极大曲面的 Calabi 猜想，并证明了四维仿射空间中关于 Calabi 度量完备的仿射极大超曲面一定是椭圆抛物面。

设 A^{n+1} 是 $n+1$ 维么模仿射空间，M 是 n 维 C^{∞} 流形，$x:M \to A^{n+1}$ 是一个局部严格凸的具有等积仿射法化的超曲面。$\lambda_1,\cdots,\lambda_n$ 表示 $x(M)$ 的主曲率，令

$$L_r = \frac{1}{\binom{n}{r}} \sum \lambda_{i_1} \lambda_{i_2} \cdots \lambda_{i_r}$$

设 J 表示 Pick 不变量。

定理 10[7][8]：设 $x:M \to A^{n+1}(n \geq 3)$ 是一个紧致的局部严格凸的具有 C^{∞} 边界的超曲面。如果在 M 上 $L_1 =$ 常数，并且在 ∂M 上 $J=0$，则 $x(M)$ 位于一个二次曲面上。

定理 11[7][8]：设 $x:M \to A^{n+1}(n \geq 3)$ 是紧致、连通、局部严格凸的、带 C^{∞} 边界的超曲面。如果在 M 上 $L_1 \neq 0, \dfrac{L_2}{L_1} =$ 常数 $\neq 0$，在边界 ∂M 上 $J=0$，则 $x(M)$ 位于一个二次曲面上。

定理 12[7][8]：设 M 是一个局部严格凸的完备双曲仿射超曲面，则 M 是欧氏完备的。

定理 13[7][8]：任何完备仿射，双曲仿射超曲面是凸圆锥体在中心处定点的渐近线的边界。

5.4　关于 Finsler 流形的曲率

流形是拓扑和微分几何中最为基本的概念，本质上就是很多欧氏空间粘贴在一起构成的空间。Finsler 几何就是度量没有二次型限制的黎曼几何。著名数学家黎曼（B. Riemann）在 1854 年所作的具有历史意义的就职演说中已考

虑了这种情况，但鉴于没有二次型限制后计算上过于复杂，他将研究限于二次型度量的几何。也就是现在熟知的黎曼几何，直到 1918 年，P. Finsler 的博士论文才研究了一般度量的曲线和曲面。因此，Finsler 几何确切地应称为黎曼—Finsler 几何，为方便起见，我们称其为 Finsler 几何。20 世纪 90 年代以后，在陈省身先生的大力倡导下，在鲍大卫（D. Bao），沈忠民（Z. Shen）等人的努力下，Finsler 几何的研究取得了许多突破性的进展。黎曼几何中的许多重要的整体性结果被推广到 Finsler 几何上，这不仅仅是更普适的结果，同时也给我们提供了一种更好的几何认知。重要的结果有：测地线理论（[BCS]），比较定理（[BCS，Sh1，Sh2，XY]），调和映射（[HS，MY，SY]），高斯—波涅定理（[BC]）等。

5.4.1 引言

Finsler 流形是具备 Finsler 度量的微分流形，Finsler 度量就是没有二次型限制的 Riemann 度量。因此，Finsler 几何是 Riemann 几何的最自然而又重要的推广。历史上，Riemann 在他的著名就职演说《论奠定几何学基础的假设》(1854) 中，就已提出了四次微分表达式的四次根度量情形的 Finsler 几何概念，他选择微分二次型的度量为代表进行研究，形成了现在所称的 Riemann 几何。直到 1918 年，Finsler 才研究了一般度量情形下曲线与曲面的几何，发展成了现在所称的 Finsler 几何。著名几何学泰斗陈省身先生认为，应该称它为 Riemann-Finsler 几何。

流形 M 上的闭连续曲线称为回路 (loop)，M 的基本群就是它上面所有回路构成的群，也称为一维同伦群，常用 $\pi_1(M)$ 表示，这是流形的拓扑性质。整体微分几何的重要方向之一就是研究流形的曲率与拓扑之间的关系，前者是流形的局部性质，后者是整体的。近二十多年来，整体 Finsler 几何研究取得了全新的重要进展，使 Finsler 几何的面貌大为改观。本节的目的是概述 Finsler 流形的曲率与基本群方面的若干进展和新近结果，内容包含基本群的增长、流形和基本群的熵、第一 Betti 数和基本群的有限性定理等，企盼为进一步发展整体 Finsler 几何抛砖引玉。

5.4.2　准备工作

5.4.2.1　Finsler 度量

设 M 是一个 n 维光滑微分流形，(x^i,y^i) 是它的切丛 TM 上的局部坐标，F：$TM\to[0,+\infty)$ 是 TM 上的非负函数。记 $x=(x^i)$，$y=(y^i)$，若 F 满足

（1）正齐性：$F(x,\lambda y)=\lambda F(x,y)$，$\forall\lambda>0$；

（2）光滑性：在 $TM\setminus\{0\}$ 上 $F(x,y)$ 是光滑函数；

（3）正则性：对于任意非零函数 $y\neq 0$，矩阵 (g_{ij}) 是正定的，其中

$$g_{ij}(x,y)=\frac{1}{2}\frac{\partial^2 F^2}{\partial y^i\partial y^j}(x,y),1\leqslant i,j,\cdots\leqslant n,$$

则称 $F(x,y)$ 为 M 上的一个 Finsler 度量。二次型

$$g=g_{ij}(x,y)\mathrm{d}x^i\otimes\mathrm{d}x^j$$

称为基本二次型，或基本张量。显然，若 g_{ij} 与 y 无关，这就是 Riemann 度量。若 $F(x,-y)=F(x,y)$，则称 Finsler 度量 $F(x,y)$ 是可反的，否则称为不可反的。一般 Finsler 度量 $F(x,y)$ 是不可反的，它的可反系数定义为

$$\lambda_F=\sup_{(x,y)\in TM,y\neq 0}\frac{F(x,-y)}{F(x,y)}(\geq 1)$$

显然，Riemann 度量 $F_R=\sqrt{g_{ij}(x)y^iy^j}$ 作为 Finsler 度量是可反的，即 $\lambda_{F_R}=1$。

我们用

$$G^i(x,y)=\frac{1}{4}g^{ij}\{[F^2]_{y^jx^k}y^k-[F^2]_{x^j}\}$$

表示 (M,F) 的测地系数，其中下标表示关于对应变量的偏导数。于是，(M,F) 的 Riemann 曲率张量为

$$R^i_j=2\frac{\partial G^i}{\partial x^j}-y^k\frac{\partial^2 G^i}{\partial x^k\partial y^j}+2G^k\frac{\partial^2 G^i}{\partial y^k\partial y^j}-\frac{\partial G^i\partial G^k}{\partial y^k\partial y^j}$$

对于任一基点 $(x,y)\in TM\setminus\{0\}$ 和任一向量 $v\in T_xM$，(M,F) 沿 v 的旗曲率定义为

$$K_y(v)=\frac{g_{ik}R^l_jv^jv^k}{(g_{ik}g_{jl}-g_{il}g_{jl})y^iv^jy^kv^l}$$

它类似于 Riemann 流形的截面曲率。旗曲率的平均称为 Ricci 曲率，它可表达为

$$Ric(x,y) = R_i^i$$

这是 TM 上的一个数量函数。旗曲率和 Ricci 曲率是 Finsler 流形上最重要的内蕴几何量。

5.4.2.2　S - 曲率

在 Finsler 流形 (M,F) 上可定义各种体积元，如 Busemann - Hausdorff 体积元和 Holmes-Thompson 体积元等，它们在 Riemann 情形下都化为通常的 Riemann 体积元。设

$$d\mu = \sigma_F(x)dx^1 \wedge \cdots dx^n$$

为 (M,F) 的某一体积元。对于任何 $(x,y) \in TM\setminus\{0\}$，定义 (M,F) 关于 $d\mu$ 的 S - 曲率为

$$S(y) = \frac{d}{dt}[\tau(\gamma(t))]\bigg|_{t=0}, \tau(y) = \log\frac{\sqrt{\det(g_{ij}(x,y))}}{\sigma(x)},$$

其中 $\gamma(t)$ 是满足 $\gamma(0) = x$ 和 $\gamma(0) = \frac{d\gamma}{dt}(0) = y$ 的测地线。显然，在 Riemann 情形下，$S = 0$。S - 曲率是 Finsler 流形上的非 Riemann 几何量，它在研究 Finsler 流形的测地线理论和体积比较定理时十分重要。

设 $\bar{M}$ 为 M 的通用覆盖空间，$\psi:\bar{M}\to M$ 是覆盖映射。我们可在 $\bar{M}$ 上定义 Finsler 度量 $\bar{F}$，使得 ψ 是等距映射。其实，只需定义

$$\bar{F}(\bar{x},\bar{y}) = F(\psi(\bar{x})d\psi(\bar{y})), \forall \bar{x} \in \bar{M}, \bar{y} \in T_{\bar{x}}\bar{M}$$

容易看出，若 (M,F) 是向前完备的 Finsler 流形，则 $(\bar{M},\bar{F})$ 也是向前完备的。

设 M 的覆盖空间 $\bar{M}$ 有一个到自身的同胚 $\zeta:\bar{M}\to\bar{M}$，使得

$$\psi\circ\zeta = \psi$$

则称 ζ 为 $(\bar{M},\psi)$ 的舱面变换（deck transformation）。对任意 $\bar{x} \in \bar{M}$ 有 $x = \psi(\bar{x})$，其中 $\psi:\bar{M}\to M$ 为通用覆盖。对任意 $\alpha \in \pi_1(M,x)$，取 α 中任意元素 γ: $[0,1]\to M$ 那么 γ 存在唯一的提升 $\bar{\gamma}$ 满足 $\bar{\gamma} = \bar{x}$。定义 $\alpha\bar{x} = \bar{\gamma}(1)$，可以证明该定义是良定的[4]。在此意义下，$\pi_1(M)$ 可以看成 $\bar{M}$ 的舱面变换群，即若 $\gamma \in \pi_1(M)$ 则 $\psi\circ\zeta = \psi$。因此，γ 必是 $\bar{M}$ 的局部等距映射。γ 的共轭类是集合 $\{\gamma'\gamma\gamma'_{-1} \mid \gamma' \in \pi_1(M)\}$，$\gamma = 1$ 的共轭类就是 $\{1\}$。

5.4.3　基本群的增长

设 G 是一个有限生成群，$Q = \{g_i\}$ 是 G 的一个有限生成集。对每个 $g \in G$，定义 $\| g \|_{alg}$ 为用 g_i 及其逆表示 g 的最小个数。显然，对每个 i，有 $\| g \|_{alg} = 1$。$\| . \|_{alg}: G \to R^+$ 是 G 上的一个模，且满足

（1）$\| g \|_{alg} = 0$ 成立的充要条件是 $g = 1$；

（2）$\| gh \|_{alg} \leqslant \| g \|_{alg} + \| h \|_{alg}$；

（3）$\| g^{-1} \|_{alg} = \| g \|_{alg}$。

称 $\| . \|_{alg}$ 为关于生成集 Q 的代数模（algebraic norm）。所有关于 G 的有限生成集的代数模是相互等价的，即它与 Q 的选取无关。

设 G 和 Q 如上所述。定义（关于 Q 的）计数函数（counting function）$N(r)$ 为

$$N(r) = \# \{g \in G: \| g \|_{alg} \leqslant r\}$$

如果存在某个常数 $a \geq 1$，使得 $N(r) \geq a^r$，那么称 G 有指数增长。这也等价于

$$\limsup_{r \to \infty} \frac{\log N(r)}{r} = \lim_{r \to \infty} \frac{\log N(r)}{r} > 0$$

如果 $N(r) \leqslant C \cdot r^n$，其中 C 是某个常数，那么称 G 有 n 次多项式增长。显然，对 G 的有限生成集 Q 的不同选取，不影响其增长类型，即保持指数或多项式增长不变。

1968 年，Milnor 证得，若 M 是具有非负 Ricci 曲率的 n 维完备 Riemann 流形，则 $\pi_1(M)$ 的任意有限生成子群都有 n 次的多项式增长。由此提出了至今尚未解决的下列猜想：

假设 1（Milnor 猜想）：具有非负 Ricci 曲率的完备 Riemann 流形的基本群是有限生成的。

此后有不少国内外学者对 Riemann 流形的基本群做出了很好的研究。1997 年，作为 Finsler 流形体积比较定理的应用，Shen[9] 把上述 Milnor 的结果推广到 Finsler 流形，证得：若 (M,F) 是具有非负 Ricci 曲率和零 S - 曲率的 n 维向前完备 Finsler 流形，则 $\pi_1(M)$ 的任意有限生成子群都有 n 次的多项式增长。我们进一步放宽了对 S - 曲率的限制。

事实上，设 $d\mu$ 是 (M,F) 的某一体积元，$\psi:\bar{M}\to M$ 是它的通用覆盖。对于任一点 $x\in M$ 和 $\pi_1(M)$ 的任意一个具有有限生成集 Q 的子群 G，设 $N(.)$ 是关于 Q 的计数函数。那么存在正数 $\eta=\eta(x,Q)$ 和 $\varepsilon=\varepsilon(x)$ 使得

$$N(r)\leqslant\frac{\mu(B_{\bar{x}}^{+}(\eta r+\varepsilon))}{\mu(B_{\bar{x}}^{+}(\varepsilon))},\qquad(*)$$

其中 $r>0$ 是任何正数，$\bar{x}$ 是纤维 $\psi^{-1}(x)$ 上任一点，$\mu(B_{\bar{x}}^{+}(s))$ 表示 $\bar{M}$ 上中心为 $\bar{x}$、半径为 s 的向前测地球 $B_{\bar{x}}^{+}(s)$ 关于拉回体积元 $\psi^{*}d\mu$ 的体积。

另一方面，利用体积比较定理，若 (M,F) 的 Ricci 曲率和 S - 曲率都非负，则对于任意有限生成子群都有

$$\begin{aligned}N(r)&\leqslant\frac{\mu(B_{\bar{x}}^{+}(\eta r+\varepsilon))}{\mu(B_{\bar{x}}^{+}(\varepsilon))}\\&\leqslant\int_0^{\eta r+\varepsilon}t^{n-1}\mathrm{d}t\left(\int_0^{\varepsilon}t^{n-1}\mathrm{d}t\right)^{-1}\\&\leqslant\left(\frac{\eta+\varepsilon}{\varepsilon}\right)^{n}r^{n}\end{aligned}$$

因此我们得下列定理：

定理1[9]：设 (M,F) 是 n 维向前完备的 Finsler 流形。若它的 Ricci 曲率和 S - 曲率都是非负的，则 $\pi_1(M)$ 的任意有限生成子群都有 n 次的多项式增长。

注1：如果引进 Finsler 流形的一致常数（uniformity constant）$\Lambda_F:(M,F)\to R^{+}$ 的概念，即

$$\Lambda_F=\sup_{y,z,u\in T_xM\setminus\{0\}}\frac{g_y(u,u)}{g_z(u,u)},x\in M,$$

则对于 Busemann - Hausdorff 体积元或 Holmes - Thompson 体积元，定理 1 中“非负 S - 曲率”的条件可用“有限一致常数”来代替（参见文献［13］）。

由此我们自然提出下列问题：

问题1：Ricci 曲率非负的向前完备 Finsler 流形的基本群是否是有限生成的?

5.4.3.1 体积增长

设 $(M,F,d\mu)$ 是向前完备的 Finsler 流形。如果存在点 $x\in M$，使得

$$\limsup_{r\to\infty}\frac{\log \mathrm{Vol}_{\mu}(B_x^+(r))}{r}>0,$$

其中 $B_x^+(r)$ 是 M 上以 x 为中心、r 为半径的向前测地球，Vol_μ 表示 M 上关于体积元 $d\mu$ 的体积，那么称 M（关于 $d\mu$）是指数体积增长的。如果存在某个常数 C 和点 $x\in M$，使得

$$\mathrm{Vol}_{\mu}(B_x^+(r))\leqslant C\cdot r^n,$$

那么称 M（关于 $d\mu$）是 n 次多项式体积增长的。

容易验证 (M,F) 的体积增长型与基点 x 的选取无关。特别地，如果 (M,F) 是紧的，那么 M 的万有覆盖 $\psi:\bar{M}\to M$ 的体积增长型与体积元的选取也无关。

如我们所知，群的增长型与有限生成集的选取无关。取 $\pi_1(M)$ 的任意有限生成集 Q，固定任意 $\bar{x}\in\bar{M}$，设 $N(\cdot)$ 为 Q 的计数函数。那么对一切 $r>0$，(＊) 成立。

另一方面，当 M 为紧致时，可取 $\pi_1(M)$ 的生成群，使得当 $r>\frac{2(1+\lambda_F)D_M}{v}+1$ 时，有

$$N(r)\geq\frac{\mu(B_{\bar{x}}^+(vr-(v+(1+2\lambda_F)D_M)))}{\mu(B_{\bar{x}}^+(D_M))},$$

其中 λ_F 表示 (M,F) 的可反系数，v 是只依赖于 $\bar{x}$ 的正常数，D_M 为 M 的直径。

因为体积增长的类型与基点的选取无关，由上式和（＊），利用体积比较定理，我们就得下列定理：

定理 2 [9]：设 (M,F) 是紧致的 Finsler 流形，$\psi:\bar{M}\to M$ 为其通用覆盖，则 $\pi_1(M)$ 有多项式（或指数）增长的充要条件是 $\bar{M}$ 有多项式（或指数）体积增长.

注 2：设 $(M,F,d\mu)$ 是紧致 Finsler 流形，$\psi:\bar{M}\to M$ 为其通用覆盖。假设以下两个条件之一成立：

(1) M 的旗曲率满足 $K(V;W)\leqslant -a^2$；

(2) M 具有非正旗曲率，并且 $Ric_M\leqslant -a^2$。

则 $(\bar{M},\psi^*F)$ 就有指数体积增长。再根据定理 2，这时 $\pi_1(M)$ 有指数增长。在 Riemann 情形下，这由 Milnor 得到。

5.4.4 基本群的熵

设 G 是一个离散群（或有限生成群），Q 为其有限生成集。用 $N(r)$ 表示关于 Q 的计数函数。Q 的熵（entropy）定义为

$$h(Q) = \liminf_{r\to\infty} \frac{\log(N(r))}{r}$$

G 的熵 $h(G)$ 定义为所有有限生成集的熵的下确界

$$h(G) = \inf_{Q}\{h(Q)\}$$

设 $(M,F,d\mu)$ 是向前完备的 Finsler 流形，$\psi:\bar{M}\to M$ 是其通用覆盖。对于任何 $\bar{x}\in\bar{M}$，极限

$$h(M,F) = \liminf_{r\to\infty} \frac{\log\mu(B_{\bar{x}}^{+}(\mu))}{r}$$

称为 (M,F) 的熵，其中 μ 表示 M 上关于拉回体积元 $\psi^*(d\mu)$ 的体积。

当 (M,F) 为紧致 Riemann 流形时，流形的熵与其基本群的熵有如下关系：

$$h(\pi_1(M,x)) \leqslant 2D_M h(M,F)$$

其中 $x\in M$，D_M 表示 M 的直径，我们有下面的定理：

定理 3 [9]：设 (M,F) 是紧致的 Finsler 流形，其可反系数为 λ_F，直径为 D_M，则

$$h(\pi_1(M,x)) \leqslant (1+\lambda_F)D_M h(M,F)$$

其中 $h(\pi_1(M,x))$ 表示以 $x\in M$ 为基点的基本群 $\pi_1(M)$ 的熵。

定理的证明要用到下列几何模的概念。设 $\psi:\bar{M}\to M$ 是 (M,F) 的通用覆盖。对任意点 $x\in M$，对每个 $\alpha\in\pi_1(M)$，伴随 x 的几何模（geometric norm）定义为

$$\|\alpha\|_{geo} = d_{\bar{M}}(\bar{x},\alpha\bar{x})$$

其中 $\bar{x}$ 为纤维 $\psi^{-1}(x)$ 中的任意点，$d_{\bar{M}}$ 是 $(\bar{M},\psi^*F)$ 上的距离函数。

当 M 为紧致时，其单射半径 i_M 大于 0。记 $\varepsilon = i_M/2$，则 M 中每条以 x 为基点、长度小于 2ε 的回路都同伦于 x。所以，$\pi_1(M,x)$ 中的（除单位元外）每个元素的几何模都大于 ε，这意味着球心在轨道 $\pi_1(M,x)\bar{x}$ 上的向前度量球

$B^{+}_{\alpha \bar{x}}(\varepsilon/(2\lambda_F))$ 是互不相交的。因为 $\pi_1(M,x)$ 是 $(\bar{M},\psi^* F)$ 的覆盖变换群，故所有这些向前度量球都有相同的体积，记为 v 。设 $N_1(R)$ 表示 $\pi_1(M,x)\bar{x}$ 包含在 $B^{+}_{\bar{x}}(R)$ 中的元素个数，那么，

$$N_1(R) \leqslant v^{-1}\mu\left(B^{+}_{\bar{x}}\left(R + \frac{\varepsilon}{2\lambda_F}\right)\right)$$

因此，

$$h(M,F) = \liminf_{R\to\infty} \frac{\log\mu\left(B^{+}_{\bar{x}}\left(R + \frac{\varepsilon}{2\lambda_F}\right)\right)}{R} \geq \liminf_{R\to\infty} \frac{\log N_1(R)}{R}$$

利用三角不等式，我们可以选取 $\pi_1(M,x)$ 的一个有限生成集

$$Q = \{\alpha \in \pi_1(M,x): \|\alpha\|_{geo} \leqslant (1+\lambda_F)D_M\},$$

使得伴随于 Q 的几何模和代数模满足不等式 $\|.\|_{\text{geo}} \leqslant (1+\lambda_F)D_M \|.\|_{\text{alg}}$ ，因此，

$$N(R) = \#\{\alpha \in \pi(M,x): \|\alpha\|_{\text{alg}} \leqslant R\} \leqslant N_1((1+\lambda_F)D_M R)$$

于是，

$$h(\pi_1(M,x)) \leqslant \liminf_{R\to\infty} \frac{\log N(R)}{R} \leqslant \liminf_{R\to\infty} \frac{\log N_1((1+\lambda_F)D_M R)}{R}$$

$$\leqslant (1+\lambda_F)D_M h(M,F)$$

这就证明了定理 3。

结合 Finsler 流形的 Bonnet－Myers 定理，即得下面的推论：

推论 1：设 (M,F) 是 n 维向前完备的 Finsler 流形，其可反系数为 λ_F 。若 (M,F) 的 Ricci 曲率不小于 $(n-1)k>0$ ，则

$$h(\pi_1(M,p)) \leqslant (1+\lambda_F)\frac{\pi}{\sqrt{k}}h(M,F)$$

关于基本群和曲率的进一步考虑，我们推荐下面的问题，在 Riemann 情形下，这就是 Wolf 问题。

问题 2：设 (M,F) 是旗曲率非正的紧致 Finsler 流形。如果 $\pi_1(M)$ 有一指标有限的可解子群，那么 (M,F) 是平坦的吗？

5.5 闭光滑流形的同胚分类

方复全在微分与拓扑范畴彻底解决了“四维流形到七维欧氏空间中的嵌入问题”，将 Haefliger-Hirsch、吴文俊等人的工作中遗留下来多年悬而未决的重要公开问题画上句号。与人合作，证明了正曲率流形的 π2 有限性定理（同时独立得到的还有 Petrunin-Tuschmann），被美国科学院院士 Cheeger 主编的权威综述报告列为有关领域有史以来九个主要定理之一，并被著名几何学家 Berger 写入历史性综述报告《二十世纪下半叶的黎曼几何》。与人合作，首次发现了 Grove 问题的反例，被国外权威专家作为牛津大学研究生教材丛书的重要内容，并以“方—戎方法”冠名小节标题。与人合作，首次建立了 Tits 几何与一大类正曲率流形之间的联系，并得到了完整的拓扑分类。

5.5.1 引言及主要结果

设 M 是有向的光滑流形，$\mathrm{Diff}M$ 是 M 的保向微分同胚群，$\mathrm{SDiff}M$ 是 $\mathrm{Diff}M$ 的在同调 $H(M)$ 上诱导恒同的微分同胚组成的子群，记为 $\Pi_{\circ}\mathrm{Diff}M(\Pi_{\circ}\mathrm{SDiff}M)$ 为 $\mathrm{Diff}M(\mathrm{SDiff}M)$ 在拟同痕关系下的熵群。自 20 世纪 70 年代开始，微分同胚群已成为拓扑学家们普遍关心的一个对象，它在流形的分类、微分几何以及理论物理中都有极其重要的应用。

早在 1969 年，Sato 完全计算 $\Pi_{\circ}\mathrm{Diff}S^p\times S^q$，后来他还应用这个结果在一些特殊流形的分类方面做了一些有意义的工作。1987 年，Ajala 试图推广 Sato 的方法去计算 $\Pi_{\circ}\mathrm{Diff}\overset{m}{\underset{1}{\#}}S^p\times S^q$。在本节，用一些熟知的不变量刻画了 $\overset{m}{\underset{1}{\#}}S^{4k+2}\times S^{4k+3}(k\geq 1)$ 微分同胚的拟同痕类，应用这个结果我们完全分类了如下一类流形：

定义 1：设 M 是 $(4k+1)$ - 连通的 $(8k+6)$ 维闭光滑流形，$k\geq 1$，称 M 为 (H) 流形，如果 $H_{4k+3}(M)=0$，且 M 是 $(4k+2)$ - 可平行化的。

定理 1[10]：设 $G=\{Z$ 上 m 阶可逆矩阵 $A\mid A^{-1}\in GL(Z,m)\}$，$\Gamma^{8k+6}$ 是 S^{8k+6} 的微分结构的群 $k\geq 1$，则

$$\Pi_\circ \mathrm{Diff}\overset{m}{\underset{1}{\#}}S^{4k+2}\times S^{4k+3}/\Pi_\circ \mathrm{Diff}\overset{m}{\underset{1}{\#}}S^{4k+2}\times S^{4k+3}\cong G,$$

$$\Pi_\circ \mathrm{Diff}\overset{m}{\underset{1}{\#}}S^{4k+2}\times S^{4k+3}\cong Z^m\oplus Z_2^{m(m-1)/2},$$

并且$f,g\in \mathrm{SDiff}\overset{m}{\underset{1}{\#}}S^{4k+2}\times S^{4k+3}$ 模 Γ^{8k+6}（见定义2）拟同痕当且仅当

(1) $f_*=g_*:\Pi_{4k+3}(\overset{m}{\underset{1}{\#}}S^{4k+2}\times S^{4k+3})\to\Pi_{4k+3}(\overset{m}{\underset{1}{\#}}S^{4k+2}\times S^{4k+3})$,

(2) $p_{k+1}(f)=p_{k+1}(g)$

其中$p_{k+1}(\cdot)$ 表示“·”的 Pontrjagin 类（见定义2.2）。

设 M 是一个（H）流形，μ_M 是如下对称双线性型：

$$\mu_M:H^{4k+2}(M;Z_2)\otimes H^{4k+2}(M;Z_2)\to Z_2,$$

$$x\otimes y\to\langle x\cup Sq^2y,[M]_2\rangle.$$

将 Pontrjagin 类 $P_{k+1}(M)$ 看作同态

$$H^{4k+2}(M)\to Z,x\to\langle x\cup p_{k+1}(M),[M]\rangle,$$

那么可指定 M 于一个三序组（$H^{4k+2}(M),p_{k+1}(M),\mu_M$），我们称 M 和 N 有同构三序组，如果存在同构 $h:H^{4k+2}(M)\to H^{4k+2}(N)$ 使得

$$p_{k+1}(M)(x)=p_{k+1}(N)(h(x)),\forall x\in H^{4k+2}(M),$$

$$\mu_M(\rho_2(x),\rho_2(y))=\mu_N(\rho_2(h(x)),\rho_2(h(y))),\forall x,y\in H^{4k+2}(M),$$

其中 ρ_2 表示系数 mod2 同态。

定理 2[10]：两个（H）流形几乎微分同胚（即可相差同伦球作连通和）当且仅当其三序组同构. 反之，$x\in\mathrm{Hom}(Z^m,Z)$ 及对称双线性型$\mu:Z_2^m\otimes Z_2^m\to Z_2$ 组成三序组（Z^m,x,μ）可由（H）流形实现当且仅当

(1) $\mathrm{div}(x)$ 可被 $(2k+1)!(k,2)$ 整除，

(2) 若 $k\geq 2,\mu(e,e)=0,\forall e\in Z_2^m$；若 $k=1,\mu$ 在对角线上限制是

$$\frac{1}{(2k+1)!(k,2)}x(\mod 2),$$

其中 $\mathrm{div}(x)=\max\{n\in Z\mid$ 存在 $v\in\mathrm{Hom}(Z^m,Z)$,使 $x=nv\}$,$(k,2)$ 是 k 与 2 的最大公因子。

5.5.2 微分同胚的拟同痕分类

引理 1[10]：设 $p<q$，则同态

$$H_*:\Pi_\circ \mathrm{Diff}\overset{m}{\underset{1}{\#}}S^p \times S^q \to \mathrm{Aut}H_p(\overset{m}{\underset{1}{\#}}S^p \times S^q)$$

到上。其中f_*是f在H_p上诱导的同构。

证明： 显然 $\mathrm{Aut}H_p(\overset{m}{\underset{1}{\#}}S^p \times S^q) \cong G = \{A \in GL(Z,m) \mid A^{-1} \in GL(Z,m)\}$ 同态

$$H_*:\Pi_\circ \mathrm{Diff}\overset{m}{\underset{1}{\#}}S^p \times D^{q+1} \to \mathrm{Aut}H_p(\overset{m}{\underset{1}{\#}}S^p \times D^{q+1}) \cong G,$$

$$[f] \to f_*$$

到上，故对任何 $A \in G \cong \mathrm{Aut}H_p(\overset{m}{\underset{1}{\#}}S^p \times S^q)$，存在 $[f] \in \Pi_\circ \mathrm{Diff}\overset{m}{\underset{1}{\#}}S^p \times D^{q+1}$ 使得 $f_* = A$，因f在边界上限制给出的 $\Pi_\circ \mathrm{SDiff}\overset{m}{\underset{1}{\#}}S^p \times S^q$ 中元素的H_*象也为A，引理证毕。

由于核 $\mathrm{Ker}H_*$ 同构于 $\Pi_\circ \mathrm{SDiff}\overset{m}{\underset{1}{\#}}S^p \times S^q$，故引理2.1给出了定理1.1中的第一个同构关系。

设Γ^n为S^n上微分结构的群，当$n \geq 7$时，Γ^n同构于$\Pi_\circ \mathrm{Diff}S^{n-1}$，且

$$p:\Pi_0 \mathrm{Diff}S^{n-1} \to \Gamma^n, [\theta] \to D^n \cup_\theta D^n \in \Gamma^n \tag{1}$$

是同构。以下我们不加区分地使用这两个记号。

设M是一个闭$(n-1)$维光滑流形，下面定义Γ^n在$\Pi_\circ \mathrm{Diff}M$上作用。若$[f] \in \Pi_\circ DiffM$, $\theta \in \Gamma^n$，将θ看作$\Pi_\circ DiffS^{n-1}$的一个元素，在相差拟同痕之下，不妨设f在一个小圆盘$D^{n-1} \subset M$上为id，θ在S^{n-1}南半球D_-^{n-1}上为id，那么定义$f\#\theta \in \mathrm{DiffM}$为

$$(f\#\theta)\big|_{M-\mathring{D}^{n-1}} = f\big|_{M-\mathring{D}^{n-1}},$$

$$(f\#\theta)\big|_{D^{n-1}} = \theta\big|_{D_+^{n-1}}$$

其中D_+^{n-1}为S^{n-1}北半球.

由文献[6]可知，$f\#\theta$的拟同痕仅依赖于$[f]$和θ，记作$[f]\#\theta$。

定义2： 设M如上，$f,g \in DiffM$，我们称

(1) f模Γ^n拟同痕于g，如果存在$\theta \in \Gamma^n$，使得$[f]\#\theta = g$.

(2) 若$M = \partial V$，称f模Γ^n可扩张到V，如果存在$\theta \in \Gamma^n$，使得$[f]\#\theta = [\partial g]$, $g \in \mathrm{Diff}V$。

注： Broeder[6]把模Γ^n拟同痕叫作共轭。

引理 2[10]：设 $f \in \text{SDiff}\overset{m}{\underset{1}{\#}}S^{4k+2} \times S^{4k+3}$，则 f 模 Γ^{8k+6} 可扩张到 $\overset{m}{\underset{1}{\#}}D^{4k+3} \times S^{4k+3}$。

证明：设 $e_1 \cdots e_m \in \Pi_{4k+2}(\overset{m}{\underset{1}{\#}}S^{4k+2} \times S^{4k+3})$ 是由一组自然嵌入的球 S^{4k+2} 表示的基，由 $\Pi_{4k+2}(S0)=0, f_*(e_i)=e_i, 1 \leqslant i \leqslant m$，我们可在 f 上用 $e_1 \cdots e_m$ 做 m 次换球术，可得到 S^{8k+5} 的一个微分同胚 $\theta \in \Gamma^{8k+6}$。因此，在 $[f]\# -\theta$ 上施行如上的 m 次换球术，可得到 S^{8k+5} 一个拟同痕于 id 的微分同胚，当然它可扩张到 D^{8k+6} 内。因 $(\overset{m}{\underset{1}{\#}}S^{4k+2} \times S^{4k+3})$ 经 $e_1 \cdots e_m$ 做上述 m 次换球术后，其迹就是在 $\overset{m}{\underset{1}{\#}}D^{4k+3} \times S^{4k+3}$ 内挖去一个开圆盘 $\mathring{D}^{8k+6}$，故沿 S^{8k+5} 粘上 D^{8k+6} 后流形是 $\overset{m}{\underset{1}{\#}}D^{4k+3} \times S^{4k+3}$，而 $[f]\# -\theta$ 也可扩张到其中了. 证毕.

设 $\tau: \Pi_\circ \text{SDiff}S^{4k+2} \times S^{4k+2} \to \Gamma^{8k+6}$ 是如下映射：

对于 $[f] \in \Pi_0\ SDiff\overset{m}{\underset{1}{\#}}S^{4k+2} \times S^{4k+3}$，令 $\tau[f]$ 是同伦球 $(\overset{m}{\underset{1}{\#}}S^{4k+2} \times D^{4k+4}) \cup_f (\overset{m}{\underset{1}{\#}}D^{4k+3} \times S^{4k+3})$，显然拟同痕的同胚给出相同的同伦球，故 τ 定义合理。

为了证明 τ 是同态，定义映射

$$\tau': \Pi_\circ \text{SDiff}S^{4k+2} \times S^{4k+3} \to \Pi_\circ \text{Diff}S^{8k+5}$$

如下：

若 $[f] \in \Pi_0 \text{SDiff}\overset{m}{\underset{1}{\#}}S^{4k+2} \times S^{4k+3}$，由于 $\Pi_{4k+2}(S0)=0$，设限制在 $\overset{m}{\underset{1}{\#}}S^{4k+2} \times D_-^{4k+3}$ 上的 f 为 id，等置 $\overset{m}{\underset{1}{\#}}S^{4k+2} \times D^{4k+3} \cup \overset{m}{\underset{1}{\#}}D^{4k+3} \times S^{4k+2}$。令

$$\tau'[f]\,|_{S^{4k+2}\times D^{4k+3}} = f|_{S^{4k+2}\times D_+^{4k+3}}$$

$$\tau'[f]\,|_{D^{4k+3}\times S^{4k+2}} = \text{id}。$$

其中 D_+^{4k+3}（D_-^{4k+3}）表示 S^{4k+3} 的北（南）半球。

设 p 如（1）式，不难证明 $p \cdot \tau'([f]) = \tau([f])$ 从而由 τ 合理可知 τ' 定义也合理。显然 τ' 是同态，从而 τ 也是同态。

设 $\partial: \Pi_\circ \text{SDiff}S^{4k+3} \times D^{4k+3} \to \Pi_\circ \text{SDiff}S^{4k+2} \times S^{4k+3}$ 是限制同态，则有

引理 3[10]：存在如下分裂正合列：

$$\Pi_0 \text{SDiff}\overset{m}{\underset{1}{\#}}S^{4k+3} \times D^{4k+3} \xrightarrow{\partial} \Pi_0 \text{SDiff}\overset{m}{\underset{1}{\#}}S^{4k+2} \times S^{4k+3} \xrightarrow{\tau} \Gamma^{8k+6} \to 0.$$

证明：构造映射 $j: \Gamma^{8k+6} \to \Pi_\circ \text{SDiff}\overset{m}{\underset{1}{\#}}S^{4k+2} \times S^{4k+3}$ 如下：

对于 $\theta \in \Gamma^{8k+6}$，将其看作 $\Pi_{\circ}\mathrm{Diff}S^{8k+5}$ 中元素，则

$$j(\theta) = \theta\#\mathrm{id} \in \Pi_{\circ}\ \mathrm{SDiff}\overset{m}{\underset{1}{\#}}S^{4k+2} \times S^{4k+3}$$

显然j定义合理且为一个同态。由于$\tau \circ j = \mathrm{id}$，故$\tau$是满同态，$j$是一个分裂。其次证明 $\mathrm{Ker}\tau = \mathrm{Im}\partial$。

若 $[g] \in \Pi_{\circ}\ \mathrm{SDiff}\overset{m}{\underset{1}{\#}}S^{4k+3} \times D^{4k+3}$，则 $\partial(g)$ 粘出的同伦球正是 S^{8k+6}，故 $\tau \circ \partial = 0$，$\mathrm{Im}\partial \subset \mathrm{Ker}\tau$。

若 $[f] \in \mathrm{Ker}\tau$，由引理2.2，存在 $\theta \in \Gamma^{8k+6}$，使得 $[f]\#\theta = [\partial g] = \tau[\partial(g)] = 0$。又 $f\#\theta$ 拟同痕于复合 $[f](\theta\#\mathrm{id}) = [f] \circ j(\theta)$，故 $\tau([f]\#\theta) = \tau[f] + \tau(\theta\#\mathrm{id}) = 0$，

$$\tau(j(\theta)) = 0, \theta = 0, [f] = [\partial g]，证毕。$$

下面我们推广 Broeder[6] 的关于微分同胚的有理 Pontrjagin 类的概念。

设 N 是 $(4k+1)$ - 连通的 $(8k+5)$ 维光滑流形（允许带边），

$$f \in \mathrm{SDiff}N, N_f = N \times I/(x,0) \sim (f(x),1)$$

为其映射环。考虑上纤维化

$$N \times 0 \to N \xrightarrow{c} N_f/N \times 0 = \Sigma N^+$$

应用 Wang 正合列不难证明同态[8]

$$c^*: H^{4k+4}(\sum N^+) \to H^{4k+4}(N_f)$$

为同构。

定义 3：设 $E: H^{4k+4}(N) \to H^{4k+4}(\sum N^+)$ 是同纬映象诱导的同构，令

$$p_{k+1}(f) = E^{-1}(c^*)^{-1} p_{k+1}(N_f) \in H^{4k+3}(N)$$

$p_{k+1}(f)$ 被称作f的第 $(k+1)$ 个 Pontrjagin 类，不难证明，$p_{k+1}(f)$ 仅依赖于 $f \bmod \Gamma^{8k+6}$ 拟同痕类，并且有同态

$$p_{k+1}: \Pi_0 SDiffN \leftarrow H^{4k+3}(N)$$

为了计算 $\Pi_{\circ}\mathrm{SDiff}\overset{m}{\underset{1}{\#}}D^{4k+3} \times S^{4k+3}$ 并用 p_{k+1} 及其他恰当不变量刻画其拟同痕类，我们首先构造 $\mathrm{SDiff}\overset{m}{\underset{1}{\#}}D^{4k+3} \times S^{4k+3}$ 中一些元素。

表（Ⅰ），$\Pi_{4k+3}(S_0(4k+3)) \cong Z$，设 a 是其生成元，a 给出一个 $\varphi \in \mathrm{SDiff}\overset{m}{\underset{1}{\#}}D^{4k+3} \times S^{4k+3}$ 如下：

将 φ 与若干个恒同同胚沿边界作连通和（可在 φ 的拟同痕类中找一个微分同胚，使其在沿边界的一个上半圆盘上为 id），可得到 $\mathrm{SDiff}\mathop{\#}\limits_{1}^{m}D^{4k+3}\times S^{4k+3}$ 中 m 个元素

$$1\#\cdots\#\underset{\text{第}i\text{个}}{\varphi}\#\cdots\#1, 1\leqslant i\leqslant m$$

其次，固定一个子流形 $\mathop{\#}\limits_{1}^{m}D^{4k+3}\times S^{4k+3}\to S^{8k+6}$，使其在 $\bigcup\limits_{1}^{m}(1/2)D^{4k+3}\times S^{4k+3}$ 上限制为 S^{8k+6} 中平凡法架链接，用它的法架作为参考系。由文献［10］，存在一个带平凡法架的链接 f: $\bigcup\limits_{1}^{m}(1/2)D^{4k+3}\times S^{4k+3}\to S^{8k+6}$，其链系数为 $\Pi_{4k+3}(S^{4k+2})\cong Z_2(k\geq 1)$ 上 m 阶方阵 $E_{ij}(i\neq j)$，E_{ij} 在 (j,i)，(i,j) 处为1，其余为0。在同痕移动下，将 f 放进 $\mathop{\#}\limits_{1}^{m}D^{4k+3}\times S^{4k+3}$ 内，使得 f 的第 s 个分支表示了 $\mathop{\#}\limits_{1}^{m}D^{4k+3}\times S^{4k+3}$ 中第 s 个 $(0\times S^{4k+3})$ 的同伦类，由管状邻域定理，可将 f 扩张到 $\mathop{\#}\limits_{1}^{m}D^{4k+3}\times S^{4k+3}$ 的一个微分同胚 $f_{ij}\in\mathrm{SDiff}\mathop{\#}\limits_{1}^{m}D^{4k+3}\times S^{4k+3}$，由定义有 $[f_{ij}]=[f_{ji}]$，且 $[f_{ij}]^2=1$。

定理1的证明：群 $\Pi_0\mathrm{SDiff}\mathop{\#}\limits_{1}^{m}D^{4k+3}\times S^{4k+3}$ 是由如下元素生成的加法群。

(1) $f_i, 1\leqslant i\leqslant m, f_i=1\#\cdots\#\underset{\text{第}i\text{个}}{\varphi}\#\cdots\#1$

(2) $f_{ij}, 1\leqslant i\neq j\leqslant m$

设 $\beta_1\cdots\beta_m\in\Pi_{4k+3}(\mathop{\#}\limits_{1}^{m}S^{4k+2}\times S^{4k+3})$ 是由 m 个标准嵌入的 S^{4k+3} 表示的类，$\alpha_1\cdots\alpha_m\in\Pi_{4k+2}(\mathop{\#}\limits_{1}^{m}S^{4k+2}\times S^{4k+3})$ 是由 m 个标准嵌入的 S^{4k+2} 表示的基；$\eta\in\Pi_{4k+3}(S^{4k+2})$ 是其生成元，那么 $\Pi_{4k+3}(\mathop{\#}\limits_{1}^{m}S^{4k+2}\times S^{4k+3})$ 由 $\beta_1\cdots\beta_m,\alpha_1\circ\eta\cdots\alpha_m\circ\eta$ 生成，若 $f\in\mathrm{SDiff}\mathop{\#}\limits_{1}^{m}S^{4k+2}\times S^{4k+3}$，则

$$f_*(\beta_1)=\beta_1+\sum_{i=1}^{m}a_{1i}\alpha_i\circ\eta$$

$$\cdots\cdots$$

$$f_*(\beta_m)=\beta_m+\sum_{i=1}^{m}a_{mi}\alpha_i\circ\eta$$

令 $A_f=(a_{ij})$，由 $k\geq 1$，故 A_f 为 Z_2 上的 m 阶矩阵，且有 $A_{fg}=A_f+A_g$，从而给出了一个同态

$$A:\Pi_0 \mathrm{SDiff}\overset{m}{\underset{1}{\#}}S^{4k+2}\times S^{4k+3}\to M(Z_2,m\times m),$$

$$[f]\to A_f$$

其中 $M(Z_2,m\times m)$ 表示 Z_2 上 $m\times m$ 矩阵构成的加法群。

5.6 第一特征值

丘成桐将微分几何与偏微分方程熔为一炉，创立几何分析学派。算子特征值的估计是一个大的方向，有许多文献，有兴趣的读者可以查阅相关文献，本节给出一部分关于特征值的内容。

5.6.1 丘成桐第一特征值猜想

Laplace 算子是 Riemann 流形上重要的算子之一。在过去的几十年里，对 Laplace 算子的谱的研究一直是几何学的核心问题。

设 M^n 是一个 n 维闭 Riemann 流形，其上的 Laplace 算子记作 Δ 。Δ 在 M^n 上的光滑函数 f 上的作用为 $\Delta f=-\mathrm{div}(\nabla f)$ 。众所周知，Δ 是一个椭圆算子，并且有离散的谱：

$$\{0=\lambda_0(M)<\lambda_1(M)\leqslant\lambda_2(M)\leqslant\cdots\leqslant\lambda_k(M),\cdots,\uparrow\infty\},$$

其中第一个正的特征值 $\lambda_1(M)$ 称为 M^n 的第一特征值。Takahashi 指出，对于单位球面 $S^N(1)$ 中的 n 维浸入子流形 M^n ，它是极小的当且仅当坐标函数都是 Δ 的特征值为 n 的特征函数。因此，$\lambda_1(M^n)\leqslant n$ 。基于这一事实，丘成桐教授在他的 1982 年的公开问题集中提出如下猜想：

猜想 1[6]：（第一特征值猜想）若 M^n 是单位球面 $S^{n+1}(1)$ 中的闭的极小嵌入超曲面，则

$$\lambda_1(M^n)=n$$

这里，嵌入的条件是必需的。

众所周知，这个猜想具有极其深刻的几何意义。例如，另一个著名的 Lawson 猜想：三维球面 $S^3(1)$ 中的极小嵌入环面一定是 Clifford 环面，直至 2013 年才被 Brendle 完全解决。然而，早在 1986 年，Montiel 和 Ros 就断言了 Lawson 猜想是丘成桐第一特征值猜想在环面情形的特例。他们首先证明了下面的定理:

定理 1[6]: 对于紧致曲面上的任意一个共形结构, 至多只存在一个度量, 使得它可以极小浸入到高维单位球面中, 并且坐标函数是第一特征函数。

我们知道, 除了球面 S^2 和实投影平面 RP^2 以外, 环面具有最简单的共形结构。对于环面, Montiel 和 Ros 给出如下结论:

定理 2[6]: 一个三维球面 $S^3(1)$ 中的极小浸入环面, 如果第一特征值等于 2, 那么一定是 Clifford 环面。

由此可知, 若丘成桐第一特征值猜想成立, 则 Lawson 猜想一定成立。

针对丘成桐第一特征值猜想的第一个重要突破是由 Choi 和 Wang 在 1983 年给出的, 他们证明了单位球面 $S^{n+1}(1)$ 中的闭的极小嵌入超曲面的第一特征值不小于维数的一半. 事实上, 他们证明了下面的定理:

定理 3[6]: 对于紧致可定向 Riemann 流形 N 中的紧致可定向极小嵌入超曲面 M, 若 N 的 Ricci 曲率有一个正常数下界 k 则 $\lambda_1(M) \geq \frac{k}{2}$, 这里 $\lambda_1(M)$ 是指 M 的 Laplace 算子的第一特征值。

显然, 在球面情形, $S^{n+1}(1)$ 的 Ricci 曲率为 n, 并且 $S^{n+1}(1)$ 的紧致嵌入超曲面一定是可定向的, 所以自然有 $\lambda_1(M^n) \geq \frac{n}{2}$。

Choi 和 Wang 的证明主要借助了 Reilly 公式, 也就是把 Bochner 公式进行积分得到的公式。

此外, 值得一提的是, Choe 和 Soret 对于 S^3 中由 Lawson 及Karcher等构造的所有紧致嵌入极小曲面, 都验证了其第一特征值确实等于维数 2。

5.6.2　等参情形的丘成桐第一特征值猜想

众所周知, Laplace 算子的谱, 甚至它的第一特征值的计算都是极其复杂的。迄今为止, 丘成桐第一特征值猜想的一般情形还远远没有解决。我们主要考虑把丘成桐第一特征值猜想的“极小”条件附加一个“等参”的情形。当然, 等参超曲面自然是单位球面中的嵌入超曲面。

1984 年, Mutō 等针对 $S^{n+1}(1)$ 中的某些极小齐性 (自动是等参的) 超曲面 M^n 给出了部分结果。他们证明了当 $g = 3$, (m_1, m_2) 分别为 (1, 1) 和 (2,

2)；$g=4$，(m_1,m_2) 分别为 $(1,k)$ 和 (2, 2)；$g=6$，$(m_1,m_2)=(2,2)$ 时，$\lambda_1(M^n)=n$，也就是证明了此时的丘成桐第一特征值猜想成立。随后，在 1985 年，Kotani 继续深入挖掘文献中的研究方法，证明了 $g=3$，(m_1,m_2) 分别为 (4, 4) 和 (8, 8)；$g=6$，$(m_1,m_2)=(1,1)$ 时，丘成桐猜想也成立。根据他们的结论，再结合 20 世纪 40 年代 Cartan 对 $g\leqslant 3$ 的分类，1985 年 Dorfmeister 和 Neher 对 $g=6$ 且 $m_1=m_2=1$ 的分类以及 2013 年 Miyaoka 对 $g=6$ 且 $m_1=m_2=2$ 的分类，得到如下结论：当 g 分别为 1、2、3 和 6 时，丘成桐第一特征值猜想都成立。此外，1990 年，Solomon 还计算了所有 $g=3$ 的等参超曲面的谱。

不得不指出的是，文献中的方法严重依赖于齐性性质。在 $g=4$ 时，他们只能计算齐性的 $(m_1,m_2)=(1,k)$ 和 $(m_1,m_2)=(2,2)$ 时的第一特征值。他们在文中解释道："在单位球面中，除了赤道超球面和推广的 Clifford 环面（分别对应 $g=1$ 和 $g=2$）以外，其他齐性极小超曲面都不是对称或者正规齐性的，所以，想要计算它们的第一特征值似乎是很困难的。"

接下来，在 1988 年，Mutō 突破了齐性的限制，证明了对于 $g=4$ 的某些非齐性极小等参超曲面而言，丘成桐猜想也成立。但可惜的是，他的结论仅覆盖了满足条件限制 $\min(m_1,m_2)\leqslant 10$ 的某些等参超曲面。然而在第一节末尾我们提到过，OT－FKM 型等参超曲面的重数对 $(m,l-m-1)$ 中的 m 没有任何限制。

在 2013 年，我们在文献中最终完成了等参情形的丘成桐第一特征值猜想的证明。

定理 4[6]：对于单位球面 $S^{n+1}(1)$ 中的闭极小等参超曲面 M^n，一定有

$$\lambda_1(M^n)=n$$

事实上，Takagi 曾断言 $g=4$，重数对为 $(1,k)$ 的等参超曲面一定是齐性的。基于文献的结论，我们只需证明如下结果：

定理 5[6]：对于单位球面 $S^{n+1}(1)$ 中 $g=4$ 且 $m_1,m_2\geq 2$ 的闭极小等参超曲面 M^n，一定有

$$\lambda_1(M^n)=n$$

事实上，其重数为 $n+2$。

值得一提的是，我们的结果并不依赖于齐性性质，也不依赖于 $g=4$ 时等

参超曲面的分类，只依赖于重数对（m_1, m_2）的取值，而它们的取值早在 1999 年的文献中就已完全确定。此外，我们的方法也适用于 $g = 6$ 的情形：

定理 6[6]：对于单位球面 $S^{13}(1)$ 中 $g = 6$ 且重数对为（2，2）的闭极小等参超曲面 M^{12}（不必假定为齐性），一定有

$$\lambda_1(M^{12}) = 12 ,$$

且其重数为 14。

注：陈省身猜想可表述为，单位球面 $S^{n+1}(1)$ 中第二基本型的模长为常数的极小浸入超曲面一定是等参的。定理 4 已将陈省身猜想与丘成桐第一特征值猜想建立了联系。换言之，假定陈省身猜想成立，则定理 4 已对数量曲率为常数（等价于第二基本型的模长为常数）的极小超曲面证明了丘成桐猜想。

参考文献

[1] 吴大任编. 微分几何讲义 [M]. 4版. 北京：人民教育出版社，1981.

[2] 陈维桓编著. 微分几何 [M]. 2版. 北京：北京大学出版社，2017.

[3] 李海中，韦勇，周泰龙. Riemann流形中超曲面的逆曲率流及其几何应用 [J]. 中国科学：数学，2018，48 (6)：757–770.

[4] 虞言林. 关于高斯–波涅公式的内在证明 [J]. 数学学报，1977 (1)：49–60.

[5] 张伟平. Mathai-Quilleni之Thom形式和Gauss-Bonnet-陈省身定理 [J]. 数学季刊，2000 (4)：1–9.

[6] 唐梓洲，彦文娇. 等参情形的丘成桐第一特征值猜想 [J]. 中国科学：数学，2018，48 (6)：819–826.

[7] 李安民. 关于仿射球的几个定理 [J]. 科学通报，1989 (4)：314.

[8] LI ANMIN. Calabi Conjectureon Hyperbolic Affine Hyperspheres (2) [J]. Mathema-tische Annalen，1992，293 (1).

[9] 沈一兵，赵唯. 关于Finsler流形的曲率与基本群 [J]. 中国科学：数学，2018，48 (6)：807–818.

[10] 方复全. 关于 $(4k+1)$ 连通的 $(8k+6)$ 维闭光滑流形的同胚分类 [J]. 中国科学 (A辑 数学 物理学 天文学 技术科学)，1994 (2)：122–129.

[11] 彭家贵，童占业. 极小曲面中的若干问题 [J]. 数学进展，1995 (1)：1–27.

[12] 白正国. 关于空间曲线多边形的全曲率 [J]. 数学学报，1957 (2)：113–120.